普通高等教育"十二五"规划教材

土木工程概论

主 编 董 荗 黄林青
副主编 郝进锋 邓夕胜
　　　　王作文 张伯虎

U0284076

中国水利水电出版社
www.waterpub.com.cn

内 容 提 要

　　本书着重介绍土木工程及相关专业的主要内容，以浅显、新颖、实用为特点，做到理论与工程实际相结合，展现土木工程的历史、现状、成就和最新发展等情况。全书共分为九个部分，分别就土木工程的性质、任务和发展历史；土木工程的主要类型；基础工程；土木工程材料与制品；土木工程结构设计方法；土木工程施工；建设项目管理；土木工程防灾减灾以及计算机技术在土木工程中的应用等方面进行了介绍，从整体上反映了土木工程学科的综合性、理论性、技术性和实用性。

　　本书可作为高等院校土木工程、交通工程、工程管理、建筑经济管理等相关专业技术、管理人员全面学习了解土木工程概论的参考用书。

图书在版编目（CIP）数据

　　土木工程概论/董羐，黄林青主编 . —北京：中国水利水电出版社，2011.8（2016.7 重印）
　　普通高等教育"十二五"规划教材
　　ISBN 978-7-5084-8625-3

　　Ⅰ.①土⋯　Ⅱ.①董⋯②黄⋯　Ⅲ.①土木工程-高等学校-教材　Ⅳ.①TU

　　中国版本图书馆 CIP 数据核字（2011）第 175520 号

书　　名	普通高等教育"十二五"规划教材 **土木工程概论**	
作　　者	主　编　董羐　黄林青 副主编　郝进锋　邓夕胜　王作文　张伯虎	
出版发行	中国水利水电出版社 （北京市海淀区玉渊潭南路 1 号 D 座　100038） 网址：www. waterpub. com. cn E-mail：sales@waterpub. com. cn 电话：（010）68367658（营销中心）	
经　　售	北京科水图书销售中心（零售） 电话：（010）88383994、63202643、68545874 全国各地新华书店和相关出版物销售网点	
排　　版	中国水利水电出版社微机排版中心	
印　　刷	三河市鑫金马印装有限公司	
规　　格	184mm×260mm　16 开本　21.5 印张　510 千字	
版　　次	2011 年 8 月第 1 版　2016 年 7 月第 2 次印刷	
印　　数	3001—4500 册	
定　　价	**39.00 元**	

凡购买我社图书，如有缺页、倒页、脱页的，本社营销中心负责调换

前言

　　本书是由武汉工业学院、重庆科技学院、东北石油大学、西南石油大学四所高校的专业教师经过多次讨论，结合当前教学要求和土木工程发展现状联合编写而成的。

　　本书着重介绍了土木工程专业的基本内容，以简明、新颖、实用的特点帮助学生了解土木工程所涉及的范围、内容和最新发展等情况。教材编写以高等教育课程建设和教学改革为指导，以针对性、应用性、实践性为原则，争取成为满足院校需求、高质量、有所突破和创新的精品教材。

　　本书除可作为土建类本科和专科有关专业的必修课和选修课教材外，也可供水利、石油类等专业参考使用，亦可作为建设管理、设计、施工、投资等单位及相关工程技术人员的参考用书，同时可供其他工程类、人文类专业学生的选修课教材以及供高职、高专与成人高校师生使用。

　　本书编写紧密结合相关专业人才培养目标和行业规范，按照课程的教学大纲要求，在编写中贯穿相应的教学指导思想；从内容选材、教学方法、学习方法、实践配套等方面突出高等教育的特点；注重应用能力的培养，摆脱重理论、轻实践的编写模式。在知识的实用性、综合性上下功夫，理论联系实际，加强实践技能的培养，把应用创新能力培养、融汇于教材之中，并贯穿始终。

　　本书内容覆盖了土木工程领域标准要求的所有知识点，编写以满足知识构架和实践需要为前提，呈现适应学生的知识基础和认知规律，深入浅出，正确阐述本学科的科学理论，完整表达本课程应包含的知识，结构严谨，理论联系实际，注重结合基础知识、基本训练以及实践等活动，培养学生分析和解决实际问题的能力。

　　本书绪论、第一章和第三章由武汉工业学院董蓣、刘杰胜、余启明编写；第二、第六章由重庆科技学院黄林青编写；第四、第五章由东北石油大学郝进锋编写；第一章第九节、第七、第八章由西南石油大学王作文、张伯虎、邓夕胜编写；全书由董蓰、黄林青主编，董蓰统稿。

本书在编写过程中还得到了中国水利水电出版社领导和编辑同志们的大力支持和帮助，并提出了很好的修改意见和建议，在此一并表示感谢。

编　者

2011 年 6 月

目录

绪　　论

一、土木工程的性质、任务和培养目标

1. 土木工程的概念

"土木工程"在中国是一个古老的名词，是指建筑房屋等工事，如把大量建造房屋称作大兴土木。古代建房主要依靠泥土和木料，所以称土木工程。在国外，土木工程一词是 1750 年设计建造艾德斯通灯塔的英国人——斯米顿首先引用的，即民用工程，以区别于当时的军事工程。至 1828 年，伦敦土木工程师学会为土木工程下的定义为：土木工程是利用伟大的自然资源为人类造福的艺术，它是所有工程中发展最早、内容最广的工程学科，是人类改造和建设生活、生产环境的先行基本手段；它所建造的各种工程设施，满足了当时的生活和生产的需求，也反映了各个历史时期的社会、经济、文化和科学技术的面貌。中国国务院学位委员会在学科简介中将土木工程定义为：土木工程是建造各类工程设施的科学技术的总称，它既指工程建设的对象，即建在地上、地下、水中的各种工程设施，也是指所应用的材料、设备和所进行的勘测设计、施工、保养、维修等技术。

2. 土木工程的范围

土木工程的范围非常广泛，它包括房屋建筑工程、公路与城市道路工程、铁道工程、桥梁工程、隧道工程、港口工程、机场工程、地下工程、给水排水工程、环境工程及海洋工程等。国际上，运河、水库、大坝、水渠等水利工程也包括于土木工程之中。土木工程也是指建设这些工程设施的科学技术活动的总称，建造任何设施都包含勘测、设计、施工等过程，随着科技的进步，每一个环节都需要理论的指导和实施的组织，从而使工程设施能达到安全、经济和美观的建设要求。

3. 土木工程的培养目标

土木工程专业培养掌握工程力学、流体力学、岩土力学和市政工程学科的基本理论和基本知识，能够面向基层，具有时代气息和开放意识，能在房屋建筑、地下工程、桥梁等设计、施工、管理、投资、开发等部门从事技术或管理工作，并获得工程师基本训练的应用型、复合型的土木工程技术和管理人才。

在校学习期间，学生可获得建筑结构设计能力、施工技术问题解决能力、施工组织与管理能力及工程项目管理能力；掌握工程造价评估能力、工程监测和工程质量鉴定与评价能力、工程监理的初步能力；具有建筑设计的初步能力。

土木工程专业人才的培养面临从教学内容、方法到组织形式与专业实践、工程环境的塑造、职业意识的培养等方面，努力培养出一种复合型的、具有广泛社会适应性的应用型人才和创造性人才。

二、土木工程的发展历史与未来展望

（一）土木工程的发展历史

土木工程的发展经历了古代、近代和现代三个阶段。

1. 古代土木工程

古代土木工程的历史大致是从旧石器时代（约公元前 5000 年起）到 17 世纪中叶。这一时期的土木工程没有设计理论，修建各种设施主要依靠经验。所用的材料主要取之于自然，如石块、草筋、土坯等，在公元前 1000 年左右开始采用烧制的砖。这一时期，所用的工具也很简单，只有斧、锤、刀、铲和石夯等手工工具。尽管如此，古代的土木工程还是给后人留下了许多有历史价值的建筑，有些工程即使从现代角度来看也是非常伟大的，有的甚至难以想象。

如建于公元前 2700～前 2600 年间的埃及金字塔；又如希腊的帕特农神庙，古罗马斗兽场等都是令人神往的古代石结构遗址。

中国古代建筑大多为木结构加砖墙建成。1056 年建成的山西应县木塔，原名"佛宫寺释迦塔"，该塔全部用优质松木建成，塔高 67.13m，呈八角形平面，塔的第一层有高 10m 的释迦像，木塔结构设计精巧，经历了多次大地震，历时近千年仍完好耸立，足以证明我国古代木结构的高超技术。其他木结构如北京的故宫、天坛，天津蓟县的独乐寺观音阁等均为具有漫长历史的优秀建筑。

中国古代的砖石结构也有伟大的成就。最著名的即是中国人民引以为自豪的万里长城，它东起山海关，西至嘉峪关，全长 5000 余 km。又如 590～608 年在河北赵县洨河上建成的赵州桥，经千余年后尚能正常使用，为世界石拱桥的杰作。

在水利工程方面，我国一直有兴修水利的优良传统。公元前 306～前 251 年四川灌县的都江堰水利工程的兴建，使成都平原成为"沃野千里"的天府之乡，至今仍造福于四川人民。

在交通工程方面，古代也有伟大成就。以咸阳为中心修建了通往全国各郡县的驰道，形成了全国的交通网。

这一时期还出现了一些经验总结和描述外形设计的土木工程著作。其中最有代表性的为公元前五世纪的《考工记》，北宋李诫的《营造法式》，意大利文艺复兴时期贝蒂著的《论建筑》等。

2. 近代土木工程

近代土木工程的时间跨度为 17 世纪中叶到第二次世界大战前后，历时 300 余年。在这一时期，土木工程逐步形成为一门独立学科。

在材料方面，1824 年波特兰水泥及 1859 年转炉炼钢法的发明，使得钢筋混凝土和预应力混凝土开始应用于土木工程。使得土木工程师可以运用这些材料建造更为复杂的工程设施。在近代及现代建筑中，凡是高耸、大跨、巨型、复杂的工程结构，绝大多数应用了钢结构或钢筋混凝土结构。

这一时期，土木工程中一些新的施工机械和施工方法，如打桩机、压路机、挖土机、掘进机、起重机、吊装机等纷纷出现，这为快速高效地建造土木工程提供了有力手段。

这一时期的代表作如：1889 年在法国建成了高达 300m 的埃菲尔铁塔，该塔已成为巴黎乃至法国的标志性建筑，至今观光者仍络绎不绝。1886 年美国首先采用了钢筋混凝土楼板；1928 年预应力混凝土被发明，随后预应力空心板在世界各国广泛使用。1825 年英国修建了世界上第一条铁路。1863 年英国伦敦建成了世界上第一条地下铁道。

在水利建设方面世界的两大运河的建成通航，一条是 1869 年开凿成功的苏伊士运河，将地中海和印度洋连接起来，这样从欧洲到亚洲的航行不必再绕行南非；另一条是 1914 年建成的巴拿马运河，它将太平洋和大西洋直接联系起来，在全球运输中发挥了巨大作用。

在第一次世界大战后，许多大跨、高耸和宏大的土木工程相继建成。其中典型的工程有 1936 年在美国旧金山建成的金门大桥和 1931 年在美国纽约建成的帝国大厦，共 102 层，高 378m，这一建筑高度保持世界纪录达 40 年之久。

这一时期我国建造的有影响的工程有：1909 年詹天佑主持修建的京张铁路；1934 年上海建成了 24 层的国际饭店；1937 年茅以升先生主持建造的钱塘江大桥等。

3. 现代土木工程

随着社会的发展，土木工程达到了一个新的高度。现代科学技术迅速发展，为土木工程的进一步发展提供了强大的物质基础和技术手段，开始了以现代科学技术为后盾的土木工程新时代。这一时期的土木工程有以下几个特点：

（1）设计理论科学化。主要体现在土木工程的设计、施工过程中，充分利用计算机的功能，实现信息自动采集、精确分析、房屋和设备的智能检测和控制等。

（2）施工过程信息化。所谓信息化施工是在施工过程中所涉及的各部分、各阶段广泛应用计算机信息技术，对工期、人力、材料、机械、资金、进度等信息进行收集、存储、处理和交流，并加以科学地综合利用，为施工管理及时、准确地提供决策依据。

（3）功能要求多样化。现代的土木工程已经超越本来意义上的挖土盖房，架梁为桥的范围。公共建筑和住宅建筑要求周边环境，结构布置，与水、电、煤气供应，室内温、湿度调节控制等现代化设备相结合；许多工业建筑提出了恒湿、恒温、防微振、防腐蚀、防辐射、防磁、无微尘等要求，并向跨度大、分隔灵活、工厂花园化的方向发展。

（4）城市建设立体化。随着经济发展和人口增长，城市人口密度迅速加大，造成城市用地紧张，交通拥挤，地价昂贵；这就迫使房屋建筑向高层发展，使得高层建筑的兴建几乎成了城市现代化的标志。美国的高层建筑最多，其中高度在 200m 以上的就有 100 余幢。近十多年来，中国、阿联酋、马来西亚等国家的高层建筑得到了迅猛的发展，建造了多栋高度在世界上领先的建筑。

城市为了解决交通问题，一方面修建地下交通网；另一方面又修建高架公路和轨道交通。随着地下铁道的兴建，地下商业街、地下停车场、地下仓库、地下工厂、地下旅店等也陆续发展起来。现代化城市建设是地面、空中、地下同时展开，形成了立体化发展的局面。

（5）交通工程快速化。由于经济的繁荣与发展，对运输系统提出了快速、高效的要求，而现代化技术的进步也为满足这种要求提供了条件。现在人们常说："地球越来越小了"，这是运输高速化的体现。

据统计，目前全世界 50 多个国家和地区拥有高速公路。铁路运输在公路、航空运输的竞争中也开始快速化和高速化。我国在北京、上海、香港新建或扩建的机场工程已跨入世界大型航空港之列。交通工程快速化主要标志体现在高速公路的大规模修建、铁路电气化的形成和大量发展、长距离的海底隧道的出现。

（6）工程设施大型化。为了满足能源、交通、环保及大众公共活动的需要，许多大型的土木工程在二战后陆续建成并投入使用。高层建筑、高耸结构、大跨度建筑、大跨度桥梁等工程陆续建成并投入使用。

综观土木工程历史，中国在古代土木工程中就有光辉成就，至今仍有许多历史遗存，有的已列入世界文化遗产名录。在近代土木工程中，进展很慢，与封建时代末期落后的制度有关。在现代土木工程中，我国在近 20 年来取得了举世瞩目的成就。以往在列举世界有名的土木工程时，只有长城、故宫、赵州桥等古代建筑，而现在无论是高层建筑，大跨桥梁，还是宏伟机场，港口码头，中国在前十名中均有建树，有的已列前三名，甚至第一名，这些成就均为改革开放以来取得的。土木工程的发展可以从一个侧面反映出我国经济的发展，显示中华民族走向复兴之路。

（二）土木工程的未来展望

在 21 世纪，由于新材料、新结构、新工艺、新施工方法的出现，人类将有可能从事规模巨大的土木工程建设，从事土木工程的人们将为改造世界作出新的贡献，取得新的突破。未来土木工程的发展主要体现在如下几个方面。

1. 将陆续兴建重大工程项目

为了解决城市土地供求矛盾，城市建设将向高、深方向发展。目前，世界上拟建的更高的建筑有，美国芝加哥 Mglin–Beitler 大厦，高 610m，141 层。日本东京计划建造摩天城市，高 1000m，共 800 层，可居住 3 万～4 万人。

在我国除了修建标志性的大厦以外，还要修建大量的商品住房。目前我国城市人口人均住房面积在 $10m^2$ 左右，而发达国家多在 $20m^2$ 以上。考虑我国人口基数巨大，加上城市化进程加速，对住宅的需求压力是很大的。

目前高速公路、高速铁道的建设仍呈发展趋势，交通土建工程在 21 世纪将有巨大的进步。在中国，交通土建工程也有宏伟的规划。在"十五"期间，我国以"五纵、七横"为骨干建成全国公路网。在铁路建设方面，北京到上海的高速铁路、上海到杭州的高速铁路。以及其他城市之间的高速铁路已经陆续建成通车。

在航空港及海港和内河航运码头的建设也会在不久的将来取得巨大的进步。

2. 将向海洋、荒漠、太空开拓

地球上海洋的面积占整个地球表面积的 70% 左右，陆地面积太少，故要向海洋发展。为了节约用地，防止噪音对居民的影响，许多机场已开始填海造地。如中国的澳门机场，日本关西国际机场均修筑了海上的人工岛；中国的香港大屿山国际机场劈山填海，荷兰 Delft 围海造城都是利用海面造福人类的宏大工程。现代海上采油平台体积巨大，在平台上建有生活区，工人在平台上每次工作都会持续几个月，如果将平台扩大，建成海上城市是完全可能的。另外，从航空母舰和大型运输船的建造得到启发，人们已设想建造海上浮动城市。海洋土木工程的兴建，不仅可解决陆地土地少的矛盾，同时也将对海底油、气资源及矿物的开发提供立足之地。

全世界陆地中约有 1/3 为沙漠或荒漠地区，千里荒沙、渺无人烟，目前还很少开发。沙漠难于利用主要是缺水，生态环境恶劣，日夜温差太大，空气干燥，太阳辐射强，不适于人类生存。近代许多国家已开始沙漠改造工程。在我国西北部，利用兴修水利，种植固沙植物，改良土壤等方法，已使一些沙漠变成了绿洲。

向太空发展是人类长期的梦想，在 21 世纪这一梦想可能变为现实。因为月球上有丰富的矿藏，美国已经计划在月球上建造一个基地。日本人设想在月球上建立六角形的钢制蜂房式基地。随着太空站和月球基地的建立，人类可向火星进发。而火星到地球可用宇宙飞船联系，人们的生活空间将大大扩展。

3. 工程材料向轻质、高强、多功能化发展

随着科学技术发展，土木工程在工程材料领域也将取得巨大的发展，如传统土木工程材料——钢材将朝着高强、具有良好的塑性、韧性和可焊性方向发展。日本、美国、俄罗斯等国家已把屈服点为 700N/mm^2 以上的钢列入了规范；如何合理利用高强度钢也是一个重要的研究课题。高性能混凝土及其他复合材料也将向着轻质、高强、良好的韧性和工作性能方面发展。C120 的混凝土已开始使用，今后将有 C400 混凝土。另外，在一些化学合成材料方面也将有所发展，如利用高分子聚合制备具有耐高温、保温隔声、耐磨耐压等优良性能的化工制品。

4. 设计方法精确化、设计工作自动化

以往的土木工程，由于结构的复杂性和人类计算能力的局限，人们对工程的设计计算只能比较粗糙，有一些还依靠经验。计算机的出现，彻底改变了这种局面；类似的海上采油平台，核电站，摩天大楼，海底隧道等巨型工程，有了计算机的帮助，便可以合理地进行数值分析和安全评估。此外，计算机的进步，使设计由手工走向自动化。目前，许多设计部门已经丢掉了传统的制图板而改用计算机绘图，这一进程在 21 世纪将进一步发展和完善。另外，数值计算的进步使过去不能计算或带有盲目性的估计变为较精确的分析。例如：工程结构的定型分析按施工阶段的全过程仿真分析；工程结构在灾害载荷作用下的全过程非线性分析，与时间有关的长时间徐变分析和瞬间的冲击分析等。

5. 信息和智能化技术全面引入土木工程

信息、计算机、智能化技术在工业、农业、运输业和军事工业等各行各业中得到了愈来愈广泛的应用，土木工程也不例外，将这些高新技术用于土木工程将是今后相当长时间内的重要发展方向。主要体现在：信息化施工、智能化建筑、智能化交通、土木工程的仿真系统。

6. 土木工程的可持续发展

建设与使用土木工程的过程与能源消耗、资源利用、环境保护、生态平衡有密切关系，如何使土木工程可持续发展，解决好能源、环境和资源的关系将是未来土木工程的一个新的课题。

面临人口的增长，生态失衡、环境污染，人类生存环境恶化，一些学者呼吁："我们只有一个地球"，并提出"冻结繁荣，停止发展"的口号。这一口号不仅受到发达国家人士的批评，更是受到发展中国家的一致反对。如果"停止发展"，则发展中国家永远停留在落后状态，这是不能接受的。20 世纪 80 年代提出了"可持续发展"的原则，已为大多

数国家和人民所认同。可持续发展是指"既满足当代人的需要，又不对后代人满足其需要的发展构成危害"。例如，一代人过度消耗能源（如石油）以致枯竭，则后代人无法继续发展，甚至保持原有水平也不可能。我国政府已将"可持续发展"与"计划生育"并列为两大国策，土木工程的工作者对贯彻这一原则有重大责任。

三、土木工程专业特点及学习方法建议

（一）土木工程专业特点

土木工程所提出的课题是特殊的，因为几乎所有的建筑物和构筑物都是独特的，难得有一个建筑物（构筑物）与另外一个是完全相同的。即或有些建筑物（构筑物）看起来似乎相同，但建筑场地的条件，或其他因素，一般都会引起一些改动。例如水坝、桥梁或隧道这样的大建筑物就可能与以前的这类建筑物有实质上的区别。因此，土木工程师必须随时准备并乐于应对新的复杂问题。

土木工程具有以下四个基本特点：

（1）社会性——土木工程随社会不同历史时期的科学技术和管理水平而发展。

（2）综合性——土木工程是运用多种工程技术进行勘测、设计、施工工作的成果。

（3）实践性——由于各种影响土木工程的因素既众多又错综复杂，使得土木工程对实践的依赖性很强。

（4）技术、经济和艺术统一性——土木工程是为人类需要服务的，它必然是每个历史时期技术、经济、艺术统一的见证。

（二）学习方法建议

大学对学生的教学和培训主要的形式有课堂教学、实验、工地实习和设计训练等。

1. 课堂教学

课堂教学是学生学习的主要形式，大学的课堂教学与中学有很大区别，一是进度快、内容多。中学时很薄的一本书会反复讲、反复练，而大学中很厚的一本书，很快就讲过去了；二是中学班级小，几十个人一个班级，老师认识每一个学生；大学许多课程按专业甚至按院系上课，经常有2～3个班级一起上课，老师不可能熟悉每一个同学，听课效果好坏，主要靠学生自主努力；三是中学的教学内容是成熟的理论，而大学教学，必须随时代发展增添新的内容。有时教材上还未编入的内容而教师只能根据最新发展情况讲解，这时学生除了要认真听讲以外，还应做必要的笔记。

2. 实验教学

通过实验手段掌握实验技术，弄懂科学原理。其中，物理、化学等均开设实验课，与中学时差别不大，不过内容更加现代化，方法更为先进。在土木工程专业中还开设材料试验、结构检验的实验课，不仅是学习基本理论的需要，同时也是学生熟悉国家有关试验、检测规程，熟悉实验方法及学习撰写试验报告的需要。不应有重理论、轻实验的思想，应认真做好每一次试验，并鼓励学生自主设计、规划试验。

3. 工地实习

贯彻理论联系实际的原则，使学生到施工现场或管理部门去学习生产技术和管理知识。通常一个工地往往很难容纳一个班（几十人）的学生，因此，施工实习常在统一要求下分散进行。不仅是对学生能否在实践中学习知识技能的一种训练，也是对学生的敬业精

神、劳动纪律和职业道德的综合检验。主动认真进行施工实习，虚心向工地工人、工程技术人员请教，可以学到在课堂上学不到的许多知识和技能；但如果马马虎虎，仅为完成实习报告而走过场，则会白白浪费自己宝贵的时间。能否成为土木工程方面的优秀人才，施工实习至关重要。

4. 设计训练

设计是综合运用所学知识，提出自己的设想和技术方案，并以工程图及说明书来表达自己的设计意图，在根本上培养学生自主学习、自主解决问题的能力。

设计土木工程项目一定会受到多方面的约束，这种约束不仅有科学技术方面的，还有人文经济等方面的。使土木工程项目"满足功能需要，结构安全可靠，成本经济合理、造型美观悦目"是设计的总体目的，要做到这一点必须综合运用各种知识，而其答案也不是唯一的，这对培养学生的综合能力，创新能力有很大作用。

四、应用型土木工程人才素质和培养方案

（一）培养目标

我国高等学校土木工程专业的培养目标是：德智体全面发展，具有扎实的基础理论和宽口径的土木工程学科基本知识，获得工程师基本训练，具有较强的应用、研究、开发能力和创新精神的高级土木工程技术人才。学生毕业后可以从事土木工程的设计、施工、管理、研究开发及土木工程教育等工作。

（二）培养要求

本专业学生的培养要求是：主要学习工程力学、岩土力学和土木工程学科的基本理论，受课程设计、试验仪器操作和现场实习等方面的基本训练，具有从事土木工程的设计、施工、研究、管理的基本能力。土木工程专业是一门综合性较强的学科，通过对土木工程专业的学习，学生各种基本素质都要求达到一定的水平，应用型土木工程人才的培养还应包括以下几个方面。

1. 综合分析能力的培养

学生必须应用所掌握的建筑知识，对不同类型的建筑单元和环境规划进行明确的解释、分析与综合，最终设计出既能解决工程实际问题，又充满新意的空间环境。提高学生的综合分析能力，首先需要拓宽学生的知识面，不仅要学习建筑工程科技知识，还要了解哲学、文化、生态等方面的知识；其次要能多角度、多途径地构思空间方案，思维敏捷，目光敏锐，不墨守成规；第三要善于总结经验教训，注重知识积累，加强自信，使学生具备良好的创造性心理品质。

2. 自学能力的培养

21世纪，新理论新技术日新月异，土木工程专业学生要适应社会发展，所学知识要能同步更新，因此，仅仅学习课本知识是远远不够的，还应培养自学能力，主动通过网络和其他途径掌握土木工程理论的最新动向。这样才能开拓知识领域，才能将所学领域的知识融会贯通。

3. 创造性思维和创新能力的培养

土木工程专业的发展体现了以信息化和国际化的时代特征，它的发展离不开创新思维和创新能力的培养。21世纪，各类土木工程专业理论层出不穷，多种设计思想此起彼伏，新型建筑材料不断发明，先进施工工艺纷纷涌现。建筑科技的发展必须与时俱进，土木工程专业理论必须推陈出新。

土木工程专业学生的创新能力的培养需要有深厚的土木工程专业知识作基础，但知识不等于创新能力。创新意识、创造性思维与创造性实践相结合，才能培养出创新能力。土木工程创新意识是指具有敏锐、强烈的空间设计动机；创造性思维是指空间想象丰富，风格新颖独特，能冲破传统模式、独辟蹊径的思维模式；创造性实践是指为了达到预期创造性目标，勤奋探索、刻苦钻研、科学严谨、百折不挠的实践活动。只有将这三者有机地结合在一起，才有利于土木工程专业学生创新能力的培养。

第一章 土木工程的主要类型

第一节 建 筑 工 程

一、概述

建筑是人们为满足生产、生活或其他活动需要的有组织的空间环境。建筑物就是供人们进行生产、生活或开展其他活动的房屋或场所。人类最初的建筑只是为了躲避风雨和防止野兽而建造。人们用树枝、石块构筑巢穴，开始了最原始的建筑活动，见图1-1。

（a）　　　　　　　　　　　　　　　（b）

图1-1 原始建筑物

随着社会生产力的不断发展进步，人类对建筑物的要求也日趋复杂和多样，建筑物的类型也日益丰富和美观；其布局更加合理、设施更加完善、结构更加安全、造价更加经济；并且在环保、节能方面有了巨大的突破，取得了辉煌的成就，例如上海浦东陆家嘴建筑群，见图1-2。

图1-2 上海浦东陆家嘴建筑群

二、建筑工程的分类

（1）民用建筑——非生产性建筑，如：住宅、学校、商业建筑等。

（2）工业建筑——工业生产性建筑，如主要生产厂房、辅助生产厂房等。

（3）农业建筑——农副业生产建筑，如粮仓、畜禽饲养场、种子库等。

三、结构基本构件

每一栋建筑都是由基础、墙、柱、梁、板等基本构件所组成的。

1. 基础

基础指建筑物底部与地基接触的承重构件，它的作用是把建筑上部的荷载传给地基。因此，地基必须坚固、稳定可靠。基础是房屋、桥梁、码头及其他构筑物的重要组成部分。

按使用的材料分为：灰土基础、砖基础、毛石基础、混凝土基础、钢筋混凝土基础。按埋置深度可分为：浅基础、深基础。埋置深度不超过 5m 者称为浅基础，大于 5m 者称为深基础。按受力性能可分为：刚性基础和柔性基础。按构造形式可分为条形基础、独立基础、满堂基础和桩基础；满堂基础又分为筏形基础和箱形基础。

2. 墙

墙是承受板、梁传来的压力及墙的自重的竖向垂直构件，它是民用建筑中的主要组成部分，它不仅关系建筑物的质量，同时直接影响建筑物的自重、材料消耗、工期和造价；墙在建筑物中主要起承重、围护、分隔的作用。

墙的结构布置要合理；有足够强度和稳定性；具有一定的保温和隔热能力；有一定的隔声能力；有防水防潮能力；满足防火要求。墙体结构改革要趋于自重轻、强度高、能尽量采用装配式构件和机械化施工。

按位置分为内墙和外墙。沿建筑物短轴方向布置的墙称为横墙，沿长轴方向布置的墙称为纵墙，位于建筑物两端的外墙称为山墙。

按受力情况分为承重墙和非承重墙，建筑物内部只起分隔作用的非承重墙称为隔墙。在框架结构中，大多数墙是嵌在框架之间的，称为填充墙。支承或悬挂在骨架上的外墙称为幕墙。

按所用材料分为砖墙、石墙、土墙、混凝土墙以及各种天然的、人工的或工业废料制成的砌块墙、板材墙等。

按构造方式分为实体墙、空体墙和组合墙三种类型。实体墙由一种材料构成；如：普通砖墙、砌块墙等。空体墙也是一种材料构成，但材料本身具有孔洞或由一种材料构成墙内留有空腔的墙；例如：空斗墙等。组合墙则是由两种或两种以上材料组合而成的墙。

3. 柱

柱是工程结构中主要承受压力，有时也同时承受弯矩的竖向构件。柱按截面形式可分为方柱、圆柱、管柱、矩形柱、工字形柱、H 形柱、L 形柱、十字形柱、双肢柱、格构柱；按所用材料可分为石柱、砖柱、砌块柱、木柱、钢柱、钢筋混凝土柱、劲性钢筋混凝土柱、钢管混凝土柱和各种组合柱；按柱的破坏特征或长细比可分为短柱、长柱及中长柱；按受力特点可分为轴心受压柱和偏心受压柱。

钢柱常用于大中型工业厂房、大跨度公共建筑、高层建筑、轻型活动房屋、工作平台、栈桥和支架等。钢柱按截面形式可分为实腹柱和格构柱。钢筋混凝土柱（见图1-3）是最常见的柱，广泛应用于各种建筑。钢筋混凝土柱按制造和施工方法可分为现浇柱和预制柱。

图1-3　钢筋混凝土柱

图1-4　钢管混凝土柱

劲性钢筋混凝土柱是在钢筋混凝土柱的内部配置型钢，与钢筋混凝土协同受力，可减小柱的断面，提高柱的刚度，但用钢量较大。

钢管混凝土柱是用钢管作为外壳，内浇混凝土，是劲性钢筋混凝土柱的另一种形式（见图1-4）。

4. 梁

梁是工程结构中的受弯构件，通常水平放置，有时也斜向设置以满足使用要求，如楼梯梁。梁的截面高度与跨度之比一般为1/8～1/16，高跨比大于1/4的梁称为深梁。梁的截面高度通常大于截面的宽度，但因工程需要，梁宽大于梁高时，称为扁梁。梁的高度沿轴线变化时，称为变截面梁。

梁按截面形式可分为矩形梁、T形梁、倒T形梁、L形梁、Z形梁、槽形梁、箱形梁、空腹梁、叠合梁等。按所用材料可分为钢梁、钢筋混凝土梁、预应力混凝土梁、木梁以及钢与混凝土组成的组合梁等（见图1-5）。

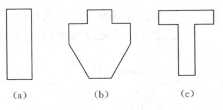

图1-5　钢筋混凝土梁的截面类型
（a）矩形梁；（b）花篮梁；（c）T形梁

按梁的常见支承方式可分为：简支梁［图1-6（a）］：梁的两端搁置在支座上，但支座仅使梁不产生垂直移动，可自由转动。为使整个梁不产生水平移动，在一端加设水平约束，该处的支座称为铰支座；另一端不加水平约束的支座称为滚动支座。

悬臂梁［图1-6（b）］：梁的一端固定在支座上，使该端不能转动，也不能产生水平和垂直移动，称为固定支座；另一端可以自由转动和移动，称为自由端。一端简支另一端固定梁［图1-6（c）］：在悬臂梁的自由端加设滚动支座。两端固定梁［图1-6（d）］：梁的两端都是固定支座。连续梁［图1-6（e）］：具有两个以上支座的

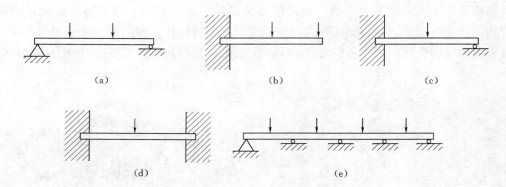

(a) (b) (c)

(d) (e)

图 1-6 梁按支承方式分类

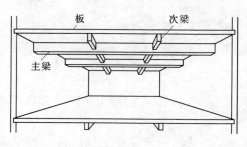

图 1-7 建筑楼盖中的主梁、次梁

梁。梁按其在结构中的位置可分为主梁、次梁、连梁、圈梁、过梁等（图 1-7）。次梁一般直接承受板传来的荷载，再将板传来的荷载传递给主梁。主梁除承受板直接传来的荷载外，还承受次梁传来的荷载。连梁主要用于连接两榀框架，使其成为一个整体。圈梁一般用于砖混结构，将整个建筑围成一体，增强结构的抗震性能。过梁一般用于门窗洞口的上部，用以承受洞口上部结构的荷载。

5. 板

板指平面尺寸较大而厚度较小的受弯构件，通常水平放置，但有时也斜向设置（如楼梯板）或竖向设置（如墙板）。板在建筑工程中一般应用于楼板、屋面板、基础板、墙板等。

板按平面形式可分为方形板、短形板、圆形板及三角形板，按截面形式可分为实心板、空心板、槽形板，按所用材料可分为木板、钢板、钢筋混凝土板、预应力板等。

板按受力形式可分为单向板（图 1-8）和双向板（图 1-9）。

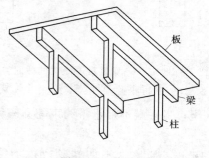

图 1-8 单向板

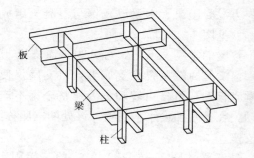

图 1-9 双向板

单向板指板上的荷载沿一个方向传递到支承构件上的板，双向板指板上的荷载沿两个方向传递到支承构件上的板。当矩形板为两边支承时为单向板；当有四边支承时，板上的荷载沿双向传递到四边，则为双向板。但是，当板的长边比短边长很多时，板上的荷载主要沿短边方向传递到支承构件上，而沿长边方向传递的荷载则很少，可以忽略不计，这样的四边支承板也可看作单向板。

6. 拱

拱为曲线结构，主要承受轴向压力，广泛应用于拱桥建筑，在建筑中应用较少，其典型应用为砖混结构中的砖砌门窗拱形过梁，亦有拱形的大跨度结构见图 1-10、图 1-11。

图 1-10 拱桥

图 1-11 拱形过梁门窗

7. 桁架

截面尺寸远小于其长度的构件，主要承受轴向压力或拉力（杆）。在房屋建筑中经常由他们组成平面桁架或空间网架，见图 1-12。

(a)

(b)

图 1-12 空间桁架

8. 框架

框架是由梁和柱刚性连接的骨架结构。国外多用钢为框架材料，国内主要为钢筋混凝土框架。钢筋混凝土框架，要求构造上把节点做成刚接，刚节点的处理要有足够数量的钢筋，满足一定的构造要求。框架结构的特点就在于"刚节点"。框架结构不仅梁的跨度可以扩大，而且房屋的层数也可以增加。框架结构体系是六层以上多层与高层房屋的一种理想的结构体系。框架结构的优点是强度高，自重轻，整体性和抗震性好，建筑平面布置灵活，可以获得较大的使用空间。

四、建筑结构类型

建筑物按层数可以分为，单层、多层，高层、超高层与特种构筑物。

（一）单层与多层建筑

1. 单层建筑

单层建筑按使用目的可分为民用单层建筑和单层工业厂房。民用单层建筑一般采用砖混结构，即墙体采用砖墙，屋面板采用钢筋混凝土板，多用于单层住宅、公共建筑、别墅等。

单层工业厂房一般采用钢筋混凝土柱或钢结构柱，屋盖采用钢屋架结构。按结构形式可分为排架结构和刚架结构。排架结构指柱与基础为刚接，屋架与柱顶的连接为铰接。刚架结构也称框架结构，即梁或屋架与柱的连接均为刚性连接的结构。

单层工业厂房如图1-13所示。当前，新出现的轻型钢结构建筑如图1-14所示，柱子和梁均采用变截面H型钢，梁柱的连接节点作成刚接，因施工方便、施工周期短、跨度大、用钢量经济，在单层厂房、仓库、冷库、候机厅、体育馆中已有越来越广泛的应用。

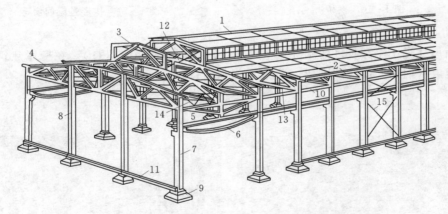

图1-13　单层装配式钢筋混凝土厂房

1—屋面板；2—天沟板；3—天窗架；4—屋架；5—托架；6—吊车梁；
7—排架柱；8—抗风柱；9—基础；10—连系梁；11—基础梁；
12—天窗架垂直支撑；13—屋架下弦横向水平支撑；
14—屋架端部垂直支撑；15—柱间支撑

新出现的拱形彩板屋顶建筑如图1-15所示，用拱形彩色热镀锌钢板作为屋面，自重轻、工期短、造价低，彩板之间用专用机具咬合缝，不漏水，已在很多工程中采用。

2. 大跨度建筑

大跨度建筑指跨度大于60m的建筑。它常用于展览馆、体育馆、飞机机库等，其结

构体系有很多种，如网架结构、悬索结
构、薄壳结构、充气结构、应力膜皮结
构、混凝土拱形桁架结构等。

（1）网架结构。网架结构为大跨度结
构最常见的结构形式，因其为空间结构，
故一般称为空间网架（图1-16）。其杆件
多采用钢管或型钢，现场安装。我国第一
座网架结构是1964年建造的上海师范学
院球类房，平面尺寸为31.5m×40.5m，
用角钢制作。首都体育馆平面尺寸99m×
112.2m，为我国矩形平面屋盖中跨度最

图1-14 轻型钢结构厂房

大的网架。上海体育馆平面为圆形，直径110m，挑檐7.5m，是目前我国跨度最大的网
架结构。

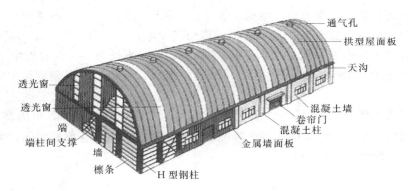

图1-15 拱形彩板屋顶建筑

图1-16 网架结构图

图1-17 北京亚运村朝阳体育馆

近10年来，网架结构在我国工业厂房屋盖中得到大面积的推广应用，其建筑覆盖面
积超过300万 m²。

（2）悬索结构。悬索结构是将桥梁中的悬索应用到房屋建筑中，可以说是土木工程中
结构形式互通互用的典型范例。如北京亚运会的朝阳体育馆（图1-17），其平面呈橢椭

形，长、短径分别为 96m 和 66m，屋面结构为索网—索拱结构，由双曲钢拱、预应力三角大墙组成，造型新颖，结构合理。

（3）薄壳结构。薄壳结构常用的形状为圆顶、筒壳、折板、双曲扁壳和双曲抛物面壳等。

圆顶结构是轴对称结构，在轴对称荷载作用下，将只产生两种力：径向力和环向力。径向力为沿经线方向的力，因其要平衡垂直向下的荷载，所以必定为压力。环向力为沿纬线方向的力。

圆顶可为光滑的，也可为带肋的。我国最大直径的混凝土圆顶为新疆某金工车间的圆顶屋盖，世界上最大的混凝土圆顶为美国西雅图金郡圆球顶，直径为 202m。

（4）充气结构。充气结构又称充气薄膜结构，它是在玻璃丝增强塑料薄膜或尼龙布罩内部充气形成一定的形状，作为建筑空间的覆盖物。

1975 年的美国密执安州庞蒂亚光城"银色穹顶"空气薄膜结构室内体育馆，平面尺寸为 234.9m×183.0m，高 62.5m，是目前世界上规模最大的充气薄膜结构。

（5）应力膜皮结构。应力膜皮结构一般是用金属薄板做成很多块各种板片单元焊接而成的空间结构。1959 年建于美国巴顿鲁治的应力膜皮屋盖，直径为 117m，高 35.7m，由一个外部管材骨架形成的短程线桁架系来支承 804 个双边长为 4.6m 的六角形钢板片单元，钢板厚度大于 3.2mm，钢管直径为 152mm，壁厚 3.2mm。这是膜皮结构应用于大跨结构的首例。

（6）混凝土拱形桁架。混凝土拱形桁架在以前的工程中应用较多，但因其自重较大，施工复杂，现已很少采用。目前，最大跨度的拱形桁架为贝尔格莱德的机库，为预应力混凝土桁架结构，跨度为 135.8m。

3. 多层建筑

多层建筑一般指低于 24m 的建筑。其常用的结构形式为混合结构和框架结构。混合结构指用不同的材料建造的房屋，通常墙体采用砖砌体，屋面和楼板采用钢筋混凝土，故亦称砖混结构。目前，我国的混合结构最高已达到 11 层，局部已达到 12 层。

以往混合结构的墙体主要采用普通黏土砖，但因普通黏土砖的制作需要毁掉大量的农田取土烧砖，其能耗高、自重大、工效低，因此，国家已逐渐在各地区禁止大面积使用普通黏土砖，进而推广空心砌块的应用。

多层建筑可采用现浇，也可采用预制装配式结构。其中，现浇钢筋混凝土结构整体性好，适于各种有特殊布局的建筑；装配式结构采用预制构件，现场组装，其整体性较差，但便于工业化生产和机械化施工。随着泵送混凝土的出现，使混凝土的浇筑变得方便快捷，机械化施工程度已较高，因此近年来，多层建筑已逐渐趋向于采用现浇混凝土结构，见图 1－18。

（二）高层与超高层建筑

高层建筑在中华人民共和国成立以后发展迅猛（见图 1－19），特别是进入 20 世纪 90 年代以后，高层和超高层建筑如雨后春笋般在各大城市涌现。目前，世界上最高的建筑为哈利法塔（原名迪拜塔）（图 1－20）位于阿拉伯联合酋长国迪拜。总高度 828m，162 层，2010 年落成使用。世界上排名第二的是中国台北的国际金融大厦（台北 101 大厦），高

图 1-18 多层建筑

图 1-19 高层建筑

508m。目前国内最高的建筑为中国上海环球金融中心（图 1-21），492m 高、101 层，于 2008 年建成，其高度世界排名第三。高层结构的主要结构形式有：框架结构，框架—剪力墙结构，剪力墙结构，框支剪力墙结构，筒体结构等。

图 1-20 迪拜哈利法塔

图 1-21 上海环球金融中心

1. 框架结构

框架结构指由梁和柱刚性连接而成骨架的结构，如图 1-22 所示。框架结构的优点是强度高、自重轻、整体性和抗振性能好。因其采用梁柱承重，因此建筑平面布置灵活，可获得较大的使用空间。框架结构使用广泛，主要应用于多层工业厂房、仓库、商场、办公楼等建筑。

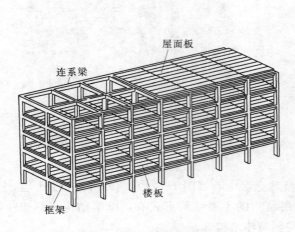

图 1-22　框架结构

图 1-23　北京长富宫饭店

框架结构因其受力体系是由梁和柱组成，所以承受竖向荷载是合理的，竖向荷载对结构的设计起了控制的作用，其承受水平荷载方面能力很差。因此仅适用于房屋高度不大、层数不多时采用。但层数较多时，其水平荷载将起很大的影响，会造成梁、柱的截面尺寸很大，在技术经济上不如其他结构体系合理。如北京的长富宫饭店（图 1-23），地下 2 层，地上 26 层，地面上总高度为 90.85m。

2. 框架—剪力墙结构

剪力墙即为一段钢筋混凝土墙体，因其抗剪能力很强，故称为剪力墙。如图 1-24 所示。在框架—剪力墙结构中，框架与剪力墙协同受力，剪力墙承担绝大部分水平荷载，框架则以承担竖向荷载为主，这样，可以大大减小柱子的截面。

剪力墙在一定程度上限制了建筑平面布置的灵活性。这种体系一般用于办公楼、旅馆、住宅以及某些工艺用房。广州中天广场大厦（办公楼）（图 1-25）为 80 层的框架—剪力墙结构。

3. 剪力墙结构

当房屋的层数更高，其横向水平荷载对结构设计起控制作用时，如仍采用框架—剪力墙结构，剪力墙将需布置得非常密集，这时，宜采用剪力墙结构（图 1-26），即全部采用纵横布置的剪力墙组成，剪力墙不仅承受水平荷载，亦用来承受竖向荷载。

剪力墙结构因剪力墙的存在，其空间分隔固定，建筑布置极不灵活，所以一般用于住宅、旅馆等建筑。

广州的白云宾馆（建于 1976 年），地上 33 层，地下一层，高 112.45m，采用钢筋混凝土剪力墙结构，是我国第一座超过 100m 的高层建筑（图 1-27）。

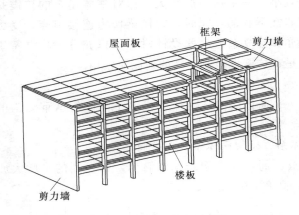

图 1-24 框架—剪力墙结构

图 1-25 广州中天广场大厦

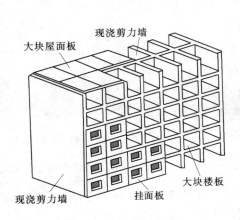

图 1-26 剪力墙结构

图 1-27 广州白云宾馆

4. 框支剪力墙结构

现代城市用地日趋紧张，为合理利用土地，常采用上部为住宅楼或办公楼，而下部开设商店的结构形式。而这两种形式的功能完全不同，上部住宅楼和办公楼需要小开间，比较适合采用剪力墙结构，而下部的商店则需要大空间，适合采用框架结构。为满足这种建筑功能的要求，必须将这两种结构组合在一起。这就需要在其交界位置设置巨型的转换大梁，将上部剪力墙的荷载传到下部柱子上。这种结构体系，称为框支

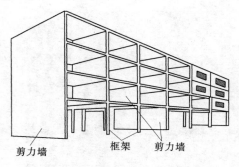

剪力墙   框架   剪力墙

图 1-28 框支剪力墙结构

剪力墙体系（图 1-28）。

框支剪力墙结构中的转换大梁一般高度较大，常接近于一个层高。因此，该层常常用做设备层。上部的剪力墙刚度较大，而下部的框架结构刚度较小，其差别一般较大，这对整体建筑的抗震是非常不利的，同时，转换梁作为连接节点，受力亦非常复杂，因此设计时应予以充分考虑，特别是在抗震设防要求高的地区应慎用。

5. 筒体结构

筒体结构是由一个或多个筒体作承重结构的高层建筑体系，适用于层数较多的高层建筑。

筒体结构可分为框筒体系、筒中筒体系、桁架筒体系、成束筒体系等。

（1）框筒体系。指内芯由剪力墙构成，周边为框架结构的筒体，如深圳的华联大厦（建于 1989 年），地上 26 层，地下 1 层，高 88.8m（图 1-29）。

图 1-29 深圳华联大厦   图 1-30 广东国际大厦   图 1-31 香港中国银行大厦

（2）筒中筒体系。当周边的框架柱布置较密时，可将周边框架视为外筒，而将内芯的剪力墙视为内筒，则构成筒中筒体系，如广东国际大厦（建于 1990 年），地上 63 层，地下 3 层，高 200.18m（图 1-30）。

（3）桁架筒体系。在筒体结构中，增加斜撑来抵抗水平荷载，以进一步提高结构承受水平荷载的能力，增加体系的刚度。这种结构体系称为桁架筒体系。如 1990 年建成的香港中国银行大厦，平面为 52m×52m 的正方形，72 层，315m 高，至天线顶高为 367.4m（图 1-31）。上部结构为 4 个巨型三角形桁架，斜腹杆为钢结构，竖杆为钢筋混凝土结构。钢结构楼面支承在巨型桁架上。4 个巨型桁架支承在底部三层高的巨大钢筋混凝土框架上，最后由 4 根巨型柱将全部荷载传至基础。4 个巨型桁架延伸到不同的高度，最后只有一个桁架到顶。

(4) 成束筒体系。成束筒体系是由多个筒体组成的筒体结构。最典型的成束筒体系建筑应为美国芝加哥的西尔斯塔楼（建于 1974 年），地上 110 层，地下 3 层，高 443m，加两根电视天线高 475.18m，采用钢结构成束筒体系（图 1-32，图 1-33）。1～50 层由 9 个小方筒连组成一个大方形筒体，51～66 层截去对角线上的 2 个筒，67～90 层又截去另一对角线上的另两个筒，91 层以上只保留 2 个筒，形成立面的参差错落，使立面富有变化和层次，简洁明快。

图 1-32　西尔斯塔楼

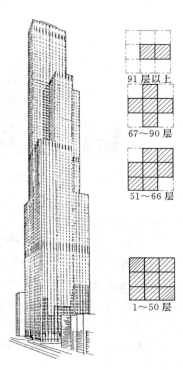

91 层以上

67～90 层

51～66 层

1～50 层

图 1-33　西尔斯塔楼筒体
不同高度的截面

(三) 特种构筑物

特种构筑物是指具有特种用途的工程结构，包括高耸结构、海洋工程结构、管道结构和容器结构等。本节仅介绍工业中常用的几种特种构筑物。

1. 烟囱

烟囱是工业中常用的构筑物，是把烟气排入高空的高耸结构，能改善燃烧条件，减轻烟气对环境的污染。烟囱按建筑材料可分为砖烟囱、钢筋混凝土烟囱和钢烟囱三类。

砖烟囱的高度一般不超过 50m，一般是用普通黏土砖和水泥石灰砂浆砌筑。

钢筋混凝土烟囱多用于高度超过 50m 的烟囱，其外形多为圆锥形，按内衬布置方式的不同，可分为单筒式、双筒式和多筒式。目前，我国最高的单筒式烟囱是山西神头二电厂 270m 高的烟囱（图 1-34）。最高的双管烟囱是辽宁绥中电厂 270m 高的钢筋混凝土双管烟囱。现在世界上已建成的高度超过 300m 的烟囱已有数十座，其中加拿大安大略一座 379.6m 高的金属烟囱是世界上最高的烟囱。

图 1-34　山西神头二电厂

2. 水塔

水塔是储水和配水的高耸结构，是给水工程中常用的构筑物，用来保持和调节给水管网中的水量和水压。水塔由水箱、塔身和基础三部分组成。

水塔按建筑材料分为钢筋混凝土水塔、钢水塔、砖石塔身与钢筋混凝土水箱组合的水塔。过去欧洲曾建造过一些具有城堡式外形的水塔。法国有一座多功能的水塔，在最高处设置水箱，中部为办公用房，底层是商场。我国也有烟囱和水塔建在一起的双功能构筑物。水箱的形式分为圆柱壳式、倒锥壳式，在我国这两种形式应用最多，此外还有球形、箱形、碗形和水珠形等多种形式的水塔。

3. 水池

水池同水塔一样用于储水。不同的是：水塔用支架或支筒支承，而水池多建造在地面或地下。水池按材料可分为钢水池、钢筋混凝土水池、钢丝网水泥水池、砖石水池等。按平面形状可分为矩形水池和圆形水池（图 1-35）。

按水池的施工方法可分为预制装配式水池和现浇整体式水池。按水池的配筋形式可分为预应力钢筋混凝土水池和非预应力钢筋混凝土水池。

4. 筒仓

筒仓是贮存粒状和粉状松散物体（如谷物、面粉、水泥、碎煤、精矿粉等）的立式容器，可作为生产企业调节和短期贮存生产用的附属设施，也可作为长期贮存粮食的

图 1-35　室外泳池

仓库。

根据所用的材料，筒仓可做成钢筋混凝土筒仓、钢筒仓和砖砌筒仓。钢筋混凝土筒仓又可分为整体式浇筑和预制装配、预应力和非预应力的筒仓。按平面形状的不同，筒仓可做成圆形、矩形（正方形）、多边形和菱形，目前国内使用最多的是圆形和矩形（正方形）筒仓。圆形筒仓的直径为 12m 或 12m 以下时，采用 2m 的倍数；12m 以上时采用 3m 的倍数。按筒仓的贮料高度与直径或宽度的比例关系，可将筒仓划分为浅仓和深仓（图 1-36）。

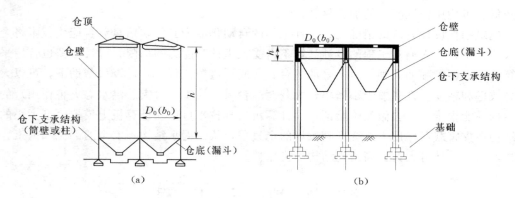

图 1-36 筒仓结构示意图
(a) 深仓；(b) 浅仓

浅仓和深仓的划分界限为：

当 hD_0（或 h/b_0）$\geqslant 1.5$ 时为深仓；

当 hD_0（或 h/b_0）< 1.5 时为浅仓。

式中 h——贮料计算高度；

D_0——圆形筒仓的内径；

b_0——矩形筒仓的短边（内侧尺寸）或正方形筒仓的边长（内侧尺寸）。

（四）发展趋势及未来展望

现代高层建筑结构的发展与建筑材料的发展、结构理论的完善、建筑技术的应用以及建筑设备的发明密不可分。

功能的多样化要求公共建筑和住宅建筑的结构布置要与水、电、煤气供应，以及室内温、湿度调节控制等现代化设备相结合。许多工业建筑则提出了恒湿、恒温、防微振、防腐蚀、防辐射、防磁、无微尘等要求，并向跨度大、分隔灵活、工厂花园化的方向发展。建筑结构材料逐渐以钢筋混凝土、钢材以及轻质高强、环保的材料为主。

经济的不断发展和人口的迅速增长造成了城市用地紧张、交通拥挤、地价昂贵，又迫使建筑结构向高层和地下发展。现代化城市建设是地面、空中、地下同时展开的，形成了立体化发展的局面。建筑结构的类型又多以框架、剪力墙、框架剪力墙、筒体结构等为主流。

未来会有许多重大工程项目将陆续兴建，人类也将向太空、海洋、荒漠开拓；建筑结构所用的材料将向质轻、高强、多功能化方向发展，将对建筑结构的材料、设计、施工技术等方面提出更高的要求。

建筑结构的材料将在现有钢材、混凝土、木材和砖石的基础之上有较大的突破。传统材料的改性、化学合成材料的应用会更加普遍。目前，应用较广的混凝土材料将会在强度低（比钢材）、韧性差、重量大等方面得到改善。钢材的易锈蚀、不耐火问题也会逐渐被解决。目前，主要用于门窗、管材、装饰材料的化学合成材料将会成为大面积围护材料及结构骨架材料。一些具有耐高温、保温隔声、耐磨耐压等优良性能的化工制品，将用于制造隔板等非承重功能构件。轻质、高强、耐腐蚀碳纤维不仅可用于结构补强，而且在其成本降低后可望用作混凝土的加筋材料。

建筑结构设计方法的精确化、设计工作的自动化成为必然，信息和智能化技术将全面引入建筑工程。人们对工程的设计计算不再受人类计算能力的局限，设计绘图也普遍采用计算机。大型工程如大坝、海上采油平台、海底隧道等工程，在计算机帮助下，可以大大提高效率和精度。许多毁于小概率、大载荷（台风、地震、火灾、洪水等灾害作用）的工程结构性能很难一一去做实验验证，而计算机仿真技术可以在计算机上模拟原型大小的工程结构在灾害载荷作用下从变形到倒塌的全过程，从而揭示结构不安全的部位和因素。用此技术指导设计可大大提高工程结构的可靠性。

第二节 地 下 工 程

一、地下工程的特点与分类

（一）地下工程的特点

（1）地下工程建设的无限性与制约性。

（2）地下工程建设的层次性与不可逆性。

（3）地下工程的致密性与稳定性。

地下空间是岩石圈空间的一部分，它具有致密性和构造单元的长期稳定性，因此地下工程受地震的破坏作用要比地面建筑轻得多。

（二）地下工程的分类

（1）按地下工程的用途分类有：地下交通工程、地下人防工程、地下国防工程、地下贮库工程、地下工业工程、地下商业工程、地下居住工程、地下旅游工程、地下宗教工程、地下市政管线工程。

（2）按地下工程的存在环境及建造方式分类：

1）岩石中的地下工程。包括如下三种形式：一是现代城市在岩石中建设的各种地下工程；二是开发地下矿藏、石油而形成的废旧矿井空间加以改造利用而形成的地下工程；三是利用和改造天然溶洞形成的地下工程。

2）土中地下工程。根据建造方式分为单建式和附建式两类。单建式地下工程，是指地下工程独立建在土中，在地面以上没有其他建筑物；附建式地下工程，是指各种建筑物的地下室部分。

二、地下工程的设计方法

地下工程的设计内容包括工程选址、工程规模的确定、工程建筑结构方位与排列布置方式的选择、掘进程序安排、掘进方式与支护结构的选择等。

与地面工程建筑结构设计所不同的是，地下工程结构设计不仅要考虑应力、应变等可量化的因素，而且还需考虑岩性、时效等多种难以量化的因素。因此，地下工程设计所使用的方法往往是多种方法的综合。常涉及 3 种方法：理论分析法、观测比拟法、经验类比法。

（1）理论分析法用于分析和确定硐室围岩及支护结构的应力和应变。该方法包括解析法、数值法（有限差分法、有限单元法、边界元法、离散元法等）和相似模拟法等。

（2）观测比拟法主要用于验证已执行设计的可靠性，为设计的调整或修改提供依据。

（3）经验类比法是通过对已建成的地下工程结构的观测结果和稳定性条件分析，归纳出对工程有利或不利的条件类型，然后根据待建工程的条件类属提出相应的结构措施。目前，经验类比法是地下工程设计最常用的方法。例如，根据工程岩体的结构类型确定掘进和支护方式就属于经验类比法。

应当指出的是，任何设计方法都是建立在工程地质信息基础之上的。工程地质信息包括岩体的岩性和结构特征、待建工程所处位置的原始应力场、地下水的赋存和径流条件等。

三、地下工程的发展趋势

合理的开发和利用地下空间是解决城市有限土地资源和改善城市生态环境的有效途径。目前城市地下空间的开发深度已达 30m 左右，有人曾大胆地估计，即使只开发相当于城市总容积 1/3 的地下空间，就等于全部城市地面建筑的容积。足以说明，地下空间资源的潜力是很大的。所以，地下工程的发展不仅可为人类的生存开拓广阔的空间，还具有良好的热稳定性和密封性以及抗灾和防护性能，其社会、经济、环境等多方面的综合效益良好，对节省城市占地、节约能源、克服地面各种障碍、改善城市交通、减少城市污染、扩大城市空间容量、节省时间、提高工作效率和提高城市生活质量等方面，都起到了积极的作用，是现代化城市建设的必由之路。

（1）地下工程用途更为广泛。

（2）关注减少地下工程的负面影响。

（3）地下工程与采能技术相结合。

（4）地下工程全过程数字化技术。

（5）新技术层出不穷。

四、地下电站

地下水力、核能、火力发电站和压缩空气站，均属于动力类地下厂房。无论在平时或战时，都是国民经济的核心部门。

1. 地下水电站

地下水电站可以划分为两种主要类型，即利用江河水源的地下水力发电站和循环使用地下水的抽水蓄能水电站。地下水电站可以充分利用地形、地势、尤其在山谷狭窄地带，在地下建站、布置发电机组，十分经济有效。电站建于地下，可获得更大水力压头，并且在枯水季节，水位较低时也能发电。

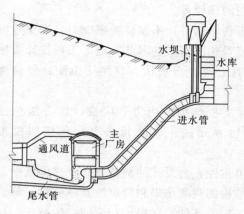

图 1-37　地下水电站布置

地下水电站包括地上和地下一系列建筑物和构筑物，可概括为水坝和电站两大部分。水坝属于大型水工建筑，电站主要包括主厂房、副厂房、变配电间和开关站等。地下水电站的布置如图 1-37 所示。

2. 地下抽水蓄能水电站

地下抽水蓄能水电站，有时也称地下扬水水电站。这种水电站通常设于千米左右的地下深处，具有地上、地下两个水库。供电时，水由地上水库、经水轮发电机发电后流入地下水库；供电低峰时，用多余的电力反过来将地下水库的水抽回原地面水库，以便循环使用。深部电站和地下蓄水水库的建设，施工比较困难，而且造价高。但是由于蓄能电站在电力负荷高峰时供电，低峰时抽水，对解决电网负荷不均问题十分有利。同时其耗水量少，且又不受水库容量变化的影响、生产平稳、成本低、不占土地、不污染环境，因此在水力资源丰富、工业发达的国家得到应用和发展。

3. 原子能发电站

地下原子能发电站有半地下式和完全地下式两类，如图 1-38 所示。

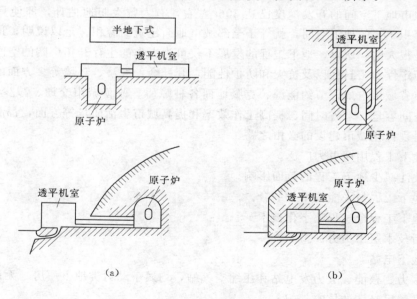

图 1-38　地下原子能发电站形式
（a）半地下式；（b）全地下式

半地下式原子能发电站，关键设备进入地下。地下原子能发电站的优点表现在：不需要宽阔的平坦地，在海岸和山区均可修建，选址容易；岩体对地下放射物质有良好的遮蔽效果；抗震性好、并具有良好的防护性。

五、地下仓库

地下环境对于许多物质的贮存有突出的优越性，地下环境的热稳定性、密闭性和地下建筑良好的防护性能，为在地下建造各种贮存库提供了十分有利的条件。目前各种类型的地下贮藏设施，在地下工程的建造总量中已占据很大的比重。

如图 1-39 所示的采用变动水位法的地下水封油库，洞罐内的油面位置固定，充满洞罐顶部，而底部水垫层的厚度则随贮油量的多少而变化。贮油时，边打油边排水发油时，边抽油边进水。罐内无油时，洞罐整个被水充满。这样既可以利用水位的高低调节洞罐内的压力，又可避免油面较低时，洞罐上部空间加大，油品挥发使充满油气的空间存在爆炸的危险。

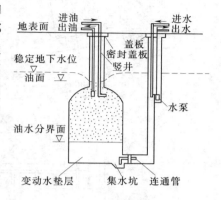

图 1-39　水封油库（变动水位法）

六、城市地下综合体

城市地下空间的开发利用，已经成为现代城市规划和建设的重要内容之一。一些大城市从建造地下街、地下商场、地下车库等建筑开始，逐渐发展为将地下商业街，地下停车场和地下铁道，管线设施等结合为一体，形成与城市建设有机结合的多功能地下综合体。因此，地下综合体可以考虑定义为建设沿三维空间发展的，地下连通的，结合交通、商业贮存、娱乐、市政等多种用途的大型公共地下建筑。地下综合体具有多重功能、空间重叠、设施综合的特点，应与城市的发展统筹规划、联合开发和同步建设。

1. 地下街

地下街是城市的一种地下通道，不论是联系各个建筑物的，或是独立修建的均可称之。其存在形式可以是独立实体或附属于某些建筑物。

地下街在国土小、人口多的日本最为发达。东京八重州地下街，是日本最大的地下街之一。长度 6km，面积 6.8 万 m²，设有 141 个商店，与 51 座大楼连通，每天活动人数超过 300 万人。

地下街在我国的城市建设中起着多方面的积极作用，其具体表现为：

（1）有效利用地下空间，改善城市交通。近年来我国地下街均建于大城市的十字交叉口人流车流繁忙地段，修建地下街实现了人车分流，改善了交通。

（2）地下街与商业开发相结合，活跃市场，繁荣了城市经济。

（3）改善城市环境，丰富了人民物质与文化生活。

2. 地下商场

商业是现代城市的重要功能之一。我国的地下空间的开发和利用，在经历了一段以民防地下工程建设为主体的历程后，目前正逐步走向与城市的改造、更新相结合的道路。大批中国式的大中型地下综合体、地下商场在一些城市建成，并发挥了重要的社会作用，取得了良好的经济效益。图 1-40 是河南开封相国寺地下商场平、剖面图。

3. 地下停车场

近年来我国若干大城市的停车问题已日益尖锐，大量道路路面被用于停车，加重了交通

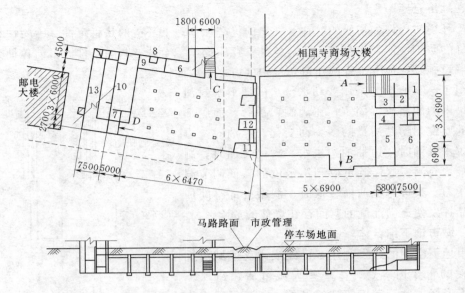

图 1-40　开封相国寺地下商场平、剖面

1—配电室；2—广播室；3—公安办公室；4—办公室；5—会议室；
6—风机房；7—滤毒室；8—泵房；9—卫生间；10—通风除湿室；
11—办公室；12—值班室；13—人行坡道；A、B、C、D—出入口

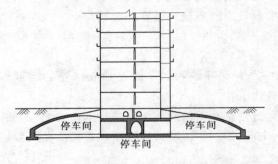

图 1-41　附建在高层住宅楼的装配式地下停车库

的混乱，对有组织公共停车的需求已十分迫切。目前在长沙、上海、沈阳等城市建造了多座地面多层停车场，但由于规划不当和体制、管理等方面的原因，效果都不理想，综合效益较差。因此，鉴于我国城市用地十分紧张的情况，跨越在地面上建设多层停车场的发展阶段（国外在 20 世纪 60 年代曾经历过这一阶段），结合城市再开发和地下空间综合利用的规划设计，直接进入以发展地下公共停车设施为主的阶段，是合理和可行的。目前我国上海、北京、沈阳等大城市结合地下综合体的建设，正在建造地下公共停车场，容量从几十辆到几百辆。图 1-41 为城市地下停车库的形式之一。

第三节　道路与铁路工程

一、道路工程

道路是交通的基础，它的主要功能是作为城市与城市、城市与乡村、乡村与乡村之间的联系通道。

（一）道路的分类、组成与结构

1. 道路分类

当前我国的公路等级按照其使用任务、功能和适应的交通量分为：高速公路、一级公

路、二级公路、三级公路、四级公路五个等级。

表 1-1 我国公路等级分类

分　类	要　求
高速公路	专供汽车分向、分车道行驶，全部控制出入的干线公路。一般按照需要设计高速公路的车道数，设计年限平均昼夜交通量为 25000～100000 辆
一级公路	专供汽车分向、分车道行驶的公路，设计年限平均昼夜交通量为 15000～30000 辆
二级公路	一般能适应年限平均昼夜交通量为 3000～7500 辆
三级公路	一般能适应年限平均昼夜交通量为 1000～4000 辆
四级公路	一般为双车道 1500 辆以下，单车道 200 辆以下

按照公路的位置以及在国民经济中的地位和运输特点的行政管理体制来分类为：国道、省道、县道、乡（镇）道及专用公路等几种。

国道由国家统一规划，由各所在省市自治区负责建设、管理、养护。省道是在国道网的基础上，由省对具有全省意义的干线干路加以规划，并且建设、管理、养护。县道中的主要路段由省统一规划、建设和管理，一般路段由县自定并建设、管理和养护。乡镇路主要为乡村服务，由县统一规划组织建设、管理和养护。专用道为厂区、林区、矿区、港区的道路，由专用部门自行规划、建设、管理和养护。

2. 道路组成与结构

如前所述，公路是设置在大地表面供各种车辆行驶的一种带状构筑物。主要由几何（或称线形）和结构两部分组成。

（二）高速公路

汽车是速度快、独特、灵活的运输工具。但是在一般公路上，各种车辆混合行驶，以及非机动车辆和人流的干扰，严重地影响着汽车的行驶速度和交通安全。为了满足现代交通的大流量、高速度、重型化、安全、舒适的要求，高速公路就因此而诞生了。

近年来，许多国家已在主要城市和工业中心之间修建高速公路连通，形成了全国性的高速公路网。一些国家还将主要高速公路通向其他国家，称为国际交通干线。

中华人民共和国成立后，随着我国国民经济的迅猛发展，高速公路也得到迅速的发展。我国已建成的高速公路总里程居世界第三位，仅次于美国和加拿大。

高速公路是一种具有四条以上车道，路中央设有隔离带，分隔双向车辆行驶，互不干扰，全封闭，全立交，控制出入口，严禁产生横向干扰，为汽车专用，设有自动化监控系统，以及沿线设有必要服务设施的道路（图 1-42，图 1-43）。高速公路的造价很高、占地多。如目前我国的高速公路，每公里造价大约 3000 万元左右，路基宽按照 26m 计算，则每公里占用土地约 $0.03km^2$ 以上。但是从其经济效益与成本比较看，高速公路的经济效益还是很显著的。

1. 高速公路的特点

（1）行车速度快、通行能力大。一般高速公路行车速度在 120km/h 以上。一条车道每小时可通过 1000 辆中型车，比一般公路高出 3～4 倍。

（2）物资周转快、经济效益高。一般运距在 300km 以内，使用大吨位车辆运输，无

图 1-42 高速公路　　　　　　　　　　　　　图 1-43 高速公路

论从时间上，还是从经济角度来考虑，均优于铁路和普通公路运输。虽然高速公路的投资大，但是综合经济效益也大，能促进沿路地区的经济发展，其投资成本一般在 5～7 年内收回。

（3）交通事故少、安全舒适。因为高速公路有严格的管理系统，全程采用先进的自动化交通监控手段和完善的交通设施，全封闭、全立交，无横向干扰，因此交通事故大幅度下降。据国外资料统计，与普通公路相比，交通事故美国下降 56％，英国下降 62％，日本下降 89％。

2. 高速公路的线形设计标准

高速公路的几何设计标准比其他等级的公路要求高，具体规定各国有所不同。我国公路工程技术标准的规定主要如下：

（1）最小平曲线半径及超高横坡限制。对于设计车速为 120km/h 的高速公路，平曲线的一般最小半径为 1000m，极限最小半径为 650m，超高横坡限值为 10％（图 1-44）。

(a)　　　　　　　　　　　　　　　　　　　　(b)

图 1-44 公路
(a) 普通公路；(b) 高速公路

（2）最大纵坡和竖曲线。高速公路的最大纵坡限为 3％（平原微丘区）～5％（山岭区）。竖曲线极限最小半径：凹形为 4000m，凸形为 11000m。

（3）线形要求。高速公路应保证司机有良好的预知，因此不应当出现急剧的起伏和扭曲的线形，并且线形保持连续、调和和舒顺，即在视线所及的一定线路内不出现转折、错位、突变、虚空或遮断等，线形彼此有良好的配合，圆滑舒畅，没有过大差比。

（4）横断面。行车带的每一行驶方向至少有两个车道，便于超车。车道宽3.75m。一般在平原微丘区设中央分隔带宽为3.00m。

3. 高速公路沿线设施

高速公路沿线有安全设施、交通管理设施、服务性设施、环境美化设施等。

安全设施一般包括标志（如警告、限制、指示标志等）、标线（用文字或图形来指示行车的安全设施）、护栏（有刚性护栏、半刚性护栏、柔性护栏等）、隔离设施（如：金属网、常青绿篱等）、照明及防眩设施（为保证夜间行车的安全所设置的照明灯、车灯灯光防眩板等）、视线诱导设施（为保证司机视觉及心理上的安全感，所设置的全线设置轮廓标）等。

交通管理设施一般为高速公路入口控制、交通监控设施（如检测器监控、工业电视监控、通信联系的电话、巡逻监视）等。

服务性设施一般有综合性服务站（包括停车场、加油站、修理所、餐厅、旅馆、邮局、通信室、休息室、厕所、小卖部等）、小型休息点（以加油为主，附设厕所、电话、小块绿地、小型停车场等）、停车场等。

环境美化设施是保证司机高速行驶时在视觉上、心理上协调的重要环节。因此高速公路在设计、施工、养护、管理的全过程中，除要满足工程和交通的技术要求外，还要从美学观点出发，经过多次调整、修改，使高速公路与当地的自然风景协调而成为优美的彩带。

（三）城市道路

通达城市各个地区，供城市内交通运输及行人使用，便于居民生活、工作及文化娱乐活动，与城市外道路连接并承担对外交通的道路称为城市道路。城市道路一般比公路宽阔，为适应城市里种类繁多的交通工具，多划分为机动车道、公共交通优先专用道、非机动车道等。道路两侧有高出路面的人行道和房屋建筑。人行道下一般多埋设公共管线。城市道路两侧或中心地带，有时还设置绿化带、雕塑艺术品等，亦起到了美化城市的作用。

1. 城市道路的要求

现代的城市道路是城市总体规划的主要组成部分（图1-45），它关系整个城市的活动。为了适应城市的人流和车流顺利运行，城市道路应具有如下功能：

（1）道路路幅要满足繁重的城市交通要求。

（2）坚固耐久，平整抗滑的路面，以利于车辆安全、舒适、快速地行驶。

（3）扬尘少、噪声小以利于环境

图1-45 城市道路

卫生。

（4）便利的排水设施以便于雨、雪水及时排出。

（5）充分的照明设施以利于居民晚间活动和车辆运行。

（6）道路两侧要设置足够宽的人行道、绿化带、地上杆线、地下管线等。

2. 城市道路的类型

一般在城市的道路系统中，根据道路的地位和交通功能，将城市道路分为如下几类：

（1）快速道。为流畅地处理城市大量交通而建设的道路。快速道要有平顺的线形，与一般道路分开，使汽车交通安全、通畅和舒适。如北京的三环路和四环路、上海的外环线等。一般在交叉路口也建有立体交叉，有时还全封闭，中央有隔离带。

（2）主干道。是连接城市各主要部分的交通干道，是城市道路的骨架，其主要功能是运输。主干路上要保证一定的车速，故应根据交通量的大小设置相应的车道数，以供车辆通畅行驶。线形应顺捷，交叉口宜尽量少，以减少干扰，平面交叉应有交通控制措施，目前有些城市以高架式的道路实现城市主干道。如上海的内环高架路，为实现连接城市各区和主要部分的交通干路，已形成"申"字型的平面线形。

（3）次干道。一般为一个区域内的主要道路，是一般交通道路并兼有服务功能，配合主干道共同组成城市的干道网，起到广泛联系城市各部分与集散交通的作用，一般情况下快慢车混合使用。

（4）支道。是次干道与居民区的联络路，为地区交通服务，道路两侧有时还建有商业性建筑等。

（5）居住区道路。是居住区内部街坊与街坊之间和街坊内部的道路，主要为居民的各种活动服务。

（6）风景区道路。是供游人游览用的道路。属于园林型道路，包括对内交通和对外交通两部分。

（7）自行车专用道。是城市和郊区道路系统中专门供自行车行驶的道路。这样快慢车道分离，各行其道，既提高车速又保证安全。

二、铁路工程

（一）铁路选线设计、组成

1. 铁路选线设计

铁路选线设计是整个铁路工程设计中一项关系全局的总体性工作。选线设计的主要工作内容有：

（1）根据国家需要，结合线路经过地区的自然条件、资源分布、工农业发展等情况，规划线路的基本走向（即方向），选定铁路的主要技术标准。

（2）根据沿线的地形、地质、水文等自然条件和村镇、交通、农田、水利设施，来设计线路的空间位置。

（3）研究布置线路上的各种建筑物，如车站、桥梁、隧道、涵洞、路基、挡墙等，并确定其类型和大小，使其总体上互相配合，全局上经济合理。

线路空间位置的设计是线路平面与纵断面设计。目的在于保证行车安全和平顺的前提下，适当地考虑工程投资和运营费用关系的平衡。行车安全和平顺是指：行车工程中不脱钩、不断钩、不脱轨、不途停、不运缓与旅客舒适等。一般这些要求已编入设计规范之中，设计时，必须遵守规范。

铁路定线的基本方法有套线、眼镜线和螺旋线等。铁路的定线受自然条件的限制，如：河谷地区、越岭地区、不良地质地区等。图 1-46 显示了一种铁路定线的例子。

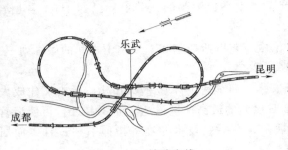

图 1-46 铁路定线

2. 铁路路基

铁路路基是承受并传递轨道重力及列车动态作用的结构，是轨道的基础，是保证列车运行的重要建筑物。路基是一种土石结构，处于各种地形地貌、地质、水文和气候环境中，有时还遭受各种灾害，如：洪水、泥石流、崩塌、地震等。路基设计一般需要考虑如下问题：

（1）横断面形式。形式有：路堤、半路堤、路堑、半路堑、不填不挖等，如图 1-47 和图 1-48 所示。路基由路基体和附属设施两部分组成。路基面、路肩和路基边坡构成路基体。路基附属设施是为了保证路肩的强度和稳定，所设置的排水设施、防护设施与加固设施等，排水设施有排水沟等，防护设施如种草种树等，加固设施有挡土墙、扶壁支挡结构等。

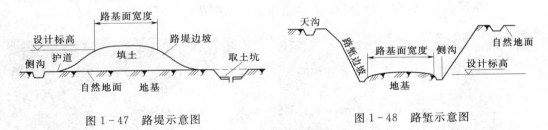

图 1-47 路堤示意图 图 1-48 路堑示意图

（2）路基稳定性。是指路基受到列车动态作用及各种自然力影响所出现的道渣陷槽、翻浆冒泥和路基剪切滑动与挤起等。需要从以下的影响因素去考虑：路基的平面位置和形状；轨道类型及其上的动态作用；路基体所处的工程地质条件；各种自然力的作用等。设计中必须对路基的稳定性进行验算。

3. 铁路轨道

轨道最早是由两根木轨条组成，后改用铸铁轨，再发展为工字形钢轨，20世纪80年代，世界上多数铁路采用的标准轨距（见铁路轨道几何形位）为 1435mm［4 英尺 8（1/2）英寸］。较此窄的称窄轨铁路，较此宽的称宽轨铁路。轨枕一般为横向铺设，用木、钢筋混凝土或钢制成。道床采用碎石、卵石、矿渣等材料。

（二）高速铁路

铁路现代化的一个重要标志是大幅度地提高列车的运行速度。高速铁路是发达国家于20世纪60～70年代逐步发展起来的一种城市与城市之间的运输工具。

一般情况，铁路速度的分档为：速度 100～120km/h 称为常速；速度 120～160km/h

称为中速；速度 160～200km/h 称为准高速或快速；速度 200～400km/h 称为高速；速度 400km/h 以上称为特高速。

1964 年 10 月 1 日，世界上第一条高速铁路——日本的东海道新干线正式投入运营，速度达 210km/h，突破了保持多年的铁路运行速度的世界纪录，由于速度比原来提高一倍，票价比飞机便宜，因而吸引了大量旅客，使得东京至大阪的飞机不得不停运，这是世界上铁路与航空竞争中首次获胜的实例。目前日本高速铁路的运营里程已达 1800 多 km，并计划再修建 5000km 的高速铁路。

英国铁路公司于 1977 年开办的行驶在伦敦、布里斯托尔和南威尔士之间的旅客列车。它用两台 1654kW 的柴油机作动力，速度高达 200km/h。

法国于 1981 年建成了它的第一条高速铁路，列车速度高达 270km/h。后来又建成大西洋线，速度达 300km/h。1990 年 5 月 13 日试验的最高速度已达 515.3km/h，可使运营速度达到 400km/h。法国的高速铁路后来居上，在一些技术和经济指标上超过日本而居世界领先地位。

归纳起来，当今世界上建设高速铁路有下列几种模式：

（1）日本新干线模式：全部修建新线，旅客列车专用（图 1-49）。

（2）德国 ICE 模式：全部修建新线，旅客列车及货物列车混用（图 1-50）。

（3）英国 APT 模式：既不修建新线，也不大量改造旧线，主要采用由摆式车体的车辆组成的动车组；旅客列车及货物列车混用（图 1-51）。

（4）法国 TGV 模式：部分修建新线，部分旧线改造，旅客列车专用（1-52）。

图 1-49　日本的高速列车

图 1-50　德国的高速列车

图 1-51　高速摆式列车（英国）

图 1-52　法国的 TGV 高速列车

高速铁路的实现为城市之间的快速交通往来和旅客出行提供了极大方便。同时也对铁路选线与设计等方面提出了更高的要求；其线路应能保证列车按规定的最高车速，安全、平稳和不间断地运行。其中，铁路的曲线设计是决定行车速度的关键之一。在现有铁路上提速首先遇到的限制即是曲线限速问题。如：我国速度为 160km/h 的铁路曲线半径一般为 2000m。法国速度达 300km/h 的铁路曲线半径为 4000m。随着列车运行速度的提高，要求线路的建筑标准也越高。

轨道的平顺性是解决列车提速的至关重要的问题。轨道的不平是导致车辆振动，产生轮轨附加动力的根源。因此高速铁路必须严格地控制轨道的几何形状，以提高轨道的平顺性。另外，高速列车的牵引动力是实现高速行车的重要关键技术之一。它又涉及许多新技术，如：新型动力装置与传动装置；牵引动力的配置已不能局限于传统机车的牵引方式，而要采用分散而又相对集中的动车组方式；新的列车制动技术；高速电力牵引时的受电技术；适应高速行车要求的车体及行走部分的结构以及减少空气阻力的新外形设计等。这些均是发展高速牵引动力必须解决的具体技术问题。

高速铁路的信号与控制系统是高速列车安全、高密度运行的基本保证。它是集微机控制与数据传输于一体的综合控制与管理系统，也是铁路适应高速运行、控制与管理而采用的最新综合性高技术。如列车自动防护系统、卫星定位系统、车载智能控制系统、列车调度决策支持系统、列车微机自动监测与诊断系统等。

（三）城市轻轨与地下铁道

1. 城市轻轨

城市轻轨是城市客运有轨交通系统的又一种形式，它与原有的有轨电车交通系统不同。它一般有较大比例的专用道，大多采用浅埋隧道或高架桥的方式，车辆和通信信号设备也是专门化的，克服了有轨电车运行速度慢，正点率低，噪声大的缺点；比公共汽车速度快、效率高、省能源、无空气污染；比地铁造价低，见效快。自 20 世纪 70 年代以来，世界上出现了建设轻轨铁路的高潮。目前全球已有 200 多个城市建有这种交通系统。

上海已建成我国第一条城市轻轨系统，即明珠线（图 1 - 53）。目前，上海地上地下轨道交通总里程有 65km。但根据新一轮城市规划，上海拟建地铁线 11 条，长约 384km；轻轨线路 10 条，长约 186km。每年平均要建设 15～20km 左右，需投入资金 100 亿元，而完成总体规划则需要投入资 3000 多亿元。

图 1 - 53 城市轻轨（上海明珠线）

城市轻轨和地下铁道一般具有如下特点：

（1）线路多经过居民区，对噪声和振动的控制较严，除了对车辆结构采取减震措施及修筑声障屏以外，对轨道结构也要求采取相应的措施。

（2）行车密度大，运营时间长，留给轨道的作业时间短，因而须采用高质量的轨道部件，一般用混凝土道床等维修量小的轨道结构。

（3）一般采用直流电机牵引，以轨道作为供电回路。为了减少泄漏电流的电解腐蚀，要求钢轨与基础间有较高的绝缘性能。

（4）曲线段占的比例大，曲线半径比常规铁路小得多，一般为 100m 左右，因此要解决好曲线轨道的构造问题。

2. 地下铁路

世界上第一条载客的地下铁道是 1863 年首先通车的伦敦地铁。早期的地铁是蒸汽火车，轨道离地面不远。它是在街道下面先挖一条条的深沟，然后在两边砌上墙壁，下面铺上铁路，最后才在上面加顶。第一条使用电动火车而且真正深入地下的铁路直到 1890 年才建成。这种新型且清洁的电动火车改进了以往蒸汽火车的很多缺点。

目前，伦敦的地铁长度已达 380km，全市已形成了一个四通八达的地铁网，每天载客 160 余万人次。现在全世界建有地下铁道的城市有很多，如法国的巴黎，英国的伦敦，俄罗斯的莫斯科，美国的纽约、芝加哥，加拿大的多伦多，中国的北京、上海、天津、广州等城市。

图 1-54　莫斯科地下铁道

发达国家的地铁设施非常完善，如法国的巴黎，其地铁在城市地下纵横交错，行驶里程高达几百公里长，遍布城市各个角落的地下车站，给居民带来了非常便利的公共交通服务。俄罗斯莫斯科的地铁，以车站富丽堂皇而闻名于世（图 1-54）。莫斯科地铁自 1935 年 5 月 15 日运营以来，累计运营乘客已超过 500 亿人次，担负着莫斯科市总客运量的 44%。美国纽约的地铁是世界上最繁忙的也是效率最高的，市内目前拥有地铁线路 26 条，地铁车站 468 个，车厢 6400 多节，每天行驶的班次多达 9000 余次，每年运送乘客多达 13 亿。

地铁和轻轨的异同是：地铁有建在地下、地面、高架的，而轻轨同样有建在地下、地面和高架的；两者的区分主要视其单向最大高峰小时客流量；其中，地铁能适应的单向最大高峰小时客流量为 3 万～6 万人次，轻轨能适应的单向最大高峰小时客流量为 1 万～3 万人次。

（四）磁悬浮铁路

当前，国际上正在开发高级轻型高速交通系统，如磁悬浮列车系统。磁悬浮铁路与传统铁路有着截然不同的区别和特点。磁悬浮铁路上运行的列车，是利用电磁系统产生的吸引力和排斥力将车辆托起，使整个列车悬浮在铁路上，利用电磁力进行导向，并利用直流电机将电能直接转换成推进力来推动列车前进。

与传统铁路相比，磁悬浮铁路由于消除了轮轨之间的接触，因而无摩擦阻力，线路垂直荷载小，适于高速运行。该系统采用一系列先进的高技术，使得列车速度高达 500 km/h 以上，目前最高试验速度为 552km/h。

由于无机械振动和噪声，无废气排出和污染，有利于环境保护，能充分利用能源，从而获得高的运输效率。列车运行平稳，也能提高旅客的舒适性。磁悬浮列车由于没有钢轨、车轮、接触导线等摩擦部件，可以省去大量的维修工作和维修费用。另外，磁悬浮列车可以实现全盘自动化控制，因此磁悬浮铁路将成为未来最具竞争力的一种交通工具。

在这项研究中，日本和德国起步最早（图1-55，图1-56，图1-57）。日本从1962年开始研究常导磁浮铁路，2003年时速高达500km/h的磁悬浮列车首次进行了实验。德国从1968年开始研究磁悬浮列车，目前在常导磁浮铁路研究方面的技术已趋于成熟。由于磁悬浮铁路的行车速度高于传统铁路，又低于飞机，所以它是弥补传统铁路与飞机之间速度差距的一种有效运输工具，因此发达国家目前正提出建设磁悬浮铁路网的设想。已经开始可行性方案研究的磁悬浮铁路有：美国的洛杉矶——拉斯维加斯（450km）、加拿大的蒙特利尔——渥太华（193km）、欧洲的法兰克福——巴黎（515km）等。经过40多年来的研究与试验，各国已公认它是一种很有发展前途的交通运输工具。

图1-55　日本的磁悬浮列车

图1-56　德国的磁悬浮列车

我国对磁悬浮铁路的研究起步较晚，1989年第一台磁悬浮实验铁路与列车在湖南长沙的国防科技大学建成，试验运行速度为10m/s。2003年我国已在上海浦东开发区建造首条磁悬浮列车示范运营线，西起地铁2号线龙阳路站、东至浦东国际机场，全长约33km，设计最大速度为430km/h，单向运行时间为8min。上海磁悬浮快速列车工程既是一条浦东国际机场与市区连接的高速交通线，又是一条旅游观光线，还是一条展

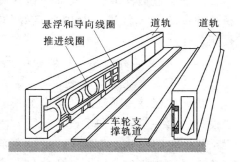

图1-57　磁悬浮列车的导轨

示高科技成果的示范运营线。它的建成大大缩短浦东国际机场与上海市区的旅途时间。随着这条铁路的开发与运营，大大缩短了我国铁路建设与世界先进水平的差距。

第四节　桥梁与隧道工程

一、桥梁工程

（一）概述

交通的进步和发展，除了道路与铁路的建设，桥梁的建设也是必不可少的。假如没有

桥梁，过河就必须依靠船只；遇到峡谷，又须绕道而行。如果建有桥梁接通河道两岸或峡谷两侧，就方便多了。因此，桥梁是人类生活和生产活动中，为克服天然屏障而建造的建筑物，它是人类建造的最古老、最壮观和最美丽的一类建筑工程，它的发展，不断体现着时代的文明与进步（图1-58）。

（a）　　　　　　　　　　　　　　　（b）

图1-58　石拱桥（中国赵州桥与法国瓦朗特尔桥）

桥梁工程是土木工程中属于结构工程的一个分支学科，它与房屋建筑工程一样，也是用砖石、木、混凝土、钢筋混凝土和各种金属材料建造的结构工程。

桥梁既是一种功能性的建筑物，又是一座立体的造型艺术工程，也是具有时代特征的景观工程，桥梁具有一种凌空宏伟的魅力。

发展交通运输事业，建立四通八达的现代交通网，则离不开桥梁建设。道路、铁路、桥梁建设的突飞猛进，对创造良好的投资环境，促进地域性的经济腾飞，起到关键的作用。

（二）桥梁工程的总体规划和设计要点

1. 桥梁工程的总体规划

桥梁工程是一项复杂的建设工程，它的规划所涉及因素很多。我国现今一般采用两阶段设计。第一阶段即初步设计阶段，这阶段着重解决桥梁的总体规划问题，并初步拟定桥梁结构的主要尺寸，估算工程量、主要材料用量和全桥造价的概算指标；第二阶段为施工图阶段，该阶段是根据批准的初步设计中所核定的修建原则、技术方案和总投资额，完成施工详图、施工组织设计和施工预算等。

桥梁总体规划的基本内容包括：桥位选定，桥梁总跨径及分孔方案的确定，选定桥型，决定桥梁的纵、横断面布置等。桥梁总体规划的原则是：根据其使用任务、性质和未来发展的需要，全面贯彻安全、经济、适用和美观的方针。

2. 桥梁工程设计要点

（1）桥位选择。桥位在服从路线总方向的前提下，选在河道顺直、河床稳定、水面较窄、水流平稳的河段。中小桥的桥位服从路线要求，而路线的选择服从大桥的桥位要求。

（2）桥梁总跨径与分孔数的确定。总跨径的长度要保证桥下有足够的过水断面，可以顺利地宣泄洪水，通过流冰。根据河床的地质条件，确定允许冲刷深度，以便适当压缩总跨径长度，节省费用。分孔数目及跨径大小要考虑桥的通航需要，工程地质条件的优劣，工程总造价的高低等因素。桥道标高也在确定总跨径、分孔数的同时予以确定。设计通航水位及通航净空高度是决定桥道标高的主要因素，一般在满足这些条件的前提下，尽可能地取低值，以节约工程造价。

（3）桥梁的纵横断面布置。桥梁的纵断面布置是指在桥的总跨度与桥道标高确定以后，来考虑路与桥的连接线形和连接的纵向坡度。连接线形一般应根据两端桥头的地形和线路要求而定。纵向坡度是为了桥面排水，一般控制在3%～5%。桥梁横断面布置包括桥面宽度、横向坡度、桥跨结构的横断面布置等。桥面宽度含车行道与人行道的宽度及构造尺寸等，按照道路等级，国家有统一规定。

（4）公路桥型的选择。桥型选择是指选择什么类型的桥梁，是梁式桥、拱桥、刚架桥、还是斜拉桥；是多孔桥，还是单跨桥等。一般应从安全实用与经济合理等方面综合考虑，选出最优的桥型方案。

（三）桥梁的分类、荷载与组成

1. 桥梁的分类

按受力特点和结构体系分为：梁式桥、拱式桥、刚架桥、吊桥、组合体系桥等。

按用途、大小规模和建筑材料等方面分为：公路桥，铁路桥，公路铁路两用桥，农用桥，人行桥，运水桥（渡槽）和专用桥梁（如管路电缆等）。

按全长和跨径的不同分为：特大桥（多孔桥全长大于500m，单孔桥全长大于100m），大桥（多孔桥全长小于500m，大于100m；单孔桥全长大于40m，小于100m），中桥（多孔桥全长小于100m，大于30m；单孔桥全长小于40m，大于20m）和小桥（多孔桥全长小于30m，大于8m；单孔桥全长小于20m，大于5m）。

按主要承重结构所用材料分为：圬工桥（包括砖、石、混凝土桥），钢筋混凝土桥，预应力混凝土桥，钢桥和木桥（易腐蚀，且资源有限，除临时用外，一般不宜采用）等，如图1-59和图1-60所示。

图1-59 混凝土桥

图1-60 钢架桥

按跨越障碍的性质分为：跨河桥、跨线桥（立体交叉）、高架桥和栈桥等。

按上部结构的行车道位置分为：上承载式桥、下承载式桥和中承载式桥。

2. 桥梁的荷载

桥梁的荷载是指桥梁结构设计所应考虑的各种可能出现的荷载的统称，包括恒载、活载和其他荷载。包括铁路列车活载或公路车辆荷载，及它们所引起的冲击力、离心力、横向摇摆力（铁路列车）、制动力或牵引力，人群荷载，以及由列车车辆所增加的土压力等。

3. 桥梁的组成

桥梁一般是由五大部件和五小部件组成，五大部件是指桥梁承受汽车或其他车辆运输荷载的桥跨上部结构与下部结构，它是桥梁结构安全的保证。包括：①桥跨结构（或称桥孔结构、上部结构）、②支座系统、③桥墩、④桥台、⑤墩台基础。五小部件是指直接与桥梁服务功能有关的部件，过去称为桥面构造。包括：①桥面铺装、②防排水系统、③栏杆、④伸缩缝、⑤灯光照明。

（四）桥墩与桥台

桥墩与桥台为桥梁的支承结构。桥台是道路与桥梁的连接点，是桥梁两端桥头的支承结构。桥墩是多跨桥的中间支承结构，桥台和桥墩都是由台（墩）帽、台（墩）身和基础组成。

1. 桥墩

桥墩的作用是支承从它左右两跨的上部结构通过支座传来的竖向力和水平力。由于桥墩建筑在江河之中，因此它还要承受流水压力，水面以上的风力和可能出现的冰压力，船只的撞击力等。所以，桥墩在结构上必须有足够的强度和稳定性，在布设上要考虑桥墩与河流的相互影响，在空间上应满足通航和通车的要求。

一般公路桥梁常采用的桥墩类型根据其结构形式可分为实体式（重力式）桥墩、空心式桥墩和桩（柱）式桥墩，如图1-61所示。

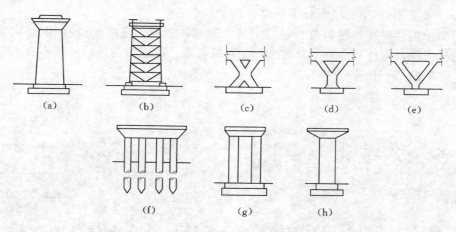

图1-61　桥墩示例
(a) 重力式；(b) 构架式；(c) X形；(d) Y形；
(e) V形；(f) 柱式；(g) 双柱式；(h) 单柱式

2. 桥台

桥台是桥头两端的支承结构物，它是连接两岸道路的路桥衔接构筑物。它既要承受支座传递来的竖向力和水平力，还要挡土护岸，承受台后填土及填土上荷载产生的侧向土压力。因此桥台必须有足够的强度，并能避免在荷载作用下发生过大的水平位移、转动和沉降，这在超静定结构桥梁中尤为重要。当前，我国公路桥梁的桥台有实体式桥台和埋置式桥台等形式，如图1-62所示。

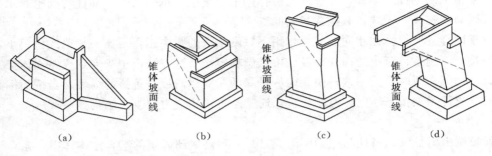

图1-62 桥台示例

（五）桥梁的构造形式

桥跨的构造形式一般有：梁式桥、拱式桥、刚架桥、斜拉桥、悬索桥等。

1. 梁式桥

梁式桥是一种在竖向荷载作用下无水平反力的结构。由于桥上的恒载和活载的作用方向与承重结构的轴线接近垂直，所以与同样跨径的其他结构体系比较，桥的梁上将产生最大弯矩，通常需要抗弯能力强的材料（如钢或钢筋混凝土）来建造。

目前应用最广的是简支梁结构形式的梁式桥，这种结构形式简单，施工方便，对地基承载力的要求也不高，通常跨径在25m以下的桥梁常被采用。当跨度大于25m，并小于50m时，一般采用预应力混凝土简支梁式桥的形式。梁式桥的组成如图1-63所示。

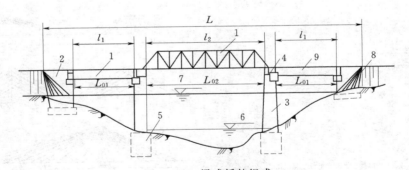

图1-63 梁式桥的组成

1—上部结构；2—桥台；3—桥墩；4—支座；5—基础；
6—低水位；7—设计水位；8—锥体填方；9—桥面

2. 拱式桥

拱式桥是以拱圈或拱肋作为主要承载结构。这种结构在竖向荷载下，桥墩或桥台将承受水平推力。拱的弯矩和变形都比较小，主要承受压力，故拱式桥用砖、石、混凝土和钢筋混凝土材料建造的比较多。拱的跨越能力大，外形也较美观，因此一般修建拱桥是经济合理的。但是由于在桥墩或桥台处承受很大的水平推力，因此对桥的下部结构和基础的要求比较高。另外，拱桥的施工比梁式桥要困难些。

3. 刚架桥

刚架桥的主要承重结构是梁或板和立柱或竖墙构筑成整体的刚架结构，且梁与柱的连接处具有很大的刚性。因此，在竖向荷载作用下，梁主要承受弯矩，而柱脚处也有水平反力，其受力状态介于梁式桥和拱式桥之间。

对于同样的跨径，在相同的外力作用下，刚架桥的跨中正弯矩比一般梁式桥要小。根据这一特点，刚架桥跨中的构件高度就可以做的较小。这在城市中当遇到线路立体交叉或需要跨越通航江河时，采用这种桥型能尽量降低线路标高以改善桥的纵坡，当桥面标高已确定时，它能增加桥下净空。对刚架桥，通常是采用预应力混凝土结构。

4. 斜拉桥

斜拉桥由斜拉索、塔柱和主梁所组成，是一种高次超静定的组合结构体系。系在塔柱上的张紧的拉索将主梁吊住，使主梁就像跨度显著缩小的多跨弹性支承连续梁那样工作。这样拉索可以充分利用高强度钢材的抗拉性能，又可以显著减小主梁的截面面积，使得结构自重大大减轻，从而能建造大跨度的桥梁。斜拉桥的主梁和塔柱可以采用钢筋混凝土或型钢来建造，在我国，主要采用钢筋混凝土结构。为了减小梁的截面与自重，常用预应力混凝土代替普通钢筋混凝土，这就是预应力混凝土斜拉桥。

斜拉桥根据跨度大小的要求以及经济上的考虑，可以建成单塔式、双塔式或多塔式等不同类型。通常的对称断面及桥下净空要求较大时，多采用双塔式斜拉桥，如图 1-64 所示。

斜拉桥是半个多世纪来最富有想象力，构思内涵最丰富，而又引人注目的桥型，它具有广泛的适应性。一般地，对于跨度为 200～700m 的桥梁，斜拉桥在技术上和经济上都具有相当优越的竞争力。

图 1-64　斜拉桥实景

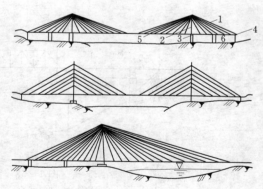

图 1-65　斜拉桥形式
1—缆索；2—塔柱；3—桥墩；4—桥台；
5—主梁；6—辅助墩

这里必须注意的是，斜拉桥的斜索是桥的生命线，至今国内外已发生过几起通车仅几年就因斜索腐蚀严重而导致全部换索的失败工程实例。因此，如何保护斜索，确保其使用寿命，仍是当今桥梁工程界关注的问题，见图 1-65。

5. 悬索桥

悬索桥，也称为吊桥，采用悬挂在两边塔柱上的吊索作为主要承重结构。在竖向荷载作用下，通过吊杆的荷载传递使吊索缆绳承受很大的拉力，因此，通常需要在两岸桥台的后方修筑非常巨大的锚锭结构。悬索桥也是具有水平反力（拉力）的结构。在现代悬索桥结构中，广泛采用高强度钢缆绳，以发挥其优异的抗拉性能。美国旧金山的金门大桥（图1-66），建于20世纪30年代，用了2万多根钢丝缆绳组成吊索，来吊起桥体主梁结构。

图1-66 美国旧金山的金门大桥

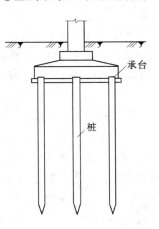

图1-67 桥的桩基础

6. 组合体系桥

除了以上几种桥的基本形式外，在工程实践中，还采用几种桥型的组合结构，如梁和拱的组合体系，斜拉索与悬索的组合体系等。所有这些组成，目的在于充分利用各种形式桥的受力特点，发挥其优越性，建造出符合要求、外观美丽的桥梁。

（六）桥梁基础

桥梁的基础承担着桥墩、桥跨结构（桥身）的全部重量以及桥上的可变荷载。桥梁基础往往修建于江河的流水之中，遭受水流的冲刷。所以，桥梁基础一般比房屋基础的规模大，需要考虑的问题多，施工条件也困难，见图1-67。

桥梁基础的类型有刚性扩大基础、桩基础和沉井基础等。在特殊情况下，也用气压沉箱基础。

（七）桥梁工程的发展趋势

（1）大跨度桥梁向更长、更大、更柔的方向发展。研究大跨度桥梁在气动、地震和行车动力作用下其结构的安全和稳定性，拟将截面做成适应气动要求的各种流线型加劲梁，以增大特大跨度桥梁的刚度；采用以斜缆为主的空间网状承重体系；采用悬索加斜拉的混合体系；采用轻型而刚度大的复合材料做加劲梁，采用自重轻、强度高的碳纤维材料做主缆。

（2）开发和应用新的桥梁材料。新的桥梁材料应具有高强、高弹模、轻质的特点，研究超高强硅粉和聚合物混凝土、高强双相钢丝纤维增强混凝土、纤维塑料等一系列材料取代目前桥梁用的钢和混凝土。

（3）在设计阶段采用高度发展的计算机技术。计算机作为辅助手段，进行有效的快速优化和仿真分析，运用智能化制造系统在工厂生产部件，利用GPS和遥控技术控制桥梁施工。

（4）建造大型深水基础工程。目前世界桥梁基础均是尚未超过 100m 的深海基础工程，下一步需建造 100～300m 的深海基础工程。

（5）自动监测和管理系统。桥梁建成交付使用后将通过自动监测和管理系统保证桥梁的安全和正常运行，一旦发生故障或损伤，将自动报告损伤部位和养护对策。

（6）重视桥梁美学及环境保护。桥梁是人类最杰出的建筑之一，闻名遐迩的美国旧金山金门大桥、澳大利亚悉尼港桥、英国伦敦桥、日本明石海峡大桥、中国上海杨浦大桥、中国南京长江二桥、中国香港青马大桥等这些著名大桥都是一件件宝贵的空间艺术品，成为城市标志性建筑。宏伟壮观的澳大利亚悉尼港桥与现代化别具一格的悉尼歌剧院融为一体，成为今日悉尼的象征。因此，21 世纪的桥梁结构必将更加重视建筑艺术造型，重视桥梁美学和景观设计，重视环境保护，达到人文景观同环境景观的完美结合。

二、隧道工程

隧道是修筑在地面之下的通道和空间，它的定义为：以某种用途在地面下用任何方法按规定形状和尺寸，修筑的断面积大于 $2m^2$ 的洞室。

（一）隧道的结构类型

隧道的结构类型有：半衬砌结构、厚拱薄墙衬砌结构、直墙拱形衬砌结构、曲墙衬砌结构和复合衬砌结构等形式。

在坚硬岩层中，若侧壁无坍塌危险，仅顶部岩石可能有局部滑落时，可仅施作顶部衬砌，不作边墙，只喷一层不小于 20mm 厚的水泥砂浆护面，即半衬砌结构。在中硬岩层中，拱顶所受的力可通过拱脚大部分传给岩体，充分利用岩石的强度，使边墙所受的力大为减少，从而减少边墙的厚度，形成厚拱薄墙结构。在一般或较差岩层中的隧道结构，通常是拱顶与边墙浇在一起，形成一个整体结构，即直墙拱形衬砌结构，广泛应用的隧道结构形式。在很差的岩层中，岩体松散破碎且易于坍塌，衬砌结构一般由拱圈、曲线形侧墙和仰拱底板组成，形成曲墙衬砌结构。复合支护结构一般认为围岩具有自支承能力，支护的作用首先是加固和稳定围岩，使围岩的自承能力可充分发挥，从而可允许围岩发生一定的变形和由此减薄支护结构的厚度。

（二）隧道的通风与照明

1. 隧道的通风

汽车排出的废气含有多种有害物质，如：一氧化碳 CO、氮氧化合物 NO、碳氢化合物 HC，亚硫酸气体 SO_2 和烟雾粉尘等，造成隧道内空气的污染。一氧化碳浓度很大时，人体会产生中毒症状、危及生命。用通风的方法从洞外引进新鲜空气冲淡一氧化碳的浓度至卫生标准。

隧道通风方式的种类很多，按送风形态、空气流动状态、送风原理等划分形式。

2. 隧道的照明

隧道照明与一般部位的道路照明不同，其显著特点是昼夜需要照明，防止司机视觉信息不足引发交通事故。应保证白天习惯于外界明亮宽阔的司机进入隧道后仍能看清行车方向，正常驾驶。隧道照明主要由入口部照明、基本部照明和出口部照明与接续道路照明构成。

入口照明是为司机从适应野外的高照度到适应隧道内明亮度的照明，是必须保证视觉的照明。它由临界部、变动部和缓和部三个部分的照明组成。

临界部是为消除司机在接近隧道时产生的黑洞效应所采取的照明措施。所谓"黑洞效应"是指司机在驶近隧道，从洞外看隧道内时，因周围明亮而隧道像一个黑洞，以致发生辨认困难，难以发现障碍物。变动部是照度逐渐下降的区间。缓和部为司机进入隧道到习惯基本照明的亮度，适应亮度逐渐下降的区间。

出口照明是指汽车从较暗的隧道驶出至明亮的隧道外时，为防止视觉降低而设的照明。应消除"白洞效应"，即防止汽车在白天穿过较长隧道后，由于外部亮度极高，引起司机因眩光作用而感不适。

（三）隧道的防水与排水

1. 隧道的防水

（1）通过衬砌本身的密实性来实现隧道工程的自防水效果。衬砌本身具有密实防水的功能，也是工序简易、施工便捷而且造价非常低的一种施工方法。在诸多方法当中，提高衬砌混凝土本身的自防水能力，是加强隧道防水能力的比较有效的方法。隧道施工的防水设计必需严格按照相关规定进行操作，并制定出详细的施工工艺来进行施工。

（2）防水板用来作隧道的防水材料是不错的选择。隧道施工方式的重要措施之一就是设置防水板。但是在实际的施工过程中，防水板由于易破损而不能很好地发挥防水的作用。这种情形的处理方法使设置防水板之前可以用混凝土对凹凸不平的表面进行处理。

（3）喷膜防水层是隧道施工防水的重要辅助措施。防水膜的成分主要是丙烯酸盐，再加入氧化剂 A 和还原剂 B 之后通过化学反应制成的。用喷射设备把它喷射在混凝土的表面上，经过一段时间后，便会形成一种具有防水和隔离功能的薄膜。用以达到防水的效果。

2. 隧道的排水

（1）衬砌背后排水。衬砌背后排水非常重要，主要的操作方法是在衬砌的外面要设置好效率高的排水设施，这里主要是只排水管的设置。需要设置环向排水管、纵向排水管和横向排水管。

（2）设置侧沟。在隧道内设置侧沟主要的目的是汇集地下水，并将之引入中央排水管（沟），与此同时，侧沟还会起到沉淀和兼顾部分排水的作用。

（四）隧道工程的发展趋势

1. 交通隧道

随着经济的发展，交通建设的步伐会不断加快，因此隧道的建设也会不断加快发展，随着国力增强与技术的进步，隧道建设的标准会不断提高。

2. 城市隧道

解决城市交通拥挤问题的唯一途径是采用快捷、大运量公共交通系统——地铁，城市发展要求包括地下空间的开发各类市政设施趋势——隧道管沟化，继 19 世纪的城市桥梁、20 世纪的摩天大楼，21 世纪是地下空间的开发和利用。

第五节　给排水及环境工程

一、给排水工程

给排水工程是城市基础设施的一个重要组成部分。城市的人均耗水量和排水处理的比例，往往反映出一个城市的发展水平。为了保障人民的生活水平和工业生产的发展，城市必须具有完善的给水和排水系统。

（一）给水工程

给水工程包括城市给水和建筑给水两部分。城市给水是解决城市区域内的供水问题；建筑给水是解决一栋建筑物的供水问题。

1. 城市给水

（1）城市给水系统的设计准则。城市给水主要是供应城市所需的生活、生产、市政（如绿化、街道洒水）和消防用水。城市给水系统一般由取水工程、输水工程、水处理工程和配水管网工程四部分组成。如水源距城市很近，则往往没有输水工程。城市给水设计的主要准则是：保证城市供水的水量、保证水压和水质符合国家规范的卫生标准、保证不间断地供水和满足城市的消防要求。

给水管网是给水工程中造价最大的部分，因此在设计和规划城市的管网系统时必须进行多种方案的比较。管网布局、管材选用和主要输水干管的走向，都是影响工程造价的主要方面，在设计中还应考虑经常运行费用，进行全面比较和综合分析。

（2）城市给水系统的分类及组成。城市给水系统根据水源性质可分为地面水给水系统和地下水给水系统。取用地面水时，给水系统比较复杂，需建设取水构筑物，从江河取水，由一级泵房送往净水厂进行处理。处理后的水由二级泵房将水加压，通过管网输送到用户。取用地下水的给水系统比较简单，通常就近取水，且可不经净化，而直接加氯消毒供应用户。

图1-68为城市给水系统示意图，图1-68（a）为地面水源，其取水设施为取水构筑物、一级泵站；净水设施由净化站和清水池组成；输、配水工程设施则由二级泵站、输水管路、配水管网、水塔等组成。图1-68（b）为地下水源的给水系统，其中管井群、集水池为水源部分，输水管、水塔和配水管网则属于输、配水设施。建筑内用水水源，一般取自配水管网。

根据供水方式可分为重力给水和压力给水系统。当水源位于高地且有足够的水压可直接供应用户时，可利用重力输水。以蓄水库为水源时，常采用重力给水系统。压力给水是常见的一种供水系统。还有一种混合系统，即整个系统部分靠重力给水，部分靠压力给水。

一般情况下，城市内的工业用水可由城市水厂供给，但如工厂远离城市或用量大但水质要求不高，或城市无法供水时，则工厂自建给水系统。一般工业用水中冷却水占极大比例，为了保护水资源和节约电能，要求将水重复利用，于是出现直流式、循环式和循序式等系统，这便是工业给水系统的特点。

城市给水系统千差万别，但概括起来有下列几种：

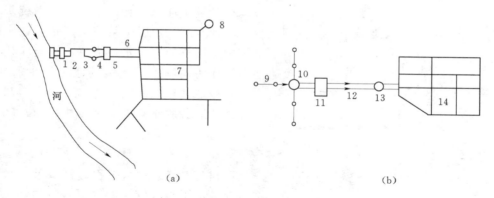

图 1-68　城镇给水系统示意图

（a）地面水源；（b）地下水源

1—取水构筑物；2——级加压泵站；3—水净化构筑物；4—清水池；5—二级加压泵站；

6—输水管路；7—配水干管网；8—水塔（网后）；9—井群；10—集水池；

11—加压泵站；12—输水管；13—水塔（网前）；14—配水干管网

　　（1）统一给水系统。当城市给水系统的水质，均按生活用水标准统一供应各类建筑作生活、生产、消防用水，则称此类给水系统为统一给水系统。

　　（2）分质给水系统。当一座城市或大型厂矿企业的用水，因生产性质对水质要求不同，特别是对用水大户，其对水质的要求低于生活用水标准，则适宜采用分质给水系统。

　　如图 1-69 所示。这种给水系统显然因分质供水而节省了净水运行费用，缺点是需设置两套净水设施和两套管网，管理工作复杂。

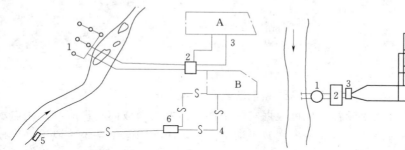

图 1-69　分质给水系统

A—居住区；B—工厂

1—井群；2—泵站；3—生活给水管网；4—生产用水管网；

5—地面水取水构筑物；6—生产用净水厂

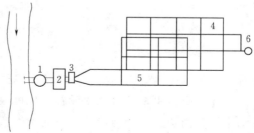

图 1-70　分压并联给水系统

1—取水构筑物；2—水净化构筑物；3—加压泵站；

4—低压管网；5—高压管网；6—网后水塔

　　（3）分压给水系统。当城市或大型厂矿企业用水户要求水压差别很大，如果采用分压给水系统是很合适的。分压给水可以采用并联和串联分压给水系统。图 1-70 为并联分压给水系统。根据高、低压供水范围和压差值由泵站水泵组合完成。

　　（4）分区给水系统。分区给水系统是将整个系统分成几个区，各区之间采取适当的联系，而每区有单独的泵站和管网。在给水区范围很大、地形高差显著或远距离输水时，均须考虑分区给水系统。图 1-71 为单水源分区供新工业区、新城区、旧城区用水。

　　（5）循环和循序给水系统。循环系统是指使用过的水经过处理后循环使用，只从水源

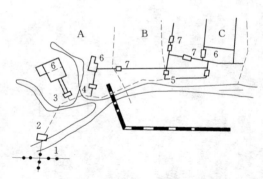

图 1-71　分区给水系统

A—新城区；B—工业区；C—旧城区

1—井群；2—低压输水管路；3—新城区加压配水站；
4—工业区加压配水站；5—旧城区加压配水器；
6—配水管网；7—加压站

取得少量循环时损耗的水，这种系统采用较多。当城市工业区中某些生产企业在生产过程中所排放的废水水质尚好，适当净化后还可循环使用，或循序供其他工厂生产使用，无疑这是一种节水给水系统。图 1-72（a）为循环给水系统工艺流程，图 1-72（b）为循序给水系统示意图。

2. 建筑给水

建筑内部的给水工程是将城市给水管网或自备水源给水管网的水引入室内，经配水管送至生活、生产和消防用水设备，并满足各用水点对水量、水压和水质的要求。

（1）给水系统的分类。给水系统按用途

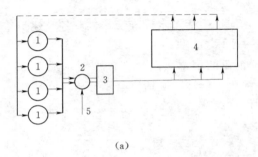

(a)

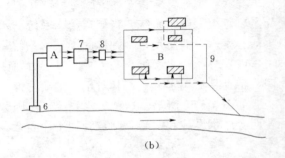

(b)

图 1-72　循环与循序给水系统示意图

（a）循环给水系统工艺流程；（b）循序给水系统示意

1—冷却塔；2—吸水井；3—加压泵站；4—生产车间；5—补充水；
6—取水构筑物；7—冷却塔；8—泵站；9—排水系统

可分为三类：生活给水系统、生产给水系统和消防给水系统。

上述三类给水系统可独立设置，也可根据实际条件和需要组合成同时供应不同用途水量的生活与消防、生产与消防、生活与生产及生活生产消防等共用给水系统，或进一步按供水用途的不同和系统功能的差异分为：饮用水给水系统、杂用水给水系统（中水系统）、消火栓给水系统、自动喷水灭火系统和循环或重复使用的生产给水系统等。

（2）给水系统的组成。建筑内部的给水系统如图 1-73 所示。

（3）给水方式。给水方式即指建筑内部给水系统的供水方案。

给水方式的基本类型（不包括高层建筑）包括：直接给水方式、设水箱的给水方式、设水泵的给水方式、还有既设水泵，又设水箱的给水方式、气压给水方式，分区给水方式等多种，如图 1-74～图 1-78 所示。

高层建筑的供水系统与一般建筑物的供水方式不同。高层建筑物层数多、楼高，为避免低层管道中静水压力过大，造成管道漏水；启闭龙头、阀门出现水锤现象，引起噪声；损坏管道、附件；低层放水流量大，水流喷溅，浪费水量和影响高层供水等弊病，高层建筑必须在垂直方向分成几个区，采用分区供水的系统。

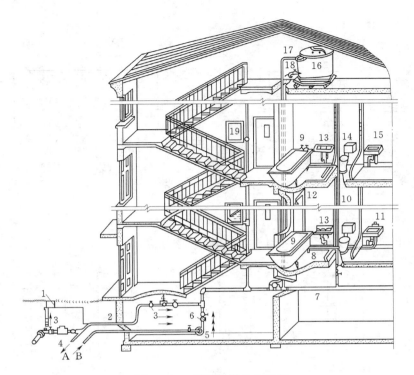

图 1-73　建筑内部给水系统

1—阀门井；2—引入管；3—闸阀；4—水表；5—水泵；6—逆止阀；7—干管；

8—支管；9—浴盆；10—立管；11—水龙头；12—淋浴器；13—洗脸盆；

14—大便器；15—洗涤盆；16—水箱；17—进水管；18—出水管；

19—消火栓；A—入贮水池；B—来自贮水池

由于城市给水网的供水压力不足，往往不能满足高层建筑的供水要求，而需要另行加压。所以，在高层建筑的底层或地下室要设置水泵房，用水泵将水送到建筑上部的水箱，如图 1-79 所示。

（二）排水工程

1. 城市排水

水在使用过程中受到不同程度的污染，原有的化学成分和物理性质发生了改变，同时还有雨水和冰雪融化水，将这些污水或废水排入城市的排水系统是城市用水的一个非常重要的环节。

（1）城市排水系统体制：

1）合流制排水系统——合流制排水系统包括以下两种：

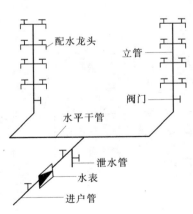

图 1-74　直接给水方式

a）简单合流系统：一个排水区只有一组排水管渠，接纳各种废水（混合起来的废水叫城市污水）。这是古老的自然形成的排水方式。它们起简单的排水作用，目的是避免积水为害。实际上这是地面废水排除系统，主要为雨水而设，顺便排除水量很少的生活污水

49

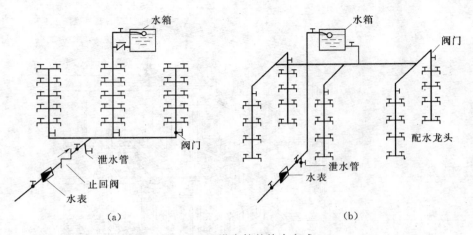

图 1-75　设水箱的给水方式

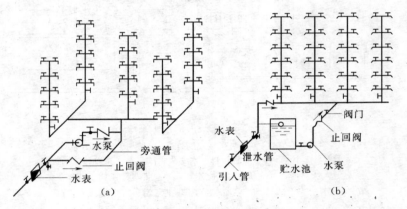

图 1-76　设水泵的给水方式

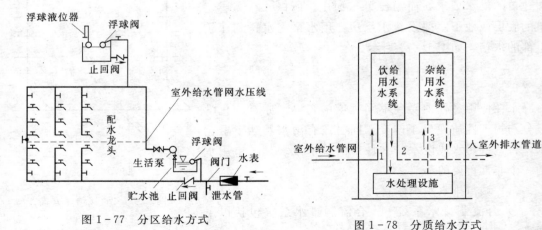

图 1-77　分区给水方式

图 1-78　分质给水方式
1—生活废水；2—生活污水；3—杂用水

和工业废水。由于就近排放水体，系统出口甚多，实际上是若干先后建造的各自独立的小系统的简单组合。

b）截流式合流系统：原始的简单合流系统常使水体受到严重的污染，因而设置截流管渠，把各小系统排放口处的污水汇集到污水厂进行处理，形成截流式合流系统。在区干管与截流管渠相交处的窨井称溢流井，上游来水量大于截流管的排水量时，在井中溢入排放管，流向水体。这样，晴天时污水（常称旱流污水）全部得到处理。截流管的排水量大于旱流污水量，两者的差额与旱流污水量之比称为截留倍数或截流倍数，其值将影响水体的污染程度。设计采用的值理论上决定于水体的自净能力，实践上常制约于经济条件。

2）分流制排水系统——截流式合流系统对水体的污染仍较大，因此设置两个（在工厂中可以在两个以上）各自独立的管渠系统，分别收集需要处理的污水和不予处理、直接排放到水体的雨水，形成分流制系统，以进一步减轻水体的污染。某些工厂和仓库的场地难于避免污染时，其雨水径流和地面冲洗废水不应排入雨水管渠，而应排入污水管渠。

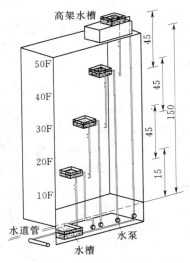

图 1-79　高层建筑供水示意图
（单位：m）

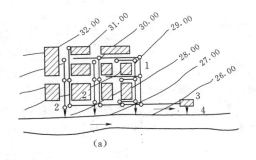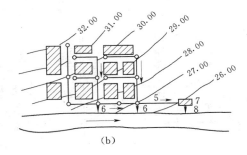

图 1-80　城镇排水体制

（a）分流制排水体制；（b）合流制中截流式排水体制
1—污水管道；2—雨水管渠；3—污水厂；4—排放口；
5—合流管渠；6—溢流井；7—污水厂；8—排放口

（2）城市排水系统的组成。从总体上看，城市排水系统由收集（管渠）、处理（污水厂）和处置三方面的设施组成。通常所指的排水系统往往狭义地指管渠系统，它由室内设备、街区（庭院和厂区）管渠系统和街道管渠系统组成。城市的面积较大时，常分区排水，每区设一个完整的排水系统，见图 1-80。

（3）城市排水系统的规划原则：

1）排水系统既要实现市政建设所要求的功能，又要满足环境保护方面的要求，缺一不可。环境保护上的要求必须恰当、分期实现，以适应经济条件。

2）城市要为工业生产服务，工厂也要顾及和满足城市整体运作的要求。厂方对城市需要的资料应充分提供，对城市提出的预处理要求应在厂内完成。

3）规划方案要便于分期执行，以利于集资和对后期工程提供完善设计的机会。

2. 建筑排水

建筑内部排水系统的任务，是将自卫生器具和生产设备排除的污水及降落在屋面上的雨水、雪水、用最经济合理的管径管道迅速地排到室外排水管道中；同时应考虑防止室外排水管道中的有毒、有害气体、臭气及虫类进入室内，并为室外污水的处理和综合利用提供便利条件。与市政排水系统相比，不仅其规模较小，且大多数情况下无污水处理设施，而直接接入市政排水系统。

（1）排水系统的分类。建筑内部排水系统可分为三类：

1）生活污水排水系统。排除人们日常生活中的盥洗、洗涤的生活废水和粪便污水。

2）工业废水排水系统。排除工矿企业生产过程中所排出的生产污水和生产废水。其中生产污水因污染较重，通常需要在厂内处理后才能排放。

3）屋面雨水排除系统。排除屋面的雨水和融化的雪水。

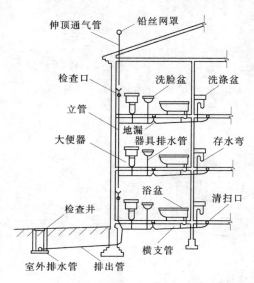

图 1-81 建筑排水系统示意图

（2）排水系统的组成。建筑内部排水系统的组成应能满足以下三个基本要求：①系统能迅速畅通地将污、废水排到室外；②排水管道系统气压稳定，有毒有害气体不能进入室内，保持室内环境卫生；③管线布置合理，简短顺直，工程造价低。

一套完整的排水系统一般由以下几部分组成：卫生器具和生产设备受水器、排水管道、通气管道、清通设备、提升设备、污水局部处理构筑物，如图 1-81 所示。

（3）屋面排水。室内雨水系统用以排除屋面的雨水和冰、雪融化水。按雨水管道敷设的不同情况，可分为外排水系统和内排水系统两类。

1）外排水系统。外排水系统的管道敷设在外，故室内无雨水管产生的漏、冒等隐患，且系统简单、施工方便、造价低，在设置条件具备时应优先采用。根据屋面的构造不同，该系统又可分为檐沟排水系统（图 1-82）和天沟排水系统（图 1-83）。

2）内排水系统。内排水是指在屋面设雨水斗，建筑物内部有雨水管道的雨水排水系统。对于跨度大、特别长的多跨工业厂房，在屋面设天沟有困难的锯齿形或壳形屋面厂房及屋面有天窗的厂房应考虑采用内排水形式。对于建筑立面要求高的高层建筑、大屋面建筑及寒冷地区的建筑，在墙外设置雨水排水立管有困难时，也可考虑采用内排水形式。

内排水系统由雨水斗、连接管、悬吊管、立管、排出管、埋地干管和检查井组成，降落到屋面上的雨水，沿屋面流入雨水斗，经连接管、悬吊管，流入排水立管，再经排出管流入雨水检查井，或经埋地干管排至室外雨水管道。

（三）给排水工程的发展趋势

随着城市大体量、多功能、超高层建筑的出现，建筑给排水也配套发展。一方面将出

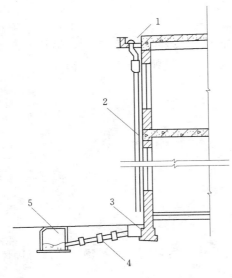

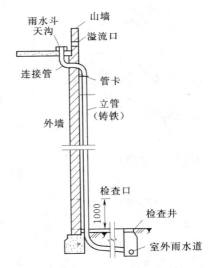

图 1-82　檐沟外排水系统
1—檐沟；2—水落管；3—雨水口；
4—连接管；5—检查井

图 1-83　天沟外排水系统

现越来越多的系统及功能要求，建筑给排水界将面临越来越多的问题需要解决；另一方面，平面化，中国的小城镇建设使得建筑给排水活动空间更为广阔、深入、普及。

技术发展的多元化。包括高校相应专业的设置，市场（比如建筑设计院）需要的是更加专业的人才，国内将会有一部分高校为应对市场需求设置建筑给排水专业。国内给排水研究机构（高校、研究所或研究中心）将向产、学、研一体化发展。生产和教学之间的脱节情况将大幅度改善。建筑给排水的教授和工程师之间的差异会越来越小。

设计机构的多元化。目前格局的建筑综合设计院将继续存在，同时，注册工程师的私人事务所及咨询公司也将出现，有些甚至会整合在大的工程公司、房地产公司里面。

标准的多元，国家规范将发展，分化和组合。地方规范也将交相辉映，和国家规范既契合又相对独立。地方规范将越来越强势。

建筑给排水各子系统，设备及材料的多元化，新技术及市场需要催生新系统、新设备、新材料的诞生，高端及低端产品将同时存在，高端产品的市场份额将越来越大。

二、环境工程

（一）水体污染控制

水是人类生产与生活不可缺少的环境要素，但是人类活动常造成水体污染，从而影响甚至危及人类的生存与发展。这种情况促使人类探求水体污染的原因和防治污染的方法，以使人类的这一不可缺少的环境要素状况得到改善，使水资源更好地为人类服务。

1. 控制废水排放的措施

（1）改革或改进生产工艺，减少污染物质。

（2）重复利用废水，使废水排放量减到最低水平。

（3）回收废水中有用物质。

（4）加强对水体及污染源的监测与管理。

2. 充分利用水体自净能力

水体受到污染后，在物理、化学和生物的作用下，逐步消除污染物，达到水体自然净化的过程，称为水体的自净过程。按照自净过程的发生机理，可以分为物理净化、化学净化和生物净化三类。

3. 废水处理方法

（1）物理方法。

（2）化学处理法。

（3）物理化学法。

（4）生物处理法。

（5）土地处理系统法。

4. 废水处理程序

天然水质含有的杂质可分为三类：悬浮物、胶体和溶解物，溶解物包括溶解固体和溶解气体。工业废水和生活污水同样含有这三种杂质。

废水处理通常分为三级：

一级处理，又称预处理。即采用物理方法除去水体中的悬浮物，使废水初步净化，为二级处理创造良好的条件。

二级处理，即采用物理方法、化学方法和生物处理方法等除去水体中胶体杂质。一般能除去 90% 左右可降解的有机物和 90%～95% 固体悬浮物，但某些重金属毒物或生物难以降解的高碳化合物是清除不掉的。

三级处理，又称为高级处理和深度处理。即采用物理化学方法和生物方法等使水质达到排放标准及用水要求。目前，随着工业用水不足以及为发展无公害技术的要求，各工业部门已广泛研究废水的三级处理。三级处理是工业用水采用封闭循环系统的重要组成部分。

（二）大气污染控制

1. 大气污染的定义

由于人类活动或自然过程使得某些物质进入大气中，呈现出足够的浓度，并持续足够的时间，并因此而危害了人体的舒适、健康和人们的福利，甚至危害了生态环境。

2. 全球性大气污染问题

（1）温室效应。

（2）臭氧层破坏。

（3）酸雨。

3. 大气污染物的来源和发生量

（1）自然来源：自然原因向环境释放的污染物，如火山喷发、海啸等。

（2）人为来源：是指人类生活活动和生产活动形成的污染源。

（3）人为来源按空间分类：点源（如工厂的烟囱排放源）、面源（如居住区或商区）。

（4）人为来源按人们的社会活动功能不同：生活、工业、农业、交通污染源。

4. 大气污染综合防治的实质

为了达到区域环境空气质量控制目标，对多种大气污染控制方案的技术可行性、经济合理性、区域适应性和实施可能性等进行最优化选择和评价，从而得出最优的控制方案和工程措施。

5. 环境空气质量控制标准

执行环境保护法和大气污染防治法、实施环境空气质量管理及防治大气污染的依据和手段。

6. 控制大气污染的技术措施

（1）清洁生产：清洁的生产过程和清洁的产品。

（2）可持续发展的能源战略：

1）改善能源供应结构和布局，提高清洁能源和优质能源比例。

2）提高能源利用效率和节约能源。

3）推广少污染的煤炭开采技术和清洁煤技术。

4）积极开发利用新能源和可再生能源。

（3）建立综合性工业基地：各企业间相互利用原材料和废弃物，减少污染物排放总量。

（三）固体废弃物处置

1. 概念

固体废弃物是指人类在生产、消费、生活和其他活动中产生的固态、半固态废弃物质（国外的定义则更加广泛，动物活动产生的废弃物也属于此类），通俗地讲，是指"垃圾"。主要包括固体颗粒、垃圾、炉渣、污泥、废弃的制品、破损器皿、残次品、动物尸体、变质食品、人畜粪便等。有些国家把废酸、废碱、废油、废有机溶剂等高浓度的液体也归为固体废弃物。

2. 分类

按其组成可分为有机废物和无机废物；按其形态可分为固态的废物、半固态的废物和液态（气态）废物；按其污染特性可分为有害废物和一般废物等。在《中华人民共和国固体废弃物污染环境防治法》中将其分为城市固体废弃物、工业固体废物和有害废物。

通常按照固体废弃物的来源分为城市生活固体废弃物、工业固体废弃物和农业废弃物。

3. 固体废弃物处置

固体废弃物的处理通常是指物理、化学、生物、物化及生化方法把固体废物转化为适于运输、贮存、利用或处置的过程，固体废弃物处理的目标是无害化、减量化、资源化。有人认为固体废物是"三废"中最难处置的一种，因为它含有的成分相当复杂，其物理性状（体积、流动性、均匀性、粉碎程度、水分、热值等）也千变万化，要达到上述"无害化、减量化、资源化"目标会遇到相当大的麻烦，一般防治固体废物污染方法首先是要控制其产生量，例如，逐步改革城市燃料结构（包括民用工业）控制工厂原料的消耗，定额提高产品的使用寿命，提高废品的回收率等；其次是开展综合利用，把固体废物作为资源和能源对待，实在不能利用的则经压缩和无毒处理后成为终态固体废物，然后再填埋和沉海，目前主要采用的方法包括压实、破碎、分选、固化、焚烧、生物处理等。

（四）噪声污染控制

1. 概念

噪声是发生体做无规则时发出的声音，声音由物体振动引起，以波的形式在一定的介质（如固体、液体、气体）中进行传播。通常所指的噪声污染是指人为造成的。从生理学观点来看，凡是干扰人们休息、学习和工作的声音，即不需要的声音，统称为噪声。当噪声对人及周围环境造成不良影响时，就形成噪声污染。

2. 分类

噪声污染按声源的机械特点可分为：气体扰动产生的噪声、固体振动产生的噪声、液体撞击产生的噪声以及电磁作用产生的电磁噪声。

噪声按声音的频率可分为：$<400\,Hz$ 的低频噪声、$400\sim1000\,Hz$ 的中频噪声及 $>1000\,Hz$ 的高频噪声。

噪声按时间变化的属性可分为：稳态噪声、非稳态噪声、起伏噪声、间歇噪声以及脉冲噪声等。

噪声有自然现象引起的（见自然界噪声），有人为造成的。故也分为自然噪声和人造噪声。

3. 噪声污染控制

为了防止噪音，我国著名声学家马大猷教授曾总结和研究了国内外现有各类噪音的危害和标准，并提出了三条建议：

（1）为了保护人们的听力和身体健康，噪音的允许值在 $75\sim90$ 分贝。

（2）保障交谈和通信联络，环境噪音的允许值在 $45\sim60$ 分贝。

（3）对于睡眠时间建议在 $35\sim50$ 分贝。

噪声对人的影响和危害跟噪声的强弱程度有直接关系。在建筑物中，为了减小噪声而采取的措施主要是隔声和吸声。隔声就是将声源隔离，防止声源产生的噪声向室内传播。在马路两旁种树，对两侧住宅就可以起到隔声作用。在建筑物中将多层密实材料用多孔材料分隔而做成的夹层结构，也会起到很好的隔声效果。为消除噪声，常用的吸声材料主要是多孔吸声材料，如玻璃棉、矿棉、膨胀珍珠岩、穿孔吸声板等。另外，建筑物周围的草坪、树木等也都是很好的吸声材料。

（五）其他环境问题控制

1. 放射性污染控制

（1）放射性污染的特点：

1）每一种放射性核素均具有一定的半衰期。

2）放射性污染物所造成的危害往往需要经过一段潜伏期后才显现出来。

3）放射性污染物主要通过射线的照射危害人体和其他生物体。

（2）辐射源：

1）天然辐射源：宇宙射线、宇生放射性核素、原生放射性核素。

2）人工辐射源：核爆炸的沉降物、核工业过程中的排放物、医疗照射的射线、其他

（夜光表、彩色电视机、花岗岩、钢渣砖等）。

（3）放射性对人类的危害。放射性进入人体后将产生两种损伤：直接损伤和间接损伤。干扰破坏机体细胞和组织的正常代谢活动以及直接破坏肌体细胞的结构。

1）直接损伤。是指辐射直接将肌体物质的原子或分子电离，从而破坏肌体内某些大分子结构。

2）间接损伤。是射线先将体内的水分子电离，使之生成具有很强活性的自由基，并通过他们的作用影响肌体的组成。

（4）放射性废物的处理处置：

1）放射性废气的处理。根据放射性在废气中的存在形态的不同采用不同的处理方法。

挥发性放射性废气。吸附法和扩散稀释法。

放射性气溶胶形式存在的废气。除尘技术。

2）放射性废液的处理。稀释排放、浓缩储存和回收利用。

低放废液。离子交换、蒸发、膜分离法、化学混凝沉淀过滤。

中放废液。蒸发浓缩，减少体积，使之达到高放废液。

高放废液。固化法：水泥、水玻璃、沥青、人工合成树脂等。

3）放射性固体废物的处理。铀矿渣。土地堆放或回填矿井。

可燃性放射性固体废物。焚烧法。

不可燃性放射性固体废物。拆卸和破碎处理后，再煅烧熔融处理，减少体积，以利于最终包封储存等。

4）最终处置。基本方法是埋入能与生物圈有效隔离的最终储存库中。

2. 热污染控制

（1）定义。在能源消耗和能量转换过程中有大量化学物质（如 CO_2 等）及热蒸汽排入环境，使局部环境或全球环境发生增温，并可能对人类和生态系统产生直接或间接、即时或潜在的危害，这种现象称为热污染或环境热污染。

（2）形成原因：

1）热直接向环境，特别是水体排放，进入水体的热量，有 80% 来自发电厂。

2）大气组成的改变，温室气体、消耗臭氧层物质的排放。

3）地表状态的改变，城市热岛效应、沙漠化。

（3）热污染的危害：

1）大气热污染。热岛效应、异常天气（暴雨、飓风、酷热、暖冬、干旱等）。

2）水体热污染。水质变坏导致水温上升，黏度下降，水中的溶解氧减少。

水温升高，影响水生生物的生长，发育受阻；代谢加快、所需溶解氧增加。

3）引起藻类及湖草的大量繁殖——水温增加会增加水中 N、P 含量，促使藻类大量繁殖。

（4）热污染的防治：

1）减少热量的排出。

2）开发和利用无污染或少污染的新能源。

3）植树绿化，扩大森林面积。

3. 电磁辐射控制

（1）定义。电磁辐射污染是指各种天然的和人为的电磁波干扰和对人体有害的电磁辐射。

电磁波是指电场和磁场周期性变化产生波动通过空间传播的一种能量，也称电磁辐射。

（2）电磁辐射的传播途径：

1）空间辐射：近场区为传播的电磁能以电磁感应的方式作用于受体；远场区为电磁能以空间放射方式传播并作用于受体。

2）导线辐射：电磁能通过导线传播。

3）复合传播：空间传播和导线传播同时存在。

（3）电磁辐射的危害：

1）恶劣的电磁环境会严重干扰航空导航、水上通信、天文观察，移动电话、电脑、游戏机、飞机。

2）危害人类健康，电磁的生物效应分热效应和非热效应是由高频电磁波直接对生物机体细胞产生加热作用引起的。非热效应是电磁辐射长期作用而导致人体某些体征的改变。电磁辐射对人体的危害程度与电磁波波长有关，波长越短，危害越大。而且微波对机体的危害具有积累性，使伤害不易恢复。

（4）电磁辐射的防护原则：

1）减少电磁泄漏。

2）合理的工业布局，使电磁污染源远离居民稠密区，尽量减少受体遭受污染的危害。

3）采取一定的技术防护手段，以减少对人与环境的危害。

（5）防护方法：

1）区域控制与绿化区域控制：自然干净区、轻度污染区、广播辐射区、工业干扰区绿色植物对电磁辐射能具有良好的吸收作用。

2）屏蔽防护：利用屏蔽材料将电磁场源与其环境隔离开来，使辐射能被限制在某一范围内，达到防治电磁污染的目的。

3）接地防护：将辐射源的屏蔽部分或屏蔽体通过感应产生的高频电流导入大地，以免屏蔽体本身再成为二次辐射源。

4）吸收防护：采用对某种辐射能量具有强烈吸收作用的材料，敷设于场源外围，使辐射场强度大幅度衰减下来，达到防护目的。

5）个人防护：防护服、防护头盔、防护眼镜。

三、建筑设备

建筑设备是为建筑物的使用者提供生活、生产和工作服务的各种设施和设备系统的总称，是现代建筑功能得以实现的不可缺少的重要条件。

近代房屋建筑为了满足生产和生活上的需要，以及提供卫生、安全而舒适的生活和工作环境，要求在建筑物内设置完善的给水、排水、供热、通风、空气调节、燃气、供电等设备系统。设置在建筑物内的设备系统，必然要求与建筑，结构及生活需求，生产工艺设备等相互协调，才能发挥建筑物应有的功能，并提高建筑物的使用质量，避免环境污染，高效的发挥建筑物为生产和生活服务的作用，因此，建筑设备工程是房屋建筑不可缺少的组成部分。如何合理地进行建筑设备工程设计，保证建筑物的使用质量，不仅与建筑设计，结构设计，施工方法等有密切的关系，而且对生产经济和人民生活具有重要的意义。可以说建筑设备与土木工程具有相辅相成的密切关系。尤其是随着人们对建筑质量，生活方面的要求的提高，以及要求智能建筑的方面。因此紧密结合建筑设备和土木工程的设计施工越来越发重要。

针对建筑设备本身来说，随着我国各种类型的工业企业的不断建立，城镇各类民用建筑的兴建，人民生活居住条件的逐步改善，基本建设工业化施工的迅猛发展，建筑设备工程技术水平正在不断的提高，同时，由于近代科学技术的发展，各门学科相互渗透和相互影响，建筑设备技术也受到交叉学科的发展的影响而日新月异。例如，土木工程的工业化施工迅速改变着建筑安装现场手工操作的方式。还有各种智能建筑设备的更新，对土木工程施工技术也要求更高。还要考虑建筑结构对各种设备的影响等。建筑设备的发展跟土木工程设计施工是紧密联系在一起的。

第六节　水利水电工程

一、水利水电工程在国民经济中的作用

开发水利、水电资源对中国的经济和社会发展起着重要作用。在中国，水利是农业发展的命脉，是国民经济和社会发展的重要基础。中国的人均水资源低于世界平均水平，而且，水利资源的地域时空分布很不均衡。中国政府高度重视水资源的开发与有效利用，在这一过程中，修建大坝和其他水利工程显得尤为重要。

中华人民共和国成立后至今，中国人民通过长期努力，取得了举世瞩目的成就，现已建成大中小型水库8万多座，在经济建设和减轻水患方面发挥了重要作用。我国还针对各江河流域的开发及治理，做了面向21世纪的战略部署。在西部开发战略中，实施西电东送是一项重要的项目；水资源方面实施南水北调工程，以利于我国水资源南北调配、东西互济的合理配置格局。水利水电基础设施建设将加大力度，特别是在我国长江、黄河等主要河流的干流上兴建控制性水利、水电工程，对于我国特别是西部地区水利水电资源的优化配置和社会、经济的持续发展具有重大意义。

二、水利水电工程的规划和设计

水利工程规划的目的是全面考虑、合理安排地面和地下水资源的控制、开发和使用方式，最大限度地做到安全、经济、高效。水利工程规划要解决的问题大体有以下几个方面：根据需要和可能确定各种治理和开发目标，按照当地的自然、经济和社会条件选择合理的工程规模，制定安全、经济、运用管理方便的工程布置方案。因此，应首先做好被治理或开发河流流域的水文和水文地质方面的调查研究工作，掌握水资源的分布状况。

工程地质资料是水利工程规划中必须先行研究的一个重要内容，以判别修建工程的可能性和为水工建筑物选择有利的地基条件并研究必要的补强措施。水库是治理河流和开发

水资源中普遍应用的工程形式。在深山峡谷或丘陵地带，可利用天然地形构成的盆地储存多余的或暂时不用的水，供需要时引用。因此，水库的作用主要是调节径流分配，提高水位，集中水面落差，以便为防洪、发电、灌溉、供水、养殖和改善下游通航创造条件。为此，在规划阶段，须沿河道选择适当的位置或盆地的喉部，修建挡水的拦河大坝以及向下游宣泄河水的水工建筑物。在多泥沙河流，常因泥沙淤积使水库容积逐年减少，因此还要估计水库寿命或配备专门的冲沙、排沙设施。

现代大型水利工程，很多具有综合开发治理的特点，故常称"综合利用水利枢纽工程"。它往往兼顾了所在流域的防洪、灌溉、发电、通航、河道治理和跨流域的引水或调水，有时甚至还包括养殖、给水或其他开发目标。然而，要制止水患开发水利，除建设大型骨干工程外，还要依靠大量的中小型水利工程，从面上控制水情并保证大型工程得以发挥骨干效用。防止对周围环境的污染，保持生态平衡，也是水利工程规划中必须研究的重要课题。由此可见，水利工程不仅是一门综合性很强的科学技术，而且还受到社会、经济甚至政治因素的制约。

三、防洪工程

（一）防洪简述

防洪工程是控制、防御洪水以减免洪灾损失所修建的工程。主要有堤、河道整治工程、分洪工程和水库等。按功能和兴建目的可分为挡、泄（排）和蓄（滞）几类。

（1）挡：主要是运用工程措施挡住洪水对保护对象的侵袭。如用河、湖堤防御河、湖的洪水泛滥；用海堤和挡潮闸防御海潮；用围堤保护低洼地区不受洪水侵袭等。

（2）泄：主要是增加泄洪能力。常用的措施有修筑河堤、整治河道（如扩大河槽、裁弯取直）、开辟分洪道等，是平原地区河道较为广泛采用的措施。

（3）蓄（滞）：主要作用是拦蓄（滞）调节洪水，削减洪峰，减轻下游防洪负担。如利用水库、分洪区（含改造利用湖、洼、淀等）工程等。开辟分洪区，分蓄（滞）河道超额洪水，一般都是利用人口较少的地区，也是很多河流防洪系统中的重要组成部分。

一条河流或一个地区的防洪任务，通常由多种措施相结合构成的工程系统来承担。本着除害与兴利相结合、局部与整体统筹兼顾、蓄泄兼筹、综合治理等原则，统一规划。一般是在上、中游干支流山谷区修建水库拦蓄洪水，调节径流；山丘地区广泛开展水土保持，蓄水保土，发展农林牧业，改善生态环境；在中、下游平原地区，修筑堤防，整治河道，治理河口，并因地制宜修建分蓄（滞）洪工程，以达到减免洪灾的目的。

（二）防洪工程措施

防洪工程措施是指通过法令、政策、经济手段和工程以外的其他技术手段，以减少洪灾损失的措施。采用防洪工程措施是由于只靠工程措施既不能解决全部防洪问题，又受费用制约。

防洪工程措施的基本内容为：洪泛区管理、行洪道清障、洪水保险、洪水预报警报系统、超标准洪水紧急措施、救灾。

从世界各国的实践来看，用防洪工程措施控制洪水是有限度的。因此，防洪工程措施作为减少洪灾的综合措施，越来越受到重视并将继续发展完善。

四、农田水利工程

(一) 灌溉与排水

当农田水分不能满足作物需要时，则应增加水分，这就是灌溉；当水分过多时，则应减水，这就是排水。灌溉与排水是农田水利的两项主要措施。

1. 灌溉方法

(1) 地面灌溉。这是我国采用最广泛的方法，将地面水直接引入农田内，称为自流灌溉。由于地势关系，有时需抬高水源的水位才能引水入田。有的利用水泵引水，称为提水灌溉或扬水灌溉。

(2) 喷灌。主要由管道和喷头组成。当需要灌溉时，打开管道上的阀门，压力水自喷头洒出，形成均匀的水滴洒布在农田里，所以也称为人工降雨灌溉。

图 1-84　农田的灌溉与排水

(3) 滴灌。如喷灌，在地下修建专门管道网，亦有用专门沟道代替管网，通过安装在毛细管上的滴箭、滴头、滴灌将灌溉水一滴滴地、均匀而又缓慢地滴入农作物根区附近土壤中。

2. 灌溉水源

我国的灌溉水源主要有天然河水，水库蓄水，湖、塘、洼地蓄水，经净化处理后的城市污水，高山融雪和地下水。

3. 农田排水

主要目的是排除地面积水和降低地下水位。因而，要求排水沟都必须挖到一定的深度并有适当的纵坡，以便将水排入河流、湖泊或海洋。如果排水系统的出口高于河、湖、海的水位，则可自流排水，否则需借助水泵扬水排出。

排水系统可分为明沟排水系统和暗沟排水系统。暗沟不仅能排地表水亦能排地下水，但造价过高，只有在特殊情况下才采用。一般大面积农田排水都采用明沟排水。

(二) 取水工程

取水工程的作用是将河水引入渠道，以满足农田灌溉、水力发电、工业及生活供水等需要。因取水工程位于渠道的首部，所以也称渠首工程。

1. 无坝取水

无坝取水的主要建筑物就是进水闸。为了便于引水和防止泥沙进入渠道，进水闸一般应设在河道的凹岸。取水角度，即图 1-85 中的 θ 角，应小于 $90°$。一般情况，设计取水流量不超过河流流量的 30%，否则难以保证各用水时期都能引取足够的流量。

2. 有坝取水

修建壅水坝或拦河节制闸是能调节河道水位，而不能调节大流量的一种取水方式。当河流流量能满足灌溉用水要求，只是河水位低于灌区需要的高程时，适于采用这种取水方式。

有坝取水枢纽的建筑物组成如图 1-86 所示。有坝引水与无坝引水相比较，主要优点

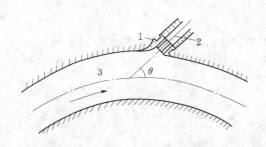

图1-85　无坝取水示意图

1—进水闸；2—干渠；3—河流

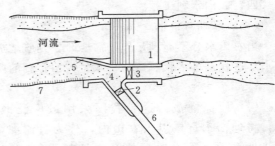

图1-86　有坝取水工程示意图

1—壅水坝；2—进水闸；3—排沙闸；4—沉沙池；
5—导水墙；6—干渠；7—堤防

是可避免河流水位变化的影响，并且能稳定引水流量；主要缺点是修建闸坝费用相当大，河床也需有适合的地质条件。由于改变了河流的原来平衡状态，还会引起上、下游河床的变化。

3. 水库取水

水库的作用，既可调节流量又可抬高水位。由于灌区位置不同，可采取不同的取水方式。渠首工程一般是设在拦河坝附近，通过引水隧洞或涵管引水。

4. 水泵站引水

在平原地区的下游河道，由于枯水位低于灌区高程，自然条件或经济条件又不适合修建闸坝工程，只有修建水泵站引水灌溉。引水流量依水泵能力而定。

（三）农田水利工程设施

农田水利工程设施主要有：涵洞、斗门、提水站、节制闸、进水闸、泄洪闸、渠道、U渠、梯形渠道排涝站、倒虹吸、跌水、下田涵、窖井、谷坊、输水管道、量水堰、农桥小型土坝、混凝土坝等。

五、水力发电

（一）水电站开发方式

水力发电除了需要流量之外，还需要集中落差（水头）。而天然的集中落差只有在特别地方才有，那就是瀑布。例如，我国贵州省的黄果树瀑布，黄河壶口瀑布等。但毕竟可以利用的瀑布是很少的。所以，通常要用人工的方法集中落差，可分为以下两种最基本的方式。

1. 坝式开发（图1-87）

主要是用坝来集中落差 h。坝不仅可以集中落差 h，而且还可以利用坝所形成的水库，进行调节流量 Q。

坝式开发方式需要修建工程量庞大的水库。

2. 引水式开发（图1-88）

主要是用引水道（明渠、隧洞、水管）来集中落差 h。图1-88（a）为无压引水式电站，用低溢流坝拦阻河流水流，使其进入明渠，由于明渠断面平整光滑，所以底坡降可以造得很小，因此在渠道末端的水位高于河流水位，其差即为水头 h。

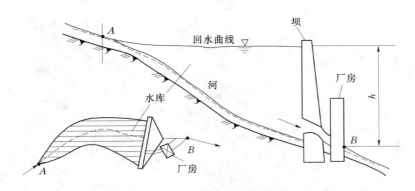

图 1-87　坝式水电站示意图

在山区河流坡度很陡而流量又不大的情况下，建造引水式水电站是经济和合理的。因为只要建造一定长度的引水道，就可获得相当大的水头。坝式和引水式是水电站最基本的开发方式。

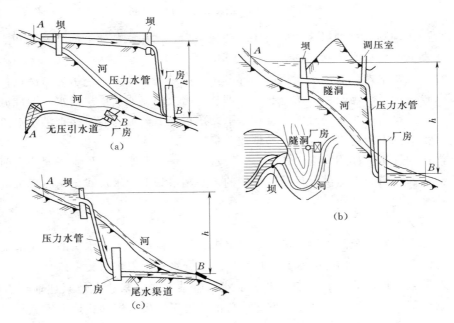

图 1-88　引水式水电站示意图

（a）无压引水式；（b）有压引水式；（c）尾水渠引水式

（二）水电站主要类型

1. 坝式水电站

根据坝式开发方式的水电站厂房与拦河坝或溢流坝的相对位置，可分为河床式、坝后式、溢流式或混合式等水电站厂房。

（1）河床式水电站。其特点是厂房作为挡水建筑物的一部分，厂房的高度受水头所限。如图 1-89 所示。

（2）坝后式水电站。其特点是厂房布置在坝后或其邻近。因此厂房结构不受水头所

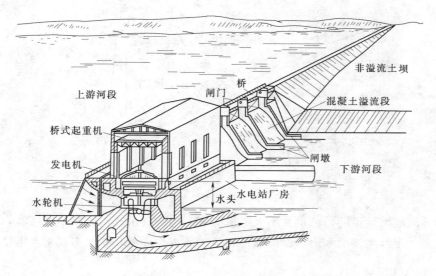

图 1-89 河床式水电站

限，水头取决于坝高。这种形式的厂房比较普遍采用，例如：黄河上的刘家峡和三门峡水电站厂房，湖北丹江口水电站厂房等。

（3）溢流式水电站。我国水能资源大部分位于高山峡谷地区，厂房与溢洪道往往无法同时布置。设法把溢流坝与厂房结合起来，即从厂房上溢流或从厂房泄水，即溢流式或泄水式厂房，以后又进一步发展成不直接在水电站厂房顶上溢流，而直接把洪水水流挑越厂房顶，直接挑流到下游河床，成为"挑越式厂房"。

（4）泄水式厂房。亦称为混合式厂房，泄水式厂房按泄水孔的位置不同分为两类：在尾水管上泄洪和在蜗壳上泄洪。目前，采用的多是尾水管上泄水形式。葛洲坝水电站厂房就是采用这种形式。

2. 引水式水电站

引水式开发主要或全部用引水道来集中水头。但严格地从集中水头的方式来说，大多数水电站是混合式开发，即部分水头由坝集中，部分水头由引水道集中。

由于地下施工技术的发展，在很多引水式水电站中，愈来愈多地兴建地下水电站厂房。水电站地下厂房有如下三种布置方式：首部式地下厂房、尾部式地下厂房和中部式地下厂房。

3. 抽水蓄能电站

抽水蓄能电站可以说是一种特殊作用的水电站，它不利用河流水能来发电，而仅仅是在时间上把能量重新分配，一般在后半夜当电力系统负荷处于低谷时，利用火电站，特别是原子能电站富裕（多余）的电能，以抽水蓄能的方式把能量蓄存在水库中，即机组以水泵方式运行，将水自下游抽入水库。在电力系统高峰负荷时将蓄存的水量进行发电，即机组以水轮机方式运行，将蓄存的水能转化为电能。由于能量转换有损耗，大体上用 4kW·h电抽水可发出 3kW·h 电。世界上随着原子能电站的出现以及消费性负荷增多，愈来愈多地建造着抽水蓄能电站。

4. 潮汐电站

除了上述形式的水电站外，还有利用涨潮落潮时的潮位差（水头）发电的。这种潮汐电站都是河床式或贯流式机组的厂房。厂房作为挡水建筑物的一部分，与闸坝共同把海湾隔开，利用涨潮和落潮时的水位差（水头）来发电。

六、水工建筑物

（一）分类

水工建筑物可按使用期限和功能进行分类。可分为永久性水工建筑物和临时性水工建筑物，后者是指在施工期短时间内发挥作用的建筑物，如围堰、导流隧洞、导流明渠等。按功能可分为通用性水工建筑物和专门性水工建筑物两大类。

（二）主要水工建筑物

通用性水工建筑物主要有：

（1）挡水建筑物，如各种坝、水闸、堤和海塘。

（2）泄水建筑物，如各种溢流坝、岸边溢洪道、泄水隧洞、分洪闸。

（3）进水建筑物，也称取水建筑物，如进水闸、深式进水口、泵站。

（4）输水建筑物，如引（供）水隧洞、渡槽、输水管道、渠道。

（5）河道整治建筑物，如丁坝、顺坝、潜坝、护岸、导流堤。

专门性水工建筑物主要有：

（1）水电站建筑物，如前池、调压室、压力水管、水电站厂房。

（2）渠系建筑物，如节制闸、分水闸、渡槽、沉沙池、冲沙闸。

（3）港口水工建筑物，如防波堤、码头、船坞、船台和滑道。

（4）过坝设施，如船闸、升船机、放木道、筏道及鱼道等。

有些水工建筑物的功能并非单一，难以严格区分其类型，如各种溢流坝，既是挡水建筑物，又是泄水建筑物；闸门既能挡水和泄水，又是水力发电、灌溉、供水和航运等工程的重要组成部分。有时施工导流隧洞可以与泄水或引水隧洞等结合。

（三）水工建筑物的主要特点

（1）受自然条件制约多，地形、地质、水文、气象等对工程选址、建筑物选型、施工、枢纽布置和工程投资影响很大。

（2）工作条件复杂，如挡水建筑物要承受相当大的水压力，由渗流产生的渗透压力对建筑物的强度和稳定不利；泄水建筑物泄水时，对河床和岸坡具有强烈的冲刷作用等。

（3）施工难度大，在江河中兴建水利工程，需要妥善解决施工导流、截流和施工期度汛，此外，复杂地基的处理以及地下工程、水下工程等的施工技术都较复杂。

（4）大型水利工程的挡水建筑物失事，将会给下游带来巨大损失和灾难。

七、水利水电工程的发展趋势

当前世界多数国家出现人口增长过快，可利用水资源不足，城镇供水紧张，能源短缺，生态环境恶化等重大问题，都与水有密切联系。水灾防治、水资源的充分开发利用成为当代社会经济发展的重大课题。水利工程的发展趋势主要是：

（1）防治水灾的工程措施与非工程措施进一步结合，非工程措施越来越占重要地位。

（2）水资源的开发利用进一步向综合性、多目标发展。

（3）水利工程的作用，不仅要满足日益增长的人民生活和工农业生产发展的需要，而且要更多地为保护和改善环境服务。

（4）大区域、大范围的水资源调配工程，如跨流域引水工程，将进一步发展。

（5）由于新的勘探技术、新的分析计算和监测试验手段以及新材料、新工艺的发展，复杂地基和高水头水工建筑物将随之得到发展，当地材料将得到更广泛的应用，水工建筑物的造价将会进一步降低。

（6）水资源和水利工程的统一管理、统一调度将逐步加强。

研究防止水患、开发水利资源的方法及选择和建设各项工程设施的科学技术。主要是通过工程建设，控制或调整天然水在空间和时间的分布，防止或减少旱涝洪水灾害，合理开发和充分利用水利资源，为工农业生产和人民生活提供良好的环境和物质条件。水利工程包括排水灌溉工程（又称农田水利工程）、水土保持工程、治河工程、防洪工程、跨流域的调水工程、水力发电工程和内河航道工程等。水利工程原是土木工程的一个分支。由于水利工程本身的发展，逐渐具有自己的特点，以及在国民经济中的地位日益重要，已成为一门相对独立的技术学科，但仍和土木工程的许多分支保持着密切的联系。

第七节　港口与海洋工程

一、港口工程

（一）港口的组成与作用

港口由水域和陆域两大部分组成。水域包括进港航道、港池和锚地。陆域岸边建有码头，岸上设港口仓库、堆场、港区铁路和道路，并配有装卸和运输机械，以及其他各种辅助设施和生活设施。

水域是供船舶航行、运转、锚泊和停泊装卸之用，要求有适当的深度和面积，水流平缓，水面稳静。陆域是供旅客集散、货物装卸、货物堆存和转载之用，要求有适当的高程、岸线长度和纵深。

港口水域可分为港外水域和港内水域。港外水域包括进港航道和港外锚地。有防波堤掩护的海港，在口门以外的航道称为港外航道。港外锚地（图1-90），供船舶抛锚停泊，等待检查及引水。

为了克服船舶航行惯性，要求港内航道有一个最低长度，一般不小于3~4倍船长。船舶由港内航道驶向码头或者由码头驶向航道，要求有能够进行回转的水域，称为转头水域。在内河港口，为便于控制，船舶逆流靠离岸［图1-91（a）］。当船舶从上游驶向顺岸码头时，先调头，再靠岸；当船舶离开码头驶往下游时，要逆流离岸，然后再调头行驶［图1-91（b）］。为此，要求顺岸码头前水域有足够宽度。

供船舶停靠和装卸货物用的毗邻码头水域，称为码头前水域或港池。它必须有足够的深度和宽度，使船舶能方便地靠岸和离岸，并进行必要的水上装卸作业。有突堤码头间的港池和顺岸码头前的港池，后者不应占用航道。

海港港内锚地供船舶避风停泊，等候靠岸及离港，进行水上由船转船的货物装卸。河港锚地（图1-92）供船舶解队及编队，等候靠岸及离港，进行水上装卸。在河口港及内

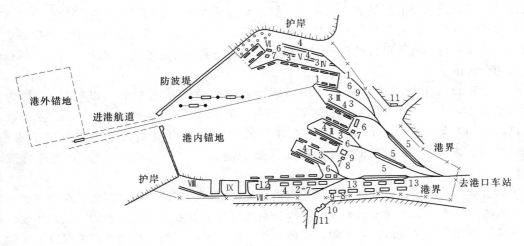

图 1-90 海港

Ⅰ—件杂货码头；Ⅱ—木材码头；Ⅲ—矿石码头；Ⅳ—煤炭码头；

Ⅴ—矿物建筑材料码头；Ⅵ—石油码头；Ⅶ—客运码头；

Ⅷ—工作船码头及航修站；Ⅸ—工程维修基地

1—导航标志；2—港口仓库；3—露天货场；4—铁路装卸线；5—铁路分区调车场；

6—作业区办公室；7—作业区工人休息室；8—工具库房；9—车库；

10—港口管理局；11—警卫室；12—客运站；

13—储存仓库港内水域

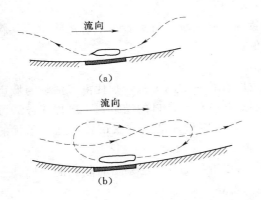

图 1-91 河港中船舶靠离码头的方法

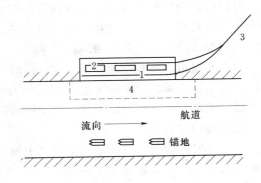

图 1-92 内河港口

1—码头；2—仓库；3—铁路；4—港池

河港，水上装卸的货物常构成港口吞吐量的重要组成部分。

为了保证船舶安全停泊及装卸，港内水域要求稳静。在天然掩护不足的地点修建海港，需建造防波堤，以满足泊稳要求。

港口陆域则由码头、港口仓库及货场、铁路及道路、装卸及运输机械、港口辅助生产设备等组成。

（二）港口的规划与设计

1. 港口规划

规划是港口建设的重要前期工作，规划涉及面广，关系到城市建设、铁路公路等线路的布局。规划之前要对经济和自然条件进行全面的调查和必要的勘测，拟定新建港口或港区的性质、规模，选择具体港址，提出工程项目、设计方案，然后进行技术经济论证，分析判断建设项目的技术可行性和经济合理性。规划一般分为选址可行性研究和工程可行性研究两个阶段。

一个港口每年从水运转陆运和从陆运转水运的货物数量总和（以吨计），称为该港的货物吞吐量，它是港口工作的基本指标。在港口锚地进行船舶转载的货物数量（以吨计）应计入港口吞吐量。港口吞吐量的预估是港口规划的核心。港口的规模、泊位数目、库场面积、装卸设备数量以及集疏运设施等皆以吞吐量为依据进行规划设计。

远景货物吞吐量是远景规划年度进出港口货物可能达到的数量。因此，要调查研究港口腹地的经济和交通现状及未来发展，以及对外贸易的发展变化，从而确定规划年度内进出口货物的种类、包装形式、来源、流向、年运量、不平衡性、逐年增长情况以及运输方式等；有客运的港口，同时还要确定港口的旅客运量、来源、流向、不平衡性及逐年增长情况等。

船舶是港口最主要的直接服务对象，港口的规划与布置，港口水、陆域的面积与尺度以及港口建筑物的结构，皆与到港船舶密切相关。因此，船舶的性能、尺度及今后发展趋势也是港口规划设计的主要依据。

港址选择是一项复杂而重要的工作，是港口规划工作的重要步骤，是港口设计工作的先决条件。一个优良港址应满足下列基本要求：

（1）有广阔的经济腹地，以保证有足够的货源，且港址位置适合于经济运输，与其腹地进出口货物重心靠近，使货物总运费达到最低。

（2）与腹地有方便的交通运输联系。

（3）与城市发展相协调。港口建设与城市发展有着密切的关系，现代港口活动与城市居民正常生活分离的概念愈来愈被广泛采用。因此，现代化港口的港址，不应位于被居民区包围的城市中心区附近的岸线（客运码头除外），而应形成港口与城市发展互不干扰的城市用地结构和布局。

（4）有发展余地。我国是一个发展中国家，所以港口的发展必须留有较大的余地。一个优良的港址，至少要满足 30～50 年港口发展的需要。

（5）满足船舶航行与停泊要求。进港航道和港池水深要满足设计船舶吃水要求。要有宽阔的水域，足够布置船舶的锚泊、回旋、港内航行、停泊作业。

（6）有足够的岸线长度和陆域面积，用以布置前方作业地带、库场、铁路、道路及生产辅助设施。

（7）战时港口常作为海上军事活动的辅助基地，在选址时，应注意能满足船舰调动的迅速性，航道进出口与陆上设施的安全隐蔽性以及疏港设施及防波堤的易于修复性等。

（8）对附近水域生态环境和水、陆域自然景观尽可能不产生不利影响。

（9）尽量利用荒地劣地，少占或不占良田，避免大量拆迁。

工程可行性研究，从各个侧面研究规划实现的可能性，把港口的长期发展规划和近期实施方案联系起来。通过进一步的调查研究和必要的钻探、测量等工作，进行技术经济论证，分析判断建设项目的技术可行性和经济合理性，为确定拟建工程项目方案是否值得投资提供科学依据。

2. 港口的布置

港口布置必须遵循统筹安排、合理布局、远近结合、分期建设等原则。图 1-93 为开敞海岸上的港口平面略图，其特点是水域广阔，具有两个口门，能使船舶适应更多的风浪方向而安全顺利地进入港内。

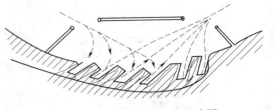

图 1-93　开敞海岸港平面略图

港口布置方案在规划阶段是最重要的工作之一，不同的布置方案在许多方面会影响到国家或地区发展的整个进程。可分为三种基本类型：

（1）自然地形的布置：如图 1-94（f），（g），（h）所示，可称为天然港。

（2）挖入内陆的布置：如图 1-94（b），（c），（d）所示。

（3）填筑式的布置：如图 1-94（a），（e）所示。

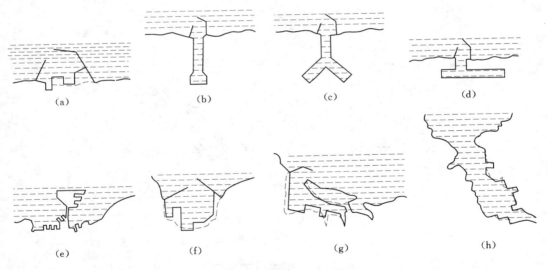

图 1-94　港口布置的基本类型

（a）突出式（虚线表示原海岸线）；（b）挖入式航道和调头地；（c）Y形挖入式航道；
（d）平行的挖入式航道；（e）老港口增加人工港岛；（f）天然港的建设；
（g）天然离岸岛的建设；（h）河口港的建设

（三）港口建筑

1. 码头建筑

码头是供船舶系靠、装卸货物或上下旅客的建筑物的总称，它是港口中主要的水工建筑物之一。

（1）码头的布置形式。常规码头的布置形式有以下三种：

1）顺岸式。码头的前沿线与自然岸线大体平行，在河港、河口港及部分中小型海港中较为常用。其优点是陆域宽阔、疏运交通布置方便，工程量较小。图 1-95 表示了顺岸码头几种常见的布置形式。

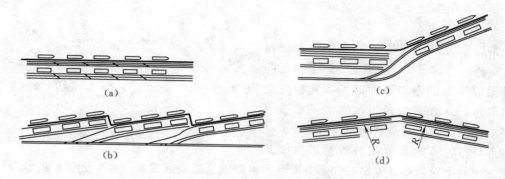

图 1-95　顺岸码头的布置型式

2）突堤式。码头的前沿线布置成与自然岸线有较大的角度，如大连、天津、青岛等港口均采用了这种形式。其优点是在一定的水域范围内可以建设较多的泊位；缺点是突堤宽度往往有限，每泊位的平均库场面积较小，作业不方便。图 1-96 是突堤与顺岸结合部位的布置方式。

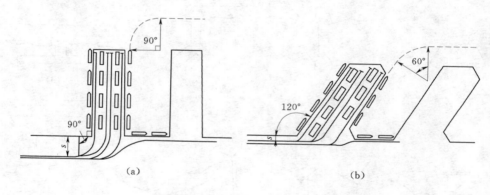

图 1-96　突堤与顺岸结合部位的布置
（a）直突堤；（b）斜突堤

3）挖入式。港池由人工开挖形成，在大型的河港及河口港中较为常见，如德国汉堡港、荷兰的鹿特丹港等。挖入式港池布置，也适用于泻湖及沿岸低洼地建港，利用挖方填筑陆域，有条件的码头可采用陆上施工。近年来日本建设的鹿岛港、中国的唐山港（图 1-97）均属这一类型。此外，在岸线有限制或沿岸浅水区较宽的港口以及某些有特殊要求的企业（如石化厂），岛式港方案已在开始发展，日本建成的神户岛港属于这一类型。

（2）码头形式。码头按其前沿的横断面外形有直立式、斜坡式、半直立式和半斜坡式（图 1-98）。

直立式码头岸边有较大的水深，便于大船系泊和作业，不仅在海港中广泛采用，在水位差不太大的河港也常采用；斜坡式适用于水位变化较大的情况，如天然河流的

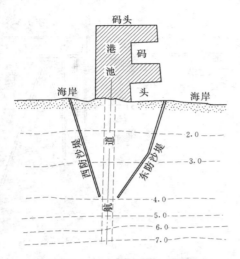

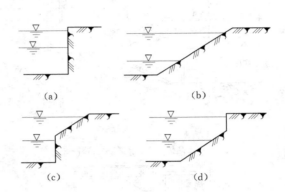

图 1-97 采用挖入式港池布置的唐山港

图 1-98 码头断面形式

(a) 直立式；(b) 斜坡式；(c) 半直立式；(d) 半斜坡式

上游和中游港口；半直立式适用于高水时间较长而低水时间较短的情况，如水库港；半斜坡式适用于枯水时间较长而高水时间较短的情况，如天然河流上游的港口。码头按结构形式可分为重力式、板桩式、高桩式和混合式（图 1-99）。重力式码头［图 1-99（a）］是靠自重（包括结构重量和结构范围内的填料重量）来抵抗滑动和倾覆的。从该角度讲，自重越大越好，但地基将受到很大的压力，使地基可能丧失稳定性或产生过大的沉降。为此，需要设置基础，通过它将外力传到较大面积的地基上（减小地基应力）或下卧硬土层上。这种结构一般适用于较好的地基。图 1-99 码头的结构形式。

板桩式码头［图 1-99（b）］是靠打入土中的板桩来挡土的，它受到较大的土压力。为了减小板桩的上部位移和跨中弯矩，上部一般用拉杆拉住，拉杆力传给后面的锚锭结构。由于板桩是一较薄的构件，又承受较大的土压力，所以板桩式码头目前只用于墙高不大的情况，一般在 10m 以下。

高桩式码头［图 1-99（c）］主要由上部结构和桩基两部分组成。上部结构构成码头地面，并把桩基连成整体，直接承受作用在码头上的水平力和竖向力，并把它们传给桩基，桩基再把这些力传给地基。高桩式码头一般适用于软土地基。

除上述主要结构形式外，根据当地的地质、水文、材料、施工条件和码头使用要求等，也可采用混合式结构。例如，下部为重力墩，上部为梁板式结构的重力墩式码头，后面为板桩结构的高桩栈桥码头［图 1-99（d）］，由基础板、立板和水平拉杆及锚锭结构组成的混合式码头［图 1-99（e）］。

2. 防波堤

防波堤的主要功能是为港口提供掩护条件，阻止波浪和漂沙进入港内，保持港内水面的平稳和所需要的水深，同时，兼有防沙、防冰的作用。图 1-100 防波堤布置形式。

（1）防波堤的平面布置。防波堤的平面布置，因地形、风浪等自然条件及建港规模要

71

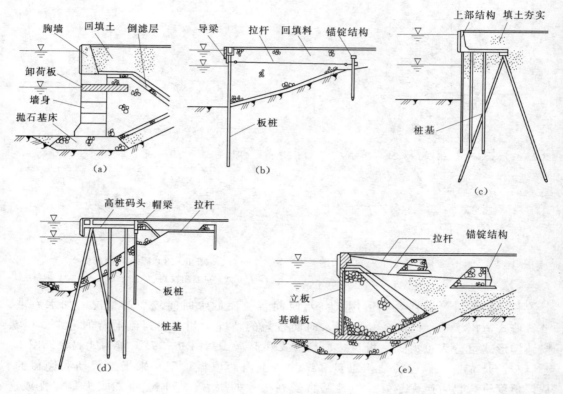

图 1-99　码头的结构形式

(a) 重力式码头；(b) 板桩码头；(c) 高桩码头；(d) 混合式码头；(e) 混合式码头

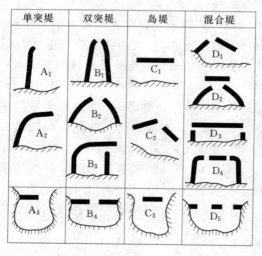

图 1-100　防波堤布置形式

求等而异，一般可分为四大类型（图 1-100）。有单突堤式、双突堤式、岛堤式和组合堤式。

（2）防波堤的类型。防波堤按其构造形式（或断面形状）及对波浪的影响有斜坡式、直立式、混合式、透空式、浮式以及喷气消波设备和喷水消波设备等，如图 1-101 所示。

防波堤形式的选用，应根据当地情况，如海底土质、水深大小、波浪状况、建筑材料、施工条件等，以及使用上的不同要求等，然后经方案比较后再决定。

3. 护岸建筑物

天然河岸或海岸，因受波浪、潮汐、水流等自然力的破坏作用，会产生冲刷和侵蚀现象。这种现象可能是缓慢的，水流逐渐地把泥沙带走，但也可能在瞬间发生，较短时间内出现大量冲刷，因此，要修建护岸建筑物。

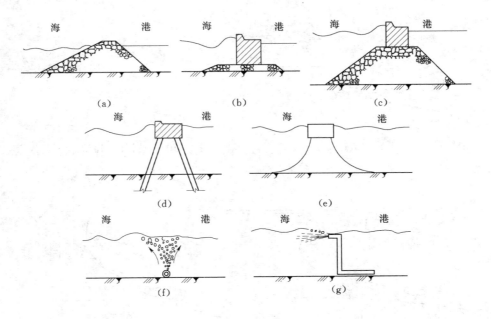

图 1-101　防波堤类型

(a) 斜坡式；(b) 直立式；(c) 混合式；(d) 透空式；
(e) 浮式；(f) 喷气消波设备；(g) 喷水消波设备

护岸建筑物可用于防护海岸或河岸免遭波浪或水流的冲刷。而港口的护岸则是用来保护除了码头岸线以外的其他陆域边界。在某些情况下岸边是不允许被冲刷及等待其自然平衡的，例如：

(1) 在岸坡变化的范围内建有重要的建筑物。

(2) 沿岸有铁路、公路路基或桥梁、涵洞等建筑物。

(3) 在遭受侵蚀的岸边地带附近，有突堤、码头等。

(4) 在内河中毗邻船闸等建筑物的地带。护岸方法可分为两大类：一类是直接护岸，即利用护坡和护岸墙等加固天然岸边，抵抗侵蚀；另一类是间接护岸，即利用在沿岸建筑的丁坝或潜堤，促使岸滩前发生淤积，以形成稳定的新岸坡。

护岸墙多用于保护陡岸。以往常将墙面做成垂直或接近垂直的，当波浪冲击墙面时，飞溅很高（图 1-102），下落水体对于墙后填土有很大的破坏力。而凹曲墙面（图 1-103）使波浪回卷，这对于墙后填土的保护和岸上的使用条件都较为有利。

如图 1-104 所示两个护岸墙的断面，其一用板桩和砌石覆盖作为护脚，墙面用石料镶砌作为保护层，免被波浪所夹带的砂石磨损；其二采用凹曲形墙面，墙脚深埋，并用抛石保护，墙后有排水设备。

此外，护坡和护岸墙的混合式护岸也颇多被采用，在坡岸的下部做护坡，在上部建成垂直的墙，这样可以缩减护坡的总面积，对墙脚也有保护。图 1-105 为护坡和护岸墙混合结构的一个实例。

在波浪方向经常变化不定的情况下，丁坝轴线宜与岸线正交布置；否则，丁坝轴线方

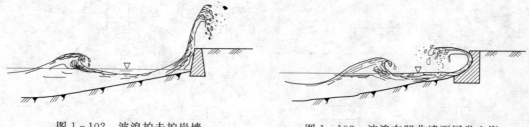

图 1 - 102　波浪拍击护岸墙　　　　　图 1 - 103　波浪在凹曲墙面回卷入海

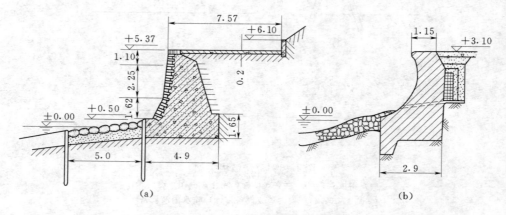

(a)　　　　　　　　　　　　　　(b)

图 1 - 104　护岸墙断面图（单位：m）

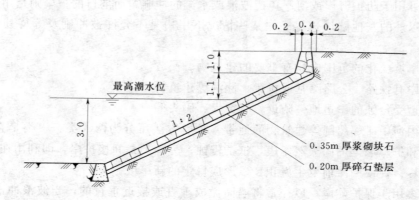

图 1 - 105　护坡和护岸墙的混合结构（单位：m）

向应略偏向下游。丁坝的结构形式很多，分为透水和不透水的；其横断面形式有直立式的，有斜坡式的，如图 1 - 106 所示。

（四）港口工程的发展趋势

1. 港口规模大型化趋势更加明显

2006 年，我国沿海港口吞吐量超过 1 亿 t 的港口达到 12 个，其中上海港超过 5 亿 t，宁波—舟山港超过 4 亿 t，广州港超过 3 亿 t，天津港、青岛港、秦皇岛港、大连港均超过 2 亿 t；港口吞吐量 1 亿 t 以上的港口有深圳港、苏州港、日照港、南通、南京港等，上海港港口货物吞吐量稳居世界第一位，至 2010 年，中国港口吞吐量超过 1 亿 t 的港口已

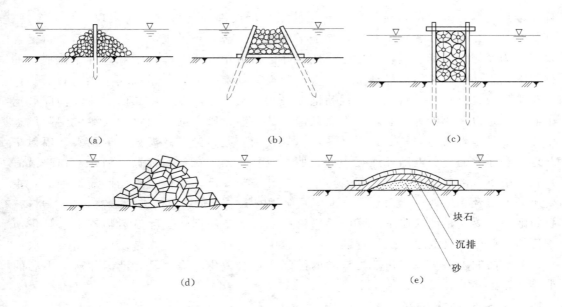

图1-106 丁坝的结构形式

(a) 排桩抛石；(b) 双排桩中间填石；(c) 双排桩中置梢笼；(d) 抛堆混凝土方块；(e) 块石沉排

达到20个以上，世界前10大集装箱港口中中国拥有6个。

2. 港口资源整合进一步加快

近几年，我国港口资源整合已经悄然而生，上海港国际航运中心建设和上海组合港概念的提出，标志着港口资源整合的开始。目前，上海港相继与宁波、重庆、武汉、芜湖、南京、南通、扬州等港口签订了合资协议和合作意向，合资建立了集装箱码头公司、物流公司和内支线集装箱运输公司，形成了从长江上游到下游的集装箱装卸、运输、代理一条龙服务的支线运营网络和喂给港群，实现了长江流域和江浙沿海集装箱业务资源的整合，为上海国际航运中心建设奠定了良好基础；苏州港、宁波—舟山港、青岛港以及大连港等港口通过和其他港的资源整合，使我国港口开始进入了全面港口资源整合的新阶段。

3. 港口投资主体多元化更加明显

港口业是我国最早对外实行开放的投资领域之一。目前我国港口从投资渠道来说，已经初步形成了投资主体多元化的局面。目前，沿海前十大港口全部与外商建立了投资合作关系，外商已经成为我国港口业特别是集装箱业务的重要投资主体。投资领域也扩大到石化、煤炭、矿石、粮食、汽车、杂货码头建设和经营，港口投资主体多元化趋势日益明显。与此同时，我国港口企业股份制改造和股票上市工作进展也很快，目前大部分国有独资港口企业已经实行了公司制改革，大部分港口核心经营资产已经改制为多元化投资的股份有限公司。

4. 五大港口群和八大国际航运物流中心初步形成

我国沿海目前已形成五大港口群，分别是环渤海地区港口群体、长江三角洲地区港口群体、东南沿海地区港口群体、珠江三角洲地区港口群体、西南沿海地区港口群体，港口群的形成及港口资源的整合，使港口群内部和港口群之间实现了分工合理、优势互补、相互协作、竞争有序，增强了为腹地经济服务的能力。一些大型港口已经发展成为区域性国际航运物流中心，成为在港口群中起重要作用的综合性主体地位的枢纽港。目前，我国沿海已经形成八大国际航运物流中心，一是以大连港为核心，以辽东半岛及辽宁沿海的营口港、锦州港、丹东港、长兴岛港为两翼的大连港国际航运中心；二是以天津港为核心，以秦皇岛港、黄骅港、唐山港为两翼的天津港国际航运中心；三是以青岛港为核心，以日照港、烟台港、龙口港、威海港等为两翼、辐射华北地区和西北的青岛港国际航运中心；四是以长三角地区覆盖江苏、浙江、福建沿海及长江中下游港口的上海港国际航运中心；五是宁波港作为区域性国际航运中心，主要服务浙江及周边地区；六是厦门港国际航运物流中心是以厦门港为核心，以福州港、泉州港为两翼，是海峡西岸国际航运物流中心；七是深圳港国际航运物流中心是华南物流的重要中转集散地，也是香港国际航运中心的重要支撑；八是以珠江流域和珠江三角洲地区的主枢纽港广州港为核心的国际航运物流中心，也是香港国际航运中心的重要支撑。

5. 港口物流网络和运输体系进一步完善

随着港口功能的不断完善和港口分工的日趋合理，我国已经形成了系统配套、能力充分、物流成本低的八大港口运输系统，此外，以港口为核心的水陆联运交通体系正在进一步完善，大连港开辟了至沈阳、长春、哈尔滨、延吉、通辽的集装箱班列，并建立了内陆干港和保税功能区，使港口与腹地经济的联系更加密切，能够为客户提供快捷、便利的服务。连接长三角地区各港口的一体化快速交通网络体系建设，极大地方便了客户港口中转货物手续办理，提高了各港口大通关效率。

6. 港口信息化、自动化、智能化水平不断提高

目前，各港口信息化技术已经广泛应用于港口企业管理、生产调度和作业控制、口岸大通关等各个方面。例如，上海港完成的"现代集装箱码头智能化生产关键技术"研究，促进了上海港港口集装箱生产、管理、保障等技术的全面提升。天津港研究开发的"天津港集装箱网络自动化操作管理系统"和"集装箱码头生产过程控制可视化管理系统"，应用计算机、网络、无线通信、信息处理、数字视频等技术结合先进的集装箱码头管理理念、管理软件，实现了码头双箱作业、无线视频通信、无线视频监控、高精度实时定位等多种功能，使天津港成为国际上为数不多的采用双箱作业工艺，并能实现生产过程可视可控的港口之一，在国内率先实现数字化集装箱码头，标志着天津港集装箱码头智能化管理已达到国际先进水平。

7. 资源节约型和环保型港口建设步伐加快

从某种意义上讲，港口属于占用社会资源较大，能耗较高的行业。例如，青岛港通过控制港口基本建设规模，提高集装箱船舶作业效率等手段，走内涵扩大再生产之路，大幅度降低了生产单位能耗，提高了港口通过能力，为建设资源节约型港口做出了贡献。现在，青岛港每年生产量增长 20% 以上，综合能源单耗每年同比下降 4.2%。其中，电力能源单耗连续 5 年呈现负增长。

二、海洋工程

（一）概述

海洋工程是指以开发、利用、保护、恢复海洋资源为目的，并且工程主体位于海岸线向海一侧的新建、改建、扩建工程。具体包括：围填海、海上堤坝工程，人工岛、海上和海底物资储藏设施、跨海桥梁、海底隧道工程，海底管道、海底电（光）缆工程，海洋矿产资源勘探开发及其附属工程，海上潮汐电站、波浪电站、温差电站等海洋能源开发利用工程，大型海水养殖场、人工鱼礁工程，盐田、海水淡化等海水综合利用工程，海上娱乐及运动、景观开发工程，以及国家海洋主管部门会同国务院环境保护主管部门规定的其他海洋工程。

（二）海洋环境

海洋环境是指地球上广大连续的海和洋的总水域。包括海水、溶解和悬浮于海水中的物质、海底沉积物和海洋生物。

海洋环境是一个非常复杂的系统，虽然人类并不生活在海洋上，但海洋却是人类消费和生产所不可缺少的物质和能量的源泉。随着科学和技术的发展，人类开发海洋资源的规模越来越大，对海洋的依赖程度越来越高，同时海洋对人类的影响也日益增大。

在古代，人类只能在沿海捕鱼、制盐和航行；而现代人类不仅在近海捕鱼，还发展了远洋渔业；不仅捕捞鱼类，而且还发展了各种海产养殖业；不仅在沿岸制盐，还发展了海洋采矿事业，如在海上开采石油。此外，还开发了海水中各种可用的能源，如利用潮汐发电等。海洋现在已成为人类生产活动非常频繁的区域。

自20世纪中叶以来，海洋事业发展更为迅速，现在已有近百个国家在海上进行石油和天然气的钻探和开采；每年通过海洋运输的石油超过20亿t；每年从海洋捕获的鱼、贝近1亿t。随着海洋事业的发展，海洋环境亦受到人类活动的影响和污染。目前，海洋环境研究工作的主要任务之一，是探索保护海洋生态系统的途径和方法。

（三）海洋开发

海洋开发指人类对海洋资源的开发。包括对海洋生物的开发利用；海水淡化；从海水中提取氯、钠及盐等化学资源；深海锰结核的试采；海底油气田的开发；利用潮汐等动力资源发电等。

人类利用海洋已有几千年的历史。由于受生产条件和技术水平的限制，早期的开发活动主要是用简单的工具在海岸和近海中捕鱼虾、晒海盐，以及海上运输，逐渐形成了海洋渔业、海洋盐业和海洋运输业等传统的海洋开发产业。

17世纪20年代至20世纪50年代，一些沿海国家开始开采海底煤矿、海滨砂矿和海底石油。

20世纪60年代以来，随着科学技术的进步，人类对海洋的开发进入到新的发展阶段；大规模开发海底石油、天然气和其他固体矿藏，开始建立潮汐发电站和海水淡化厂，从单纯的捕捞海洋生物向增添养殖方向发展，利用海洋空间兴建海上机场、海底隧道、海上工厂、海底军事基地等，形成了一些新兴的海洋开发产业。

（四）海洋平台

海洋平台主要可以分为以下四类：

（1）钻井平台：是海洋工程中的一个重要组成部分。它的主要作用就是在海洋上面创建一个供钻井设备能够正常工作的平台。它是石油和船舶行业结合的产物。有很高的科技含量。世界上用得最多的就是自升式和半潜式海洋平台。多在北海和墨西哥湾工作，有部分在我国的渤海油田。

（2）生产平台：进行油气采集、分离及初步处理的平台。

（3）生活平台：为人员提供起居及生活设施的平台。

（五）海洋工程的发展趋势

（1）海上采油工程将出现新型采油系统，并向深海区发展，将海面钻探和开采技术设备转移到海底。

（2）海洋生物资源开发工程作为高新技术，正在成为世界新技术革命的热点，亦是当前国际竞争的焦点之一。

（3）海洋空间资源的开发工程将从传统的海上运输向着现代化的海上（下、底）城市、海上机场、海底隧道及人工岛发展。

随着高新技术的发展，海洋空间资源开发工程有着广阔前景。在海底隧道建设方面，日本已建成每公里投资 7000 万美元，全长 53.85km 的青函隧道；英国、法国两国正在建设每公里投资 3.2 亿美元，全长 53km 的英吉利海峡海底隧道；在意大利到西西里岛之间的海水中，即将建造悬浮式隧道，其整个建筑都为钢筋混凝土结构，管道截面宽 42m，高 24m，置于水中 30m 深处，既不下沉，也不上浮，车辆通行采用计算机控制，以防隧道的摆动。在海上城市建设诸方面，以日本为最积极，已制定出"21 世纪世界最大的填海造地计划"，投资 22 万亿日元，拟建设海上关西国际机场、关西文化学术研究城市及大坂湾区海上城市。美国也提出大规模海洋空间开发计划。预计在 21 世纪，在海上将建设容纳 10 万人的海上城市、大型的海上核电站、海洋能发电厂，以及海底仓库和深海废料处理场等。

第八节　机　场　工　程

一、机场的类别与等级

1. 机场分类

（1）国际机场。指供国际航线用，并设有海关、边防检查、卫生检疫、动植物检疫、商品检验等联检机构的机场。各国国际机场如图 1-107 所示。

（2）干线机场指省会、自治区首府及重要旅游、开发城市的机场。

（3）支线机场。又称地方航线机场，是指各省、自治区内地面交通不便的地方所建的机场，其规模通常较小。

2. 飞行区分级

为了使机场各种设施的技术要求与运行的飞机性能相适应，飞行区等级由第一要素的代码和第二要素的代号所组成的基准代号来划分，如表 1-2 所示。第一要素是根据飞机起飞着陆性能来划分飞行区等级的要素，第二要素是根据飞机主要尺寸划分飞行区等级的要素。如 B757-200 飞机需要的飞行区等级为 4D。

(a)　　　　　　　　　　　　　　　　　(b)

(c)　　　　　　　　　　　　　　　　　(d)

图 1-107　各国国际机场

(a) 中国北京国际机场；(b) 法国巴黎戴高乐机场；(c) 美国达拉斯机场；(d) 泰国曼谷国际机场

表 1-2　　　　　　　　　　　　　飞 行 区 级 别　　　　　　　　　　　　单位：m

第 一 要 素		第 二 要 素		
代号	飞机基准飞行场地长度	代号	翼展	主要起落架外轮外侧间距
1	<800	A	<15	<4.5
2	800~1200	B	15~24	4.5~6
3	1200~1800	C	24~36	6~9
4	≥1800	D	36~52	9~14
		E	52~65	9~14

注　1. 飞机基准飞行长度是指在标准条件下（即标高为 0，气温为 15℃，无风，跑道无坡的情况），该机型最大质量起飞时所需的平衡场地长度。

　　2. 第二要素的代号，选用翼展与主要起落架外轮外侧间距两者中要求较高的数字。

二、机场的组成与规划

（一）民航运输机与机场

1. 民航运输机概况

（1）干线运输机：是指载客量大于 100 人，航程大于 3000km 的大型运输机。

（2）支线运输机：是指载客量小于 100 人，航程为 200~400km 的中心城市与小城市之间及小城市之间的运输机。

各类民航机如图 1 - 108 所示。

图 1 - 108　各类民航飞机

(a) 运 10 飞机；(b) Airbus340 及 340～600；(c) Boeing777；(d) 协和式超音速飞机

2. 民航机场概况

早期建设民航机场的场地小且设备不很完善，20 世纪 70 年代以后大型宽体客机的出现和运输量的增加，使机场向大型化和现代化迈进，其主要特点为：

(1) 飞行区不断扩大和完善，可以保证运输机在各种气象条件下都能安全起飞、着陆。

(2) 航站楼日益增大和现代化，可以保证大量旅客迅速出入。

(3) 机场设施日益完善，机场内有宾馆、餐厅、邮局、银行、商店。

(4) 机场距城市有一定距离，有先进的客运手段与城市联系。

(二) 民航机场的组成

民航机场主要由飞行区、旅客航站区、货运区、机务维修设施、供油设施、空中交通管制设施、安全保卫设施、救援和消防设施、行政办公区、生活区、辅助设施、后勤保障设施、地面交通设施及机场空域等组成。

三、跑道方案

机场的跑道直接供飞机起飞滑跑和着陆滑跑之用。飞机在起飞时，必须先在跑道上进行起飞滑跑，边跑边加速，一直加速到机翼的上升力大于飞机的重量，飞机才能逐渐离开地面。飞机降落时速度很大，必须在跑道上边滑跑边减速才能逐渐停下来。所以，飞机对跑道的依赖性非常强。如果没有跑道，地面上的飞机将无法飞行，飞行的飞机将无法落地，因此，跑道是机场上最重要的工程设施。

几种跑道方案如图 1 - 109 所示。

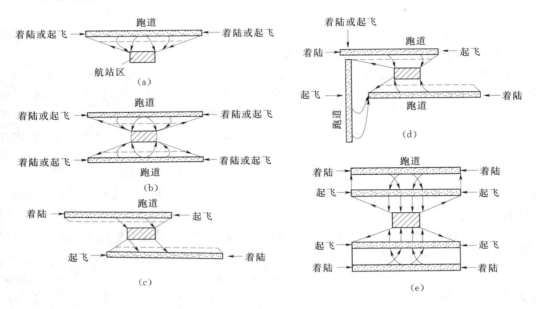

图 1 - 109　机场跑道方案

四、航站区规划与设计

旅客航站区的规划与设计是机场工程的一个重要方面。旅客航站区主要由航站楼、站坪及停车场所等组成。航站楼的设计涉及位置、形式、建筑面积等要素（图 1 - 110）。

（a）   （b）

图 1 - 110　上海浦东国际机场
(a) 航站楼外景；(b) 到达大厅

（一）航站楼

航站楼是机场的主要建筑物，它是供旅客完成从地面到空中或从空中到地面转换交通方式之用。航站楼通常是由下面5项设施组成：

（1）连接地面交通的设施。有上下汽车的车边道及公共汽车站等。

（2）办理各种手续的设施。有旅客办票、安排座位、托运行李的柜台以及安全检查和行李提取等设施。国际航线还有海关、边检（移民）柜台等。

（3）连接飞机的设施。候机室、登机设施等。

（4）航空公司营运和机场必要的管理办公室与使用设备等。

（5）服务设施。餐厅、商店等。

航站楼的形式一般有一层、一层半、二层或多层几种形式。一层式航站楼的离港和到港活动都在同一层平面内，适用于客运量较小的机场。一层半式的航站楼适用于客运量中等的机场。二层式的航站楼与楼前车道都是二层。通常第一层供到港旅客用；第二层供离港旅客用，适用于客运量大的机场。多层式的航站楼目前使用较多，适用于大型的国内外机场。

（二）站坪、机场停车场与货运区

站坪或称客机坪，是设在航站楼前的机坪。供客机停放、上下旅客、完成起飞前的准备和到达后的各项作业用。

机场停车场设在机场的航站楼附近，停放车辆很多且土地紧张时宜用多层车库。停车场建筑面积主要根据高峰小时车流量、停车比例及平均每辆车所需的面积来确定。

机场货运区供货运办理手续、装上飞机以及飞机卸货、临时储存、交货等用。主要由业务楼、货运库、装卸场及停车场组成。货运区应离开旅客航站区及其他建筑物适当距离，以便将来发展。

五、机场维护区及环境

（一）机场维护区

机场维护区是飞机维修、供油设施、空中交通管制设施、安全保卫设施、救援和消防设施、行政办公区等设置的地方。

飞机维修区承担航线飞机的维护工作，即对飞机在过站、过夜或飞行前时行例行检查、保养和排除简单故障等。一般设一些车间和车库，有些机场设停机坪以供停航时间较长的飞机停放。有时机场还设隔离坪，供专机或由于其他原因需要与正常活动场所相隔离的飞机停放之用。少数机场承担飞机结构、发动机、设备及附件等的修理和翻修工作，其规模较大，设有飞机库、修机坪、各种车间、车库和航材库等。

供油设施供飞机加油，大型机场还有储油库及配套的各种设施。

空中交通管理设施有航管、通信、导航和气象设施等。

安全保卫设施主要有飞行区和站坪周边的围栏及巡逻道路。

救援与消防设施主要有消防站、消防供水设施、应急指挥中心及救援设施等。

行政办公区供机场当局、航空公司、联检等行政单位办公用，可能还设有区管理局或省市管理局等单位。

（二）机场环境问题

机场占地多，影响范围广，运营时对周边环境要求高。机场环境分为两个方面：一是机场周围环境的保护；二是做好机场运营环境的保护，使航空运输安全、舒适、高效进行。

1．机场周围环境的保护

环境污染防治：主要包括声环境、空气环境和水环境的污染与防治，固体废弃物的处理，其中最主要为声环境防治。

2．机场运营环境的保护

（1）机场的净空环境保护。随着城市的发展、机场的通航，高层建筑会对机场的净空造成一定的威胁。这就要求机场承建部门要严格按照机场净空的标准控制净空。

（2）电磁环境保护。机场附近的无线电设备、高压输电线、电气化铁路、通讯设备等也会对机场的导航与通信造成有害影响。因此，机场周边的电磁环境应该符合国家对机场周围环境的要求，严格控制各个无线电导航站周围的建设，使得机场的电磁环境不受破坏。

（3）预防鸟击飞机。飞机极易遭受鸟类的袭击，轻则受伤，重则机毁人亡。根据国际民航组织统计，1986～1990 年的鸟击飞机事件，在欧洲就达 9980 次，在非洲也有 877 次。预防措施有：机场位置和飞机起降避开鸟类迁移路线和吸引鸟类的地方；机场安装驱鸟与监视的装置；严格管理场内环境。

六、机场工程未来发展趋势

（一）完善机场布局和数量，提高机场服务能力

（1）增加机场数量、平衡机场布局，扩大服务范围。

（2）通过扩建和改造，提高大中型机场容量和保障能力，同时，充分利用现代科学技术，对趋于饱和的机场进行扩建和改造，提升机场的容量和保障能力，提高机场的现代化程度，使旅客在机场能够得到更加便捷、良好的服务，以适应未来航空运输发展的需要。

（二）构建合理高效、层次分明的机场网络体系

（1）打造一流国际航空枢纽（全球化战略）。

（2）重点培育区域性枢纽机场和干线机场。

（3）以枢纽或干线机场为中心，构建"干支结合"的机场网络体系。

（4）在机场密度较大的东部地区构建都市圈多机场系统。

按照"加强资源整合、完善功能定位、扩大服务范围、优化体系结构"的布局思路，重点培育国际枢纽、区域中心和门户机场，完善干线机场功能，适度增加支线机场布点，构筑规模适当、结构合理、功能完善机场群。通过对航空资源的有效整合，机场群整体功能实现枢纽、干线和支线有机衔接，客、货航空运输全面协调，大、中、小规模合理的发展格局，并与铁路、公路、水运以及相关城市交通相衔接，搞好集疏运，共同构成现代综合交通运输体系。

（三）深化机场经营管理体制改革

强化机场的公共基础设施服务职能，推广特许经营和专营模式，推进机场管理模式转型，加快推进机场管理体制改革试点。

（四）建设"绿色机场"，实现机场可持续发展

按照民航局发展通用航空的战略规划，以改造升级现有通用航空机场和临时起降点为重点，加快通用机场基础设施建设，为通用航空在工、农、林、牧、渔等行业以及应急救援、抢险救灾、医疗救护等社会公益性服务方面充分发挥作用创造条件。

依据 2008 年发布的《全国民用机场布局规划》，至 2020 年，全国民用机场总数预计

将达到 244 个，其中新增机场 97 个，年运输总周转量将达到 840 亿 t。航空运输服务范围将覆盖全国 80％的县、82％的人口和 96％的经济总量产生区域。

第九节 油 田 工 程

一、概述

油田工程是从事石油地质、勘探、开发、钻井、固井、完井、采油方法、油井增产原理、油气层损害及保护、油品储存与运输以及加工和基础原材料生产等相关工程的统称。主要由石油工业来完成，涉及勘查技术与工程（含石油地球物理勘探、地球物理测井）、资源勘查工程、石油工程（含钻井、采油、油藏工程）、油气（石油、天然气统称为油气）储运工程和加工等专业内容。人们通常说的石油工业是指石油的勘探和开发。石油工业由"上游"和"下游"两大工程构成，上游包括石油勘探与开采，下游包括石油炼制与加工，以开发石油产品和石油衍生产品为主要目的。石油储运是连接上、下游工程的中间工程。

众所周知，石油是重要的战略资源，是工业的血液、现代文明的神经动脉、黑色的金子和国民经济的加速剂。石油是工农业生产中不可缺少的能源和重要的化工原料。汽油广泛应用于交通运输。煤油过去主要用于照明，现在生产的航空煤油主要用作喷气式飞机的燃料。柴油在工业、农业、交通运输、建筑和采矿等行业的大型动力机械中作燃料。洁净的液化石油气装入钢瓶可送往千家万户。目前，汽车等很多交通工具的动力用液化石油气代替汽油，减少了尾气对大气的污染。天然气是一种可燃气体，是未来燃料能源消费的主导方向。为解决城市空气的污染，我国实施"西气东输"工程，用煤作燃料的很多城市现已改为天然气。石油经过加工和处理可制成化工原料，从而制成如塑料制品、合成纤维、合成橡胶、农药、化肥、炸药、染料等众多的生产和生活用品；合成纤维在工业、国防等方面也有广泛用途。从石油中也可炼制出润滑油、石蜡和沥青，还可以石油为原料，通过实验制造出合成蛋白。

当今世界能源消费的结构是：石油 40％、天然气 22.9％、煤炭 27.4％、核能 7.1％、水电 2.5％，石油和天然气的比例占到世界能源消费的 62.9％。可见，石油在国民经济中的地位和作用非常重要，一个国家对石油和天然气的拥有量和占有量已成为综合国力的重要标志。

石油是一种黑褐色的油状黏稠液体、深藏于地下的可燃性矿物油和不可再生的能源，是古代海洋或湖泊中的生物经过漫长的演化所形成的混合物。实质上，石油是多种碳氢化合物的复杂混合物。最初人们把自然界产出的油状可燃液体矿物称为石油，把可燃气称为天然气，把固态可燃油质矿物称为沥青。随着深入的研究，认识到石油、天然气和沥青在成因上互有联系，在组成上都属于碳氢化合物，因此将其统称为"石油"。

1983 年第 11 届世界石油大会对石油定义为：石油是自然界中存在于地下的以气态、液态和固态烃类化合物为主，并含有少量杂质的复杂混合物。原油是石油的基本类型，存在于地下储集层内，在常温、常压条件下呈液态。天然气也是石油的主要类型，呈气相，或处于地下储集层时溶解在原油内，当采到地面，在常温、常压条件下从原油中分离出来时又呈气态。工业和日常应用中，通常"原油"与"石油"混用，并不加以区分，所以，石油又称原油。

而天然气储量最为丰富的是俄罗斯的远东地区，其次是中东地区，拉美地区储量也非常可观。在亚太地区，70％分布在印度尼西亚、中国、马来西亚和印度。天然气产量大的是俄罗斯、美国和加拿大。西欧地区和北美地区的产量大致维持现状或下降。近20年来，天然气探明储量和产量分别以约5％和3.5％的速度增长，世界天然气年产量已超过2.32万亿 m³。2020年前后，将超过石油成为第一能源。

世界上最早记载有关石油文字的是东汉史学家班固所著的《汉书》。石油曾被称为石漆、膏油、肥、石脂、脂水、可燃水等。从晋朝起就用天然气熬盐、煮饭和照明。南北朝时石油就被作为药物治疗脱发病。北宋科学家沈括在《梦溪笔谈》里首次提出"石油"这个名字，并利用石油制出了黑光如漆的油烟墨，也把石油加工成石烛来照明。元代出现加工石烛的工场。明代医药学家李时珍用石油治疗小儿惊风、疮癣虫癞等，而学者曹学佺在《蜀中广记》中记载四川乐山一带开凿盐井时，发现可引燃的"油水"，并用于夜间照明。我国是开凿的最早油井的国家，比美国、俄罗斯的油井早300多年，而天然气井，比英国早1500年。

中华人民共和国成立前夕，我国只有陕西延长、甘肃玉门等几个小油矿，年产量只有12万 t，国内市场被洋油所充斥。中华人民共和国成立后，党和政府高度重视和发展石油工业，50年开发新疆独山子油矿；1955年发现克拉玛依油田；到20世纪50年代末，形成玉门、新疆、青海、四川等四大油气基地。60年代重点开发东部沿海地区，组织了闻名中外的大庆、华北、河南和渤海湾石油会战，依靠"洋油"的时代，已经一去不复返了。大庆不但出了石油，而且孕育了可贵的"铁人"精神，成为工业战线上一面旗帜；1974年大庆年产原油达到5000万 t。此后，又陆续建成年产2000万 t的山东胜利以及天津大港、辽河、湖北等油田，使全国原油产量迅猛增长。到1978年我国原油产量突破1亿 t大关，成为世界产油大国。1985年又先后发现青海冷湖油田和四川油气田。

20世纪90年代，战略重点再次转移，提出"稳定东部、发展西部、油气并举"的方针。中西部地区油气勘探开发取得了突破性进展，发现了塔里木和吐哈油田。到1997年，新疆石油产量达到了958万 t，西部地区的石油年产量在全国达到了15％。同时，陕京输气管线于1997年国庆前夕送气到京，意味着天然气的开发利用出现了新的局面。目前，全国有20几个省、市以及近海海域700多个油气田，已建成陆上、海上油气田基地20多个。天然气探明储量主要集中在10个大型盆地，形成了十大油气生产基地，包括四大油区，六大气区。先后建成长距离油气输送主管线以及相应的油港码头、铁路、公路、储罐等配套设施，形成了完善的油气贮运体系。

由于油田建设的发展，原油加工也相应发展。1956年兴建了我国第一个兰州炼油厂。以后陆续兴建了大庆、燕山、齐鲁、大连等一批大型炼油企业，各地也兴建了不少小炼油厂，使主要油品基本满足需要。

石油工业在发展中培养造就了一支科研技术队伍，形成了中国特色的石油科技开发体系。创立了独具中国特色的陆相石油地质理论，打破了西方认为只有海相地质才有石油的神话。从油气资源勘探、油气田的开发生产到油气加工炼制的全部生产流程及相应的石油钻井、油气井测试、油田工程建设、油气储运等方面的一大批工艺技术，均已达到或接近当代国际先进水平，不但可以开发国内任何复杂的油气田，而且可参与国际竞争。

二、钻井与完井工程

石油钻井是一项复杂的系统工程，涉及石油地质、油田化学、岩石力学、钻井机械与器具的现代设计技术，以及电子技术、计算机技术与人工智能等在钻井测量及自动化、智能化钻井方面的应用。

石油勘探、开发各个阶段的共同特点都是要钻井。在地质普查时，为研究地层剖面，寻找储油构造，要钻地质井、基准井、制图井和构造井等；在区域详探时，为寻找油气藏，详细研究其储量与性质，要钻预探井、详探井和边探井等；在开发时，为把油气开采出来，要钻生产井、注水井和观察井等。在世界范围内，油田在勘探阶段的总投资中钻井费用达到 55％～80％，在开发阶段的总投资中钻井费用超过 50％，可见钻井工作是石油勘探与开发的一个非常重要的环节和手段。

石油钻井类型按性质和用途一般分为：

（1）地质探井（基准参数井）：在了解很少的盆地和凹陷中，为了解地层的沉积年代、岩性、厚度、生储盖层组合，并为地球物理解释提供各种参数所钻的井。

（2）预探井：在地震详查和地质综合研究基础上所确定的有利圈闭范围内，为发现油气藏或在已知油气田范围内发现未知新油气藏所钻的井。

（3）详探井（评价井）：在已发现油气圈闭上，以探明含油气边界和储量，了解油气层结构变化和产能所钻的井。

（4）地质浅井：为配合地面地质和地球物理工作，了解区域地质构造、地层剖面和局部构造，一般使用轻便钻机所钻的剖面探井、制图井和构造井等。

（5）检查资料井：在已开发油气田内，为研究开发过程中地下情况变化所钻的井。

（6）生产井：开发油气田所钻的采油或采气井。

（7）注水井：为合理开发油气田，保持油气田压力所钻的井。

地质探井、预探井、详探井和地质浅井统称探井；检查资料井、生产井、注水井统称开发井。

油田从详探到全面投入开发的一般工作顺序为：在含油的构造带上布置探井，迅速控制含油面积。在已控制含油面积内打资料井，了解油气层特征。分区分层试油求得油气层产能参数。开辟生产试验区，进一步掌握油气层特性及其变化规律。根据岩心、测井和试油、试采等各项资料进行综合研究，做出油气层分层对比图、构造图和断层分布图，确定油藏类型。油田开发设计。按最可靠与最稳定的油气层钻一套基础井网，钻完后不投产，根据井的全部资料，对全部油气层的油砂体进行对比研究，然后修改和调整原方案。在生产井和注水井投产后，收集实际的产量和压力资料进行研究，修改原来的设计指标，定出具体的各开发时期的配产和配注方案。

1. 钻井方法

钻井是指从地面钻一孔道直达油气层。其实质就是破碎岩石、取出岩屑、保护井壁、继续加深钻进的问题。有旋转钻井法（图 1－111）和顿钻钻井法即冲击钻钻井法（图 1－112），目前常用的方法是旋转钻井，包括地面驱动转盘旋转钻井法、顶部驱动旋转钻井法和井下动力钻具（涡轮或螺杆钻具）旋转钻井法。

每一口井的井身结构示意（图 1－113），从开钻到完钻需经过多道工序，完成破碎岩

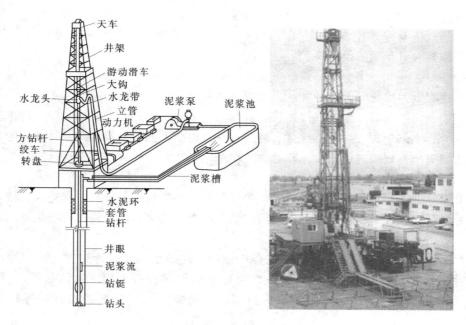

图 1-111 旋转钻井示意图

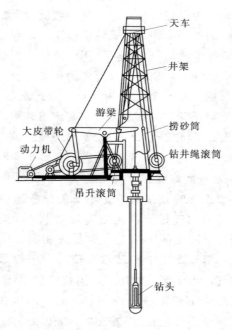

图 1-112 顿钻钻井示意图

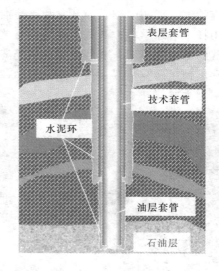

图 1-113 井身结构示意图

石、取出岩屑并保护井壁、固井和完井,从而形成油流的通道。

2. 固井技术

一口井在形成的过程中,需穿过各种各样的具有不同特点的复杂地层。为保护井眼使钻井工作顺利进行,必须对井眼进行加固。当钻井达到预定深度后,在井眼内下入一层套管，并在套管与井眼的环形空间里填充水泥浆进行封固套管和地层，称为固井。目的是封隔疏松的易塌或易漏地层、油、气、水层，防止互相窜漏。主要设备有水泥车、下灰罐车、混合漏斗和其他附属设备等。

钻完一口井总共下多少层套管、每层套管的尺寸和下入深度、每次固井水泥浆深度和水泥环厚度以及每次固井对应的井眼尺寸统称为井身结构。依井身结构的不同，钻井过程中有时仅需下一层套管，如油气层套管，有时则需下多层套管，如表层套管、技术套管和油气层套管，最终形成一串轴心线重合的套管柱。根据不同的地层情况和钻井目的，一口井从开始到完成可能要进行数次下套管固井作业。

3. 完井方法

完井是钻井工作最后一道重要工序，主要包括钻开油气层，确定井底完成方法，安装井底及井口装置等。对低渗透率的油气层或受泥浆严重污染时，还需进行酸化处理、水力压裂等增产措施，才能算完井。

完井方法很多，当下油气层套管固井后，油气层被水泥和套管封固，必须设法使油气层与井筒沟通，一般采用射孔法完井。对比较坚硬的岩石和稳定的油气层，没有油、气、水的相互干扰，油气层可不用水泥封固，而是采用裸眼、贯眼和衬管等完井法来完井。

三、油藏工程

油藏工程是以油气藏或油气田（油气藏组合）为研究对象，以油气层渗流力学、油气层和岩石物理学、石油流体性质、石油地质学、油气井试井、油藏数值模拟及物理化学等学科为理论基础，以数学、计算机科学和经济学等学科为研究工具，用流体渗流规律认识和研究油气藏，用工程手段开发和改造油气藏或油气田，获取油气资源为目的的一门综合性应用技术边缘学科。油藏工程是研究整个油气藏，以石油勘探为起点，通过地质研究，对油气的储量规模和产能做出评价和经济分析，对开发方案做出设计、实施与监测。油藏工程突出地质研究特点，强化渗流力学基础，聚焦经济效益目标，紧紧围绕储量、产能和效益三大主题展开工作。

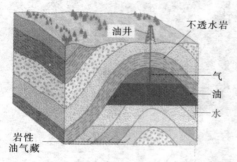

油井
不透水岩
气
油
水
岩性
油气藏

图 1 - 114　油气藏示意

1. 油气藏的形成

油田工程的直接对象是油气的储集地称为油气藏，可见油气是储存在油气藏之中的，而油气藏又是地下圈闭的一部分，即具有相同压力系统的油气在单一圈闭中的基本聚集。一定数量运移着的油气，由于遮挡物作用，阻止它们继续运移，在储集层聚集起来形成油气藏。油气的生成、运移和聚集是油气藏形成过程中密切相关的三个阶段，而储集层、圈闭构造和油气的运移是油气藏形成不可缺少的条件。目前，具有开采价值的油气藏多数为工业性油气藏，国外称商业性油气藏。

油气藏形成的地质条件主要包括生油气层（源岩）、油气生成、油气运移、储集层、盖层、圈闭和保存条件等，才能够形成油气藏。生油气层中生成的油气能够及时地运移到储集层中，良好的储集层是油气运移、聚集的基本条件。要形成油气藏还必须具有通向生油气层的输导层和良好的封盖层。盖层的质量和厚度能保证运移到储集层的油气不逸散。因此，油气藏的形成可概括为油气的生成、运移、聚集和保存四个过程，具备良好的生油层、储集层、盖层和保护层组合四个必要条件，简称生、储、盖和保四要素。

2. 油气藏的类型

(1) 按日产量大小分：高产、中产、低产和非工业性油气藏等。

(2) 按形态分：层状、块状和不规则的油气藏等。

(3) 按烃类组成分：油、油气、气和凝析气藏等。

(4) 按圈闭成分分：构造、地层和岩性油气藏等。

四、石油管道工程

管道工程与石油工业的发展密切相关，现代管道工程始于 19 世纪中叶。1865 年美国宾夕法尼亚州建成直径 50mm、长 9km 的第一条输油管道。20 世纪 60 年代，输油管道的发展趋向大管径、长距离，并逐渐建成成品油输送的管网系统。目前，全球管道运输承担包括原油、成品油、天然气、油田伴生气和煤浆等能源物资的运输。近年来管道运输也用于解决散状与集装物料、成件货物的运输，以及发展容器式管道输送系统。

我国在公元前的秦汉时代，已经用竹子输送卤水和天然气，是最早使用管子输送液体的国家。1957 年在新疆建设了第一条长 147km、管径 150mm 的输油管道，1958 年在四川建成了第一条长 20km，管径 159mm 的天然气输气管道。20 世纪 70 年代在大庆、辽河等油田相继建成了一批向城市供气的长距离输油气管道。

目前我国原油和成品油的运输方式主要是管道输送，其次有铁路、公路和水运，包括管道、铁路罐车、汽车罐车、油轮和驳船等，大宗原油主要靠管道和水运输送，而天然气输送基本上是采用管道。在成品油输送中，铁路约占 50%，水运约占 20%，公路约占 23%，管道直输大约占 7%。

管道运输具有输量大，劳动生产率高；运费低、能耗少、受气候影响小、安全可靠、原油的损耗率低、对环境污染小、建设投资低、占地面积小等优点。故而当今世界都在大力发展油气管道。

1. 输油气管道及附件

输油气管道是油品收发、输转的主要设备，主要有集输管道、长距离输油气管道（即干线输油气管道）（图 1-115）和分配管道三种类型。

2. 管道敷设

管道敷设应根据输送介质、环境和现场条件确定管道敷设形式，一般有地上、管沟和埋地敷设三种。目前，油气库管道一般采用地上敷设，横穿道路时用管沟敷设，长输管道大多埋地敷设。

五、油田工程发展趋势

我国石油工业的发展经历了风雨兼程的 60 余年，取得了辉煌的成就，今后的任务更加艰巨。石油工业的总体思路为："深化东部、强化中西部、加快海上、开拓新区"。发展

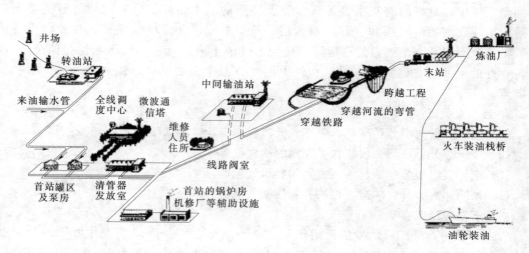

图 1-115　长距离输油气管道示意

方针是"立足国内、开拓国际、加强勘探、合理开发、厉行节约、建立储备"。实施市场化、国际化、低成本、科技创新和持续重组战略。

加强国内油气勘探，坚持开拓新的勘探领域，重点开拓海域、主要盆地和陆地新区。加快深海海域和塔里木、四川盆地等地区的开发。加强海上油气勘探开发，大力提高深水油气产量，实现海洋油气快速发展。加大天然气勘探开发力度，改善和优化能源结构，加快天然气基础设施建设，抓住西气东输、海气登陆机遇，在沿海地区建设进口液化天然气项目。对迫切需要开发利用天然气的长江三角洲地区、环渤海地区和珠江三角洲地区加大市场开拓力度，实行油气并举。加快煤层气、油页岩、油砂、天然气水合物等非常规油气资源的评价勘探、开发和利用技术，特别是埋藏在深海以及冻土层内的储量异常丰富的天然气水合物，弥补常规油气资源不足。

加强老油田的稳产改造，延缓产量递减，充分挖掘开发潜力。按市场需求，调整汽柴比，努力增产高级道路沥青和高档润滑油，各类油品指标要与国际标准接轨。加大科技开发与技术创新能力，搞好高新技术装备的自我更新，改革石油投融资体制，创造境外上市条件；加强监管，完善政策和组织保障。厉行节约，抑制石油消费过度膨胀，促进可持续发展。坚持平等合作、互利共赢，扩大境外的合作、开发与国际化经营，拓展海外油气勘探开发业务，实施油气进口多元化，利用好国内外两种资源。加快建设国家石油战略储备基地，扩建和新建国家储备库，增加后备储量，提高战略储备功能和进口的安全性，保障国家供给安全。

近年来，我国经济发展迅速，使油气产业发展突飞猛进，需量不断加大，并且不断加强和完善资源储备战略，与国外资源合作上不断有新创举，满足了油气田的进一步开发、油气资源的引进以及天然气工业的快速发展，使管道建设又步入了一个新的建设黄金期。因此，有理由相信世界油气资源潜力是巨大的，在未来的 50 年内，石油和天然气仍将是世界经济发展的重要能源，仍然是维系世界经济、政治和军事格局平衡的重要因素。

习 题

1. 什么叫"土木工程"？它包括哪些范畴

2. 现代土木工程有哪些特点？

3. 建筑物的基本构件包括哪些？

4. 一般单层建筑分类有哪些？

5. 什么是地基与基础？它们之间有何联系？

6. 什么是地基允许承载能力？简述分区给水系统。

7. 什么是道路？它的主要功能是什么？

8. 铁路选线设计的主要工作内容有哪些？

9. 桥梁有哪几种分类形式？

10. 什么是桥墩和桥台？它们各有哪几种类型？

11. 什么是隧道工程？

12. 什么是给水工程，什么是排水工程，它们各自有哪些分类？

13. 环境工程包括哪些？

14. 防洪工程措施有哪些？

15. 水电站有哪些主要类型？

16. 港口有哪些部分组成，它们各自作用有哪些？

17. 海洋工程发展趋势如何？

18. 机场的类别有哪些？机场等级如何划分？

19. 机场工程未来发展趋势如何？

20. 什么是石油和天然气？什么是油田工程？

21. 石油工业由哪两大部分构成？石油主要用于哪些方面？

22. 我国石油资源主要集中在哪些地区？天然气资源主要分布在哪些地区？

23. 谈谈你对世界石油工业前景的看法？

第二章 基础工程

第一节 概　　述

一、地基基础的概念

任何建筑物（构筑物）都是与土层发生直接关系的。支承建筑物荷载的整个地层（土体或岩体）称为地基。在建筑物荷载作用下，地基将产生附加应力和变形，其范围随荷载大小、土层分布和建筑物下部结构的形式不同而变化。虽然地层是广阔无限的大空间体，但从实际意义上来说，地基是指在一定深度范围内产生大部分变形的地层。一般情况下，地基由多层土组成，直接承担建筑物荷载的土层称为持力层，其下的土层称为下卧层。持力层和下卧层都应满足一定的强度要求和变形限制，即地基设计的要求，但对持力层的要求显然比对下卧层的要求要高（如图 2-1 所示）。

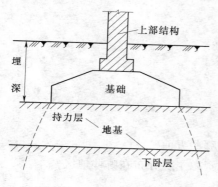

图 2-1　地基基础示意图

基础是将建筑物（构筑物）荷载传递到地基上的建筑物下部结构，起着承上启下的作用。一般应埋入地下一定深度，进入较好的土层。另外，基础应满足一定的强度和刚度要求。基础的强度直接关系建筑物（构筑物）的安全和使用，而地基的强度、变形和稳定更直接影响基础以及建筑物的安全性、耐久性和正常使用，建筑物的上部结构与基础、地基三个部分构成一个即相互制约又共同工作的整体。

如果地基是良好的土层，基础可直接做在天然土层上，这种未经人工处理就可以满足设计要求的地基称为天然地基。如果地基软弱，承载力不足或预计变形较大，无法满足设计要求，则需要对地基进行加固处理，如采用换土垫层、深层密实、排水固结以及化学加固等方法，则称为人工地基。

根据基础的埋置深度和施工方法，基础可分为浅基础和深基础。通常把埋置深度不大（一般不超过 3～5m）、只需经过挖槽、排水等普通施工措施就可建造的基础称为浅基础；反之，若浅层土较软弱，土质不良，需要借助于特殊的施工方法，把基础埋置在较深的土层中，将荷载传递到深部良好土层中，这样所建造的基础称为深基础，如桩基、沉井基础及地下连续墙等。相对深基础而言，浅基础具有施工方法简单、造价较低等优点，因此，在满足地基承载力、变形和稳定性要求的前提下，宜优先考虑采用浅基础。

因此，地基与基础的设计，要综合考虑地基、基础和上部结构三者的相互关系，通过经济分析、技术比较，以便选择一个安全可靠、经济合理、技术先进和施工简便的方案。

二、基础工程及其重要性

基础工程是阐述建筑物地基与基础设计和施工问题的技术性学科，是环境岩土工程学的一个重要组成部分，是土木工程学科的一个重要分支。基础工程的研究对象是地基与基础；研究内容是各类建筑物的地基基础和结构物的设计和施工，以及为满足工程要求进行的地基处理方法与基坑支护技术。基础工程是运用工程地质学、土力学、流体力学以及结构力学和钢筋混凝土结构等的基本理论和方法来解决土木工程中有关地基基础设计和施工中所遇到的各种问题的应用科学。由于基础是建筑物结构的一部分，且在基础设计中需要大量的结构计算，所以基础工程也与结构计算理论和计算技术密切相关。

基础工程作为建筑物的根本，是隐蔽工程，它的勘察、设计和施工质量直接关系着建筑物的安危，一旦失误，难以修复。尤其是在复杂建筑环境条件下建设高层建筑，技术难度大，建筑环境要求严格，投资比例高，施工时间长，正确解决地基基础的设计与施工以及与环境的相互作用问题就显得尤为重要。所以，基础工程在整个建筑设计中占有非常重要的地位，必须给予高度的重视。

我国与世界各国在地基基础设计与施工方面均取得不少成功的经验，节约大量资金，保证建筑工程的质量。但并不是每一项建筑的基础工程都获得成功，许多建筑工程事故往往与地基基础有关。如意大利的比萨斜塔（图 2 - 2）、上海某高层住宅楼倒塌（图 2 - 3）等。

图 2 - 2　意大利的比萨斜塔　　　　　图 2 - 3　上海某高层住宅楼倒塌图

基础工程是人类在长期的生产实践中发展起来的一门应用学科。巍巍耸立的高塔、宏伟的宫殿寺院，正是由于基础牢固，才历经风雨和地震考验而安然无恙。千百年留存至今。古时人们已认识到基础工程的重要性，但仅停留在能工巧匠的高超技艺上，由于受当时生产力水平的限制，未能形成系统的基础工程科学理论。在 18 世纪以后，随着规模化的城市建设，兴建水利、道路和桥梁，促使人们开始重视基础工程的研究。随着土力学的发展，土压力理论、砂土抗剪强度公式等相继提出，以及 20 世纪 20 年代太沙基（Terzaghi）的《土力学》、《工程地质学》等专著的发表，标志着土力学的形成，从而带动了人们对基础工程进行系统地研究和探索。而基础工程学科的迅速发展，则是在近几十年，随着土木工程建设的需要。尤其是城市高层建筑、地铁、大型水坝、大跨度桥梁等的建设，使基础工程无论是在设计理论上，还是施工方法上，都得到了前所未有的发展。

第二节 土木工程地质勘察

一、工程地质勘察的方法和内容

（一）工程地质勘察的目的与任务

1. 工程地质勘察的目的

工程地质勘察的目的在于以各种勘察手段和方法，调查研究和分析评价建筑场地和地基的工程地质条件，为设计和施工提供所需的工程地质资料。

地基勘察必须遵守 GB 50021—2001《岩土工程勘察规范》的有关规定。

2. 工程地质勘察的任务

工程地质勘察的任务是按照不同勘察阶段的要求，正确反映场地的工程地质条件及岩土体性状的影响，并结合工程设计施工条件，以及地基处理等工程的具体要求，进行技术论证和评价，提出解决问题的决策性具体建议，为设计、施工提供依据，服务于工程建设的全过程。

3. 工程地质勘察三阶段

对应于工程设计中场址选择、初步设计和施工图三阶段，为了提供各设计阶段所需的工程地质资料，勘察工作也相应分为选址勘察、初步勘察和详细勘察三阶段。对于地质条件复杂或有特殊施工要求的重大建筑物地基，应进行施工勘察。

（二）岩土工程勘探方法

在实际工程地质勘察中，可采取测绘与调查、勘探、原位测试与室内试验等勘察方法。

1. 测绘与调查

测绘与调查的目的是通过对场地的地形地貌、地层岩性、地质构造、地下水与地表水、不良地质现象进行调查研究与必要的测绘工作，为评价场地工程条件及合理确定勘探工作提供依据。对建筑场地的稳定性进行研究是工程地质调查和测绘的重点问题。

2. 勘探

勘探是地基勘察过程中查明地质情况的一种必要手段，是在测绘和调查的基础上，进一步对场地的工程地质条件进行定量的评价。常用的勘探方法有坑探、钻探、触探和地球物理勘探等。

（1）坑探。坑探是在建筑场地挖深井（槽）以取得直观资料和原状土样，如图 2-4 所示，这是一种不必使用专门机具的一种常用的勘探方法。当场地的地质条件比较复杂时，利用坑探能直接观察地层的结构变化，但坑探可达的深度较浅。探井的平面形状为矩形或圆形，深度为 2～3m。较深时应支护坑壁以策安全。

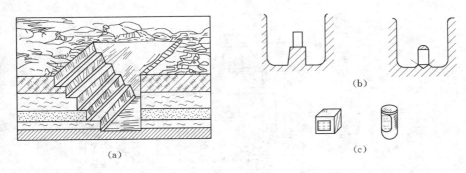

图 2-4 坑探示意图

(a) 探井；(b) 在探井中取原状土样；(c) 原状土样

（2）钻探。钻探是用钻机在地层中钻孔（如图 2-5 所示），以鉴别和划分地层，并可沿孔深取样，用以测定岩石和土层的物理力学性质，此外，土的某些性质也可直接在孔内进行原位测试。

（3）触探。触探是通过探杆用静力或动力将金属探头贯入土中，并能量测表征土对触探头贯入的阻抗能力的指标，从而间接地判断土层及其性质的一类勘探方法和原位测试技术。作为勘探手段，触探可用于划分土层，了解地层的均匀性；作为测试技术，则可估计地基承载力和土的变形指标。触探可分为静力触探和动力触探。

1）静力触探。静力触探试验借静压力将触探头压入土中，利用电测技术测得贯入阻力来判定土的力学性质。静力触探仪可分为机械式和油压式（如图 2-6 所示）两类。

2）动力触探。动力触探是将一定质量的穿心锤，以一定高度自由下落，将探头贯入土中，然后记录贯入一定深度的锤击次数，以此判别土的性质。有标准贯入试验和轻便触探两种动力触探方法。

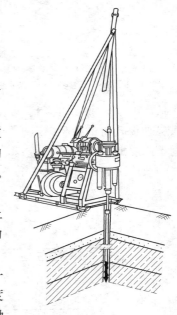

图 2-5 钻机钻进示意图

（4）地球物理勘探。地球物理勘探（简称物探）也是一种兼有勘探和测试双重功能的技术。物探之所以能够用来研究和解决各种地质问题，主要是因为不同的岩石、土层和地质构造往往具有不同的物理性质，利用其导电性、磁性、弹性、湿度、密度、天然放射性等差异，通过专门的物探仪器的量测，就可区别和推断有关地址问题。

常用的物探方法主要有：电阻率法、电位法、地震、声波、电视测井等。

3. 原位测试

原位测试是在岩土原来所处的位置上或基本上在原位状态和应力条件下对岩土性质进行测试。常用的原位测试方法有：载荷试验、旁压试验、十字板剪切试验、静力触探试验、标准贯入度试验、波速测试及其他现场测试试验。

（1）载荷试验。载荷试验是在设计位置的天然地基上模拟建筑物的载荷条件，通过承

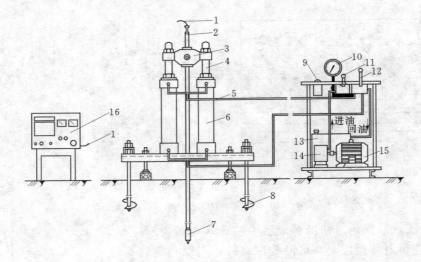

图 2-6 油压式静力触探设备示意图

1—电缆；2—触探杆；3—卡杆器；4—活塞杆；5—油管；6—油缸；7—触探头；8—地锚；9—倒顺开关；
10—压力表；11—节流阀；12—换向阀；13—油箱；14—油泵；15—马达；16—记录器

压板向地基施加竖向荷载，观察研究地基土的强度、变形规律的一种方法。载荷试验包括浅层平板载荷试验和深层平板载荷试验。浅层平板试验适用于浅层地基，深层平板试验适用于深层地基。

载荷试验用重物或液压千斤顶均匀加载，如图 2-7 所示。

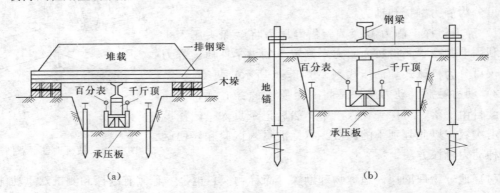

图 2-7 荷载试验示意图

（2）旁压试验。旁压试验是将圆柱形旁压器竖直放入土中，通过旁压器在竖直的孔内加压，使旁压膜膨胀，并由旁压膜将压力传给周围的土体（岩体），使土体（岩体）产生变形直至破坏，通过量测施加的压力和土变形之间的关系，即可得到地基土在水平方向的应力应变关系，如图 2-8 所示。

（3）大型十字板剪切试验。十字板剪切仪是一种使用方便的原位测试仪器，十字板剪切试验具有无需钻孔取样和使土少受扰动的优点，且仪器结构简单、操作方便，因而在软黏土地基中有较好的适用性，亦常用以在现场对软黏土的灵敏度测定，但这种原位测试方法中剪切面上的应力条件十分复杂，排水条件也不能严格控制，因此所测的不排水强度与原状土室内的不排水剪切试验成果可能会有一定差别。十字板剪切试验示意图如图2-9所示。

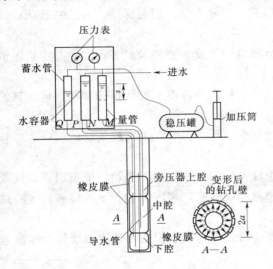

图2-8　旁压试验示意图

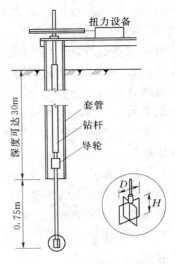

图2-9　十字板剪切试验示意图

（三）岩土工程勘察的基本要求

1. 一般工业与民用建筑岩土工程勘察

房屋建筑和构筑物的岩土工程勘察应在了解荷载、结构类型和变形要求的基础上进行，在工程进入设计阶段前要对建筑物区域进行地质勘察，对土壤的类别进行勘察，以为工程设计提出基础设计依据。

在可行性研究勘察阶段，应对拟建场地的稳定性和适宜性作出评价，并应符合下列要求。

（1）搜集区域地质、地形地貌、地震、矿产和附近地区的岩土工程地质资料及当地的建筑经验。

（2）在搜集和分析已有资料的基础上，通过踏勘，了解场地的地层、构造、岩石和土的性质、不良地质现象及地下水等岩土工程地质条件。

（3）对岩土工程地质条件复杂、已有资料不能符合要求，但其他方面条件较好且倾向于选取的场地，应根据具体情况进行岩土工程地质测绘及必要的勘探工作。

在初步勘察阶段应对场地内建筑地段的稳定性作出岩土工程评价，应进行下列主要工作：

（1）搜集可行性研究阶段岩土工程勘察报告，取得建筑区范围的地形图及有关工程性质、规模的文件。

（2）初步查明地层、构造、岩土物理力学性质、地下水埋藏条件及冻结深度。

（3）查明场地不良地质现象的成因、分布、对场地稳定性影响及其发展趋势。

（4）对抗震设防烈度大于或等于7度的场地，应判定场地和地基的地震效应。

在详细勘察阶段应按不同建筑或建筑群提出详细的岩土工程资料和设计所需要的岩土技术参数；对建筑地基应作出岩土工程分析评价，并应对基础设计、地基处理、不良地质现象的防治等具体方案作出论证和建议，主要应进行下列工作：

（1）取得附有坐标及地形建筑物总平面布置图，拟建建筑物的地面整平标高，建筑物的性质、规模、结构特点，可能采取的基础形式、尺寸、预计埋置深度，对地基基础设计特殊要求等。

（2）查明不良地质现象的成因、类型、分布范围、发展趋势及危害程度，并提出评价与整治所需的岩土技术参数和整治方案建议。

（3）查明建筑物范围各层岩土的类别、结构、厚度、坡度和特性，计算和评价地基的稳定性和承载力。

（4）对需进行沉降计算的建筑物，提供地基变形计算参数，预测建筑物的沉降、差异沉降或整体倾斜。

（5）对抗震设防烈度大于或等于 6 度的场地，应划分场地土类型和场地类别；对抗震设防烈度大于或等于 7 度的场地，尚应分析预测地震效应，判定饱和砂土或饱和粉土的地震液化，并应计算液化指数。

（6）查明地下水的埋藏条件。基坑降水设计时，应查明水位变化幅度与规律，提供地层渗透性资料。

（7）判定水环境和土对建筑材料和金属的腐蚀性。

（8）判定地基土及地下水在建筑物施工和使用期间可能产生的变化及对工程的影响，提出防治措施及建议。

2. 高层建筑岩土工程勘察

我国习惯上将建筑物按层数分为低层建筑、多层建筑、高层建筑。把 8 层以上的建筑统称为高层建筑。高层建筑对地基勘察的要求很高。高层建筑由于自身的特点，在岩土工程勘察报告和专题报告中，应对以下问题进行分析评价，并提供相应的岩土物理力学性质指标和参数。

（1）地基承载力。地基承载力的评价应以同时满足极限稳定和不超过允许沉降为原则。确定地基承载力应根据地区经验，采用载荷试验、理论公式计算和其他原位测试方法综合确定。在承载力不满足时（包括下卧层），应进行地基处理或选用桩基础，并提出其设计参数。

（2）变形和倾斜。查明地基土在纵横两个方向的不均匀性，以满足地基变形验算的要求。高层建筑天然地基均匀性可按以下标准进行评价：

高层建筑往往位于城市中建筑物密布的街道两侧，构成建筑群中心，因此需要考虑对环境的影响问题，包括施工过程中的基坑、人工降低地下水位、打桩和噪声，以及建筑物建成后的地基沉降对相邻建筑物的影响等。在地震烈度大于 7 度的地区，高层建筑的抗震设计需要提供场地、地基的地震效应，确定场地和场地土的类别，判定砂土液化的可能性及确定地基土的卓越周期等。

高层建筑地基承载力必须满足两个方面的要求：

（1）将地基底下的局部塑性变形区限制在一定的范围内，以控制地基不产生整体、局部或冲切破坏而丧失稳定性。

（2）地基变形，尤其是整体倾斜要限制在容许的范围内，同时要进行高层建筑地基沉降验算。

3. 公路岩土工程勘察

公路岩土工程勘察工作应按照调查测绘、勘探测试和编制岩土工程报告的程序进行。各勘察阶段的工作内容和工作深度应与公路工程的设计阶段相适应。对工程地质条件简单，工程方案明确的中、小型项目，可以进行阶段详细工程地质勘察。

可行性研究阶段应充分收集已有工程地质、环境地质以及岩土工程的材料，当工程地质与岩土条件复杂，并且已有资料不能满足评价场地技术要求时，应根据工程方案研究的需要进行必要的工程地质勘察工作。

工程地质勘察应重视地质理论的应用，综合利用各种勘察阶段，充分利用已有的资料和科研成果，用经济、合理的勘察工作量取得必要的、可靠的勘察成果，应与公路各设计阶段的要求相适应。

4. 桥梁工程地质勘察

（1）初勘阶段：

1）桥梁的勘察应根据工程可行性研究报告的审批意见，在工程可行性研究地质勘察资料的基础上进行初勘。对工程地质条件复杂的特大桥和大桥，必要时，增加技术设计阶段勘察（技勘），对初勘做进一步补充勘察工作。

2）根据初勘合同或初勘任务书的要求进行初勘。

3）初勘阶段，应对各桥位方案进行工程地质勘察，并对建桥适宜性和稳定性有关的工程地质条件作出结论性评价。

（2）调查与测绘：

1）在桥位处必须进行工程地质调查。对工程地质条件复杂的特大桥，应进行工程地质测绘，比例尺用 1∶500～1∶2000，编制桥位工程地质平面图。对一般的特大桥、大桥及复杂中桥，可不进行工程地质测绘。

2）调查与测绘范围。调查范围一般包括对桥梁及其附属工程有影响的工程地质现象。测绘范围一般应包括桥轴线纵向的河床和两岸谷坡或阶地（约 500～1000m），以及横向的河流上、下游各 200～500m；如设计有特殊要求，可增加测绘范围。

（3）桥位详勘：

1）查明桥位区域地层岩性、地质构造、不良地质现象的分布及工程地质特性。

2）查明桥梁墩台和其他构造物地基的覆盖层及基岩风化层的厚度、墩台基础岩体的风化与构造破碎程度、软弱夹层情况和地下水情况。测试岩石的物理力学、化学特性，提供地基的基本承载力、桩壁摩阻力、钻孔桩极限摩阻力，做出定量评价。对边坡及地基的稳定性、不良地质的危害程度和地下水影响程度做出评价。对地质复杂的桥基或特大的塔墩、锚锭基础，应采用综合勘察并根据设计需要，可现场鉴定岩土地基特性以补充原工程地质勘察工作的不足。

3）为测定岩土的工程地质特性，提供可靠的设计参数，应进行原位测试。在墩（台）锚、桩位处的钻孔，均应配合原位测试工作。当采用隔墩（桩）钻探时，应在无钻孔的墩（桩）处进行原位测试，探查地基岩土物理力学特性，以取得有关原位地质资料，并与室内试验成果进行分析对比，为设计提供岩土力学参数。

4）当水文地质条件复杂的大桥或特大桥需提供基坑涌水量时，应进行抽水试验；当地含有承压水时，应进行观测；当工程地质条件复杂，详勘后仍有遗留地质问题需要查清时，可配合施工进行补充勘察。

5）对墩（台）锚、桩等部分的所有钻孔所取的样品，均应送实验室进行试验；岩土试样的数量、规格、质量要求，应按行业标准的有关要求办理。

6）对岩土工程地质测绘、勘探、测试等成果资料，应进行整理分析，编绘图件，提交完整的岩土工程勘查报告。

5. 隧道工程地质勘察

（1）隧道初勘。隧道初勘工作一般与设计阶段同步，提供不同隧道方案的工程地址和水文地质资料。但对于特长隧道、控制路线方案的长隧道及水文工程地质条件极其复杂的隧道，原则上应安排超前的工程地质、水文地质勘察和定位观测，其勘察阶段可不受设计阶段限制。

（2）详勘内容：

1）在初勘的基础上进一步开展深入细致的工程地质勘察工作，着重查明和解决初勘时未能查明的地质问题，补充、核对初勘地质资料。

2）根据地质特征，进一步分析隧道围岩的稳定性和洞口斜坡的稳定性。

3）对于长、特长隧道，地质条件极其复杂的水下隧道，就初勘提出的重大地质问题和建议，应进行深入调查、勘探，得出可靠结论。

4）正确评价隧址区的工程地质、水文地质条件及其发展趋势；提供设计施工所需的定量指标、整治措施及注意事项等。

（四）地基勘察成果与应用

1. 勘察报告书的基本内容

地基勘察的最终成果是以报告书的形式提出的。勘察工作结束后，把取得的野外工作和室内试验记录和数据以及收集到的各种直接间接资料分析整理、检查校对、归纳总结后作出建筑场地的工程地质评价。最后以简要明确的文字和图表编成报告书。报告书应包括如下内容：

（1）任务要求及勘察工作概况；勘察方法与勘察工作布置。

（2）场地位置、地形地貌、地质构造、不良地质现象及地震设计烈度。

（3）场地的地层分布、岩石和土的均匀性、物理力学性质、地基承载力和其他设计计算指标。

（4）地下水的埋藏条件和腐蚀性以及土层的冻结深度。

（5）对建筑场地及地基进行综合的工程地质评价，对场地的稳定性和适宜性作出结论，指出存在的问题和提出有关地基基础方案的建议。

所附的图表有下列几种：勘探点平面布置图；工程地质剖面图；地质柱状图或综合地质柱状图；土工试验成果表；其他测试成果表（如静载荷试验、标准贯入试验、静力触探试验、旁压试验等），如图2-10、图2-11、图2-12所示。

2. 勘察报告的阅读和使用

（1）首先应熟悉勘察报告的主要内容，对勘察报告有一个全面的了解，复核勘察资料提供的土的物理力学指标是否与土性相符。

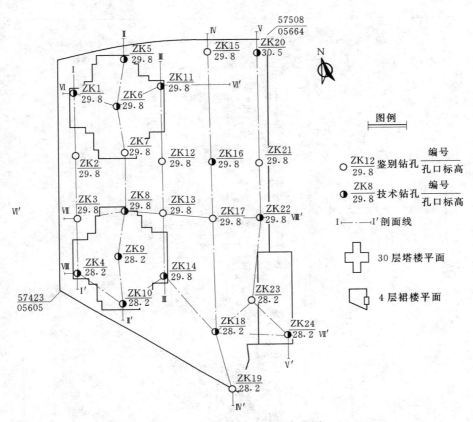

图 2-10　场地钻孔平面布置图

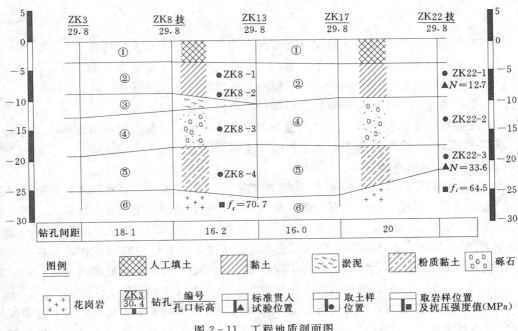

图 2-11　工程地质剖面图

地质代号	层底标高(m)	层底深度(m)	分层厚度(m)	层序号	地质柱状 1:200	岩心采取率(%)	工程地质简述	标贯 $N_{63.5}$ 深度(m)	标贯 $N_{63.5}$ 实际击数 校正击数	岩土样 编号 深度(m)	备注
Q^{ml}	3.0	3.0	①		75	填土: 杂色、松散、内有碎砖、瓦片混凝土块、粗砂及黏性土,钻进时常遇混凝土板				
Q^{ml}	10.7	7.7	②		90	黏土: 黄褐色,冲积、可塑、具黏滑感,顶部为灰黑色耕作层,底部土中含较多粗颗粒	10.85 / 11.15	31 / 25.7	ZK1-1 10.5~10.7	
	14.3	3.6	④		70	砾石: 土黄色,冲积、松散-稍密,上部以砾、砂为主,含泥量较大,下部颗粒变粗,含砾石、卵石,粒径一般2~5cm,个别达7~9cm,磨圆度好				
Q^{ml}	27.3	13.0	⑤		85	砾质黏性土: 黄褐色带白色斑点,残积,为花岗岩风化产物,硬塑-坚硬,土中含较多粗石英粒,局部为砾质黏土	20.55 / 20.85	42 / 29.8	ZK1-2 20.2~20.4	
γ_5^2	32.4	5.1	⑥		80	花岗岩: 灰白色-肉红色,粗粒结晶,中-微风化,岩质坚硬,性脆,可见矿物成分有长石、石英、角闪石、云母等。岩芯呈柱状			ZK1-3 31.2~31.3	

▲ 标贯位置   ▣ 岩样位置   ● 土样位置

图 2-12 工程地质柱状示意图

(2) 查看场地的地形地貌、地层分布情况,用于基槽开挖时土层比对。

(3) 查看地下水埋藏情况、类型、水位及其变化用于施工降水方案的制订。

(4) 查看相关土的类别和物理力学指标用于边坡放坡或基坑支护设计。

(5) 查看地基均匀性评价和持力层地基承载力用于验槽时比对。

(6) 还应特别注意勘察报告就岩土整治和改造以及施工措施方面的结论和建议。

(7) 在阅读时,勘察报告中的文字和图片应相互配合。

(五) 工程勘察发展趋势

我国的工程地质勘察行业是从 20 世纪 50 年代建立起来的,当时在国务院各部门、各地区陆续建立了工程勘察单位,有一部分是独立的,但更多的是附属在设计院内,作为设计院附属的二级单位。其主要业务是为设计配套服务,提供设计需要的勘察资料。进入 20 世纪 80 年代以来,我国的工程勘察行业不论是从改革原有体制弊端上,还是在技术发展上,都有了显著的进展,特别是作为工程勘察主专业之一的工程地质勘察向岩土工程转化,从原来单一的勘察扩展到包括岩土工程勘察、岩土工程设计、岩土工程监测、岩土工程治理、岩土工程监理与岩土工程咨询五个方面,业务范围有了很大拓展,对工程建设所起的作用也越来越大。随着岩土工程体制的逐步形成,勘察行业成为设计与施工之间的一个独立行业，并与设计、施工、监理一起构成了建筑行业的重要组成部分，得到了社会的认可。随着工程勘察行业的进一步发展，我国加入 WTO 后与国际接轨的需要以及国家建设主管部门的政策要求，工程勘察行业面临着一个新的发展阶段，其发展方向和趋势也面临新的调整，以适应社会发展的需要。

1. 服务内容将进一步详细划分

工程地质勘察报告不仅包括原有的内容，还将增加地基基础的建议、地基处理的建议方案论证甚至具体方案、基坑支护方法的论证甚至方案，以及施工方法等方面内容。报告涉及了岩土工程勘察、设计、施工内容，有时甚至涉及检测内容。每个勘察单位大都设有岩土工程公司，也都逐步具备了岩土工程勘察、设计、施工、检测、监测的能力。这对勘察单位开展岩土工程业务、拓宽工程勘察业务范围起到了积极作用。基坑支护、桩基施工、地基处理业务也由建筑施工单位逐步转移到工程勘察单位来进行，确实是勘察行业一大进步。

2. 原位测试技术将得到重视

今后发展的趋势是，将原位测试成果与工程地质条件相同的已有工程反推的有关参数、载荷试验成果进行对比，求得相关关系，以提高提供的设计参数的精度和应用效果。

目前原位测试手段很多，如载荷试验、旁压、静探、标贯、动探、扁铲侧胀仪、十字板剪切等。有些手段在适用的地层也已经积累了一定的经验，达到了工程应用程度。随着经验的不断积累，原位测试技术必将发挥更大的作用，对地层性质的认识也将更加深入。原位测试验技术、试验装置也会在应用中得到发展和进步。

3. 勘察单位面临技术创新的要求

技术创新是企业发展的基础。随着勘察行业业务的拓宽，市场竞争的日益激烈，技术创新将会是每一个勘察单位的追求，要想获得一个好的生存环境，勘察单位必须应用新技术、新工艺，采用新的生产方式和经营管理模式，提高产品质量，开发新技术，提供新的服务，占据市场并实现其价值。

4. 注册岩土工程师制度

实行注册岩土工程师制度，也是政府管理职能的一个重要转变，政府将从直接管理企业转变到通过管理注册执业资格来管理质量的间接管理。通过推行和建立岩土工程师执业注册制度，有利于理顺注册认证制度与市场准入条件，落实质量责任制度，有利于改变工程勘察质量管理薄弱、质量不高的局面，有利于建立能与国际接轨的互认、准入制度。

我国已经启动注册岩土工程师制度，针对工程勘察院来说，法人和执业注册人员对勘察文件和审核签字的文件要负质量责任，这也符合谁勘察谁负责的国际惯例，这将是工程勘察行业的一个发展方向。

二、工程测量

工程测量通常是指在工程建设的勘测设计、施工和管理阶段中运用的各种测量理论、方法和技术的总称。传统工程测量技术的服务领域包括建筑、水利、交通、矿山等部门，其基本内容有测图和放样两部分。现代工程测量已经远远突破了仅仅为工程建设服务的概念，它不仅涉及工程的静态、动态几何与物理量测定，而且包括对测量结果的分析，甚至对物体发展变化的趋势预报。

（一）工程测量的概念与重要性

1. 工程测量的概念

工程测量是指工程建设中的所有测绘工作统称为工程测量。其实质是确定地球表面形态以及建筑物、构筑物的点位、形状与大小的科学，实际上它包括在工程建设勘测、设计、施工和管理阶段所进行的各种测量工作。

工程测量主要包括两个方面：

（1）测绘。从地面到图形：使用测量仪器和工具，通过测量和计算将地物和地貌的位置按一定的比例尺缩小绘制成地图，供工程建设等使用，如图 2-13 所示。

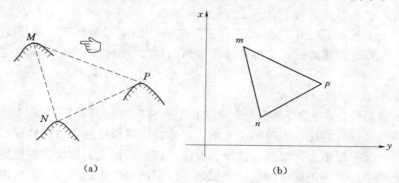

（a）　　　　　　　　　　　　　　（b）

图 2-13　测绘原理

（a）实际地形的三个山顶；（b）图上的三个点（x，y 是坐标系）

（2）测设。从图形到地面：将在地图上设计出的工程建筑物和构筑物的位置在实地标定出来，作为施工的依据，如图 2-14 所示。

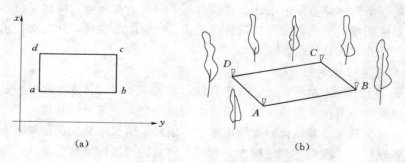

（a）　　　　　　　　　　　　　　（b）

图 2-14　测设原理

（a）图上的建筑物四个角点；（b）实地上的点

2. 工程测量的作用

工程测量直接为各项建设项目的勘测、设计、施工、安装、竣工、监测以及营运管理等一系列工程工序服务的。可以这样说，没有测量工作为工程建设提供数据和图纸，并及时与之配合和进行指挥，任何工程建设都无法进展和完成。工程测量的主要作用有如下几点。

（1）在工程建设的规划设计阶段，用于城镇规划设计、管理、道路选线以及总平面和竖向设计等，以保障建设选址得当，规划布局科学合理。

（2）在施工阶段，特别是大型、特大型工程的施工，GPS（全球定位系统）技术和测量机器人技术已经用于高精度建（构）筑物的施工测设，并适时对施工、安装工作进行检验校正，以保证施工符合设计要求，对于大型或重要建（构）筑物还要定期进行变形监测，以确保其安全可靠。

（3）在土地资源管理方面，地籍图、房产图对土地资源开发、综合利用、管理和权属确认具有法律效力。

因此，测绘资料是项目建设的重要依据，是土木工程勘察设计现代化的重要技术，是工程项目顺利施工的重要保证，是房产、地产管理的重要手段，是工程质量检验和监测的重要措施。

3. 工程测量的基本工作

测量的主要任务是测绘和测设，无论测绘还是测设，实质都是为了确定点的位置。众所周知，现所处的世界作为一个三维的坐标系统，那么对于任何一个坐标系统的点，确定它的位置需要三个参数：即纵坐标（X）、横坐标（Y）和高程（H）。

也就是说，地面点的空间位置由平面位置（X，Y）和高程（H）来确定。但在实际测量中，X，Y，H 不能直接测定出来。而是测算出点位相对于已知坐标点的水平角、水平距离及高差，再根据已知点的坐标、方向和高程，推算出其他点的坐标和高程。测量工作实际上就是测定点和点之间的距离、角度和高差，因此，高差测量（水准测量）、角度测量和距离测量是测量的三项基本工作。

（二）工程测量的主要设备与方法

1. 高程测量

测定地面点高程的工作称为高程测量。一点的高程一般是指这点沿铅垂线方向到大地水准面的距离，又称海拔或绝对高程。

大地水准面是指平均海平面通过大陆延伸勾画出的一个连续的封闭曲面，见图 2-15。

（1）高程测量主要方法。高程测量的主要方法包括：水准测量、三角高程测量和气压高程测量三种。

三角高程测量比较简单，通过测量两点之间的距离与高度角，通过已知点高程与三角形计算得到未知点高程。然而由于大气折光影响，精度较低，见图 2-16。

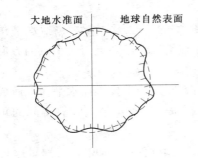

图 2-15 大地水准面示意图

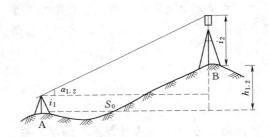

图 2-16 三角高程测量

气压高程测量根据大气压力随高程而变化的规律，一般高约 11m/L 大气压力减少 1mm 水银柱。该方法方便、经济、迅速，然而精度在三种方法中最低。

　　水准测量是高程测量最常用的一种方法，也是最精密的方法，广泛用于工程测量中。水准测量不是直接测定地面点的高程，而是测出两点间的高差，也就是在两个点上分别竖立水准尺，利用水准仪提供的一条水平视线，在水准尺上读数，求得两点间的高差，从而由已知点高程推求未知点高程，如图 2－17 所示。

　　（2）仪器介绍。高程测量的主要仪器为水准仪，用得较多的是 DS3 水准仪。同时，目前也出现了一系列自动化与精确化的水准仪，如图 2－18、图 2－19 所示。

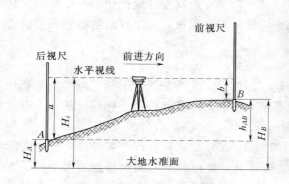

图 2－17　水准测量示意图

高差：$h_{AB}=a-b$

高程：$H_B=H_A+h_{AB}$

图 2－18　DS3 水准仪测量工作

(a)　　　　　　　　　　(b)　　　　　　　　(c)　　　　　　　　(d)

图 2－19　各类水准仪

（a）DS3 水准仪；（b）自动安平水准仪；（c）精密水准仪；（d）数字水准仪

2. 角度测量

　　角度测量就是测定水平角或竖直角的工作，见图 2－20～图 2－22。包括水平角测量和竖直角测量两个部分的工作。其实质与量角器的原理类似。已知点与一个点的方向为基准方向，量取已知点与另一个点的方向之间的角度。

　　（1）主要方法。水平角：地面上某点到两目标的方向线铅垂投影在水平面上所成的角度。取值是 0～360°。在 0 点安置一起，分别照准目标 A、B 点，经过计算得到的角度就是水平角。

　　竖直角是方向线与其竖直面内的水平视线的夹角。取值是 0～90°。其测量原理如图 2－22所示：照准目标 A，读数得到的角度即为竖直角。

　　（2）仪器介绍。角度测量的主要仪器为经纬仪，目前也出现了电子经纬仪等仪器，如图 2－23 所示。

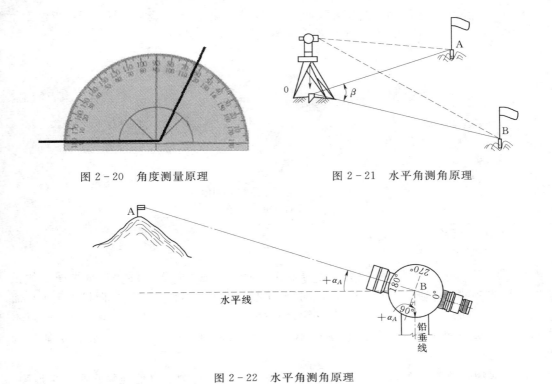

图 2-20 角度测量原理   图 2-21 水平角测角原理

图 2-22 水平角测角原理

3. 距离测量

距离测量是指测量地面上两点连线长度的工作。通常需要测定的是水平距离，即两点连线投影在某水准面上的长度。它是确定地面点的平面位置的要素之一。

（1）主要方法。距离测量的主要方法包括量尺量距、视距测量、视差法测距和电磁波测距等，可根据测量的性质、精度要求和其他条件选择。

1）量尺量距。用量尺直接测定两点间距离，分为钢尺量距和因瓦基线尺量距。钢尺量距的精度一般高于 1/1000，因瓦基线尺受温度

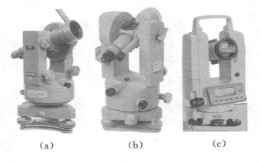

图 2-23 各类经纬仪
(a)、(b) 普通经纬仪；(c) 电子经纬仪

变化影响极小，量距精度高达 1/1000000，主要用于丈量三角网的基线和其他高精度的边长。

2）视距测量。用有视距装置的测量仪器，按光学和三角学原理测定两点间距离的方法。常用经纬仪、平板仪、水准仪和有刻划的标尺施测。通过望远镜的两条视距丝，观测其在垂直竖立的标尺上的位置，视距丝在标尺上的间隔称为尺间隔或视距读数，仪器到标尺间的距离是尺间隔的函数，对于大多数仪器来说，在设计时使距离和尺间隔之比为 100。视距测量的精度可达 1/300～1/400。

3）电磁波测距。新的理想的测距方法，测程较长，测距精度高，工作效率高。

（2）仪器介绍。距离测量的主要仪器为钢尺，视距测量与视差法测量为经纬仪。近年来，出现了许多电子测距仪以及全站仪，得到了广泛应用，见图 2-24。

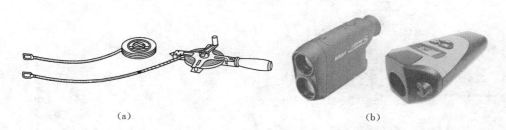

（a）
（b）

图 2-24　钢尺和电子测距仪等测距仪器
（a）钢尺；（b）电子测距仪

（三）地形图的测绘与应用

1．地形图的基本概念

地形图（topographic map）指的是地表起伏形态和地物位置、形状在水平面上的投影图。具体来讲，将地面上的地物和地貌按水平投影的方法（沿铅垂线方向投影到水平面上），运用特定的符号、注记等，并按一定的比例尺缩绘到图纸上的图形。只有地物，不表示地面起伏的图称为平面图。地形图不仅表示了地物的平面位置，也表达了地貌的形态。

（1）地物：地球表面上相对固定的物体。可分为天然地物（自然地物）和人工地物。如居民地、工程建筑物与构筑物、道路、水系、独立地物、境界、管线垣栅和土质与植被等。一般用规定的符号表示在地图上。

（2）地貌：地球表面（包括海底）地表外貌起伏的各种形态，如：山地、高原、盆地、丘陵、平原等。

地貌与地物合称为地形。

2．地貌的表示方法——等高线

（1）等高线的基本概念。对于大区域范围内的山地等地貌，无法用某一种符号将其表示出来。因此，目前主要用等高线来表示地貌。等高线能够真实反映地貌的形态与地面的高低起伏，同时可以用来量测地面点的高程。

等高线是地面上高程相等的相邻点所连成的闭合曲线。如图 2-25 所示，设想在平静的湖水中有一个小岛，水面与小岛的交线就是一条闭合的曲线，假设此时水面的高程值为100m，则此时该线上任意一点的高程值均等于此时水面的高程值 100m，线上高程处处相等。将此闭合曲线投影到水平面上，并按照一定的比例缩小绘制到图纸上，则得到图中下图中高程值为100m的闭合曲线。当静止的水面高程上升到150m时，可以得到此时水面与小岛的150m等高线。以此类推，可以得到一组高差为50m的等高线。将这组等高线绘制到图纸上，见图 2-25。其中等高距为地图上相邻等高线的高程差。

等高线的特征：

1）位于同一等高线上的地面点，海拔相同。

2）在同一幅图内，除了悬崖以外，不同高程的等高线不能相交（因为一条线不能表

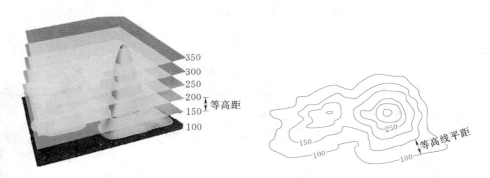

图 2-25　等高线示意图

示两个高程）。

3）地面坡度与等高线之间的水平距离成反比，相邻等高线水平距离愈小，等高线排列越密，说明地面坡度愈大；相邻等高线之间的水平距离愈大，等高线排列越稀，则说明地面坡度愈小。

（2）基本地貌的等高线表示。地貌的基本形状可以分为：山顶、山脊、山谷、鞍部与盆地，通过综合运用等高线可以逼真的表示地貌的起伏形态，可以对照阅读下图以加深理解见图 2-26。

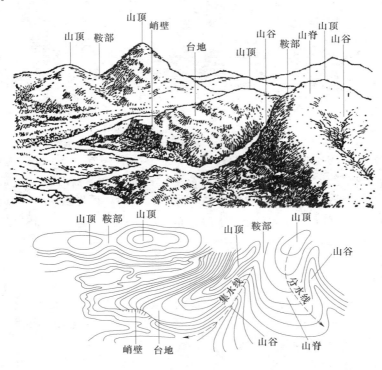

图 2-26　基本地貌的等高线表示

3. 地物的表示方法

地物是指地球表面上相对固定的物体，包括人工地物与天然地物（自然地物）。如居民地、工程建筑物与构筑物、道路、水系、独立地物、境界、管线垣栅和土质与植被等。为了清晰准确的反应地面上的实际地物情况，常将实地的地物用各种符号表示在图上，这些符号统称为地形图图示。图示由国家测绘局统一制定，是测绘和使用地形图的重要依据。

地物符号是用来表示地物的类别、形状、大小及其位置，根据地物的大小与描绘方法的不同分为比例符号、半比例符号、非比例符号与注记符号四种。

对于某一具体地物，是采用哪种类型的符号主要由测图比例尺与地物的大小确定。一般来说，测图比例尺越大，则比例符号描绘的地物越多；相反，比例尺越小，用非比例符号表示的地物越多，且说明文字注记与数字注记随着比例尺增大而相应增加。

4. 地形图测绘与识读

要把地面上的地物、地貌测绘到图纸上，关键在于测定地物特征点和地貌特征点的位置。地物特征点和地貌特征点统称碎部点。测定碎部点的平面位置和高程的工作称碎部测量。碎部点是地物地貌的特征点，如图 2-27 所示。

图 2-27 碎部点布置示意图

在国民经济建设的各个工程与各个过程中，地形图都是必不可少的。地形图能详实的反映地面上各种地物的分布、地形的起伏以及地貌特征等。一幅内容丰富完善的地形图，可以解决各种工程问题，并获得必要的资料，如果善于阅读地形图，就可以了解到图内地区的地形变化、交通路线、河流方向、水源分布、居民点的位置、人口密度及自然资源种类分布等情况见图 2-28。

（四）先进测量手段

1. 数字测绘技术

传统的测绘工作主要包括测量高度、角度与距离以及计算，得到测点位置信息，并展绘到图纸上的工作。而新的数字测绘技术的出现，尤其是全站仪与 GPS 的出现，能够将这几项工作都结合到一起完成。

2. 全站仪

全站仪是一种集光、机、电为一体的高技术测量仪器，是集水平角、垂直角、距离（斜距、平距）、高差测量功能于一体的测绘仪器系统。因其一次安置仪器就可完成该测站上全部测量工作，所以称为全站仪见图 2-29。

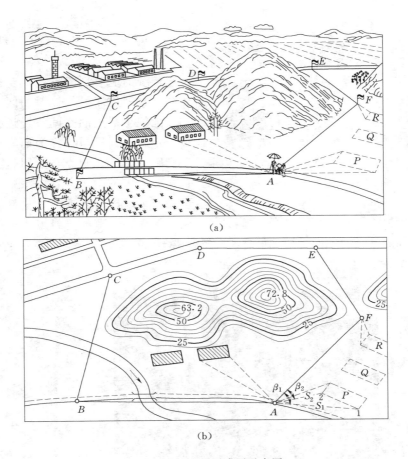

图 2-28　地形图成图示意图

3. GPS 测量概述

所谓全球卫星定位测量，是指利用空间飞行的卫星来实现地面点位的测定。美国的 GPS（Global Positioning System）具有全球性、全天候、连续的三维定位、导航、测速和授时能力，广泛应用于航空航天、海陆空三军导航、地球物理、大地测量、交通管理以及城镇建设等各个领域，并已渗透到人们的日常工作、学习和生活之中。

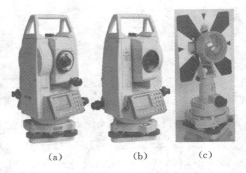

图 2-29　全站仪与棱镜

GPS 点位测量的原理：用户部分观测和记录由若干卫星发送的数据，并运用数学方法求得三维空间位置以及时间和速度。

GPS 系统（以 Trimble 5700 为例），见图 2-31 由接收机（也称信号处理器）、天线组成，如图所示。GPS 静态定位以及实时动态定位中的基准站一般将天线安置于三脚架头，接收机挂于三脚架上。与之不同，实时动态定位的流动站则同时将天线、接收机与作为一个整体安置于标杆上。电子手簿作为数据记录与操作的控制器，如图 2-30 所示，通

111

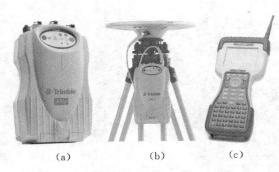

图 2-30　Trimble 5700 GPS 系统

(a) Trimble 5700 接收机；(b) Trimble 5700 接收机
与天线；(c) 电子手簿

过蓝牙设备或数据线与 GPS 接收机连接在一起，用于实时动态定位的流动站测量。

4. 数字化测图

传统的地形测图方式主要以白纸为地图介质，利用测量仪器对测区范围内的地物、地貌特征点的空间位置进行测定，按照一定的比例尺与约定的地物地貌符号绘制到图纸上。在测量与绘制过程中，精度存在着较大的损失，且工序繁多，劳动强度大，难以进行有效的质量控制。纸质地图的保存、管理与更新工作也存在着极大

的不便利。随着社会对空间、地理信息的广泛需求不断扩大，数字化测图已经成为测量工作的一个重要手段。

(a)　　　　　　　　　　　　　　　　(b)

图 2-31　Trimble 5700 GPS 定位

(a) 静态定位；(b) 实时动态定位

数字化测图是利用全站仪、GPS 接收器以及其他测量仪器在野外开展数字化地形数据采集工作，同时在成图软件的支持下，通过计算机成图，得到数字化地形图的测图方式。

5. 遥感（RS，Remote Sensing）成图

遥感技术是从远距离感知目标反射或自身辐射的电磁波、可见光、红外线结目标进行探测和识别的技术。遥感技术是 20 世纪 60 年代兴起的一种探测技术，根据电磁波的理论，应用各种传感仪器对远距离目标所辐射和反射的电磁波信息，进行收集、处理，并最后成像，从而对地面各种景物进行探测和识别的一种综合技术。目前利用人造卫星每隔 18 天就可送回一套全球的图像资料。利用遥感技术，可以高速度、高质量地测绘地图。

这里以西部测图工程中的遥感与摄影测量技术为例：

目前，国家的基础地形图在青藏高原、塔里木盆地、横断山脉、阿尔泰山地、喀喇昆仑山 5 个作业区域仍然是空白。

西部测图工程包含 200 万 km² 的辽阔地域。在交通、气候、地理环境等条件受限的情况下，可想而知其规模与难度。随着数字摄影测量时代的到来，摄影测量与遥感技术的广泛应用，航空航天影像生成产品的多样化，西部测图工程变得不再那么困难见图2-32、图2-33。

图 2-32　航空摄影测量

图 2-33　航空照片

6. 地理信息系统（GIS）

地理信息系统在计算机软硬件支持下，把各种地理信息按照空间分布及属性以一定的格式输入、存储、检索、更新、显示、制图、综合分析和应用的技术系统，能够操作和分析地理数据，生成并输出各种地理信息的系统。

同时，测绘工作可以通过 GIS 获取大量详尽、可靠、准确的基础测绘数据，同时能够策进信息的获取与共享。如对某一地区开展一次大比例尺测量，建立地理信息数据库后，则可以在今后提高该区域测绘工作的效率。

对于测绘来讲，GIS、GIS、和 RS 的有机结合，将从根本上改变其传统学科的内涵，测绘将由原来单纯提供信息的服务性工作转变为参与规划设计和决策管理的重要组成部分，将有力地推动管理的严格性，决策的科学性，规格的合理性和设计的高效率。也将更显示出测绘工作的高科技品位和在国民经济建设中的重要性。

第三节　地　基　与　基　础

一、地基土与工程分类

对土进行工程分类的目的是为判别土的工程特性和评价作为建筑材料的适宜性，把工程性能相近的土划分为一类，以便给出合理的评价和选择适当地对土的研究方法。土的分类方法很多，不同部门根据其用途对土的分类采用各自方法。

我国《建筑地基基础设计规范》将地基土分为岩石、碎石土、砂土、粉土、黏性土和人工填土等六大类。

1. 岩石（rock）

岩石是指颗粒间牢固连接，呈整体或具有节理裂隙的岩体。岩石按成因分为：岩浆岩、沉积岩和变质岩；岩石按坚固性分为：硬质岩石（f＞30mkPa）和软质岩石（f＜30mkPa）；岩石按风化程度分：微风化、中等风化和强风化。微风化的硬质岩石是最优良

113

的地基，美国的超高摩天大楼大多建造在这类岩石上，强风化的软质岩石工程性质较差。

2. 碎岩土（crushed stones）

碎岩土是指粒径大于 2mm 的颗粒含量超过全重 50％的土。碎岩土按粒组含量及颗粒形状可分漂石（块石）、卵石（碎石）和圆砾（角砾）。碎石土的强度大，渗透性大，为良好的地基。

3. 砂土（sand）

砂土是指粒径大于 2mm 的颗粒含量不超过全重的 50％、而粒径大于 0.075mm 的颗粒超过全重的 50％。其按粒组含量可分为砾砂、粗砂、中砂、细砂和粉砂。常见的砾砂、粗砂、中砂为良好的地基；粉砂、细砂要具体分析，如饱和疏松状态的，则为不良地基。

4. 黏性土（cohesive soil）

黏性土是指塑性指数大于 10 的土称为黏性土。黏性土按塑性指数大小可分为粉质黏土和黏土。黏性土随其含水量的大小变化处于不同的状态，密实硬塑状态黏性土为良好地基，疏松流塑状态的黏性土为软弱地基。

5. 粉土（silt）

粉土是指塑性指数小于或等于 10 的土，且粒径大于 0.074mm 的颗粒含量不超过全重的 50％。其工程性质介于黏性土和上述无黏性土之间的土。密实状态的粉土性质好，强度高，是良好的地基，饱和稍密的粉土地震时易产生液化，为不良地基。

6. 人工填土

人工填土是指由于人类的活动堆积而成的土。按其成因可分素填土、杂填土和冲填土等；按其堆填年代可分为老填土和新填土。工程性质复杂。

（1）素填土：由碎石、砂土、粉土、黏性土等组成的填土，称为素填土。这种人工填土不含杂物，经分层压实者统称为压实填土，可以作为天然地基，但应注意填土年限、密度、均匀性等，以防沉降过大。

（2）杂填土：含有建筑垃圾、工业废料、生活垃圾等杂物的填土，称为杂填土。其成分复杂，性质不均匀。对以生活垃圾和腐蚀性工业废料为主的杂填土，不宜作为建筑物地基。对以建筑垃圾和工业废料为主要成分的杂填土，经慎重处理后可以作为一般建筑的地基。

（3）冲填土：由水力冲填泥沙，形成的沉积土称为冲填土。冲填土含水量较高，强度低，压缩性高，工程性质较差，不宜作为建筑物天然地基。但对冲填时间长，排水固结较好的冲填土，也可作为一般建筑物的天然地基。

二、基础类型与受力特点

一般而言，基础多埋于地面以下，但诸如码头桩基础、桥梁基础、地下室箱形基础等均有一部分在地表之上。基础按埋置深度可分为浅基础和深基础。

（一）浅基础

当基础埋置深度不大（一般浅于 5m 或小于基础最小宽度），只需经过普通施工方法就可以建造起来的基础。

根据基础材料的受力性能和构造形式分为：无筋扩展基础、扩展基础、柱下条形基础、筏形基础、箱形基础和壳体基础等。

1. 无筋扩展基础（刚性基础）

无筋扩展基础也称为刚性基础见图 2-34。基础选用的主要材料为：砖、块石、毛石、素混凝土、三合土和灰土等。其料性能特点：抗压强度高，抗拉强度、抗剪强度低。

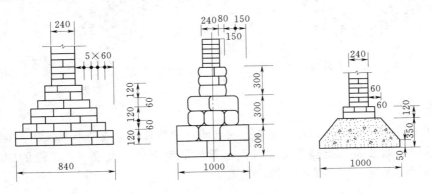

图 2-34　无筋扩展基础示意图

刚性基础构造要求：基础的外伸宽度和基础高度的比值（台阶宽高比）不超过规定的允许值。适用于 6 层和 6 层以下的（三合土基础不超过 4 层）一般民用建筑和墙承重的厂房。

2. 扩展基础（柱下钢筋混凝土独立基础和墙下钢筋混凝土条形基础）

当刚性基础不能满足力学要求时，可采用扩展基础。扩展基础选用的材料为钢筋混凝土。其受力特点为在基础内配置足够的钢筋来承受拉应力和弯矩，使基础在受弯时不致破坏。因而该基础可不受台阶宽高比的限制，设计上要以做成宽基浅埋，充分利用浅层好土层作为持力层见图 2-35。

与刚性基础相比较，钢筋混凝土基础具有较大的抗拉、抗弯能力，能承受较大的竖向荷载和弯矩，因此钢筋混凝土扩展基础普遍应用于单层和多层建筑结构中。扩展基础和无筋扩展基础主要有柱下独立基础和墙下条形基础两种形式，如图 2-36 和图 2-37 所示。

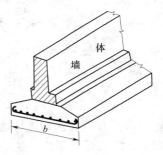

图 2-35　扩展基础示意图

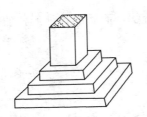

图 2-36　柱下独立基础示意图

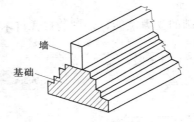

图 2-37　墙下条形基础示意图

3. 柱下条形基础

上部荷载较大，地基承载力较低时，独立基础底面积不能满足设计要求。这时可把若干柱子的基础连成一条构成柱下条形基础，以扩大基底面积，减小地基反力，并可以通过形成整体刚度来调整可能产生的不均匀沉降见图 2-38、图 2-39。

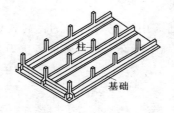

图 2-38 条形基础

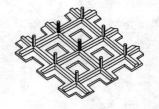

图 2-39 十字交叉条形基础
（双向条形基础、交梁基础）

4. 筏 形 基 础

当柱子或墙传来的荷载很大，地基土较软弱，用单独基础或条形基础都不能满足地基承载力要求时，通常需要把整个房屋底面（或地下室部分）做成一片连续的钢筋混凝土板，作为房屋的基础，称为筏形基础，见图 2-40。

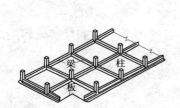

图 2-40 筏形基础示意图

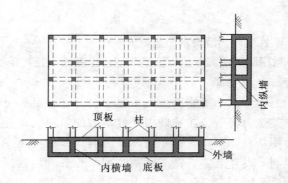

图 2-41 箱形基础示意图

5. 箱 形 基 础

为了对筏板基础进行加强，增加基础板的刚度，以减小不均匀沉降，高层建筑往往把地下室的底板、顶板、侧墙及一定数量的内隔墙一起构成一个整体刚度很强的钢筋混凝土箱形结构，称为箱形基础，见图 2-41。

6. 壳 体 基 础

为改善基础的受力性能，基础的形式可不做成台阶状，而做成各种形式的壳体，称做壳体基础，见图 2-42。

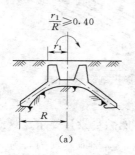

(a)

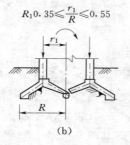

(b)

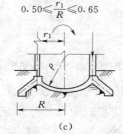

(c)

图 2-42 壳体基础示意图

（二）深基础

深基础一般位于地基深处承载力较高的土层上，埋置深度大于 5m 或大于基础宽度的基础，称为深基础。当建筑场地浅层地基土质不能满足建筑物对地基承载力和变形的要求，也不宜采用地基处理等措施时。以地基深层坚实土层或岩层作为地基持力层，采用深基础方案。

深基础区别于浅基础：由深层较好的土来承受上部结构的荷重以外，还有深基础周壁的摩阻力共同承受上部荷重。深基础承载力较高。需要用特殊方法进行施工。造价较高、工期较长、技术较复杂，需要专职技术人员负责施工及质量检查，发现问题及时处理。

深基础主要有桩基础、地下连续墙、沉井基础和沉箱基础等类型。

1. 桩基础的概念及特点

桩基础由基桩（桩群）和连接于桩顶的承台共同组成，如图 2-45 所示。若桩身全部埋于土中，承台底面与土体接触，则称为低承台桩基；若桩身上部露出地面而承台底位于地面以上，则称为高承台桩基。建筑桩基通常为低承台桩基础。高层建筑中，桩基础应用广泛，见图 2-43。

桩基是一种古老的基础型式。其技术经历了几千年的发展过程。现在，无论是桩基材料和桩类型，或者是桩工机械和施工方法都有了巨大的发展，已经形成了现代化基础工程体系。桩基已经大量用于工程实践，并具有如下特点。

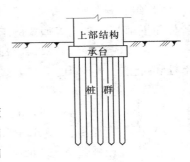

图 2-43 桩基础示意图

（1）桩支承于坚硬的（基岩、密实的卵砾石层）或较硬的（硬塑黏性土、中密砂等）持力层，具有很高的竖向单桩承载力或群桩承载力，足以承担高层建筑的全部竖向荷载（包括偏心荷载）。

（2）桩基具有很大的竖向单桩刚度（端承桩）或群刚度（摩擦桩），在自重或相邻荷载影响下，不产生过大的不均匀沉降，并确保建筑物的倾斜不超过允许范围。

（3）凭借巨大的单桩侧向刚度（大直径桩）或群桩基础的侧向刚度及其整体抗倾覆能力，抵御由于风和地震引起的水平荷载与力矩荷载，保证高层建筑的抗倾覆稳定性。

（4）桩身穿过可液化土层而支承于稳定的坚实土层或嵌固于基岩，在地震造成浅部土层液化与震陷的情况下，桩基凭靠深部稳固土层仍具有足够的抗压与抗拔承载力，从而确保高层建筑的稳定，且不产生过大的沉陷与倾斜。

2. 桩基础分类

（1）按承载性状：

1）摩擦型桩：是指在竖向极限荷载作用下，桩顶荷载全部或主要由桩侧阻力承受。根据桩侧阻力分担荷载大小，摩擦型桩分为摩擦桩和端承摩擦桩。

2）端承型桩：是指在竖向极限荷载作用下，桩顶荷载全部或主要由桩端阻力承受，桩侧阻力相对而言较小，或可忽略不计的桩。根据桩端阻力发挥的程度和分担荷载比例，端承型桩分为端承桩和摩擦端承桩。

（2）按桩的使用功能：

1）竖向抗压桩：主要承受竖向下压荷载（简称竖向荷载）的桩。一般的建筑工程，在正常工作条件下，主要承受上部结构传来的垂直荷载。

2）竖向抗拔桩：主要承受竖向上拔荷载的桩。如板桩墙背的锚桩和受浮力的构筑物在浮力作用下自身不能稳定而在底板下设置的锚桩。

3）水平受荷桩：主要承受水平荷载的桩。如港口工程的板桩、基坑的支护桩等，桩身的稳定依靠桩侧的土抗力，往往还设置水平支撑或拉锚以承受部分水平力。

4）复合受荷桩：承受竖向、水平向荷载均较大的桩。

（3）按桩身材料的性质：

1）混凝土桩：混凝土桩可分为灌注桩和预制桩两类。灌注桩是在现场采用机械或人工成孔，就地灌注混凝土而成的桩，预制桩是在工厂或现场预制成型的桩。混凝土桩在工程中应用最为普遍。

2）钢桩：主要有钢管桩、H型钢桩以及使用量较小的钢轨桩。钢桩抗压和抗弯强度高、施工方便、但价格高、易腐蚀。

3）组合材料桩：是指两种材料组合的桩，例如，钢管桩内填充混凝土，或上部为钢管桩而下部为混凝土等型式的组合桩。

（4）按成桩方法。根据成桩方法和成桩过程的挤土效应，将桩分为非挤土桩、部分挤土桩和挤土桩。不同的成桩方式，对桩周土的影响亦不相同。

（5）按桩径大小：

1）小直径桩：$d < 250mm$。

2）中等直径桩：$250mm < d < 800mm$。

3）大直径桩：$d > 800mm$。

（6）混凝土桩的制作方法：

1）预制桩。混凝土预制桩是在工厂或现场预制成型后，用锤击、振动打入、静力压入和旋转等方式送入土中的桩。

钢筋混凝土桩的优点是强度高、耐久性好、制作方便、长度和截面形状可按工程需要加工，因此钢筋混凝土桩工程中应用最广泛。

钢筋混凝土桩的截面可做成方形、圆形等各种形状（见图2-44），为了减轻自重，有的还可以做成空心的。其中实心方桩的制作、运输和堆放都比较方便，截面边长一般为250～550mm，桩长在现场制作时为25～30m，在工厂预制时一般不超过12m。长度不够时，可在沉桩时加以接长。

图2-44 混凝土预制桩的截面形状

2）沉管灌注桩。沉管灌注桩简称沉管桩，它采用锤击、静压、振动或振动加压方式沉管造孔，即将预制混凝土桩尖或带有活瓣桩尖的钢管沉入土中，向管中灌注混凝土，并适时吊入钢筋笼，边振动边拔管成桩，其工艺流程如图 2-45 所示。

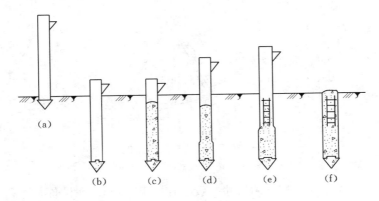

图 2-45　沉管灌注桩工艺流程

(a) 就位；(b) 沉管；(c) 浇灌混凝土；(d) 边振边拔；(e) 下钢筋笼；(f) 浇灌成型

3）钻孔灌注桩。利用各种钻孔机具钻孔，清除孔内泥土，再向孔内灌注混凝土。如采用螺旋钻机，在钻孔时被切下土体沿着螺旋叶片自动推出孔外，适宜用于地下水位以上的一般黏性土、砂土及人工填土。又如旋转水冲式钻机，利用旋转钻头切土，在钻孔的同时从钻杆中压入水（在黏性土中）或泥浆水（在砂土中）以排除孔内的泥土，待清除孔底泥土后，再由导管灌注水下混凝土成型（图 2-46）。

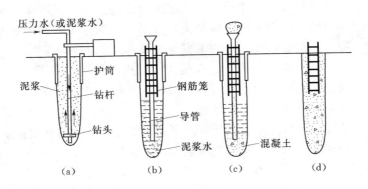

图 2-46　钻孔灌注桩

(a) 钻孔；(b) 下导管及钢筋笼；(c) 灌注混凝土；(d) 成型

4）钻孔扩底灌注桩。用钻机钻孔后，再通过钻杆底部装置的扩刀，将孔底再扩大。钻杆旋转时逐渐撑开扩刀（图 2-47），其扩大角不宜大于 15°，扩底后的直径不宜大于 3 倍桩身直径。孔底扩大后可提高桩的承载力。因此，钻孔灌注桩是指在泥浆护壁条件下钻进、借助泥浆的循环将孔内碎渣排出孔外成孔，然后清孔，吊入钢筋笼并利用导管浇注水下混凝土的一类非挤土桩。

5）人工挖孔灌注桩。人工挖孔灌注桩是在设计桩位用人工挖掘方法成孔，然后安放钢筋笼，灌注混凝土成桩。为了保证施工顺利进行，往往设置混凝土护壁。所以，在多数情况下，人工挖孔桩由护壁和桩芯两部分构成（图 2-48）。

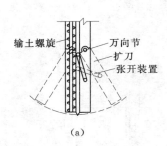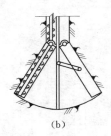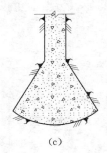

(a)　　　　　　　　(b)　　　　　　　　(c)

图 2-47　钻孔扩底灌注桩

(a) 钻头；(b) 扩底；(c) 灌注混凝土

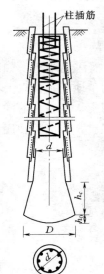

图 2-48　人工挖孔桩示意图

挖孔桩的桩芯尺寸一般不宜小于 0.8m。在设备条件和安全措施都有保证的条件下，孔深原则上没有硬性限制。但当孔深较大或很大时，桩芯尺寸宜适当加大，以保证施工条件。护壁的厚度理论上按承受均匀的土、水外压力设计，因此当孔深加大时，护壁原则上厚度应相应加大。挖孔桩端部分可以形成扩大头，以提高承载能力。但限制扩头直径 D 与芯径 d 之比不大于 3。

人工挖孔桩在其适用的范围内具有一系列的优点。在技术上，桩径和桩深可随承载力的不同要求进行调整。且在挖孔过程中，可以核实桩侧土层情况。在质量上，能够清除孔底虚土，且可采取串桶下料、人工振捣的方法浇注桩芯混凝土，容易全面满足设计要求。在经济上，单方混凝土造价较低。又能根据受力要求，扩大桩底，实现一柱一桩的布置方式，节省承台费用。在施工上，由于成孔机具简单、适应狭窄场地，又能多孔同时挖进、缩短工期，也具有明显的优势。

挖孔桩的主要缺点有：①在地下水难以抽尽的或将引发严重的流沙、流泥的土层中难于成孔，甚至无法成孔；②孔内空间狭小，劳动条件差。当孔深较大时，应注意施工人员的安全。

3. 地下连续墙

地下连续墙已经并且正在代替很多传统的施工方法，而被用于基础工程的很多方面。在它的初期阶段，基本上都是用作防渗墙或临时挡土墙。通过开发使用许多新技术、新设备和新材料，现在已经越来越多地用作结构物的一部分或用作主体结构，其目前更被用于大型的深基坑工程中见图 2-49。

(1) 分类：

1) 按成墙方式可分为：桩排式、槽板式、组合式。

2) 按墙的用途可分为：防渗墙、临时挡土墙、永久挡土（承重）墙、作为基础用的地下连续墙。

3) 按墙体材料可分为：钢筋混凝土墙、塑性混凝土墙、固化灰浆墙、自硬泥浆墙、预制墙、泥浆槽墙（回填砾石、黏土和水泥三合土）、后张预应力地下连续墙、钢制地下连续墙。

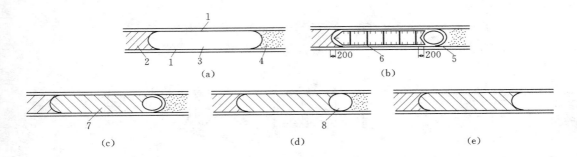

图 2-49 地下连续墙施工接头

(a) 开挖槽段；(b) 吊放接头管和钢筋笼；(c) 浇注混凝土；(d) 拔出接头管；(e) 形成接头
1—导墙；2—已浇注混凝土的单元槽段；3—开挖的槽段；4—未开挖的槽段；5—接头管；
6—钢筋笼；7—正浇注混凝土的单元槽段；8—接头管拔出后的孔洞

4) 按开挖情况可分为：地下连续墙（开挖）、地下防渗墙（不开挖）。

(2) 地下连续墙施工。地下连续墙是采用专门的挖槽机械，沿着深基础或地下建筑物的周边在地面下分段挖出一条深槽，并就地将钢筋笼吊放人槽内，用导管法浇注混凝土，形成一个单元槽段，然后在下一个单元槽段依此施工，两个槽段之间以各种特定的接头方式相互连接，从而形成地下连续墙。地下连续墙既可以承受侧壁的土压力和水压力，在开挖时起支护、挡土、防渗等作用，同时又可将上部结构的荷载传到地基持力层，作为地下建筑和基础的一个部分。

目前地下连续墙已发展有后张预应力、预制装配和现浇等多种形式，其使用越来越广。

4. 沉井基础

沉井是一种竖直的井筒结构，常用钢筋混凝土或砖石、混凝土等材料制成，一般分数节制作。沉井除作为基础外，还可作为地下结构使用，在深基础或地下结构中应用较为广泛，如桥梁墩台基础、地下泵房、水池、油库、矿用竖井以及大型设备基础、高层和超高层建筑物基础等。

沉井埋深较大，整体性和稳定性好，具有较大的承载面积，能承受较大的垂直和水平荷载。沉井既是基础，又是施工时的挡土和挡水围堰结构物，其施工工艺简便，技术稳妥可靠，无需特殊专业设备，并可做成补偿性基础，避免过大沉降。施工时，在筒内挖土，使沉井失去支承而下沉，随下沉再逐节接长井筒，井筒下沉到设计标高后，浇筑混凝土封底。沉井适合于在黏性土及较粗的砂土中施工，但土中有障碍物时会给下沉造成一定的困难。

(1) 类型及构造。沉井按其截面轮廓分，有圆形、矩形和圆端形等三类。

1) 圆形沉井水流阻力小，在同等面积下，同其他类型相比，周长最小、摩阻力相应减小，便于下沉；井壁只受轴向压力，且无绕轴线偏移问题。

2) 矩形沉井和等面积的圆形沉井相比，其惯性矩及核心半径均较大，对基底受力有利；在侧压力作用下，沉井外壁受较大的挠曲应力。

3) 圆端形沉井对支撑建筑物的适应性较好，也可充分利用基础的圬工，井壁受力也较矩形有所改善，但施工较复杂。

根据沉井孔的布置方式又有单孔、双孔及多孔之分。如图 2-50 所示。

沉井由刃脚、井筒、内隔墙、封底底板及顶盖等部分组成（图 2-51）。

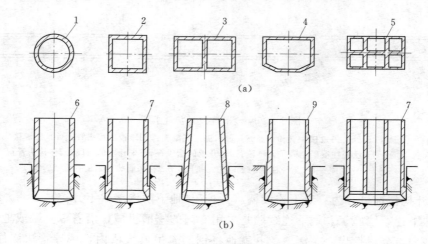

图 2-50 沉井基础示意图

(a) 平面图；(b) 剖面图

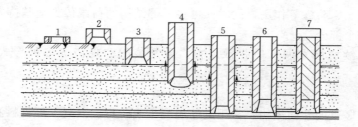

图 2-51 沉井施工顺序示意图

（2）沉井下沉。沉井下沉分排水和不排水下沉两种，在软弱土层中须采用不排水下沉，以防涌砂和外周边土坍陷，造成沉井倾斜及位移，必要时采取井内水位略高于井外水位的施工方法。出土机械可使用抓土斗、空气吸泥机、水力吸泥机等。近代各国发展用锚桩及千斤顶将沉井压下的方法。此外，还有用大直径钻机在井底钻挖的方法，如日本在圆形沉井内采用臂式旋转钻机，在硬黏土层内开挖，直径可达11m，由沉井外的电视机反映操作情况及下沉速度。

作为沉井基础，沉井应满足地基承载力要求，即作用在沉井顶面上的设计荷载加上沉井自身的重力应小于或等于沉井外侧四周的总摩阻力加沉井底面地基的总承载力（沉井底面积乘以地基承载力特征值）。沉井结构应按有关规范进行强度及配筋计算。

5. 沉箱基础

沉箱是从潜水中发展起来的。1841 年法国工程师 M. 特里热在采煤工程中为克服管状沉井下沉困难，把沉井的一段改装为气闸，成了沉箱，并提出了用管状沉箱建造水下基础的方案。1851 年 J. 赖特在英国罗切斯特梅德韦河建桥时，首次下沉了深 18.6m 的管状沉箱。1859 年法国弗勒尔—圣德尼在莱茵河上建桥时，下沉了底面和基底相同的矩形沉箱，以后被广泛应用。

气压沉箱是一种无底的箱形结构，因为需要输入压缩空气来提供工作条件，故称为气压沉箱或简称沉箱。

沉箱适用于情况：①待建基础的土层中有障碍物而用沉井无法下沉，基桩无法穿透时；②待建基础邻近有埋置较浅的建筑物基础，要求保证其地基的稳定和建筑物的安全时；③待建基础的土层不稳定，无法下沉井或挖槽沉埋水底隧道箱体时；④地质情况复杂，要求直接检验并对地基进行处理时。

由于沉箱作业条件差，对人员健康有害，且工效低、费用大，考虑人体对过大气压的承受能力，沉箱入水深度一般控制在 35m 以内，使基础埋深受到限制。因此，沉箱基础除遇到特殊情况外，一般较少采用。

（1）沉箱基础构造。沉箱由顶盖和侧壁组成（图 2-52），其侧壁也称刃脚。顶盖留有孔洞，以安设向上接高的气筒（井管）和各种管路。气筒上端连以气闸。气闸由中央气闸、人用变气闸及料用变气闸（或进料筒、出土筒）组成。在沉箱顶盖上安装围堰或砌筑永久性外壁。顶盖下的空间称工作室。

（2）沉箱的施工方法。沉箱的施工按其下沉地区的条件有陆地下沉和水中下沉两种方法。陆地下沉有地面无水时就地制造沉箱下沉，和水不深时采取围堰筑岛制造沉箱下沉的两种方法。水中下沉有在高出水面的脚手架上或在驳船上制造下沉，和在岸边制造成可浮运的沉箱，再下水浮运就位下沉的两种方法。为保证沉箱平稳下沉，在沉箱内挖土应有一定的顺序。如沉箱内周围土的摩擦阻力过大而不能下沉时，可暂时撤离工作人员，降低工作室内气压，以强迫其下沉。

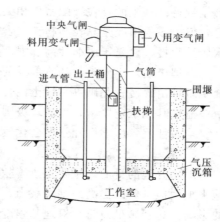

图 2-52　沉箱基础

在沉箱工作室内的工作人员处于高气压的条件下工作，必须有一套严格的安全和劳动保护制度，包括对工作人员的体格检查，工作时间的规定（气压越高，每班工作时间越少），以及工作人员进出沉箱必须在人用变气闸内按规定时间逐渐变压的制度。如加压太快，会引起耳膜病；减压太快，则在高气压条件下血液中吸收的氮气来不及全部排出，形成气泡积聚、扩张、堵塞，会引起严重的沉箱病。

三、地基土与地基处理

地基处理的主要对象是软弱土和特殊土地基。地基系位于建筑物基础之下，受建筑物荷载影响的那部分地层。当天然地基土软弱，不能满足承载力要求或沉降变形过大无法满足设计要求时，又不宜采用深桩基础，可采用地基处理方法，对地基进行人工改良加固形成人工地基，为提高承载力，改善其变形性质或渗透性质而采取人工处理地基，这种加固地基的方法称为地基处理，所形成的地基称为人工地基。

软弱土地基是指主要由淤泥、淤泥质土、冲填土、杂填土或其他高压缩性土层构成的地基。特殊土地基带有明显的地区性特点，它包括软土、湿陷性黄土、膨胀土、红黏土和冻胀土等地基。

随着地基处理技术的发展，地基处理范围越来越广，不但用于软弱土，也可用于黏性土和其他土类，不仅用于小型建筑物而且也用于尺寸比较大、技术基础埋深较深的情况。

1. 软弱地基

软弱地基是指高压缩性土（$a_{1-2} \geqslant 0.5\text{MPa}^{-1}$）地基。根据工程地质特征，软弱土地基包括由淤泥、淤泥质土、冲填土、杂填土或其他高压缩性土层构成的地基。

淤泥和淤泥质土，是指在静水或缓慢的流水环境中沉积，并经生物化学作用形成，天然含水量 ω 大于液限 ω_L、天然孔隙比 $e \geqslant 1.0$ 的黏性土。当天然孔隙比 $e > 1.5$ 时，称为淤泥；$1.0 \leqslant e < 1.5$ 时，称为淤泥质土。它广泛分布于我国沿海地区及内陆河流、湖泊和沼泽地带，是软弱土的主要土类，一般统称为软土。

软土的特性是：含水量高，孔隙比大；抗剪强度低；压缩性高；渗透性小；具有明显的结构性和流变性。因此，软土的工程特性很差，在其上建造建筑物时，就应对地基进行人工处理，以改善土的物理力学性能。

冲填土是人们在整治和疏通江河时，通过挖泥船将江河底部的泥沙经水力冲填形成。其工程特征与土的颗粒级配密切相关，若冲填土主要含砂粒，则其透水性和力学性质均较好，但大多数情况是黏粒和粉粒；含水量较高，一般大于液限。若主要含黏土颗粒，则排水固结很慢，多属于压缩性高、强度低的欠固结土。

杂填土是由于人类活动所形成的填土，含有建筑垃圾、工业废料和生活垃圾等杂物。建筑垃圾由碎砖、瓦砾等黏性土混合而成，成分较纯，有机含量少；工业废料有矿渣、炉渣煤渣和其他工业废料；生活垃圾则成分复杂，含有大量有机质。其主要特征是：成分复杂、均匀性差、压缩性和强度变化较大。

2. 地基处理目的

地基处理的目的，主要是改善软弱地基土不良工程特性。即通过采取各种地基处理措施来加固地基，以提高地基承载力，减少地基压缩性，改善其透水性，消除其他不利因素的影响，达到满足建筑物对地基强度和变形要求的目的。这些措施主要包括以下五个方面的内容：

（1）改善剪切特性：地基的剪切破坏表现在建筑物的地基承载力不够，使结构失稳或土方开挖时边坡失稳，使邻近地基产生隆起或基坑开挖时坑底隆起。因此，为了防止剪切破坏，就需采取增加地基土的抗剪强度的措施。

（2）改善压缩特性：地基的高压缩性表现在建筑物的沉降和差异沉降大，因此需要采取措施提高地基土的压缩模量。

（3）改善透水特性：地基的透水性表现在堤坝、房屋等地基产生的地基渗漏；基坑开挖过程中产生流沙和管涌。因此，需要研究和采取使地基土变成不透水或减少其水压力的措施。

（4）改善动力特性：地基的动力特性表现在地震时粉、砂土将会产生液化；由于交通荷载或打桩等原因，使邻近地基产生震动下沉。因此需要研究和采取措施使地基土防止液化，并改善震动性以提高地基抗震性能的措施。

（5）改善特殊土的不良地基的特性：这主要是指消除或减少黄土的湿陷性和膨胀土的胀缩性等地基处理的措施。

3. 地基处理方法分类

地基处理方法按加固机理不同，可分为碾压夯实法、排水固结法、换土垫层法、挤密振密法、化学加固法和土工合成材料加固法等多种方法，如表 2-1 所示。

表 2-1　　　　　　　　　　　　地基处理方法分类表

分类	处理方法	原理及作用	适用范围
碾压夯实	机械碾压法 重锤夯实法 振动压实法 强夯法	通过机械碾压、振动或夯击，压实土的表层。强夯法则利用强大的夯击能量，在地基中产生强烈的冲击波和动应力，迫使深层土体动力固结而密实	适用于碎石土、砂土、低饱和度的粉土和黏性土、素填土、杂填土及湿陷性黄土。对饱和黏性土应慎重采用
排水固结	堆载预压法 砂井堆载预压法 真空预压法 井点降水预压法 塑料排水带预压法	通过改善地基排水条件和施加预压荷载，加速地基的固结和强度增长，提高地基的强度和稳定性，并使地基沉降提前完成	适用于饱和软弱地基。对于透水性极低的泥灰土应慎重采用
换土垫层	砂垫层 碎石垫层 素（灰）土垫层 矿渣垫层	用砂、碎石、素土、灰土和矿渣等强度较高的材料，置换出地基表层软弱土，以提高持力层地基承载力，减少沉降量	软弱地基、湿陷性黄土地基及暗沟、暗塘等的浅层处理
挤密振密	振冲法 砂桩挤密法 灰土桩挤密法 石灰桩挤密法	通过振动或挤密，使土体深层孔隙减少，强度提高；并在振动挤密过程中回填砂、砾石、灰土等材料，形成砂桩、碎石桩等桩体，桩与桩间土一起组成复合地基，从而提高地基承载力，减少沉降量	松散砂土、粉土、素填土、杂填土、抗剪强度不小于 20kPa 的黏性土及湿陷性黄土
化学加固	硅化法 高压喷射注浆法 深层搅拌法	通过机械拌合、注入、压入水泥浆或其他化学浆液的方法，使土体发生化学反应并将土粒胶结在一起。从而改善土的性质，提高地基的承载力	碎石土、砂土、粉土、黏性土、人工填土、湿陷性黄土以及工程事故的处理
土工合成材料加固	采用土工织物 土工膜 土工复合材料 土工特种材料	土工合成材料是一种用于土工的化学纤维，包括土工织物、土工膜、土工复合材料和土工特种材料等，具有反滤、排水、隔离、加筋、防渗、防护等功能	软弱地基、人工填土，松散砂土等

4. 地基处理方法的选择原则

在进行地基设计时，应最大限度地发挥天然地基的潜在能力，尽可能地采用天然地基方案，当采用简易处理措施或通过加强上部结构的整体刚度措施后，仍难满足建筑工程要求时，再考虑地基处理方案。

地基处理方法虽众多，但各自都有不同的适用范围和作用原理。且不同地区地质条件差别很大，上部建筑对地基要求各不相同，施工单位机具千差万别。因此，选择地基处理方法，应综合考虑场地工程地质条件、水文地质条件、上部结构情况和采用天然地基存在的问题等因素的影响，确定处理的目的、处理范围和处理后要求达到的各项技术经济指标，并在结合现场试验的基础上，通过几种可供采用方案的比较，择优选择一种技术先进、经济合理、施工可行的方案。

5. 地基处理技术的发展

20世纪60年代以来，国外在地基处理技术方面发展十分迅速，老方法得到改进，新方法不断涌现。在20世纪60年代中期，从如何提高土的抗拉强度这一思路中，发展了土的"加筋法"；从如何有利于土的排水和排水固结这一基本观点出发，发展了土工合成材料、砂井预压和塑料排水带；从如何进行深层密实处理的方法考虑，采用加大击实功的措施，发展了"强夯法"和"振动水冲法"等。另外，国外现代工业的发展，对地基工程提供了强大的生产手段，如能制造重达几十吨的强夯起重机械；潜水电机的出现，带来了振动水冲法中振冲器的施工机械；真空泵的问世，从而建立了真空预压法；大于200个大气压的压缩空气机的问世，从而产生了"高压喷射注浆法"。

我国地基处理技术起步较晚，但发展很快，从解决一般工程地基处理向解决各类超软、深厚、高填方等大型地基处理和多种方法联合处理方向发展，现已接近国际先进水平。同时，在天然地基的合理利用方面，开发了复合地基和复合桩基技术、深基坑及边坡支护技术。这些技术都是集岩土工程和结构工程为一体，包括挡土、支护、防水、降水、挖运土、检测和信息化施工的系统工程等方面，具有适应复杂多变、区域性和个性强的工程地质环境的特点。随着测试技术信息化水平的提高，应及时有效地利用其他学科的技术成果推动我国地基处理测试技术的发展。

由于我国地质条件相当复杂，随着全国"城镇化"建设的快速推进，不必进行现代地基处理的自然地基越来越少，致使现代地基处理技术有着更广泛地应用前景，如高层建筑、高速公路、港口、机场建设等，当今国内外地基处理技术取得了飞快的进展，而且还有超软土地及山区高等级公路地基、重大工程地基处理、高速公路软基处理等新技术。进入21世纪以来，我国建筑地基基础技术发展迅猛，特别在桩基技术、地基处理技术、坑基及边坡支护技术方面，取得了显著成绩和突破性进展，有些技术已接近国际水平。

随着地基处理工程实践和发展，人们在改造土的工程性质的同时，不断丰富了对土的特性的研究和认识，从而又进一步推动了地基处理技术和方法的更新，因而地基处理成为土力学基础工程领域中的一个较有生命力的分支。地基处理技术在国内外都处于方兴未艾和十分重要的地位。由于新的材料的发展，随着技术的进步和时代的发展，土木工程不断注入新鲜血液，显示出勃勃生机。其中，工程材料的变革和力学理论的发展起着最为重要的推动作用。现代土木工程早已不是传统意义上的砖、瓦、灰、砂、石，而是由新理论、新材料、新技术、新方法武装起来的，为众多领域和行业不可缺少的一个大型综合性学科。

第四节 基础工程的设计方法

在基础工程设计之前，设计人员必须了解和认真分析拟建场地的工程地质和水文地质条件。在基础工程设计时，必须具有可靠的工程地质勘察资料，并要正确理解和运用工程地质勘察资料。基础工程设计应注重概念设计。概念设计是一种设计思想，其实质是综合利用工程地质条件、上部结构的类型和结构特征以及荷载条件、施工条件与环境条件，牢牢掌握岩土力学和工程的一些基本概念，从分析入手，抓住问题的关键，在定性分析的基础上定量分析，从而制定出设计的总体构思。

基础工程设计过程中应正确理解和运用规范。基础工程设计所涉及的规范较多，包括地基基础、高层建筑箱基与筏基、建筑桩基、地基处理、基坑支护、抗震等规范，甚至有些规范之间的规定并非一致。规范规定了"应"、"宜"及强制性的条文，应理解其规定的用意，其目的是什么，尤其是要理解规范中公式的来源、使用范围与条件以及该公式所达到的目的，应灵活掌握，而不应死板执行，更不能约束自己对基础工程问题理解的积极性和创造性。

一、建筑物地基基础设计等级

地基基础设计应考虑上部结构和地基的共同作用，对建筑物体型、荷载情况、结构类型和地质条件进行综合分析，确定合理的构造措施和地基处理方法。地基基础设计的内容和要求与建筑物的设计等级有关，根据地基复杂程度、建筑物规模和功能特征以及由于地基问题可能造成建筑物破坏或影响正常使用的程度，将地基基础设计分为三个设计等级，设计时应根据具体情况，按表 2-2 选用。

表 2-2　　　　　　　　　　　地 基 基 础 设 计 等 级

设计等级	建 筑 和 地 基 类 型
甲级	重要的工业与民用建筑物 30 层以上的高层建筑 体型复杂、层数相差超过 10 层的高低层连成一体建筑物 大面积的多层地下建筑物（如地下车库、商场、运动场等） 对地基变形有特殊要求的建筑物 复杂地质条件下的坡上建筑物（包括高边坡） 对原有工程影响较大的新建建筑物 场地和地基条件复杂的一般建筑物 位于复杂地质及软土地区的二层及二层以上地下室的基坑工程
乙级	除甲级、丙级以外的工业与民用建筑物
丙级	场地和地基条件简单、荷载分布均匀的七层及七层以下民用建筑及一般工业建筑物； 次要的轻型建筑物

二、地基基础设计的基本要求

基础在上部结构传来的荷载以及地基反力的作用下产生内力，同时地基在基底压力作用下产生附加应力及变形，所以基础设计既要使基础本身具有足够的强度、刚度和耐久性，还要使地基具有足够的强度和稳定性，并且不产生过大的沉降和不均匀沉降，所以在设计过程中要充分考虑到地基和基础共同工作的关系，才能使设计的地基基础方案安全、合理。

为了保证建筑物的安全与正常使用，根据建筑物地基基础设计等级及长期荷载作用下地基变形对上部结构的影响程度，地基设计应符合下列规定：

（1）所有建筑物的地基计算均应满足承载力计算的有关规定。

（2）设计等级为甲级、乙级的建筑物，均应按地基变形设计。

（3）表 2-3 所列范围内设计等级为丙级的建筑物可不作变形验算。

表 2-3 　　　　可不作地基变形计算设计等级为丙级的建筑物范围

地基主要受力层情况	地基承载力特征值 f_{ak} （kPa）		$60 \leqslant f_{ak}$ <80	$80 \leqslant f_{ak}$ <100	$100 \leqslant f_{ak}$ <130	$130 \leqslant f_{ak}$ <160	$160 \leqslant f_{ak}$ <200	$200 \leqslant f_{ak}$ <300
	各土层坡度（%）		$\leqslant 5$	$\leqslant 5$	$\leqslant 10$	$\leqslant 10$	$\leqslant 10$	$\leqslant 10$
建筑类型	砌体承重结构、框架结构（层数）		$\leqslant 5$	$\leqslant 5$	$\leqslant 5$	$\leqslant 6$	$\leqslant 6$	$\leqslant 7$
	单层排架结构（16m柱距）	单跨 吊车额定起重量（t）	5～10	10～15	15～20	20～30	30～50	50～100
		单跨 厂房跨度（m）	$\leqslant 12$	$\leqslant 18$	$\leqslant 24$	$\leqslant 30$	$\leqslant 30$	$\leqslant 30$
		多跨 吊车额定起重量（t）	3～5	5～10	10～15	15～20	20～30	30～75
		多跨 厂房跨度（m）	$\leqslant 12$	$\leqslant 18$	$\leqslant 24$	$\leqslant 30$	$\leqslant 30$	$\leqslant 30$
	烟囱 高度（m）		$\leqslant 30$	$\leqslant 40$	$\leqslant 50$	$\leqslant 75$		$\leqslant 100$
	水塔	高度（m）	$\leqslant 15$	$\leqslant 20$	$\leqslant 30$	$\leqslant 30$		$\leqslant 30$
		容积（m³）	$\leqslant 50$	50～100	100～200	200～300	300～500	500～1000

注　1. 地基主要受力层系指条形基础底面下深度为 $3b$（b 为基础底面宽度），独立基础下为 $1.5b$，且厚度均不小于
　　　5m 的范围（二层以下一般的民用建筑除外）。
　　2. 地基主要受力层中如有承载力特征值小于 130kPa 的土层是，表中砌体承重结构的设计，应符合《建筑地基
　　　基础设计规范》第七章的有关要求。
　　3. 表中砌体承重结构和框架结构均指民用建筑，对于工业建筑可按厂房高度、荷载情况的折合成与其相当民用
　　　建筑层数。
　　4. 表中吊车额定起重量、烟囱高度和水塔容积的数值系指最大值。

（4）稳定性验算。对经常承受水平荷载的高层建筑、高耸结构和挡土墙等，以及建造在斜坡上或边坡附近的建筑物和构筑物，基坑工程等尚应验算其稳定性。

（5）基坑工程应进行稳定性验算。

（6）当地下水埋藏较浅时，建筑物地下室或地下构筑物存在上浮问题时，尚应进行抗浮验算。

三、荷载效应最不利组合与相应的抗力限值

（1）按地基承载力确定基础底面积及埋深或按单桩承载力确定桩数时，传至基础或承台底面上的荷载效应应按正常使用极限状态下荷载效应的标准组合。相应的抗力应采用地基承载力特征值或单桩承载力特征值。

（2）计算地基变形时，传至基础底面上的荷载效应应按正常使用极限状态下荷载效应的准永久组合，不应计入风荷载和地震作用。相应的限值应为地基变形允许值。

（3）计算挡土墙土压力、地基或斜坡稳定及滑坡推力时，荷载效应应按承载能力极限状态下荷载效应的基本组合，但其分项系数均为 1.0。

（4）在确定基础或桩台高度、支挡结构截面、计算基础或支挡结构内力、确定配筋和验算材料强度时，上部结构传来的荷载效应组合和相应的基底反力，应按承载能力极限状态下荷载效应的基本组合，采用相应的分项系数。

当需要验算基础裂缝宽度时，按正常使用极限状态下荷载效应标准组合。

（5）基础设计安全等级、结构设计使用年限、结构重要系数应按有关规范的规定采用。

地基基础设计的荷载必须与下部结构设计的荷载组合和取值一致。但由于地基基础设

计与上部结构设计在概念和设计方法上存在差异。在设计上也不完全统一，造成了地基基础设计荷载规定中的某些方面与上部结构设计中的习惯并不完全一致，为了进行地基基础设计，在荷载计算时，需要进行三种组合（基本组合、标准组合和准永久组合），其计算结果各适用于不同的计算项目。

四、地基基础设计所需资料

一般情况下，进行地基基础设计时，需具备下列资料：

（1）建筑场地的工程地质勘察报告。

（2）上部结构的类型及相应的荷载。

（3）建筑场地环境，邻近建筑物类型与埋置深度，地下管线分布。

（4）本工程相关的结构设计规范和规程。

（5）当地建筑的成功经验。

建筑物的地基、基础和上部结构，虽各自的功能不同、研究方法各异，然而对一个建筑物来说，在荷载作用下，这三个方面是一个彼此联系、相互制约的整体，虽然目前把这三部分完全统一起来进行设计计算还有很大困难，但在基础工程设计时，应从地基、基础和上部结构共同作用的概念出发，全面考虑，才能收到比较理想的效果。

地基基础设计水平的评价，应该采用技术经济评价方法，即技术先进性、施工可行性和经济指标。考虑到各地区原材料情况、成熟施工技术和设备情况各异，必须因地制宜。一个优秀的地基基础设计成果，必须满足技术先进、施工可行、经济三项指标。

习　　题

1. 地基与基础的概念是什么？
2. 工程地质勘察的方式主要有哪些？
3. 工程地质勘察中的原位测试方法主要有哪些？
4. 工程测量的主要工作是什么？
5. 工程测量的主要设备有哪些？
6. 地基土分为哪几类？
7. 基础主要有哪些类型？
8. 地基处理的方法与选择原则是什么？
9. 基础工程设计方法是什么？

第三章 土木工程材料与制品

第一节 土木工程材料的发展历史与发展趋势

土木工程材料是土木工程的物质基础，它直接关系到构筑物的结构形式以及质量和造价，影响着城乡建设面貌的变化和人民居住条件的改善。

在现代化土木工程中要求的材料品种多、数量大，从构筑物的主体结构到每一个细部构件，无一不是由各种土木工程材料经一定的设计和施工而成的。因此，土木工程材料的品种、数量、规格、质量以及外观、色彩等，都在很大程度上决定着构筑物的质量和功能，影响着构筑物的适用性、耐久性和艺术性。

人类最早是穴居巢处，进入石器时代后，才开始利用土、石、木等天然材料。随着社会生产力的发展，人类进而利用天然材料进行简单的加工，砖、瓦等人造土木工程材料相继出现，带来了土木工程的第一次飞跃。随着生产技术不断发展，生铁开始慢慢使用，并开始使用熟铁建造桥梁和房屋，出现了钢结构的雏形。随着钢材性能的不断提高，钢结构迅速发展，使得土木工程又产生了一次大的飞跃。

随着波特兰水泥的发明，出现了混凝土材料，并很快与钢筋复合制成钢筋混凝土结构，并衍生出了预应力混凝土材料，使土木工程又出现了新的经济、美观的工程结构形式，其结构设计理论和施工技术也得到了蓬勃发展。近几十年来，随着科学技术的进步和土木工程发展的需要，一大批新型土木工程材料应运而生，出现了塑料、涂料、新型建筑陶瓷与玻璃、新型复合材料（纤维增强材料、夹层材料等），但当代主要结构材料仍为钢筋混凝土。

土木工程材料的发展与土木工程技术的进步密切相关，它们相互制约、相互依赖和相互推动。新型土木工程材料的诞生，推动了土木工程设计理论和施工技术的发展，而新的设计理论和施工技术又对土木工程材料提出了更高的要求，常常会促进新材料的诞生和发展。

随着社会的进步、环境保护和节能降耗的需要，对土木工程材料提出了更高、更多的要求。因而，今后一段时间内，土木工程材料将向以下几个方向发展。

（1）轻质高强。现今钢筋混凝土结构材料自重大（重约 2500kg/m³），限制了建筑物向高层、大跨度方向进一步发展。通过减轻材料自重，以尽量减轻结构物自重，可提高经济效益。目前，世界各国都在大力发展高强混凝土、加气混凝土、轻骨料混凝土、空心砖、石膏板等材料，以适应土木工程发展的需要。

（2）节约能源。土木工程材料的生产能耗和建筑物使用能耗，在国家总能耗中一般占 20%～35%，研制和生产低能耗的新型节能土木工程材料，是构建节约型社会的需要。

（3）利用废渣。充分利用工业废渣、生活废渣、建筑垃圾生产土木工程材料，将各种废渣尽可能资源化，以保护环境、节约自然资源，使人类社会可持续发展。

（4）智能化。所谓智能化材料，是指材料本身具有自我诊断和预告破坏、自我修复的功能，以及可重复利用性。土木工程材料向智能化方向发展，是人类社会向智能化社会发展过程中降低成本的需要。目前，已在土木工程领域得以初步研究的智能材料有以下几种：光导纤维、压电材料、磁流变液、形状记忆合金、相转变材料等。另外，智能混凝土是未来土木工程材料发展的一个重要方面，它可广泛用于民用建筑、桥梁和道路工程中，从而实现对结构内部应力应变和损伤等情况进行实时在线监控，测量汽车的重量，调节环境的湿度，还可制成新型的传感器、电磁屏蔽材料以及电热元件等。

（5）多功能化。利用复合技术生产多功能材料、特殊性能材料及高性能材料，这对提高建筑物的使用功能、经济性及加快施工速度等有着十分重要的作用。土木工程功能材料发展趋势主要有以下几个方面：光催化净化功能材料、空气负离子保健功能材料、电磁屏蔽功能材料、抗菌/防霉/驱虫功能材料、防氡/防辐射功能材料、调温/调湿功能材料、阻燃功能材料、远红外保健功能材料、导电/抗静电功能材料、吸音隔热功能材料、防水功能材料等。

（6）绿色化。产品的设计是以改善生产环境，提高生活质量为宗旨，产品具有多功能，不仅无损而且有益于人的健康；产品可循环或回收再利用，或形成无污染环境的废弃物。因此，生产材料所用的原料尽可能少用天然资源，大量使用尾矿、废渣、垃圾、废液等废弃物；采用低能耗制造工艺和对环境无污染的生产技术；产品配制和生产过程中，不使用对人体和环境有害的污染物质。

第二节　土木工程材料的组成、结构、构造与性能

一、材料的组成、结构与构造

土木工程材料所具有的各项性质是由材料的组成、结构与构造等内部因素决定的。为了保证土工建筑物能经久耐用，就需要掌握土木工程材料的性质和了解它们与材料的组成、结构、构造的关系，并合理地选用材料。

1. 材料的组成

材料的组成是指材料的化学成分或矿物成分。它不仅影响着材料的化学性质，而且也是决定材料物理力学性质的重要因素。

（1）化学组成。各种土木工程材料都具有一定的化学成分。材料所含的化学成分及其含量的多少既影响材料的物理力学性质，也影响材料抵抗外界侵蚀作用的化学稳定性。

（2）矿物组成。矿物是指在地质作用下各种化学成分所形成的自然单质（如金刚石、自然金等）和化合物（如方解石、石英等），一般具有相对固定的化学成分，矿物是组成岩石和矿石的基本单元。某些土木工程材料如天然石材、无机胶凝材料等，其矿物组成是决定其材料性质的主要因素。

（3）相组成。材料中具有相同物理、化学性质的均匀部分称为相。凡由两相或两相以上物质组成的材料称为复合材料。土木工程材料大多数是多相固体，可看做复合材料。如水泥混凝土可认为是骨料颗粒分散在水泥浆基体中所组成的两相复合材料。两相之间的分

界称为界面。在实际土木工程材料中，界面是一个薄弱区，可称为"界面相"，许多土木工程材料破坏往往首先发生在界面，通过改变和控制原材料的品质及配合比例，可改变和控制材料的相组成，从而改善和提高材料的技术性能。

2. 材料的结构

（1）材料的宏观结构。宏观结构是指用肉眼或在 $10\sim100$ 倍放大镜或显微镜下就可分辨的粗大级组织，尺寸范围在 1mm 以上。材料的宏观结构直接影响材料的密度、渗透性、强度等性质。按照材料内部孔隙尺寸分类，材料的宏观结构分为：

1）致密结构。密度和表观密度及其相近的材料，一般可认为是无孔隙或少孔隙的材料，如钢材、玻璃、塑料等。这类材料表观密度大、孔隙率小、强度高、导热性强。

2）纤维结构。由纤维状物质构成的材料结构，如木材、岩棉、矿棉、玻璃棉等。材料内部质点排列具有方向性，其平行纤维方向、垂直纤维方向的强度和导热性等性质具有明显的差异性，由于含有大量空气，在干燥状态下，具有质轻、隔热性和吸声性强的特点。

3）多孔结构。材料中含有几乎均匀分布的数微米到数毫米的独立孔或连续孔的结构称为多孔结构。如加气混凝土、石膏制品等。这类材料质量轻、保温隔热、吸声隔声性能好。

4）层状结构。用机械或粘结等方法把层状结构的材料积压在一起成为整体，可以有同种材料层压，如胶合板；也可以由异种材料层压，如纸面石膏板、蜂窝夹芯板、玻璃钢等。这类结构能提高材料的强度、硬度、保温及装饰等性能。

5）散粒结构。散粒结构主要是指松散颗粒状结构，如砂子、卵石、碎石等。

表 3-1　　　　　　　　　　　　材料宏观结构及主要特征

宏观结构	常 用 材 料	主 要 特 征
密实结构	钢材、玻璃、沥青、塑料	高强、不透水、耐腐蚀
多孔结构	泡沫塑料、泡沫玻璃	质轻、保温、绝热、吸声
纤维结构	木、竹、石棉、玻璃纤维	抗拉强度高、质轻、保温、吸声
聚集结构	陶瓷、砖、天然岩石	强度高
散粒结构	砂、石子、陶粒、膨胀珍珠岩	混凝土集料、轻集料、保温绝热材料
纹理结构	木材、大理石	装饰性强
粒状聚集结构	混凝土、砂浆	综合性能好、价格低
纤维聚集结构	石棉水泥制品、岩棉板、纤维板、纤维增强塑料	抗拉强度高、质轻、吸声
多孔结构	加气混凝土、泡沫混凝土	质轻、保温
叠合结构	纸面石膏板、胶合板、夹芯板	综合性能好
纹理结构	人造石材、复合地板	装饰性强

（2）材料的亚微观结构。材料的亚微观结构是指用光学显微镜和一般扫描透射电镜所能观察到的结构，其尺度介于微观和宏观之间，范围在 $10^{-3}\sim10^{-9}$ m。亚微观结构主要研究材料内部的晶粒、颗粒等的大小和形态、晶界或界面的形态、孔隙与微裂纹的大小形状及分布，如水泥石的孔隙结构、金属的金相组织、木材的纤维和管胞组织等。尺度范围在

$10^{-7} \sim 10^{-9}$ m 的结构为纳米结构，一般要用扫描透射电子显微镜观察。

（3）材料的微观结构。微观结构指用高倍显微镜、电子显微镜或 X 射线衍射仪等手段来研究材料的结构，其分辨尺寸范围为纳米级别以上，材料在微观结构层次上可分为晶体、玻璃体 2 种。晶体结构是由离子、原子或分子按照规则的几何形状排列而成的固体格子（称为晶格）组成的。根据组成晶体的质点及化学键的不同可分为：原子晶体、离子晶体、分子晶体、金属晶体。

表 3 - 2　　　　　　　　　　　　晶体结构结合键及其特性

材料的微观结构	常见材料	主要特性
原子晶体（以共价键结合）	金刚石、石英、刚玉	强度、硬度、熔点均高，密度较小
离子晶体（以离子键结合）	氧化钠、石膏、石灰岩	强度、硬度、熔点较高，但波动大，部分可溶，密度中等
分子晶体（以分子键结合）	蜡及有机化合物晶体	强度、硬度、熔点较低，大部分可溶，密度小
金属晶体（以金属键结合）	铁、钢、铜、铝及其合金	强度、硬度变化大、密度大

玻璃体结构也称非晶体或无定形体。玻璃体结构是无定形物质，其质点的排列是没有规律的，因此它没有一定的几何外形，而具有各向同性。玻璃体没有一定的熔点，只是出现软化现象，但具有较大的硬度。玻璃体是化学不稳定的结构，容易与其他物质起化学作用。非晶体（玻璃体）主要是原子、离子、分子以共价键、离子键或分子键结合，但为无序排列，主要代表材料有玻璃、矿渣、火山灰、粉煤灰等。

3. 材料的构造

材料的构造是指材料的宏观组织状况。如材料的孔隙，岩石的层理，木材的纹理、节疤等。同类材料的强度与其构造状态有关。凡是构造越密实、越均匀的，其强度越高。材料内部含有孔隙，它不仅减小了截面面积，而且在孔隙边缘产生应力集中现象，因而使强度降低。

二、常规物理性能

土木工程材料在土木工程构造物中起着各种不同的作用，因此，要求材料应具有相应的不同性质，主要包括以下方面。

（一）力学性能

材料的力学性能主要是指材料在外力作用下的变形和抵抗破坏能力的性质，包括强度、弹塑性、硬度、耐磨性等。

1. 强度

强度是指材料在外力的作用下抵抗破坏的能力。材料的强度来源于材料的微观粒子（原子、离子）之间相互作用的引力和斥力，并与粒子之间的距离有关。

材料在构筑物上所承受的外力，主要有拉、压、弯、剪等。材料抵抗这些外力破坏的能力，分别称为抗拉、抗压、抗弯和抗剪等强度（如图 3 - 1 所示）。这些强度一般是通过静力试验来测定的，因而总称为静力强度。

2. 材料的比强度

材料的比强度是材料的强度与其表观密度的比值，它是衡量材料轻质高强性能的重要指标。几种常见材料的比强度如表 3 - 4 所示。

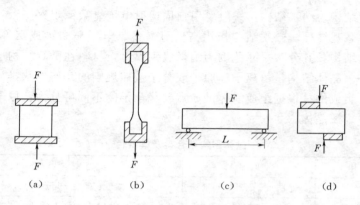

图 3-1 材料加荷方向示意图

(a) 压力；(b) 拉力；(c) 弯曲；(d) 剪切

表 3-3 　　　　　　　　　　常见几种土木工程材料强度　　　　　　　　　　单位：MPa

材料强度（MPa）	花岗岩	砂岩	混凝土	松木	普通黏土砖	建筑钢材
抗压	100～250	20～170	7.5～60	30～50	5～30	210～600
抗拉	7～25	8～40	1～3	80～120	—	210～600
抗剪	13～19	4～25	—	7.7～10	1.8～4	4～8
抗弯	10～40	—	1.5～6	60～100	1.8～4	60～110

表 3-4 　　　　　　　　　　几种常用材料的比强度

材　　料	低碳钢	普通混凝土（抗压）	松木（顺纹抗拉）	玻璃钢	黏土砖（抗压）
表观密度（kg/m³）	7850	2400	500	2000	1700
强度（MPa）	360	40	100	450	10
比强度	0.045	0.0174	0.2	0.225	0.006

3. 材料的理论强度

材料的理论强度是指结构完整的理想固体从材料结构的理论上分析，材料所能承受的最大应力。材料在外力作用下的破坏实质是由于拉力造成质点间结合键的断裂，或由于剪力造成质点间的滑移而破坏的，因此材料的理论强度仅取决于构成该材料的质点间的相互作用力。

4. 弹性和塑性

材料在外力作用下，将在受力的方向产生变形。根据变形的性质分为弹性变形和塑性变形。物体在外来作用下产生变形，当外力去除后变形能完全恢复，这种性质称为弹性。这种能完全恢复的变形称为弹性变形，具有这种性质的材料称为弹性体。弹性材料的变形曲线如图 3-2 所示。

从图中可知，弹性材料的应力-应变曲线为一条直线，加载和卸载完全重合。

材料在外来作用下产生变形，当外力去除后，有一部分变形不能恢复，这种性质称为材料的塑性，这种不能恢复的变形称为塑性变形，或永久变形，理想的塑性变形曲线如图 3-3 所示。

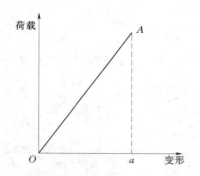

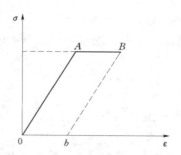

图 3-2　材料的弹性变形曲线　　　　图 3-3　材料的塑性变形曲线

　　实际上，纯的弹性材料和纯的塑性材料都是不存在的。有的材料在受力后，弹性变形及塑性变形几乎同时产生，如果取消外力则弹性变形可以恢复，而塑性变形则不能恢复，这种材料称为弹塑性材料，图 3-4 为弹塑性材料变形示意图。

　　5. 脆性和韧性

　　材料在受力作用时不产生明显地变形，当外力达到一定的限度后突然破坏，材料的这种性质称为脆性，具有这种性质的材料称为脆性材料。如石材、砖、陶瓷、混凝土等都属于脆性材料。

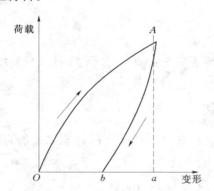

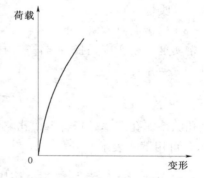

图 3-4　弹塑性材料变形曲线　　　　图 3-5　脆性材料的变形曲线

　　材料在冲击、振动荷载作用下，能够吸收较大的能量，同时能产生一定的变形而不致破坏的性质称为韧性。具有这种性质的材料称为韧性材料。韧性材料的变形能力大，且抗拉强度与抗压强度相等。在土木工程中，对于要承受冲击荷载和有抗震要求的结构，其所用的材料，都要考虑材料的冲击韧性。

　　6. 材料的硬度和耐磨性

　　材料的硬度是指材料表面能抵抗其他较硬物体压入或刻划的能力。它反映了材料的耐磨性和加工的难易程度。常用的硬度测量方法有刻划法、压入法和回弹法。刻划法用于测量天然矿物的硬度，也叫摩氏硬度，按刻划材料的硬度可分为 10 个等级。

表 3-5　　　　　　　　　　　　　摩氏硬度等级表

标准矿物	滑石	石膏	方解石	萤石	磷灰岩	长石	石英	黄玉	刚玉	金刚石
硬度等级	1	2	3	4	5	6	7	8	9	10

（二）其他性质

1. 材料与构造有关的性质

（1）密度。材料在绝对密实状态下单位体积的质量称为密度，用 ρ 表示，其计算公式如下所示：

$$\rho = \frac{m}{V}$$

式中 ρ——密度，kg/m^3；

m——质量，kg；

V——材料在绝对密实状态下的体积，m^3。

（2）表观密度。材料在包含其内部闭口孔隙条件下的单位体积所具有的质量，表观密度也叫视密度。材料在自然状态下的体积，若只包括孔隙在内而不含有水分，此时计算出来的表观密度称为干表观密度；若既包括材料内的孔隙，又包括孔隙内所含的水分，则计算出来的表观密度称为湿表观密度。

（3）堆积密度：

$$\rho_0' = \frac{m}{V_0'}$$

式中 ρ_0'——表观密度，kg/m^3；

m——质量，kg；

V_0'——材料堆积体积，m^3。

（4）密实度。密实度是指材料体积内被固体物质所充实的程度，它反映了材料的致密程度，以 D 表示：

$$D = \frac{V}{V_0} = \frac{\rho_0}{\rho}$$

（5）孔隙率。孔隙率是指材料中孔隙体积与材料在自然状态下的体积之比的百分数，以 P 表示，可用下式表示：

$$P = \left(1 - \frac{V}{V_0}\right) \times 100\% = \left(1 - \frac{\rho_0}{\rho}\right) \times 100\%$$

孔隙率的大小也直接反映了材料的致密程度，孔隙率的大小及孔隙本身的特征与材料的许多性质，如强度、吸水性、抗渗性、抗冻性和导热性等都有密切的关系。

孔隙率与密实度的关系为：$P + D = 1$

2. 材料的热工性质

（1）导热性。材料的导热性是指当材料两侧表面存在温差时，热量由一面传到另一面的能力，通常用导热系数表示。导热系数的物理意义是：单位厚度的材料，当两侧温差为 1K 时，在单位时间内通过单位面积的热量。

材料的导热系数 λ 越小，则材料的绝热性能越好。各种土木工程材料的导热系数差别很大，大致在 $0.035 \sim 3.5 W/(m \cdot K)$ 之间。

（2）材料的热容量和比热容。材料在加热时吸收热量，冷却时放出热量的能力，称为热容量，用 Q 表示。热容量大小用比热容表示，也称热容量系数。比热容的物理意义是：1g 材料，温度每升高 1K 时所吸收的热量，或降低 1K 时放出的热量。

下表所示为几种常见的土木工程材料的导热系数和比热容值。

表 3 - 6　　　　几种材料的导热系数和比热容值

材料名称	钢材	混凝土	松木	黏土砖	花岗岩	石膏板	泡沫塑料
导热系数 W（m·K）	58	1.51	0.17	0.55	3.49	0.24	0.035
比热容 J（g·K）	0.48	0.88	2.51	0.84	0.85	1.1	1.3

（3）材料的保温隔热性能。在土木工程中，常把 $1/\lambda$ 称为材料的热阻，用 R 表示，单位为（m·K）$/W$。导热系数（λ）和热阻（R）都是评定材料保温隔热性能的重要指标。材料的导热系数小，其热阻值越大，则材料的导热性能越差，其保温隔热性能越好。一般认为，$\lambda \leqslant 0.175W/$（m·K）的材料称为绝热材料。

（4）热变形性。材料的热变形性是指材料在温度变化时，其尺寸的变化，一般材料均具有热胀冷缩这一自然属性。材料的热变形性，常用长度方向的线膨胀系数来表示：

$$\alpha = \frac{\Delta L}{L(t_2 - t_1)}$$

式中　　　α——线膨胀系数，$1/K$；

ΔL——材料的线变形量，mm；

L——材料原来的长度，mm；

$t_2 - t_1$——材料在升、降温前后的温度差，K。

3. 材料与水有关的性质

（1）亲水性和憎水性。材料在空气中与水接触时，根据其是否能被水润湿，可将材料分为亲水性和憎水性两大类。材料被水润湿的程度用润湿角 θ 来表示。如图 3 - 6 所示。θ 越小，则该材料能被水所润湿的程度越高。一般认为，润湿角$\leqslant 90°$的材料为亲水性材料；若 $\theta > 90°$，则表明该材料不能被水所润湿，为憎水性材料。

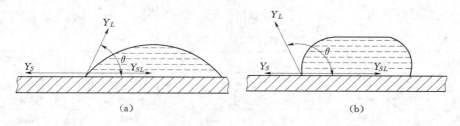

图 3 - 6　材料的润湿示意图

（a）亲水性材料；（b）憎水性材料

沥青、石蜡等属于憎水性材料，表面不能被水润湿。该类材料一般能阻止水分渗入毛细管中，因而能降低材料的吸水性。憎水性材料不仅可用作防水材料，而且还可用于亲水性材料的表面处理，以降低其吸水性。

（2）吸水性。材料吸水性的大小可用吸水率表示。吸水率又有质量吸水率和体积吸水率之分。材料的吸水率与孔隙率成正比。

（3）吸湿性。材料在潮湿空气中吸收空气中的水分的性质，称为吸湿性。吸湿性的大小用含水率表示。材料在所处环境中其含水的质量占材料干燥质量的百分数，称为材料的含水率。

（4）耐水性。材料在长期饱和水作用下，不产生破坏，其强度也不显著降低的性质称为耐水性。

（5）抗渗性和抗冻性：

1）抗渗性。材料抵抗压力水渗透的性质称为抗渗性。地下建筑及水工构筑物，因为常受到压力水的作用，所以要求材料具有一定的抗渗性。对于防水材料，则要求具有更高的抗渗性。材料的抗渗性可用抗渗等级来表示，即用材料抵抗压力水渗透的最大水压力值来确定，其抗渗等级越高，则表明材料的抗渗性能越好。抗渗等级用标准方法进行渗水性试验，测得材料能承受的最大水压力，并依此划分成不同的等级，常用"P_n"表示，其中 n 表示材料所能承受的最大水压力 MPa 数的 10 倍值，如 P_6 表示材料最大能承受 0.6MPa 的水压力而不渗水。

2）抗冻性。抗冻性是指材料在吸水饱和状态下，经受多次冻结融化循环而不破坏，强度也无显著降低的性质。当温度下降到负温时，材料内的水分会由表及里地冻结，内部水分不能外溢，水结冰后体积膨胀约 9%，产生强大的冻胀压力，使材料内毛细管壁胀裂，造成材料局部破坏，随着温度交替变化，冻结与融化循环反复，冰冻的破坏作用逐渐加剧，最终导致材料破坏。材料的抗冻性用抗冻等级表示。抗冻等级是用标准方法进行冻融循环试验，测得材料强度降低不超过规定值，且无明显损坏和剥落时所能承受的冻融循环次数来确定，常用"F_n"表示，其中 n 表示材料能承受的最大冻融循环次数，如 F_{100} 表示材料在一定试验条件下能承受 100 次冻融循环。

4. 耐久性

材料在使用过程中能抵抗周围各种介质的侵蚀而不破坏，也不易失去其原有性能的性质，称为耐久性。建筑物、构筑物不同部位所用材料，不仅要受到各种外荷载的作用，同时还会受周围环境的各种物理、化学及生物等各方面的影响。物理作用主要包括温度变化、干湿交换、冻融循环及磨损等因素；化学作用主要包括酸、碱、盐类等物质的水溶液或有害气体的作用，发生化学反应及氧化反应，受紫外线照射等使材料变质或遭到破坏；生物作用主要是指菌类、昆虫等对材料的蛀蚀及腐朽的作用。

表 3 - 7　　　　　　　　　　　材料的耐久性与破坏因素的关系

破坏原因	破坏作用	破坏因素	评定指标	常用材料
渗透	物理	压力水	渗透系数、抗渗等级	混凝土、砂浆
冻融	物理	水、冻融作用	抗冻等级	混凝土、砖
磨损	物理	机械力、流水、泥沙	磨蚀率	混凝土、石材
热环境	物理、化学	冷热交替、晶型转变	*	耐火砖
燃烧	物理、化学	高温、火焰	*	防火板
碳化	化学	CO_2、H_2O	碳化深度	混凝土
化学侵蚀	化学	酸、碱、盐	*	混凝土
老化	化学	阳光、空气、水、温度	*	塑料、沥青
锈蚀	物理、化学	H_2O、O_2、Cl^-	电位锈蚀率	钢材
腐朽	生物	H_2O、O_2、菌类	*	木材、棉、毛
虫蛀	生物	昆虫	*	木材、棉、毛
碱—骨料反应	物理、化学	R_2O、H_2O、SiO_2	膨胀率	混凝土

注　*表示可参考强度变化率、开裂情况、变形情况等进行评定。

第三节 土木工程材料的分类与作用

一、土木工程材料的分类

土木工程材料是人类建造各种构筑物时所用的一切材料和制品的总称，种类极为繁多。其材料的分类方法有很多，有以下几种：

（1）按用途：有结构主体材料和辅助材料。

（2）按产源和获得方法：有天然材料和人造材料。

（3）按施工的工种：有水作材料、木作材料、五金材料和杂项材料。

（4）按材料的化学成分：有金属材料和非金属材料。

（5）按使用功能：有结构材料，围护材料和功能材料三大类。

随着材料科学的不断发展，以上分类方法也存在着一定的局限性，所以目前材料通常按照下面一种方法进行分类。

1. 按主要组成成分分类

表 3-8 　　　　　　　　　　　　　土木工程材料的分类

土木工程材料	无机材料	金属材料	黑色金属	钢、铸铁、生铁、合金钢等
			有色金属	铝、铜、镍、铅、锌及其合金
		非金属材料		天然石材：砂、石及石制品等 胶凝材料：石灰、石膏、水泥、水玻璃 混凝土及硅酸盐制品：混凝土、砂浆及硅酸盐制品 烧土制品及熔融制品：砖、瓦、玻璃等
	有机材料	植物材料		木材、竹材、植物纤维等
		沥青材料		石油沥青、煤沥青及沥青制品等
		合成高分子材料		塑料、合成橡胶、胶黏剂、涂料、树脂
	复合材料	有机－无机非金属复合		玻璃纤维增强塑料、聚合物水泥混凝土
		金属与无机非金属材料复合		钢筋混凝土、钢纤维混凝土等
		金属与有机非金属材料复合		轻质金属夹芯板

2. 按使用功能分类

根据土木工程材料在构筑物中的部位或使用功能来分，大体可分为建筑结构材料、墙体材料、建筑功能材料三大类。

3. 按材料来源分类

根据材料来源划分，可分为天然材料和人造材料。而人造材料又可按冶金、窑业、石油化工等材料制造部门来分类。

二、土木工程材料的作用

土木工程材料在土木工程中发挥着重要作用。主要体现在以下几个方面。

1. 承重构件

如：可做基础、承重墙拉梁、楼板和屋架等。用于这些承重构件的材料，主要有砖石、混凝土、木材、钢材等。

2．一般构造

如：不承重的填充墙、门、窗及其他零件。

3．防水

如：用瓦片、铁皮、沥青材料、防水剂等做成屋面、地下工程等的防水处理。

4．铺地

用于铺筑地面或路面，包括台阶、楼梯踏步等，主要用砖石、木材、沥青等。

5．保护和装饰

如：用油漆、抹灰、各种贴面材料等做成构筑物的表面保护层或建筑装饰。

6．耐酸碱、耐腐蚀

专门用于各种管道、上下水设备、采暖通风等的材料和零件。

第四节　土木工程中常用材料

一、木材

木材是人类最早使用的土木工程材料之一。我国各地的古建筑中，不仅在屋架、梁、柱和地面使用了大量的木材，而且在技术上也有许多独到之处。这是因为木材本身具有其他材料所不具有的优点，如木材的质量轻，比强度（木材的强度与表观密度之比）高，绝缘性能好；在力学性能上有较好的弹性、塑性，能承受一定的冲击和振动荷载；在干燥环境或长期置于水中均有较好的耐久性；木材本身还具有美丽的天然花纹，给人以淳朴、古雅、亲切、温暖的质感；木材是较为理想的热工材料和吸声材料，在现代建筑装饰工程中得到广泛应用。

（一）木材的分类

木材是由树木加工而成，树木种类繁多，按树种木材分为针叶树和阔叶树两大类。

（二）木材的组织构造

构造是决定木材性能的主要因素，为了能更经济、合理地使用木材，必须掌握木材的构造和性能。木材构造分为宏观构造和微观构造。

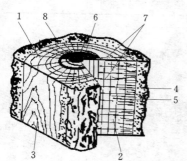

图3-7　木材的宏观构造

1—横切面；2—径切面；3—弦切面；
4—树皮；5—木质部；6—髓心；
7—髓线；8—年轮

1．宏观构造

宏观构造是指肉眼或放大镜能观察到的木材组织。一般可以通过横切面、径切面和弦切面来了解木材的构造，如图3-7所示。

从木材的三个切面可以看出，木材是由树皮、木质部和髓心等部分组成。

2．微观构造

微观构造是在显微镜下观察的木材组织。从显微镜下可以看到，木材是由有无数细小空腔的长形细胞紧密结合组成，每个细胞都有细胞壁和细胞腔，细胞壁是由若干层细胞纤维组成，其连接纵向较横向牢固，因而造成细胞壁纵向的强度高，而横向的强度低，在组成细胞壁的纤维之间存在极小的空隙，能吸附和渗透水分。木材细胞因功能不同主要分为管胞、导管、木纤维、髓线等。

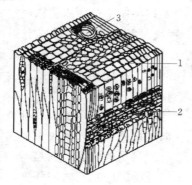

图 3-8　针叶树马尾松微观构造
1—管胞；2—髓线；3—树脂道

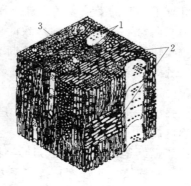

图 3-9　阔叶树柞木微观构造
1—导管；2—髓线；3—木纤维

（三）木材的主要性质

1. 含水量和吸湿性

木材的含水量，是以木材所含水的质量占木材干燥质量的百分率（即含水率）表示。潮湿的木材会在干燥的空气中失去水分，干燥的木材也会从湿润的空气中吸收水分。当木材的含水率与空气相对湿度持平而不再变化时，此时木材的含水率称为平衡含水率。当自由水蒸发完毕，吸附水仍处于饱和状态时的含水率叫做木材纤维的饱和点，它是木材物理、力学性能变化的转折点。

2. 木材的湿胀干缩变形

木材具有显著的湿胀干缩性能。在木材从潮湿状态干燥到纤维饱和点的过程中，木材的尺寸并不改变，仅表观密度减小。只有继续干燥到纤维饱和点以下时，由于细胞壁中的吸附水开始蒸发，木材才发生收缩。反之，干燥木材吸湿时，由于细胞壁体积增大（吸附水增加），木材体积发生膨胀，直至含水率增大至纤维饱和点为止。此后，木材含水率继续增加，木材体积也不再变化。同一木材，弦向的干缩湿胀最大，径向次之，顺纤维方向的纵向最小。

木材的湿胀干缩性，会对木材的实际应用带来严重不利影响，如湿木材干燥会使截面形状和尺寸发生改变，从而产生裂缝或翘曲等变形，如图 3-10 所示。因此必须采用相应的防范措施。目前，最根本的措施是：在木材加工制作前，预先将木材进行干燥，使其含水率与被使用时所处环境的平衡含水率相一致。

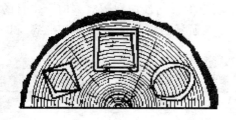

图 3-10　木材干燥后截面尺寸变化图

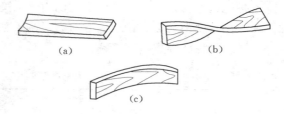

图 3-11　木材干缩后的翘曲变形
（a）顺弯；（b）扭曲；（c）横弯

3. 强度

（1）抗拉强度。木材的抗拉强度有顺纹抗拉强度和横纹抗拉强度。横纹抗拉为作用力方向与木材纤维垂直时的受拉，横纹抗拉强度很小，工程中应避免使木材横纹受拉。顺纹抗拉为作用力方向与木材纤维方向一致时的受拉，顺纹抗拉强度是木材所有强度中最大的，顺纹受拉破坏时，往往是纤维间被撕裂而不是纤维被拉断；因此，木材的疵病如木节、斜纹、裂缝等都会使顺纹抗拉强度显著降低。同时，木材杆件连接处应力复杂，使木材的顺纹抗拉强度难以充分利用。

（2）抗压强度。建筑上应用的各种受压构件，如柱、桩、桁架中的承压杆件等，要求木材的抗压强度高。木材的顺纹抗压强度比横纹、弦向抗压强度高，横纹中径向抗压强度最小。顺纹抗压强度是指作用力的方向与纤维方向平行时测得的强度，它是木材各种强度中最基本的指标。横纹抗压强度是指作用力方向与木材纤维方向垂直时的强度，它又分弦向和径向两种。

（3）抗剪强度。木材的剪切有顺纹剪切、横纹剪切和横纹切断三种，如图3-12所示。

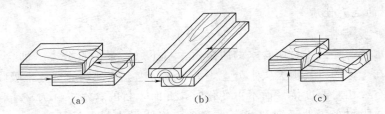

图 3-12　木材的剪切

（a）顺纹剪切；（b）横纹剪切；（c）横纹切断

顺纹剪切是指剪切力方向和木材纤维方向平行，剪切力使木材的一部分沿纤维方向和另一部分分开；横纹剪切是指剪切力的方向和木材纤维方向垂直，剪切面与纤维方向平行；横纹切断是剪切力的方向和剪切面都与木材纤维方向垂直。

试验证明：木材的横纹切断强度大于顺纹剪切强度，顺纹剪切强度又大于横纹的剪切强度。

（4）抗弯强度。木材具有较好的抗弯性能，因此在建筑中应用较多，如梁桁架、地板等。木材受弯曲荷载作用时，其上部为顺纹受压，下部为顺纹受拉，被破坏的规律是：首先受压部分达到极限强度，但并不立即破坏，外力继续增加至木材下部的纤维也达到极限强度时，由于纤维之间的断裂而导致破坏。

木材构造上的各向异性，使木材的力学强度具有明显的方向性。在顺纹方向，木材的抗压和抗拉强度都较高，比横纹方向高得多，如表3-9所示。木材的含水率、疵病及试件尺寸对木材强度都有显著影响。

表 3-9　　　　　　　　　　　　　木材各项强度之间的关系

抗 拉		抗 压		抗 剪		弯 曲
顺纹	横纹	顺纹	横纹	顺纹	横纹	
2.0～3.0	1/20～1/3	1.0	1/10～1/3	1/7～1/3	0.5～1.0	1.5～2.0

（四）木材的处理

1. 木材的干燥

木材在使用前必须进行干燥处理。干燥可防止木材腐朽、裂缝及弯曲变形，可降低表观密度和提高强度，可保持稳定的形状与尺寸，以便于进一步加工。

木材的干燥处理方法有自然干燥与人工干燥之分，可根据树种、规格、用途和设备条件进行选择。

自然干燥法是将木材堆放在通风良好的厂棚中而不受到日光直晒或雨淋，使水分自然蒸发。此法无需特殊设备，干燥后木材质量好，但干燥时间过长，占用场地大，且只能达到风干状态。人工干燥法则是在干燥室内进行的，能缩短干燥时间，可控制性强，但如干燥不当，会因收缩不匀，而引起开裂。

2. 木材的防腐

木材的腐朽大部分是由真菌侵害所致。真菌是一种最低等的生物。引起木材变质腐朽的真菌有 3 类：腐朽菌、变色菌及霉菌。

木材的防腐措施。防止木材腐蚀的措施，主要有两种：一种是创造条件，使木材不适于真菌寄生；另一种是把木材变成有毒的物质，使其不适于作为真菌的养料。第一种措施是最常用的方法，即将木材进行干燥，使其含水率在 20% 以下，因此，使用于干燥环境中的木结构，需采取通风、防潮、表面涂刷油漆等措施，以保证结构物经常处于干燥状态。另外，木材全部浸入水中，也可防止木材腐朽。第二种措施是把化学防腐剂注入木材内，使木材不再成为真菌的养料，并毒死真菌。

3. 木材的防火

木材属木质纤维材料，易燃烧。木材的防火处理，就是将木材经过具有阻燃性能的化学物质处理后，变成难燃的材料。通常的防火处理方法是将防火涂料刷于木材表面，或把木材放入防火涂料槽内浸渍。

二、砖、瓦、砂、石、灰

（一）砖

1. 烧结砖

凡以黏土、页岩、煤矸石、粉煤灰等为原料，经成型及焙烧所得的用于砌筑承重或非承重墙体的砖统称为烧结砖。

根据孔洞率的大小，烧结砖又有烧结普通砖、烧结多孔砖和烧结空心砖之分。烧结砖按砖的主要成分又分为烧结黏土砖（N）、烧结页岩砖（Y）、烧结煤矸石砖（M）及烧结粉煤灰砖（F）。

各种烧结砖的生产工艺基本相同，均为以下工艺流程：原料配制──→制坯──→干燥──→焙烧──→成品。

（1）烧结普通砖。以黏土、页岩、煤矸石、粉煤灰为主要原料，经过焙烧而成的无孔洞或孔洞率≤15% 的砖称为烧结普通砖。目前，我国生产的主要是黏土砖，其尺寸如图 3-13 所示。

烧结黏土砖存在毁田制砖、耗能且不能作为高层建

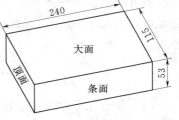

图 3-13　砖的尺寸及平面名称
（单位：mm）

筑墙体材料等问题，因此，国家对实心黏土砖的生产、利用给予了一定的限制，并重视空心砖的生产与应用。

（2）烧结多孔砖。烧结多孔砖是以黏土、页岩、煤矸石为主要原料，经焙烧制成的孔洞率≥15％、孔的尺寸小而数量多的砖。烧结多孔砖主要以竖孔方向使用，可用于砌筑6层以下建筑物的承重墙。

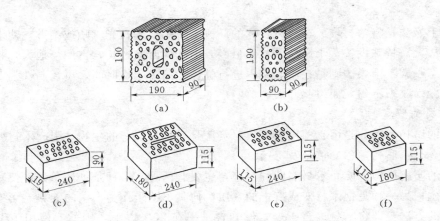

图3-14　烧结多孔砖的规格和孔洞形式

（3）烧结空心砖。以黏土、页岩、煤矸石为主要原料，经焙烧而成的、孔洞率≥15％、孔的尺寸大而数量少的砖，称为烧结空心砖。烧结空心砖的外形为直角六面体，多采用矩形条孔或其他形状条孔，主要以横孔方向使用，适用于非承重墙及框架结构的填充墙。

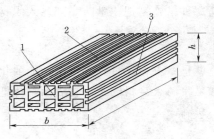

图3-15　烧结空心砖的外形

1—顶面；2—大面；3—条面

2. 蒸养（压）砖

蒸养（压）砖是以砂子、粉煤灰、煤矸石、炉渣和页岩等含硅的材料作基料，以石灰作胶结材料，加水拌合，经压制成坯、蒸汽养护或蒸压养护而成。它又分为蒸压灰砂砖、高压（或常压）蒸养粉煤灰砖和蒸氧煤渣砖。蒸压灰砂砖又称为灰砂砖，它用磨细的生石灰或消石灰粉作胶结材料，与天然砂、拌合水，按一定的配合比经制坯、蒸压养护而成。高压（或常压）蒸养粉煤灰砖以粉煤灰为主要原料，掺入适量的石灰、石膏和骨料，经坯料制配、压制成坯，再经高压或常压蒸汽养护而成的实心砖。煤渣砖是以煤渣为主要原料，掺入适量石灰、石膏，经混合、压制成型、蒸养或蒸压而成的实心砖。

（二）瓦

1. 烧结类瓦材

（1）黏土瓦。黏土瓦是我国使用历史长且用量较大的屋面瓦材之一，主要用于民用建筑和农村建筑坡形屋面防水。它是以杂质少、塑性好的黏土为主要原料，经成型、干燥、焙烧而成。按颜色分为红瓦和青瓦，按形状分为平瓦、脊瓦、三曲瓦、双筒瓦、鱼鳞瓦、牛舌瓦、板瓦、筒瓦、滴水瓦、沟头瓦、J形瓦、S形瓦和其他异形瓦及其配件等。根据表面状态可分为有釉和无釉两类。

（2）琉璃瓦。琉璃瓦是用难熔黏土制坯，经干燥、上釉后焙烧而成。这种瓦表面光滑、质地坚密、色彩美丽，常用的有黄、绿、黑、蓝、青、紫、翡翠等色。其造型多样，主要有板瓦、筒瓦、滴水瓦、勾头瓦等，有时还制成飞禽、走兽、龙飞凤舞等形象作为檐头和屋脊的装饰，是一种富有我国传统民族特色的高级屋面防水与装饰材料。琉璃瓦耐久性好，但成本较高，一般只限于在古建筑修复、纪念性建筑及园林建筑中的亭、台、楼、阁上使用。

2. 水泥类屋面瓦材

（1）混凝土瓦。混凝土瓦是以水泥、集料和水为主要原料，经拌和、挤压或其他成型方法制成。该瓦成本低、耐久性好，但自重大于黏土瓦，在配料中加入耐碱颜料，可制成彩色瓦。

（2）纤维增强水泥瓦。以增强纤维和水泥为主要原料，经配料、打浆、成型、养护而成。目前，市售的主要有石棉水泥瓦等，分大波、中波、小波三种类型。该瓦具有防水、防潮、防腐、绝缘等性能。

（3）钢丝网水泥大波瓦。钢丝网水泥大波瓦，是用普通硅酸盐水泥、砂子，按一定配比，中间加一层低碳冷拔钢丝网加工而成。这种瓦的尺寸为 1700mm×830mm×14mm，块重较大（50±5）kg/m³，适于作工厂散热车间、仓库及临时性建筑的屋面，有时也可用作这些建筑的围护结构。

3. 高分子复合瓦材

（1）聚氯乙烯波纹瓦。聚氯乙烯波纹瓦又称塑料瓦棱板，它是以聚氯乙烯树脂为主体，加入其他配合剂，经塑化、压延、压波而制成的波形瓦。这种瓦质轻、防水、耐腐、透光、有色泽，常用作车篷、凉篷、果篷等简易建筑的屋面，另外也可用作遮阳板。

（2）玻璃纤维沥青瓦。该瓦是以玻璃纤维薄毡为胎料，以改性沥青涂敷而成的片状屋面瓦材。其表面可撒各种彩色的矿物粒料，形成彩色沥青。该瓦质量轻，互相粘结的能力强，抗风化能力好，施工方便，适用于一般民用建筑的坡形屋面。

（3）玻璃钢波形瓦。玻璃钢波形瓦是用不饱和聚酯树脂和玻璃纤维为原料，经手工糊制而成的波形瓦。这种波形瓦质轻、强度大、耐冲击、耐高温、透光、有色泽，适用于建筑遮阳板及车站月台、凉棚等的屋面。

（三）砂石材料

砂石材料是用于砌筑各种工程结构的石料和用于水泥混凝土、沥青混合料等的集料（又称骨料）的总称，也称石材。

1. 砂石材料的分类

（1）砂石材料按形状分类。砂石材料按形状分可分为块状石料和粒状石料。块状石料一般简称石料。粒状石料简称集料，按大小可分为粗集料（如碎石、卵石）、细集料（砂等）和石屑。

（2）砂石材料按来源分类。砂石材料按来源分类可分为天然石料、人工轧制的集料、工业冶金矿渣。

2. 砂石材料的组成

岩石的组成结构：

1）岩石的内部组成。岩石内部组成由矿质实体、开口孔隙、闭口孔隙组成。其中，孔隙体积：$V_0 = V_i + V_n$。材料在自然状态下总体积 $V = V_s + V_0$。

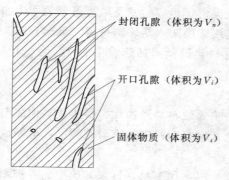

封闭孔隙（体积为 V_n）

开口孔隙（体积为 V_i）

固体物质（体积为 V_s）

图 3-16　岩石内部组成

2）岩石的矿物组成。岩石是由矿物组成，由不同的地质作用所形成的天然固态矿物的集合体。有些岩石是由一种矿物组成，称为单矿岩，如白色大理石是由纯粹的方解石或白云石所组成。大部分的岩石是由几种矿物组成的，称为多矿岩，如花岗岩是由长石、石英、云母及暗色矿物组成。

3. 砂石材料的主要加工类型

建筑工程中使用的天然石材常加工为散粒状、块状、形状规则的石块、石板，形状特殊的石制品等。

（1）砌筑用石材。砌筑用石材分为毛石、料石两类。毛石是由爆破后直接得到的石块，按其表面的平整程度分为乱毛石和平毛石两类。料石是由人工或机械开采出的、较规则的并略加凿琢而成的六面体石块。按照石表面加工的平整程度可分为毛料石、粗料石、半细料石和细料石等。

（2）板材。用致密岩石凿平或锯解而成，厚度一般为 20mm 的石材，称为板材，常用于建筑装饰工程，作为墙面、台面和地面的饰面材料。

（3）颗粒状石料。颗粒状石料包括碎石、卵石和石渣等。颗粒状石料中，集料是一种应用较多的材料。集料是指在混合料中起骨架或填充作用的粒料，包括岩石天然风化而成的砾石（卵石）和砂等，以及由岩石经人工轧制和各种尺寸的碎石、石屑等。

GB/T 14684—2001《建筑用砂规范》规定砂的粗度可按细度模数分类，细度模数越大，表示砂越粗。按细度模数大小分为粗砂、中砂、细砂：粗砂 $M_x = 3.7 \sim 3.1$；中砂 $M_x = 3.0 \sim 2.3$；细砂 $M_x = 2.2 \sim 1.6$。

4. 砂石材料的选用

建筑工程中应根据建筑物的类型，环境条件等慎重选用砂石材料，使其既符合工程要求，又经济合理。一般应从以下几方面选用。

（1）力学性能。根据砂石材料在建筑物中不同的使用部位和用途，选用满足强度、硬度等力学性能要求的石材，如承重用的石材（基础、墙体、柱等）主要应考虑其强度等级，而对于地面用石材则应要求其具有较高的硬度和耐磨性能。

（2）耐久性。要根据建筑物的重要性和使用环境，选择耐久性良好的石材。如用于室外的石材要首先考虑其抗风化性能的优劣；处于高温高湿，严寒等特殊环境中的石材应考虑所用石材的耐热，抗冻及耐化学侵蚀性等。

（3）装饰性。用于建筑物饰面的砂石材料，选用时必须考虑其色彩、质感及天然纹理与建筑物周围环境的协调性，以取得最佳装饰效果，充分体现建筑物的艺术美。

（4）经济性。由于天然石材密度大、开采困难、运输不便、运费高，应综合考虑地方资源，尽可能做到就地取材，以降低成本。难于开采和加工的石材，将使材料成本提高，选材时应加以注意。

（5）环保性。在选用室内装饰用石材时，应注意其放射性指标是否合格。

（四）灰

1. 石灰

石灰是人类最早使用的建筑材料之一。由于石灰的原料分布广，生产工艺简单，使用方便，成本不高，且具有良好的技术性能，所以目前仍广泛用于建筑工程中。

生产石灰的主要原料是石灰石，其主要成分为碳酸钙（$CaCO_3$），也含少量碳酸镁（$MgCO_3$）。石灰石经煅烧后生成生石灰，其化学反应为：

$$CaCO_3 \longrightarrow CaO + CO_2 \uparrow$$

生石灰的主要成分是氧化钙，其次是氧化镁。当生石灰中氧化镁的含量小于或等于5％时称为钙质石灰；氧化镁含量大于5％时称为镁质石灰。

根据我国建材行业标准《硅酸盐建筑制品用生石灰》（JC/T 621—2009）的规定，硅酸盐建筑制品用生石灰可分为优等品、一等品和合格品三类，详见表3-10所示。

表 3-10　　　　　　　　　　　硅酸盐建筑制品用生石灰的技术要求

项　　目		等　　级		
		优等品	一等品	合格品
A（CaO＋MgO）质量分数（％）	≤	90	75	65
MgO 质量分数（％）	≤	2	5	8
SiO₂ 质量分数（％）	≤	2	5	8
CO₂ 质量分数（％）	≤	2	5	7
消化速度（min）	≤	15		
消化温度（℃）	≤	60		
未消化残渣质量分数（％）	≤	5	10	15
磨细生石灰细度（0.08mm 方孔筛筛余量）（％）	≤	10	15	20

石灰的性质主要有如下几点：

1）保水性、可塑性好。生石灰熟化时，生成的氢氧化钙颗粒极细，其表面吸附一层厚厚的水膜，将石灰浆掺入水泥砂浆中，可提高砂浆的保水能力，而且可塑性好。用石灰拌制石灰砂浆或混合砂浆，都具有较好的工作性，这是石灰的一个突出优点。

2）强度低、耐水性差。石灰的硬化只能在空气中进行，硬化速度比较慢，硬化后的强度也不高。如1∶3的石灰砂浆28d抗压强度通常为$0.2 \sim 0.5$MPa。受潮后强度更低，长期受潮或在水中浸泡还会溃散。所以，石灰不准用于潮湿环境和重要建筑物的基础。

3）体积收缩大。石灰在硬化过程中因蒸发大量水分会引起体积收缩，所以不准单独使用。应用时常掺入砂、麻刀、无机纤维等，以抵抗收缩引起的开裂。

石灰可以用来配制石灰砂浆、水泥石灰混合砂浆，用于砌筑或抹灰。石灰是生产水泥的原材料之一，还是生产灰砂砖、粉煤灰砌块、碳化石灰板等硅酸盐制品的胶结材料。另外，用石灰、黏土、砂，按一定比例可配制成灰土或三合土，广泛用于建筑物的基础垫层、室内地面垫层及道路的基层。

2. 石膏

石膏的生产。石膏是一种气硬性胶凝材料，它由天然二水石膏（生石膏）为原材料，经煅烧磨细而成的半水石膏（熟石膏）。

石膏的化学成分为硫酸钙（$CaSO_4$）。按产源不同，石膏可分为以下几类：天然石膏、建筑石膏、化工石膏。天然石膏又称生石膏，由石膏矿开采而得。建筑石膏又称熟石膏，由天然二水石膏在 $107\sim170℃$ 高温下煅烧而成。建筑石膏按 2h 抗折强度分为 3.0MPa、2.0MPa、1.6MPa 三个等级。

表 3-11　建筑石膏技术指标

等级	细度（0.2mm方孔筛筛余）（%）	凝结时间		2h强度（MPa）	
		初凝	终凝	抗折	抗压
3.0				≥3.0	≥6.0
2.0	≤10	≥3	≤30	≥2.0	≥4.0
1.6				≥1.6	≥3.0

化工石膏是由化工厂生产排出的含有硫酸钙成分的废渣废液，经提炼处理后制得二水石膏（$CaSO_4 \cdot 2H_2O$），再经煅烧脱水而制成半水石膏（$CaSO_4 \cdot 0.5H_2O$）的。

由于建筑石膏制品具有自重小、导热性能低、防火性较好等优点，故在建筑应用较广。但建筑石膏及其制品耐水性差，受潮后不但颜色变黄，严重时还会使制品失去强度、甚至破坏，故在贮存、运输使用时，要注意防潮防水。

建筑石膏主要用于各种修饰制品及建筑零件，如制成各种天花板、隔板、外墙的内部隔热板、石膏覆面板及各种花饰等。

三、钢材

1. 钢材的分类

在建筑工程中，钢材被列为三大建筑材料之一，具有强度高、塑性好、品质均匀、性能可靠、易于装配施工等特点，是应用最广泛的一种金属材料。钢材的分类如表 3-12 所示。

表 3-12　钢材的分类

分类方法	分类名称	说　明
按化学成分	（1）碳素钢	是指钢中除铁、碳外，还含有少量锰、硅、硫、磷等元素的铁碳合金，按其含碳量的不同可分为：低碳钢、中碳钢、高碳钢
	（2）合金钢	在冶炼碳素钢的基础上，加入一些合金元素而炼成的钢。按其合金元素的总含量，可分为：低合金钢、高合金钢
按冶炼设备	（1）转炉钢	用转炉吹炼的钢，可分为底吹、侧吹、顶吹和空气吹炼、纯氧吹炼等转炉钢
	（2）平炉钢	用平炉炼制的钢，按炉衬材料不同分为酸性和碱性两种
	（3）电炉钢	用电炉炼制的钢，有电弧炉钢、感应炉钢及真空感应炉钢等

分类方法	分类名称	说　明
按浇注前脱氧程度	（1）沸腾钢	属脱氧不完全的钢，浇注时在钢锭模里产生沸腾现象。其优点是冶炼损耗少、成本低、表面质量及深冲性能好；缺点是成分和质量不均匀、抗腐蚀性和力学强度较差，一般用于轧制碳素结构钢的型钢和钢板
	（2）镇静钢	属脱氧完全的钢，浇注时在钢锭模里钢液镇静，没有沸腾现象。其优点是成分和质量均匀；缺点是金属的收得率低，成本较高
	（3）半镇静钢	脱氧程度介于镇静钢和沸腾钢之间的钢，因生产较难控制，目前产量较少
按钢的品质	（1）普通钢	钢中含杂质元素较多，含硫量一般≤0.05%，含磷量≤0.045%，如碳素结构钢、低合金结构钢等
	（2）优质钢	钢中含杂质元素较少，含硫及磷量一般均≤0.04%，如优质碳素结构钢、合金结构钢、碳素工具钢和合金工具钢、弹簧钢、轴承钢等
	（3）高级优质钢	钢中含杂质元素极少，含硫量一般≤0.03%，含磷量≤0.035%
按钢的用途	（1）结构钢	分为建筑及工程用结构钢和机械制造用结构钢
	（2）工具钢	一般用于制造各种工具，如碳素工具钢、合金工具钢、高速工具钢等
	（3）特殊钢	具有特殊性能的钢，如不锈耐酸钢、耐热不起皮钢、高电阻合金等
	（4）专业用钢	指各个工业部门专业用途的钢，如汽车用钢、航空用钢等
按制造加工形式	（1）铸钢	采用铸造方法而生产出来的一种钢铸件
	（2）锻钢	是指采用锻造方法而生产出来的各种锻材和锻件
	（3）热轧钢	常用来生产型钢、钢管、钢板等大型钢材
	（4）冷轧钢	表面光洁、尺寸精确、力学性能好，用来轧制薄板、钢带和钢管
	（5）冷拔钢	具有精度高、表面质量好的特点。可用于生产钢丝，也用于生产圆钢、六角钢、钢管

2. 建筑钢材品种与应用

（1）钢筋。常用钢筋的品种很多。按钢种划分，有碳素结构钢钢筋和低合金结构钢钢筋。按直径划分，凡直径在 6～40mm 者，称为钢筋；直径在 2.5～5mm 者，称为钢丝；2.5mm 以下者不能作配筋材料使用。按外形分，钢筋有光面圆钢筋和变形带肋钢筋；带肋钢筋又有月牙肋和等高肋之分。按生产工艺划分，有热轧钢筋、冷加工钢筋、余热处理钢筋、钢丝及钢绞线等。

（2）型钢。型钢是一种有一定截面形状和尺寸的条型钢材。工业建筑的主要承重结构及某些辅助结构，常使用各种规格的型钢，如角钢、槽钢、工字钢等，组成各种形式的钢结构。窗框钢是小型型钢的一种形式，由于能节约木材，而获得广泛应用。薄壁型钢的重量轻，可节省材料，近年来有了很大的发展，适于作轻型钢结构的承重构件和建筑构造上的用途。

（3）钢板。钢板按工艺不同有热轧、冷轧之分。按公称厚度不同有特厚、厚、中、薄之分：厚度在 0.1～4mm 的为薄板；厚度大于 4～20mm 的为中板；厚度大于 20～60mm 的为厚板；厚度大于 60mm 的为特厚板。建筑上多用中板，与各种型钢组成钢结构。

表 3 - 13　　　　　　　　　　　型 钢 规 格 表 示 方 法

名称	工 字 钢	槽 钢	等边角钢	不等边角钢
表示方法	高度（mm）×腿宽（mm）×腰厚（mm）或型号	高度（mm）×腿宽（mm）×腰厚（mm）或型号	边宽×边×厚（mm×mm×mm）	长边宽度×短边宽度×边厚（mm×mm×mm）
表示方法举例	100×68×4.5 或 10	100×48×5.3 或 10	75^2×10 或 75×75×10	100×75×10

（4）钢管。钢管有焊接钢管、无缝钢管等品种。焊接钢管有镀锌的或不镀锌的，用作室内水管、工业建筑中的辅助构件等。无缝钢管主要用作工业建筑设备的压力管道。

四、水泥

水泥是一种粉状材料，它与水拌和后，经水化反应由稀变稠，最终形成坚硬的水泥石。水泥水化过程中还可以将砂、石等散粒材料胶结成整体而形成各种水泥制品。水泥不仅可以在空气中硬化，并且可以在潮湿环境，甚至在水中硬化，所以水泥是一种应用极为广泛的无机胶凝材料。

水泥按其所含主要水硬性物质名称可分为硅酸盐水泥、铝酸盐水泥、硫酸盐水泥、磷酸盐水泥等。在水泥的诸多品种中，适用于大多数建筑工程的是各种硅酸盐水泥。

1. 硅酸盐水泥和普通硅酸盐水泥

（1）硅酸盐水泥、普通硅酸盐水泥的组成。凡由硅酸盐水泥熟料、0～5％石灰石或粒化高炉矿渣、适量石膏磨细制成的水硬性胶凝材料称为硅酸盐水泥（即国外通称的波特兰水泥）。硅酸盐水泥分为两种类型，不掺加混合材料的称为Ⅰ型硅酸盐水泥，代号 P·Ⅰ；在硅酸盐水泥粉磨时掺加不超过水泥质量 5％的石灰石或粒化高炉矿渣混合材料的称为Ⅱ型硅酸盐水泥，代号 P·Ⅱ。硅酸盐水泥熟料的化学成分主要是氧化钙（CaO）、氧化硅（SiO_2）、氧化铝（Al_2O_3）、氧化铁（Fe_2O_3）四种氧化物，占熟料质量的 94％左右。其中，CaO 占 60％～67％，SiO_2 占 20％～24％，Al_2O_3 占 4％～9％，Fe_2O_3 占 2.5％～6％。这几种氧化物经过高温煅烧后，反应生成多种具有水硬性的矿物，成为水泥熟料。硅酸盐水泥熟料的主要矿物成分是硅酸三钙（$3CaO·SiO_2$），简称为 C_3S，占 50％～60％；硅酸二钙（$2CaO·SiO_2$），简称为 C_2S，占 15％～37％；铝酸三钙（$3CaO·Al_2O_3$），简称为 C_3A，占 7％～15％；铁铝酸四钙（$4CaO·Al_2O_3·Fe_2O_3$），简称为 C_4AF，占 10％～18％。

凡由硅酸盐水泥熟料、6％～15％的混合材料、适量石膏磨细制成的水硬性胶凝材料，称为普通硅酸盐水泥（简称普通水泥），代号 P·O。

（2）硅酸盐水泥、普通硅酸盐水泥技术性质。根据国家标准 GB 175—1999《硅酸盐水泥、普通硅酸盐水泥》的规定，硅酸盐水泥、普通硅酸盐水泥的主要技术性质如下所述。

1）不溶物。Ⅰ型硅酸盐水泥中不溶物不得超过 0.75％；Ⅱ型硅酸盐水泥中不溶物不得超过 1.50％。

不溶物是指经盐酸处理后的不溶残渣，再以氢氧化钠溶液处理，经盐酸中和、过滤后所得的残渣，再经高温灼烧所剩的物质。不溶物含量高对水泥质量有不良影响。

2）氧化镁。水泥中氧化镁的含量不宜超过 5.0%。如果水泥经压蒸安定性试验合格，则水泥中氧化镁的含量允许达到 6.0%。氧化镁结晶粗大，水化缓慢，且水化生成的 $Mg(OH)_2$ 体积膨胀达 1.5 倍，过量会引起水泥安定性不良。需以压蒸的方法加快其水化，方可判断其安定性。

3）三氧化硫。水泥中三氧化硫的含量不得超过 3.5%。三氧化硫过量会与铝酸钙矿物生成较多的钙矾石，产生较大的体积膨胀，引起水泥安定性不良。

4）烧失量。Ⅰ型硅酸盐水泥中烧失量不得超过 3.0%，Ⅱ型硅酸盐水泥中烧失量不得超过 3.5%。用烧失量来限制石膏和混合材料中杂质含量，以保证水泥质量。

5）细度。细度是指水泥颗粒的粗细程度。硅酸盐水泥的细度用比表面积来衡量，要求比表面积大于 $300m^2/kg$；普通水泥的细度可用筛余量来衡量，要求 $80\mu m$ 方孔筛筛余不得超过 10.0%。

6）凝结时间。硅酸盐水泥初凝时间不得早于 45min，终凝时间不得迟于 6.5h。普通水泥初凝不得早于 45min，终凝时间不得迟于 10h。

初凝为水泥加水拌合时起至标准稠度净浆开始失去可塑性所需的时间；终凝为水泥加水拌和时起至标准稠度净浆完全失去可塑性并开始产生强度所需的时间。

为使水泥混凝土和砂浆有充分的时间进行搅拌、运输、浇捣和砌筑，水泥初凝时间不能过短。当施工完成，则要求尽快硬化，具有一定强度，故终凝时间不能太长。

7）安定性。用沸煮法检验必须合格。测试方法按国家标准 GB 1346—2001《水泥标准稠度用水量、凝结时间、安定性检验方法》进行。

安定性是指水泥在凝结硬化过程中体积变化的均匀性。当水泥浆体硬化过程发生不均匀的体积变化，就会导致水泥石膨胀开裂、翘曲，甚至失去强度，即是安定性不良。安定性不良的水泥会降低建筑物质量，甚至引起严重事故。

8）强度。水泥强度是水泥的主要技术性质，是评定其质量的主要指标。水泥强度测定按国家标准 GB/T 17671—1999《水泥胶砂强度检验方法（ISO 法）》强度等级按 3d 和 28d 的抗压强度和抗折强度来划分，分为 42.5、42.5R、52.5、52.5R、62.5 和 62.5R 六个等级，有代号 R 的为早强型水泥。

9）碱。水泥中碱含量按 $Na_2O+0.658K_2O$ 计算值来表示。若使用活性骨料，要求提供低碱水泥时，水泥中碱含量不得大于 0.60%或由供需双方商定。

当混凝土骨料中含有活性二氧化硅时，会与水泥中的碱相互作用形成碱的硅酸盐凝胶，由于后者体积膨胀可引起混凝土开裂，造成结构的破坏，这种现象称为"碱—骨料反应"，它是影响混凝土耐久性的一个重要因素。碱—骨料反应与混凝土中的总碱量、骨料及使用环境等有关。为防止碱—骨料反应，标准对碱含量做出了相应规定。

2. 矿渣硅酸盐水泥、火山灰硅酸盐水泥和粉煤灰硅酸盐水泥

（1）矿渣硅酸盐水泥。凡由硅酸盐水泥熟料和粒化高炉矿渣、适量石膏磨细制成的水硬性胶凝材料称为矿渣硅酸盐水泥（简称矿渣水泥），代号 P·S。水泥中粒化高炉矿渣掺加量按重量百分比计为 20%～70%。允许用石灰石、窑灰、粉煤灰和火山灰质混合材料中的一种材料代替矿渣，代替数量不超过水泥重量的 8%，替代后水泥中粒化高炉矿渣不得

少于 20%。由于矿渣是在高温下形成的材料，所以矿渣水泥具有较强的耐热性。可用于温度不高于 200℃的混凝土工程，如轧钢、铸造、锻造、热处理等高温车间及热工窑炉的基础等；也可用于温度达 300～400℃的热气体通道等耐热工程。粒化高炉矿渣玻璃体对水的吸附力差，导致矿渣水泥的保水性差，易泌水产生较多的连通孔隙，水分的蒸发增加，使矿渣水泥的抗渗性差，干燥收缩较大，易在表面产生较多的细微裂缝，影响其强度和耐久性。

（2）火山灰质硅酸盐水泥。凡由硅酸盐水泥熟料和火山灰质混合材料、适量石膏磨细制成的水硬性胶凝材料称为火山灰质硅酸盐水泥（简称火山灰水泥），代号 P·P。水泥中火山灰质混合材料掺加量按重量百比计为 20%～50%。火山灰水泥具有较好的抗渗性和耐水性。因为，火山灰质混合材料的颗粒有大量的细微孔隙，保水性良好，泌水性低，并且水化中形成的水化硅酸钙凝胶较多，水泥石结构比较致密，具有较好的抗渗性和抗淡水溶淅的能力，可优先用于有抗渗性要求的工程。火山灰水泥的干燥收缩比矿渣水泥更加显著，在长期干燥的环境中，其水化反应会停止，已经形成的凝胶还会脱水收缩，形成细微裂缝，影响水泥石的强度和耐久性。因此，火山灰水泥施工时要加强养护，较长时间保持潮湿状态，且不宜用于干热环境中。

（3）粉煤灰硅酸盐水泥。凡由硅酸盐水泥熟料和粉煤灰、适量石膏磨细制成的水硬性胶凝材料称为粉煤灰硅酸盐水泥（简称粉煤灰水泥），代号 P·F。水泥中粉煤灰掺加量按重量百分比计为 20%～40%。粉煤灰水泥的干缩性较小，甚至优于硅酸盐水泥和普通水泥，具有较好的抗裂性。因为，粉煤灰颗粒呈球形，较为致密，吸水性差，加水拌合时的内摩擦阻力小，需水性小，所以其干缩小，抗裂性好，同时配制的混凝土、砂浆和易性好。由于粉煤灰吸水性差，水泥易泌水，形成较多连通孔隙，干燥时易产生细微裂缝，抗渗性较差，不宜用于干燥环境和抗渗要求高的工程见表 3-14。

表 3-14　　　　　　　常用水泥的主要性能和应用范围

水泥品种性能及应用		硅酸盐水泥	普通水泥	矿渣水泥	火山灰水泥	粉煤灰水泥
混合材料掺量		5%以下	活性混合料掺量 15%以下，或非活性 10%以下	粒化高炉矿渣 20%～70%	火山灰质混合材料 20%～50%	粉煤灰 20%～40%
主要性能	水化热	高		低		
	凝结时间	快	较快	慢，低温下尤甚		
	强度发展	早期强度高	早期强度较高	早期强度低，但后期强度可等于或超过同标号的硅酸盐水泥		
	抗硫酸盐腐蚀	差		较强	当 SiO_2 多时，抗硫酸盐性好，当 Al_2O_3 多时，抗硫酸盐腐蚀性差	
	抗冻性	好		差	较差	
	干缩性	小		较大	大	较小
	保水性	较好		差	好	差
	蒸养适应性	60～80℃		好		

续表

水泥品种性能及应用		硅酸盐水泥	普通水泥	矿渣水泥	火山灰水泥	粉煤灰水泥
应用范围	适用范围	高强度混凝土、预应力混凝土、钢筋混凝土、预制构件、喷射混凝土与现浇预应力桥梁等要求快、硬、高、强的结构	一般土木建筑中的混凝土、钢筋混凝土及预应力钢筋混凝土的地上、地下与水中结构工程	有耐热要求的混凝土结构；大体积混凝土结构；一般地上、地下与水中的混凝土和钢筋混凝土结构；有抗硫酸盐侵蚀要求的一般工程	水中、地下与大体积混凝土工程和有抗渗要求的混凝土工程；有抗硫酸盐侵蚀要求的工程；一般混凝土与钢筋混凝土工程	地上、地下与水中大体积混凝土工程；一般混凝土工程；有抗硫酸盐腐蚀的一般混凝土工程
	不宜适用范围	大体积混凝土工程和受化学作用和海水侵蚀的工程		早期强度要求较高的混凝土工程；严寒地区以及处在水位升降范围内的工程	处于干燥环境的混凝土工程；有耐磨性要求工程；其他同矿渣水泥	有抗碳化要求的工程；其他同矿渣水泥

3. 硅酸盐系特种水泥

通用硅酸盐系水泥品种不多，但用量却是最大的。除此之外，水泥品种的大部分是特性水泥和专用水泥，又称为特种水泥，其用量虽然不大，但用途却很重要且很广泛。

表 3 - 15　　　　　　　　　　我国主要特种水泥系列分类表

性质类别	硅酸盐	铝酸盐	硫铝酸盐	氟铝酸盐	铁铝酸盐（高铁硫铝酸盐水泥）	其他
快硬高强水泥	快、硬硅酸盐水泥	快、硬、铝酸盐水泥 快、硬、高强铝酸盐水泥	快硬硫铝酸盐水泥	型砂水泥 抢修水泥 快凝快硬氟铝酸盐水泥	快硬铁铝酸盐水泥	
膨胀和自应力水泥	膨胀硅酸盐水泥、无收缩快硬硅酸盐水泥、明矾石膨胀水泥、自应力硅酸盐水泥	膨胀铝酸盐水泥 自应力铝酸盐水泥	膨胀硫铝酸盐水泥 自应力硫铝酸盐水泥		膨胀铁铝酸盐水泥 自应力铁铝酸盐水泥	
水工水泥	中热硅酸盐水泥 低热矿渣硅酸盐水泥 低热粉煤灰硅酸盐水泥 低热微膨胀硅酸盐水泥					
油井水泥	A，B，C，D，E，F，G，H 级油井水泥 特种油井水泥					无熟料油井水泥
装饰水泥	白色硅酸盐水泥 彩色硅酸盐水泥		彩色硫铝酸盐水泥			无熟料装饰水泥

性质类别	硅酸盐	铝酸盐	硫铝酸盐	氟铝酸盐	铁铝酸盐（高铁硫铝酸盐水泥）	其他
耐高温水泥		铝酸盐水泥				磷酸盐水泥
其他	道路硅酸盐水泥砌筑水泥	含硼水泥	低碱水泥	锚固水泥		耐酸水泥氯氧镁水泥

五、混凝土

混凝土一般是指由胶凝材料（胶结料），粗、细骨料（或称集料），水及其他材料，按适当比例配制并硬化而成的具有所需的形体、强度和耐久性的人造石材。

（一）混凝土的特点

1. 适应性强

不需要采取过多的工艺措施，只需改变混凝土各组成材料的品种及数量，就可以制成具有各种不同性能的混凝土，以满足建筑工程上的不同要求。

2. 可用钢筋增强

混凝土与钢筋有牢固的黏结力与基本相同的线膨胀系数，且混凝土对钢筋还有良好的保护作用，因此两者可以复合成钢筋混凝土。这样就不仅弥补了混凝土抗拉及抗折强度低的缺点，而且还可以通过用钢筋混凝土结构代替钢木结构的途径来节省大量的钢材与木材，从而扩大了混凝土的使用范围。

3. 良好的可塑性

混凝土在未凝固前，具有良好的可塑性，因此就能够利用模板浇筑成不同形状及任意尺寸的整体结构或构件。

4. 较高的强度、良好的耐久性和防火性

混凝土具有石材般的强度，甚至优于石材，且可以根据结构物的需要，配制各种等级的混凝土。混凝土不仅有着良好的耐久性，对外界的侵蚀破坏因素如风化作用、化学腐蚀、撞击磨损等有较强的抵抗力，而且维护费用低，是较好的防火材料。

（二）混凝土的分类

水泥混凝土经过170多年的发展，已演变成了有多个品种的土木工程材料，见表3-16，混凝土通常从以下几个方面分类：

按所用胶凝材料可分为水泥混凝土、沥青混凝土、水玻璃混凝土、聚合物混凝土、聚合物水泥混凝土、石膏混凝土和硅酸盐混凝土等几种。

按干表观密度分为三类：重混凝土，其干表观密度大于 $2600kg/m^3$，采用重骨料和水泥配制而成，主要用于防辐射工程，又称为防辐射混凝土；普通混凝土，其干表观密度为 $1950\sim2600kg/m^3$，一般多在 $2400kg/m^3$ 左右，用水泥、水与普通砂、石配制而成，是目前土木工程中应用最多的混凝土，广泛用于工业与民用建筑、道路与桥梁、海工与大坝、军事工程等工程，主要用作承重结构材料。轻混凝土，其干表观密度小于 $1950kg/m^3$，包括轻骨料混凝土、大孔混凝土和多孔混凝土，可用作承重结构、保温结构和承重兼保温结构。

按施工工艺可分为泵送混凝土、预拌混凝土（商品混凝土）、喷射混凝土、真空脱水混凝土、自密实混凝土、堆石混凝土、压力灌浆混凝土（预填骨料混凝土）、造壳混凝土（裹砂混凝土）、离心混凝土、挤压混凝土、真空吸水混凝土、热拌混凝土和太阳能养护混凝土等多种。

表 3-16　　　　　　　　　混凝土的分类

分类方法			名　称	说　明
按胶结材料分类	无机胶结材料	水泥类	水泥混凝土	以硅酸盐水泥及各种混合水泥为胶结材料，强度高，可用于各种混凝土结构
		石灰类	石灰混凝土	以石灰、天然水泥、火山灰岩石风化物等活性硅酸盐或铝酸盐与消石灰混合物作为胶结材料
		石膏类	石膏混凝土	以天然石膏及工业废料石膏为胶结料，可制作饰面板和隔墙板
		硫磺类	硫磺混凝土	硫磺加热熔化，然后冷却硬化，可作胶结剂及低温防腐层
		水玻璃类	水玻璃混凝土	以钠水玻璃或钾水玻璃为胶结料，可做耐酸结构
		碱矿渣类	矿渣混凝土	以磨细矿渣及碱溶液为胶结料，是一种新型混凝土，可做各种结构
	有机胶结材料	沥青类	沥青混凝土	用天然或人工沥青为胶结料，可做道路及耐酸碱地面
		水泥＋合成树脂	聚合物水泥混凝土	以水泥为主要胶结材料，掺入少量的乳胶或水溶性树脂，以改善混凝土的物理力学性能
		树脂	树脂混凝土	以聚酯树脂、环氧树脂、尿醛树脂为胶结料，适于在侵蚀性介质中使用
		聚合物单体浸渍	聚合物浸渍混凝土	以低黏度的树脂单体浸渍水泥混凝土，然后用热催化法或辐射法处理，从而使混凝土的物理力学性能得以改善
按集料分类		重集料	重混凝土	用钢球、铁矿石、重晶石等为集料，混凝土容重大于 2500kg/m³，用于防放射性混凝土工程
		普通集料	普通混凝土	用普通砂石做集料，混凝土容重 2100～2400kg/m³ 时，可做各种结构
		轻集料	轻集料混凝土	用天然或人工轻集料，混凝土容重小于 1900kg/m³
		无细集料	大孔混凝土	用轻粗集料或普通粗集料配制而成，混凝土容重 800～1850kg/m³，适于做墙板或地面垫层等
按用途分类			水工混凝土	用于大坝、水池、沟井等水工构筑物，要求抗渗、抗冲刷、耐磨及抗大气侵蚀，依其不同的使用条件可选用普通水泥、矿渣或火山灰水泥及大坝水泥等
			海工混凝土	用于海洋工程，要求具有抗海水腐蚀性、抗冻性及抗渗性
			防水混凝土	能承受 0.6MPa 以上的水压不透水的混凝土，可分为普通防水混凝土、掺外加剂混凝土和膨胀水泥防水混凝土。要求有高密实性及抗渗性，多用于地下工程及储水构筑物
			道路混凝土	用于路面的混凝土，可用水泥或沥青做胶结材料，要求具有足够的耐气候性和耐磨性
			耐热混凝土	以铬铁矿、镁砖或耐火砖碎块等为集料，以硅酸盐水泥、矾土水泥及水玻璃等为胶结材料的混凝土，可在 350～1700℃高温下使用
			耐酸混凝土	以水玻璃为胶结料，加入固化剂和耐酸集料配制而成的混凝土，具有优良的耐酸及耐热性能
			防辐射混凝土	能屏蔽 X、γ 射线及中子射线的重混凝土，又称屏蔽混凝土或重混凝土，是原子反应堆、粒子加速器等常用的防护材料

分类方法		名　称	说　明
按施工工艺分类	现浇类	普通现浇混凝土	用一般现浇工艺施工的塑性混凝土
		喷射混凝土	用压缩空气喷射施工的混凝土，多用于井巷及隧道衬砌工程。它又分为干喷及湿喷两种工艺
		泵送混凝土	用混凝土泵浇灌的流动性混凝土
		灌浆混凝土	先铺好集料，以后强制注入砂浆的混凝土，适于大型基础等大体积混凝土工程
		真空吸水混凝土	用真空泵将混凝土中多余的水分吸出，从而提高其密实度的一种工艺，可用于屋面楼板、飞机跑道及路面地面工程
	预制类	板压混凝土	振动加压成型工艺用于制作混凝土板类构件
		挤压混凝土	以挤压机成型，用于长线台座法生产空心楼板 T 型小梁等构件
		离心混凝土	以离心机成型，用于生产混凝土管、电线杆等管状构件
按配筋方式分类	无筋类	素混凝土	用于基础或垫层的低标号混凝土
	配筋类	钢筋混凝土	用普通钢筋加强的混凝土，其用途最为广泛
		钢丝网混凝土	甩钢丝网加强的无粗集料混凝土，又称为钢丝网砂浆。可用制作薄壳、船体等薄壁结构
		纤维混凝土	用各种纤维加强的混凝土，常用的为钢纤维混凝土。其抗冲击、抗拉、抗弯性能好，可用于路面、桥面、机场跑道护面、隧道衬砌及桩头、桩帽等
		预应力混凝土	用先张法、后张法或化学方法使混凝土预压，以提高其抗拉、抗弯强度的配筋混凝土。可用于各种工程的构筑物及建筑结构，特别是大跨度的桥梁、屋架等

按用途可分为结构混凝土、防水混凝土、防辐射混凝土、耐酸混凝土、装饰混凝土、耐热混凝土、大体积混凝土、膨胀混凝土、道路混凝土和水下不分散混凝土等多种。

按掺合料可分为：粉煤灰混凝土、硅灰混凝土、碱矿渣混凝土和纤维混凝土等多种。

按抗压强度（f_{cu}）大小可分为低强混凝土（$f_{cu} < 30MPa$）、中强混凝土（$f_{cu} = 30 \sim 60MPa$）、高强混凝土（$f_{cu} \geqslant 60MPa$）和超高强混凝土（$f_{cu} \geqslant 100MPa$）等。

按每立方米中的水泥用量（C）分为贫混凝土（$C \leqslant 170kg$）和富混凝土（$C \geqslant 230kg$）。

（三）普通混凝土

1. 普通混凝土的结构

普通混凝土是由水泥、粗骨料（碎石或卵石）、细骨料（砂）和水拌合，经硬化而成的一种人造石材。砂、石在混凝土中起骨架作用，并抑制水泥的收缩；水泥和水形成水泥浆，包裹在粗细骨料表面并填充骨料间的空隙。水泥浆体在硬化前起润滑作用，使混凝土拌合物具有良好的工作性能，硬化后将骨料胶结在一起，形成坚固的整体。其结构如图 3-17 所示。

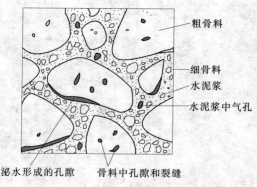

图 3-17　普通混凝土结构示意图

2. 混凝土的强度

在土木工程结构和施工验收中，常用的混凝土强度有立方体抗压强度、轴心抗压强度、抗拉强度和抗折强度等几种，其中混凝土的立方体抗压强度是评判混凝土的强度的最重要的一种方法。根据《普通混凝土力学性能试验方法标准》（GB/T 50081—2002）规定，混凝土立方体抗压强度是指按标准方法制作的，标准尺寸为 150mm × 150mm × 150mm 的立方体试件，在标准养护条件下 [（20±2）℃，相对湿度为 95% 以上的标准养护室或（20±2）℃的不流动的 Ca（OH）$_2$ 饱和溶液中]，养护到 28d 龄期，以标准试验方法测得的抗压强度值。按《混凝土结构设计规范》（GB 50010—2010）的规定的混凝土强度有 C15，C20，C25，C30，C35，C40，C45，C50，C55，C60，C65，C70，C75 和 C80 共 14 个等级。

（四）特种混凝土

1. 轻骨料混凝土

用轻粗集料、轻砂（或普通砂）、水泥和水配制而成的混凝土，其干表观密度不大于 1950kg/m^3，称为轻骨料混凝土。轻骨料混凝土中，采用轻砂作细骨料的，称为全轻混凝土；由普通砂或部分普通砂和部分轻砂作细骨料的，称为砂轻混凝土。

轻骨料混凝土具有表观密度小及保温、耐火、耐水、抗渗、抗冻、抗震等性能均优良的特点，是一种轻质、高强、多功能的建筑材料，适宜于建筑装配式或现浇的工业与民用建筑，特别适用于高层及大跨度建筑。

2. 耐热混凝土

耐热混凝土通常指长期经受高温（200℃以上）作用，并能在高温下保持所需物理力学性能的特种混凝土。它由耐火骨料、适当的胶凝材料（有时还有矿物质掺合料）和水按一定比例配制而成，具有较高的耐火度、热稳定性、荷重软化点（受荷重、高温作用下不变形的性能）及较小的高温收缩性等技术特点，主要用于工业窑炉基础、高炉外壳及烟囱等工程。

3. 耐酸混凝土

耐酸混凝土是一种对酸类侵蚀介质具有耐侵蚀能力的混凝土，主要用于耐酸地坪、贮酸槽和酸洗池等工程。耐酸混凝土配制时一般采用水玻璃、氟硅酸钠及由花岗岩、石英岩、玄武岩等酸性岩石获得的粗、细骨料和粉料，即水玻璃耐酸混凝土。另外，还常使用的耐酸混凝土是硫磺混凝土及沥青混凝土。

4. 防水混凝土

防水混凝土是一种不需附加其他措施而只靠混凝土自身的密实性来达到防水目的的混凝土，即是一种抗渗性好的混凝土。它主要用于水池、水塔、水泵房和地下室等不允许渗水的构筑物。配制防水混凝土应选择适宜的水泥品种以及质量与级配较好的砂和石，掺加少量的减水剂或引气剂或防水剂，并加强养护及施工管理，以保证混凝土成型密实。防水混凝土根据其材料组成通常分为：普通防水混凝土、外加剂防水混凝土、膨胀水泥防水混凝土。

5. 纤维混凝土

纤维混凝土是在普通混凝土中掺入均匀分布的短小纤维而制成的。掺入纤维的作用，主要在于提高混凝土的抗拉及抗冲击等性能。根据所加入的纤维的种类不同，通常有石棉水泥制品、钢纤维混凝土和聚丙烯纤维混凝土。

6. 防辐射

能屏蔽 X 射线、γ 射线或中子辐射的混凝土叫防辐射混凝土。防辐射混凝土用于原子能工业及使用放射性同位素的装置，如反应堆、加速器、放射化学装置等的防护结构。

（五）钢筋混凝土、预应力钢筋混凝土

钢筋混凝土是指配置钢筋的混凝土。为克服混凝土抗拉强度低的弱点，在其中合理地配置钢筋可充分发挥混凝土抗压强度高和钢筋抗拉强度高的特点，共同承受荷载并满足工程结构的需要。钢筋混凝土是使用最多的一种结构材料。浇筑混凝土之前，先进行绑筋支模，也就是用铁丝将钢筋固定的结构形状，然后用模板覆盖在钢筋骨架外面。最后将混凝土浇筑进去，经养护达到强度标准后拆模，所得即是钢筋混凝土。

为了充分利用高强度材料，弥补混凝土与钢筋拉应变之间的差距，人们把预应力运用到钢筋混凝土结构中去，即预应力钢筋混凝土。其主要原理是在外荷载作用到构件上之前，预先用某种方法，在构件上（主要在受拉区）施加压，当构件承受由外荷载产生的拉力时，首先抵消混凝土中已有的预压力，然后随荷载增加，才能使混凝土受拉而后出现裂缝，因而延迟了构件裂缝的出现和开展。预应力钢筋混凝土充分利用高强材料，因而能使制品或构件的抗裂度、刚度、耐久性都大大提高。

六、砂浆

砂浆是由胶结料、细集料、掺加料和水配制而成的建筑工程材料，在建筑工程中起粘结、衬垫和传递应力的作用。

（一）砌筑砂浆

将砖、石、砌块等粘结成为砌体的砂浆称为砌筑砂浆。它在砌体中主要起粘结和传递荷载的作用，因而要求硬化后的砂浆层应具有一定的强度和黏力。普通水泥、矿渣水泥、火山灰质水泥等常用品种的水泥都可以用来配制砌筑砂浆。有时为改善砂浆的和易性和节约水泥还常在砂浆中掺入适量的石灰或黏土膏浆而制成混合砂浆。

（二）抹面砂浆

凡涂抹在建筑物内外表面的砂浆，统称为抹面砂浆。根据其功能的不同，一般可分为普通抹面和特殊用途砂浆两类。

1. 普通抹面

普通抹面砂浆具有保护基层和增加美观的作用。它不仅能提高建筑物的耐久性，直接抵抗风、雨、雪、霜等自然环境对建筑物的侵蚀，而且还可使建筑物达到表面平整、光洁和美观的效果。与砌筑砂浆不同，对抹面砂浆的主要技术要求不是抗压强度，而是和易性与黏结力。抹面砂浆通常分为两层或三层进行施工。一般底层砂浆应具有良好的保水性，否则水分会被底面材料吸去过多而影响其流动性和黏结力。中层抹灰主要是为了平衡，有时可省去不做。面层抹灰主要为了平整美观。

2. 特殊用途砂浆

（1）装饰砂浆。装饰砂浆是指用以涂在基层材料表面兼有保护基层和增加美观作用的砂浆。抹面砂浆用以砖墙的抹面，由于砖吸水性强，砂浆与基层及空气接触面大，水分失去快，宜使用石灰砂浆。有防水、防潮要求时，应用水泥砂浆。

（2）防水砂浆。防水砂浆是在普通砂浆中掺入一定的防水剂，属于刚性防水层。这种刚性防水层仅适用于不受振动和具有一定刚度的混凝土或砖石砌体工程，而不宜用于变形较大或可能发生不均匀沉陷的建筑物。常用的防水剂有氯化物金属类防水剂和金属皂类防水剂等。

（3）绝热、吸声砂浆。绝热、吸声砂浆是以水泥或石灰膏、石膏等胶凝材料与膨胀珍珠岩砂、膨胀蛭石、火山渣或浮石砂、陶粒砂等多孔轻质颗粒状材料，按一定比例配制而成的，具有质轻、保温绝热性能好、吸声性强等优点。

（4）其他。耐酸砂浆是用水玻璃（硅酸钠）与氟硅酸钠拌制而成，水玻璃硬化后具有很好的耐酸性能。耐酸砂浆多用作衬砌材料、耐酸地面和耐酸容器的内壁防护层。在水泥浆中掺入重晶石粉和砂，可配制成有防 X 射线能力的砂浆；如在水泥浆中掺加硼砂、硼酸等可配制成有抗中子辐射能力的砂浆。此类防射线砂浆应用于射线防护工程中。

七、其他

（一）沥青、沥青制品与其他防水材料

1. 沥青及沥青制品

沥青是一种有机胶结材料，其化学成分为复杂的高分子碳氢化合物及氧、氮、硫等衍生物组成的混合物。在常温下呈固体、半固体或液体状态，颜色呈黑色或黑褐色。沥青制品主要有以下几个品种。

（1）油毡和油纸。油纸是由低软化点沥青浸渍原纸而成，油毡是用高软化点沥青浸涂油纸的两面，撒上滑石粉或云母粉而成，它是目前国内外应用最广泛的防水卷材。

（2）沥青胶（玛𫠡脂）。沥青胶是指在沥青中掺入适量粉状或纤维状填充物拌制而成的混合物。沥青玛𫠡脂主要用于粘贴沥青类防水卷材、嵌缝补漏及作为防腐、防水涂层等。

（3）冷底子油。冷底子油是由汽油、煤油、柴油、工业苯等有机稀释溶剂与沥青调制而制备的一种沥青涂料。

（4）沥青砂浆。用沥青做胶结材料，拌合骨料，其产物可以用在工业与民用建筑的特殊地面和防水层。

（5）沥青混凝土。将大小不同粒径的矿质骨料、填料，根据工程需要，按最佳级配原则组配，与适当的沥青材料搅拌均匀而制成的混合物叫做沥青混合料，也叫沥青混凝土。

沥青混合料的组成结构有如下三类：密实—悬浮型结构、骨架—空隙型结构、密实—骨架结构。

2. 其他防水材料

随着我国新型建筑防水材料的迅速发展，各类防水材料品种日益增多。用于屋面、地下工程及其他工程的防水材料，除常用的沥青类防水材料外，已逐渐地向复合材料、高分子材料方向发展。

目前，我国防水材料的品种有以下几个类别：橡胶类防水卷材、塑料类防水卷材、橡塑共混防水卷材、密封材料等。主要制品有三元乙丙橡胶、丁基橡胶、氯丁橡胶、聚氯乙烯、聚乙烯、氯化聚乙烯卷材、氯化聚乙烯-橡塑共混卷材、聚氯乙烯-橡胶共混卷材等。密封材料制品有聚氨酯、聚硫和有机硅建筑密封膏等。

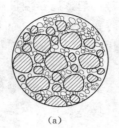 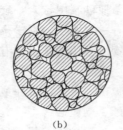 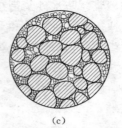

（a）　　　　　　　　　（b）　　　　　　　　　（c）

图 3-18　三种典型沥青混合料结构组成示意图

（a）悬浮—密实结构；（b）骨架—空隙结构；（c）密实—骨架结构

（二）玻璃、陶瓷制品

1. 玻璃

玻璃是指矿物熔融体经过冷却而得到的具有透光性的无定型结构的固体。它是一种硅酸盐类非金属材料。普通玻璃化学氧化物的组成（$Na_2O \cdot CaO \cdot 6SiO_2$），主要成分是二氧化硅。玻璃广泛应用于建筑物，用来隔风透光。

（1）平板玻璃。玻璃简单分类主要分为平板玻璃和特种玻璃。平板玻璃又分为普通平板玻璃、浮法玻璃、夹丝玻璃、压花玻璃等品种。普通平板玻璃具有透明度好、板面平整、化学稳定性强等特点，主要用于建筑门窗的装配，也可作为基础材料加工成多种技术玻璃，如钢化、夹层、镀膜、中空等玻璃。

（2）特种玻璃。特种玻璃主要是指用以特殊用途的玻璃，主要包括饰面玻璃、安全玻璃和新型建筑玻璃等。饰面玻璃主要包括颜色玻璃、彩色膜玻璃、拼花玻璃、空心玻璃砖或玻璃马赛克等，主要用于室内外装饰。安全玻璃主要有钢化玻璃、夹层玻璃、防火玻璃等。这类玻璃具有机械强度高、抗冲击性强、抗热震性好的特点，能保障人身安全或使人体受到割伤、刺伤等降低到最小程度的特性。新型建筑玻璃是兼备采光、调制光线、调节热量进入或散失、防止噪音、增加装饰效果、改善居住环境、节约空调能源及降低建筑物自重等多种功能的玻璃制品，主要包括热反射玻璃、低辐射玻璃、中空玻璃、自清洁玻璃等。

2. 陶瓷

陶瓷是以黏土为主要原料，以及各种天然矿物经过粉碎混炼、成型和煅烧制得的材料以及各种制品。陶瓷按所用原料、烧制温度及制品性质不同，分为陶器、火石器和瓷器三大类。陶瓷材料大多是氧化物、氮化物、硼化物和碳化物等。常见的陶瓷材料有黏土、氧化铝、高岭土等。陶瓷材料一般硬度较高，但可塑性较差。

（三）塑料与塑料制品

塑料是以高分子量的有机化合物——树脂为主要成分，在一定温度、压力条件下，塑制成一定形状，且在常温时保持形状不变的材料。其中树脂在塑料中是起胶结作用的，它不仅本身胶结在一起，而且把其他组分（填充料、增塑剂、着色剂等）也牢固地胶结起来。塑料可区分为热固性与热可塑性二类，前者无法重新塑造使用，后者可重复性生产。

塑料主要有以下特性：①大多数塑料质轻，化学性稳定，不会锈蚀；②耐冲击性好；③具有较好的透明性和耐磨耗性；④绝缘性好，导热性低；⑤一般成型性、着色性好，加工成本低；⑥大部分塑料耐热性差，热膨胀率大，易燃烧；⑦尺寸稳定性差，容易变形；⑧多数塑料耐低温性差，低温下变脆；⑨容易老化；⑩某些塑料易溶于溶剂。

常用的建筑塑料有聚氯乙烯塑料和聚乙烯塑料。聚氯乙烯塑料的主要成分是聚氯乙烯树脂、润滑剂、着色剂、填充料等，均匀混合后，经塑化及成型加工制成各种形状的塑料制品。聚氯乙烯塑料分为硬聚氯乙烯和软聚氯乙烯。硬聚氯乙烯的用途很广，如百叶窗、墙面板屋面采光板、各种管道、酸碱容器、地板、踢脚板、镶面板等。另外，也可制成泡沫塑料，用作保温、隔热、吸音材料。软聚氯乙烯主要用来制造裱糊纸，人造革、绝缘包皮管、塑料薄膜、壁布及日用工业品等。

聚乙烯是最常用的塑料之一，它是由单体乙烯在催化剂作用下聚合而成的。它抗化学腐蚀性强，耐水性、绝缘性好，因此聚乙烯可作防水材料，如护堤、防渗薄膜、给排水管道、混凝土建筑物防水层等，还可作绝缘材料、油漆、涂料等。

（四）铝及铝合金

铝合金的弹性模量约为钢的1/3，比强度则比钢大了几倍，线膨胀系数约为钢的两倍，因此由温度变化所引起的伸缩量约为钢的两倍。对铝合金结构来说，一方面因为比强度较大，可使部件断面减小；另一方面，由于弹性模量较小，挠度和振动等静和动的变位一般都较大，存在压曲荷载小的缺点。

当在铝中加入适量的铜、镁、锰、硅、锌等元素，可以达到具有较高强度的铝合金。如果根据性能来分类，可分为耐蚀铝合金、高强度铝合金和耐热铝合金。高强度铝合金可用于航空机械、车辆以及要求重量轻而强度高的结构物。但高强度铝合金耐蚀性较差，故对耐蚀要求高的储蓄罐、土木建筑物和车辆等，可以利用强度稍低的耐蚀铝合金。

目前，铝合金已广泛用于制作房屋屋架等结构构件，以及屋面板材、幕墙、门窗、活动式隔墙、顶棚、暖气片、阳台扶手、室内装修及建筑五金等。

（1）防锈铝合金（LF）。主要用于焊接件、容器、管道或以及承受中等载荷的零件及制品，也可用作铆钉。

（2）硬铝合金（LY）。低合金硬铝塑性好，强度低，主要用于制作铆钉，常称铆钉硬铝。标准硬铝合金强度和塑性属中等水平，主要用于轧材、锻材、冲压件和螺旋桨叶片及大型铆钉等重要零件；高合金硬铝合金元素含量较多，强度和硬度较高，塑性及变形加工性能较差。用于制作重要的轴等零件。

（3）超硬铝合金（LC）。这类合金的抗蚀性较差，高温下软化快，多用于制造受力大的重要构件，例如飞机大梁、起落架等。

（4）锻铝合金（LD）。这类合金主要用于承受重载荷的锻件和模锻件。

第五节 土木工程中的功能材料

一、防水材料

1. 防水材料的分类

建筑防水材料依据其外观形态可分为防水卷材、防水涂料、密封材料和刚性防水材料四大系列。

此外，建筑防水材料还可根据其特性分为柔性和刚性两类。柔性防水材料是指具有一定柔韧性和较大延伸率的防水材料，如防水卷材、有机涂料，它们构成柔性防水层。刚性防水材料是指采用较高强度和无延伸能力的防水材料，如防水砂浆、防水混凝土等，它们构成刚性防水层。

2. 防水材料种类介绍

（1）防水卷材。防水卷材是可卷曲成卷状的柔性防水材料。它是以原纸、纤维毡、金属箔、塑料膜、纺织物等材料中的一种或数种复合为胎基、浸涂石油沥青、煤沥青及高聚物改性沥青制成的或以高分子材料为基料，加入助剂及填充料经过多种工艺加工而成的、长条形片状成卷供应并起防水作用的产品，是目前我国使用量最大的防水材料。常用的防水卷材按照材料的组成不同一般分为沥青防水卷材、高聚物改性沥青防水卷材、高分子防水卷材三大系列。

（2）防水涂料。防水涂料是以高分子材料为主体，在常温下呈无定形液态，经涂布能在结构物表面固化形成具有相当厚度并有一定弹性的防水膜的物料总称。防水涂料主要有沥青（或改性沥青）防水涂料和合成高分子类防水涂料。合成高分子防水涂料指以合成橡胶或合成树脂为主要成膜物质制成的单组分或多组分的防水涂料。这类涂料具有高弹性、高耐久性及优良的耐高低温性能，主要有聚氨酯防水涂料、丙烯酸酯防水涂料和硅橡胶防水涂料等种类。

（3）密封材料。建筑密封材料是能承受位移以达到气密、水密目的而嵌入建筑接缝中的定形和不定形的材料。密封材料种类有沥青嵌缝油膏、聚氯乙烯防水接缝材料、聚氨酯建筑密封膏、聚硫建筑密封膏、硅酮密封胶等品种。

（4）刚性防水材料。刚性防水材料是指以水泥、砂、石为原料或其内掺入少量外加剂、高分子聚合物等配制成具有一定抗渗透能力的水泥砂浆、混凝土类防水材料。根据施工方式不同，刚性防水材料可分为刚性止水材料和刚性抹面材料。

二、绝热材料

1. 绝热材料定义

绝热材料是指对热流有较强阻抗作用的材料。绝热材料的主要性能指标为：导热系数小于 $0.23W/（m·k）$；表观密度小于 $1000kg/m^3$；抗压强度大于 $0.3MPa$。而导热系数又称热导率，在数值上等于厚度为 1m 的材料，当其相对表面的温度差为 1k 时，其单位面积（$1m^2$）上每小时所通过的热量。

2. 绝热材料作用原理

热从本质上是由组成物质的分子、原子和电子等，在物质内部的移动、转动和振动所产生的能量，即热能。在任何介质中，当两点之间存在温度差时，就会产生热能传递现象，热能将由温度较高点传递至温度较低点。传热的基本形式有热传导、热对流和热辐射三种。通常情况下，三种传热方式是共存的，但因保温隔热性能良好的材料是多孔且封闭的，虽然在材料的孔隙内有着空气，起着对流和辐射作用，但与热传导相比，热对流和热辐射所占的比例很小，故在热工计算时通常不予考虑，而主要考虑热传导。

3. 绝热材料分类

（1）多孔材料。靠热导率小的气体充满孔隙中绝热。一般以空气为热阻介质，主要是纤维状聚集组织和多孔结构材料。泡沫塑料的绝热性较好，其次为矿物纤维（如石棉）、膨胀珍珠岩和多孔混凝土、泡沫玻璃等。

（2）反射材料。如铝箔能靠热反射减少辐射传热，几层铝箔或与纸组成夹有薄空气层的复合结构，还可以增大热阻值。绝热材料常以松散材、卷材、板材和预制块等形式用于建筑物屋面、外墙和地面等的保温及隔热。可直接砌筑（如加气混凝土）或放在屋顶及围护结构中作芯材，也可铺垫成地面保温层。纤维或粒状绝热材料既能填充于墙内，也能喷涂于墙面，兼有绝热、吸声、装饰和耐火等效果。

4. 常用绝热材料

绝热材料按化学成分可分为有机和无机两大类；按材料的构造可分为纤维状、松散粒状和多孔状三种。通常可制成板、片、卷材或管壳等多种型式的制品。一般来说，无机绝热材料的表观密度较大，但不易腐朽，不会燃烧，有的能耐高温。有机绝热材料则质轻，绝热性能好，但耐热性较差。

（1）纤维状保温隔热材料。这类材料主要是以矿棉、石棉、玻璃棉及植物纤维等为主要原料，制成板、筒、毡等形状的制品，广泛用于住宅建筑和热工设备、管道等的保温隔热。

（2）散粒状保温隔热材料。散粒状保温隔热材料主要包括膨胀蛭石、膨胀珍珠岩及其制品等。通常是将这些散粒状保温隔热材料配合适量胶结材料（水泥、水玻璃、磷酸盐、沥青等），经拌合、成型和养护（或干燥、或焙烧）后制成板、块和管壳等制品。

（3）多孔性板块绝热材料。多孔性板块绝热材料主要包括微孔硅酸钙、泡沫玻璃、泡沫混凝土、加气混凝土、硅藻土、泡沫塑料等，多用于围护结构、管道保温、复合墙板及屋面板的夹芯层、冷藏及包装等绝热需要等。

三、装饰材料

1. 装饰材料的定义

建筑装饰材料是指主要起装饰作用的材料。材料的装饰特性，就是当材料用于装饰时，能对装饰表现的效果产生影响的材料本身的一些特性。主要包括光泽、质地、底色纹样及花样、质感四个方面的因素。

2. 装饰材料的分类

（1）根据化学成分的不同分类。装饰材料按照化学成分来分可分为以下几个类别：金属材料、非金属材料、复合材料等。

（2）按建筑物装饰部位分类。建筑装饰材料按其在建筑物不同的装饰部位，可分为以下几类：外墙装饰材料、内墙装饰材料、地面装饰材料、吊顶装饰材料、室内装饰用品及配套设备。

3. 装饰材料的发展趋势

（1）多功能性发展。对装饰材料来说，首要的功能是装饰效果。但目前的装饰材料除达到要求的装饰效果之外，还要兼有其他一些功能。

（2）绿色环保建筑装饰材料。未来装饰材料将向着利于人的健康、提高能源效率、减少资源消耗、环境保护等方面发展，形成绿色环保建筑装饰材料产业。

四、吸声、隔声材料

1. 吸声材料

（1）吸声材料定义。对空气传递的声能，有较大程度吸收的材料，称为吸声材料。当声波遇到材料表面时，被吸收声能与入射声能之比，称为吸声系数，即

$$\alpha = \frac{E}{E_0}$$

式中　E——材料吸收的声能；

　　　E_0——材料的全部能量。

（2）吸声原理。声音起源于物体的振动，例如说话时喉间声带的振动和击鼓时鼓皮的振动，都能产生声音，声带和鼓皮就叫做声源。声源的振动迫使邻近的空气随着振动而形成声波，并在空气介质中向四周传播。声音沿发射的方向最响，称为声音的方向性。声音在传播过程中，一部分声能随着距离的增大而扩散；另一部分声能则因空气分子的吸收而减弱。声能的这种减弱现象，在室外空旷处颇为明显，但在室内如果房间的空间并不大，上述的这种声能减弱就不起主要作用，而重要的是室内墙壁、天花板、地板等材料表面对声能的吸收。吸声机理是声波进入材料内部互相贯通的孔隙，受到空气分子及孔壁的摩擦和黏滞阻力，以及使细小纤维作机械振动，从而使声能转化为热能。

（3）常见几种吸声材料。好的吸声材料多为纤维性材料，称多孔性吸声材料，如玻璃棉、岩棉、矿渣棉、棉麻和人造纤维棉、特制的金属纤维棉等。

2. 隔声材料

（1）隔声材料定义。建筑上把主要起隔绝声音作用的材料称为隔声材料。隔声材料主要用于外墙、门窗、隔墙以及隔断等。对于隔声材料，要减弱透射声能，阻挡声音的传播，就不能如同吸声材料那样多孔、疏松、透气，相反它的材质应该是重而密实的，如钢板、铅板、砖墙等一类材料。所有的隔声材料都具有两个重要特性：①密实无孔隙或缝隙；②有较大的重量。

（2）隔声效果影响因素。隔声材料种类繁多，日常人们比较常见的有实心砖块、钢筋混凝土墙、木版、石膏板、铁板、隔声毡、纤维板等。严格意义上说，几乎所有的材料都具有隔音作用，其区别为不同材料间隔音量的大小不同而已。同一种材料，由于面密度不同，其隔音量存在比较大的变化。隔音量遵循质量定律原则，也即隔音材料的单位密集面密度越大，隔音量就越大，面密度与隔音量成正比关系，见图 3-19。

五、建筑节能材料

1. 建筑节能材料的定义

建筑节能，即在建筑中合理使用和有效利用能源，不断提高能源利用率，降低建筑能耗量。建筑节能材料，是指维持建筑物日常使用过程中能耗低的建材，通过改变材料自身的特性来达到建筑节能的目的。开发及利用节能新材料，不仅对环境保护有深远的意义，也有利于社会经济的发展。

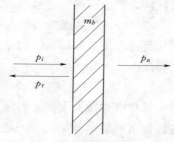

图 3-19　材料隔声示意图

2. 建筑节能材料的主要类型

(1) 新型墙体材料。墙体材料在房屋建材中约占 70%，是建筑材料的重要组成部分。绿色建材是建材发展的方向，因而发展墙体材料，一定要按照建材绿色化的要求，与资源综合利用、保护土地和环境紧密结合起来，通过限制黏土砖，优化墙体材料产业与资源、环境、社会发展的关系，实现墙体材料的可持续发展，促进人与自然的和谐发展。

新型节能墙体材料品种较多，主要包括砖、块、板等，如黏土空心砖、掺废料的黏土砖、非黏土砖、建筑砌块、加气混凝土、轻质板材、复合板材等。EPS 砌块是用阻燃型聚苯乙烯泡沫塑料模块作模板和保温隔热层，而中芯浇筑混凝土的一种新型复合墙体。该类砌块具有构造灵活，结构牢固，施工快捷方便，综合造价低，节能效果好等优点。纳土塔板是由聚苯乙烯、水泥、添加剂和水制成的隔热吸声水泥聚苯乙烯空心板构件经黏合组装成墙体。整个墙体的内部构成纵横上下左右相互贯通的孔槽，孔槽浇筑混凝土或穿插钢筋后再浇筑混凝土，在墙内形成刚性骨架。纳土塔板无钢筋混凝土墙体的平均抗压强度为 20.8MPa，配钢筋混凝土墙体的平均抗压强度为 $32 \sim 35$MPa。同时，具有良好的防火耐火特征。

(2) 保温隔热材料。墙体特别是外墙的传热在建筑物总体传热中占比例最大，我国多采用保温节能墙体。目前，我国的外墙保温技术发展很快，是节能工作的重点。外墙保温技术的发展与节能材料的革新是密不可分的，建筑节能以发展新型节能建材为前提，必须以保温隔热材料作基础。而节能材料的发展必须与外墙保温技术相结合，才能真正发挥其作用。因此，在大力推广外墙保温技术的同时，要加强新型节能材料的开发和利用。目前，保温隔热材料主要有膨胀珍珠岩、矿物棉、玻璃棉、泡沫塑料、耐火纤维、硅酸钙绝热制品等。

(3) 节能门窗和节能玻璃。从目前节能门窗的发展来看，门窗的制造材料从单一的木、钢、铝合金等发展到了复合材料，如铝合金—木材复合、铝合金—塑料复合、玻璃钢等。目前，我国市场主要的节能门窗有：PVC 门窗、铝木复合门窗、铝塑复合门窗、玻璃钢门窗等。就玻璃钢门窗而言，其型材具有极高的强度和极低的膨胀系数，具有广阔的发展前景。

除结构外，对门窗节能性能影响最大的是玻璃的性能。目前，国内外研究并推广使用的节能玻璃主要有：中空玻璃、真空玻璃和镀膜玻璃等。

(4) 建筑垃圾的综合利用。近几年，我国在建筑垃圾开发利用方面投入了相当大的资金，不少地区将建筑垃圾作为一种再生资源，对固体废弃物加以筛分、破碎后制成建筑垃圾砖或用作路基垫层及地基垫层；对不可处理垃圾则堆山造景加以利用。其中，建筑垃圾砖取代传统黏土实心砖作为砌体材料，净化了环境，节约了能源，保护了土地资源，是一种具有经济效益和社会效益的产品，从而使建筑业走上了一条良性循环的经济模式，成为建筑业可持续发展的动力。

3. 建筑节能材料发展趋势

节能环保型建材具有低物耗、低能耗、少污染、多功能、可循环再生利用等特征，集可持续发展、资源有效利用、环境保护、清洁生产等综合效益于一体，成为未来建筑材料发展的主流和趋势。未来我国建筑节能材料发展趋势主要有以下几个方面：

（1）利用可再生资源发展建材。随着资源约束作用发挥越来越明显，利用可再生资源发展建材成为我国新型建材发展的首选道路。通过建材企业对现有产品实行节省资源的措施，如降低单位产品原材料消耗，提高产品成品率等。充分利用回收资源，当前我国工业废渣和生活垃圾年产量惊人，回收利用，替代原材料生产新型建材，不仅可减少环境污染和资源浪费，更重要的是可实现经济、环境的可持续性发展。重点围绕尽可能少用天然资源，降低能耗并大量使用回收废弃物作原料；尽量采用不污染环境的生产技术；尽量做到产品不仅不损害人体健康而应有利人体健康；加强多功能、社会效益好的产品开发。

（2）新材料、新技术的大量采用。发展能源节约型建材就是要发展节能型新型材料，如低辐射镀膜玻璃、太阳能发电材料、高性能保温隔热材料等。在建筑中外围护结构的热损耗较大，外围护结构中墙体又占了很大份额。所以，建筑墙体改革与墙体节能技术的发展是建筑节能技术的一个最重要的环节，发展外墙保温技术及节能材料则是建筑节能的主要实现方式。

第六节 土木工程材料试验

一、材料的基本物理性质试验

（一）密度试验

材料的密度是指材料在绝对密实状态下，单位体积的质量，其主要仪器设备为李氏瓶、天平、量筒等。

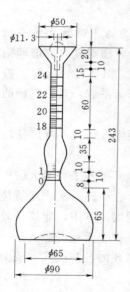

图 3 - 20 李氏瓶

将不与试样起反应的液体（水或煤油）注入李氏瓶中，使液体至突颈下 0～1mL 刻度线范围内，记下刻度数，将李氏瓶放入盛水的容器中，在试验过程中水温控制在（20±0.5）℃（见图 3 - 20）。用天平称取 60～90g 试样，用小勺和漏斗小心地将试样徐徐送入李氏瓶中（下料速度不得超过瓶内液体浸没试样的速度，以免阻塞），直至液面上升至 20mL 刻度左右为止。再称剩余的试样质量，算出装入瓶内的试样质量 m（g）。转动李氏瓶使液体中的气泡排出，记下液面刻度。根据前后两次液面读数算出液面上升得体积 V（cm³），即为瓶内试样所占的体积。

按下式计算试样密度（精确至 0.01g/cm³）。

$$\rho = \frac{m}{V}$$

式中 m——装入瓶中试样的质量，g；

V——装入瓶中试样的体积，cm³。

（二）吸水率试验

材料的吸水率是指材料吸水饱和时的吸水量占干燥材料的质量或体积之比。

首先将三个尺寸为 100mm 的立方体试样放入烘箱内，在（60±5）℃温度下保温 24h，然后在（80±5）℃温度下保温 24h，再在（105±5）℃温度下烘干至恒重，再放到干燥器中冷却至室温，称其质量 m_g（g）。将试件放入水温为（20±5）℃的恒温水槽内，然后加水至试件高度的 1/3 处，过 24h 后再加水至试样高度的 2/3 处，经 24h 后，加水高出试样 30mm 以上，保持 24h。这样逐次加水的目的在于使试件孔隙中空气逐渐逸出。从水中取出试件，用湿布抹去表面水分，立即称取每块质量 m_b（g）。

质量吸水率

$$W_{质} = \frac{m_b - m_g}{m_g}$$

体积吸水率

$$W_{体} = \frac{m_b - m_g}{V_0}$$

式中　m_g——试件干燥质量，g；

　　　m_b——试件吸水饱和质量，g；

　　　V_0——干燥材料在自然状态下的体积，cm^3。

以三个试件吸水率的算术平均值作为测定结果，精确至 0.1%。

二、水泥基本性质测定

（一）水泥细度检验

水泥细度是通过 $80\mu m$ 筛对水泥试样进行筛析试验，用筛网上所得筛余物的质量占试样原始质量的百分数来表示水泥样品的细度。细度检验方法有负压筛法、水筛法和干筛法三种。

水泥试样筛余百分数按下式进行计算（精确至 0.1%），即

$$F = \frac{R_s}{W} \times 100\%$$

式中　F——水泥试样的筛余百分数；

　　　R_s——水泥筛余物的质量，g；

　　　W——水泥试样的质量，g。

水筛法和干筛法均以一次检验测定值作为鉴定结果，两者结果有出入时，以水筛法为准。

（二）水泥标准稠度需水量检验

标准稠度用水量是指水泥净浆以标准方法测试而达到统一规定的浆体可塑性所需加的用水量。通过试验测定水泥净浆达到标准稠度的需水量，作为水泥凝结时间、安定性试验需水量之标准。水泥标准稠度需水量测试方法分为两种：调整水量方法和不变水量方法。当用调整水量方法测定时，以试锥下沉深度为 28±2mm 时的净浆为标准稠度净浆，其拌和水量为该水泥的标准稠度需水量（P），以质量百分数计。即

$$P = \frac{拌合用水量}{水泥质量} \times 100\%$$

计算结果如超出范围，须另称取试样，调整加水量，重做试验，直至达到 28±2mm 时为止。

用不变水量方法测定时，根据测得的试锥下沉深度 S（mm），可按下式计算标准稠度需水量为

$$P = 33.4 - 0.185S$$

当试锥下沉深度小于 13mm 时，应改用调整水量方法测定。

（三）水泥净浆凝结时间的测定

测定水泥加水至开始失去可塑性（初凝）和完全失去可塑性（终凝）所用的时间，可以评定水泥的技术性质。初凝时间可以保证混凝土施工过程（即搅拌、运输、浇注、振捣）的完成。终凝时间可以控制水泥的硬化及强度增长，以利于下一道施工工序的进行。

称取水泥试样 400g，用标准稠度用水量拌制成水泥净浆，立即装入圆模，振动数次后，刮平，然后放入湿汽养护箱内，记录开始加水的时间作为凝结时间的起始时间。测定时，从湿汽养护箱内取出圆模，放到试针下，使试针与净浆面接触，拧紧螺丝，1～2s 后突然放松，试针自由垂直地沉入净浆，观察试针停止下沉时指针读数。初凝时间是指自水泥加水时起，至试针沉入净浆中距离底板 2～3mm 时，所需的时间即为初凝时间。终凝时间是指自水泥加水时起，至试针沉入净浆中不超过 1～0.5mm 时，所需的时间即为终凝时间。

（四）水泥体积安定性检验

如果用含有较多游离 CaO、MgO 或 SO_3 的水泥拌制混凝土会使混凝土出现龟裂、翘曲甚至崩溃，造成建筑物的漏水，加速腐蚀等危害。所以，必须检验水泥加水拌和后在硬化过程中体积变化是否均匀。

水泥体积安定性用试饼法或雷氏法检验，有争议时以雷氏法为准。试饼法是观察水泥净浆试饼沸煮后的外形变化来检验水泥的体积安定性。雷氏法是测定水泥净浆在雷氏夹中沸煮后的膨胀值。

三、普通混凝土指标检验

1. 普通混凝土的配制

实验室拌合混凝土时，材料用量应以质量计。称量精度：骨料为 ±1%；水、水泥、掺合料、外加剂均为 ±0.5%。混凝土拌合物的制备应符合 JGJ 55—2000《普通混凝土配合比设计规程》中的有关规定，从试样制备完毕到开始做各项性能试验不宜超过 5min（不包括成型试件）。

2. 普通混凝土抗压强度

评价普通混凝土的一个重要指标是混凝土的抗压强度试验，其具体方法如下：

按相关规范制备立方体混凝土试件。将试件放在试验机的下压板正中，加压方向应与试件捣实方向垂直。调整球座，使试件受压面接近水平位置。加荷应连续而均匀。当混凝土强度等级低于 C30 时，加荷速度取 0.3～0.5MPa/s；当混凝土强度等级等于或大于 C30 时加荷速度取 0.5～0.8MPa/s；当试件接近破坏而开始迅速变形时，应停止调整试验机油门，直至试件破坏。然后记录破坏荷载 F（N）。

试件的抗压强度 f 按下式计算

$$f = \frac{F}{A}$$

式中　F——试件的破坏荷载，N；

　　　A——试件受压面积，mm^2。

四、建筑砂浆试验

1. 砂浆拌合物试样制备

试验室拌制砂浆时，材料称量的精确度：水泥、外加剂等为±0.5%；砂、石灰膏、黏土膏、粉煤灰和磨细生石灰粉为±1%。

试验室用搅拌机拌制砂浆时，先拌适量砂浆，使搅拌机内壁黏附一层水泥砂浆；然后将称量好的水泥和砂装入搅拌机，开动搅拌机，加入适量水，搅拌3min，使物料拌和均匀（搅拌的用量不宜少于搅拌机容量的20%，搅拌时间不宜少于2min）。人工拌合时，将称量好的水泥和砂放入拌板上搅拌均匀，呈圆锥形，在中间做一凹坑，将称好的石灰膏或黏土膏倒入凹坑中，再倒入适量水将石灰膏或黏土膏稀释，然后与水泥和砂共同拌和，并逐渐加水，观察混合料色泽一致，和易性满足要求为止，拌和时间一般需5min。

2. 砂浆稠度试验

将砂浆拌合物一次装入容器，使砂浆表面低于容器口约10mm左右，用捣棒插捣25次，然后轻轻地将容器摇动或敲击5~6下，使砂浆表面平整，将容器移至砂浆稠度仪的底座上。放松试锥滑杆的制动螺丝，向下移动滑杆，当试锥尖端与砂浆表面刚接触时，拧紧制动螺丝，使齿条侧杆下端刚接触滑杆上端，并将指针对准零点。拧开制动螺丝，同时计时间，待10s立即固定螺丝，从刻度盘上读出下沉深度（精确至1mm）。圆锥形容器内的砂浆，只允许测定一次稠度，重复测定时，应重新取样测定。取两次试验结果的算术平均值作为砂浆稠度测定值（精确至1mm），如测定值两次之差大于20mm时，则应重新配料测定，见图3-21。

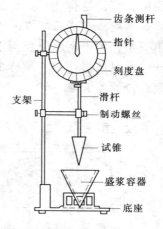

图3-21 砂浆稠度试验仪

3. 砂浆抗压强度试验

将试件放在试验机的下压板上，使承压面应与成型时的顶面垂直。试件的中心应与试验机下压板中心对准。开动试验机，当上压板与试件接近时，调整球座，使接触面均衡受压，均匀加荷。加荷速度应为每秒钟0.5~1.5kN（砂浆强度5MPa及5MPa以下时，取下限为宜，砂浆强度5MPa以上时，取上限为宜），当试件接近破坏而开始迅速变形时，停止调整试验机油门，直至试件破坏，然后记录破坏荷载。其计算公式如下

$$f = \frac{N_u}{A}$$

式中　f——砂浆立方体抗压强度，MPa；

　　　N_u——立方体破坏压力，N；

　　　A——试件承压面积，mm^2。

以六个试件测试值的算术平均值作为该组试件的抗压强度值。当六个试件的最大值或最小值与平均值的差超过20%时，以中间四个试件的平均值作为该组试件的抗压强度值。

五、沥青技术指标检验

1. 针入度试验

针入度是黏稠石油沥青稠度的主要指标，是确定石油沥青牌号的主要依据之一。其主

要步骤如下：将熔化的试样倒入预先选好的试样皿中。试样深度应大于预计穿入深度 10mm。待冷却后，浸入水温为（25±0.5）℃的恒温水浴中，恒温 1~0.5h。到恒温时间后，取出试样皿，再将平底玻璃皿放在针入度计的旋转圆形平台上。慢慢放下针连杆，使针尖刚好与试样表面接触，但不得刺入试样内。拉下活杆与针连杆顶端接触，此时刻度盘指针的读数即为试样的针入度。测试时，应注意同一试样重复测定至少三次，各测定点之间及测定点与试样皿边缘之间的距离不应小于 10mm。以三次试验结果的算术平均值作为该石油沥青的针入度（1/10mm），取至整数。

2. 软化点

石油沥青的软化点是试样在测定条件下，因受热而下坠达 25.4mm 时的温度，以℃表示。它是反映沥青耐热度与温度稳定性的指标，是确定沥青牌号的依据之一。将沥青试样熔化并注入试样环内，冷却。将盛试样的环水平地安放在环架中承板的孔内，然后放在盛有新煮沸过的蒸馏水的烧杯中（水温保持在 5±0.5℃）。给试样环套上钢球定位器，调整液面至深度标记。将烧杯整体加热，试样受热软化下坠至与下承板面接触时的温度即为试样的软化点。以平行测定两个结果的算术平均值作为该试样的软化点。

3. 延度

通过测定石油沥青的延度，以了解其塑性（即沥青在外力作用下产生变形而不破坏的能力）的大小，并以此作为评定石油沥青牌号的指标之一。延度测试一般采用"8"字试模来制备沥青试样，通过沥青延度仪器测试石油沥青的延度，见图 3-22。

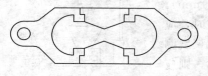

图 3-22　"8"字试模

将加热后的沥青试样呈细流状，自模的一端至另一端往返倒入，使试样充满模具。冷却后，将试件移至延度仪水槽中，将模具两端的孔分别套在滑板及槽端的金属柱上，然后去掉侧模。延度仪以 5cm/min 的速度拉伸，试件拉断时指针所指标尺上的读数，即为试样的延度，以 cm 计。取平行测定三个结果的算术平均值作为测定结果。

六、钢筋试验

（一）拉伸试验

通过拉伸试验测定钢筋的屈服点、抗拉强度和伸长率等指标，以评定钢材的质量。

1. 屈服点的测定

将钢筋试样夹在试验机夹具中，开动试验机。屈服前，应力增加速度 10MPa/s，且应在屈服开始前使应力速率固定；屈服后，试验机上、下夹头在荷载作用下的分离速度不大于 0.5L/min。拉伸中，测力度盘的指针停止转动时的恒定荷载，即为所求的屈服荷载 P（N）。按下式计算试件的屈服点 σ 为

$$\sigma = \frac{P}{A_0}$$

式中　P——试件屈服时的荷载；

　　　A_0——试件的原横截面积，mm^2。

2. 抗拉强度的测定

向试件连续施加荷载直至拉断，由测力度盘读出最大荷载 P_b（N），按下式计算试件的抗拉强度为

$$\sigma = \frac{P_b}{A_0}$$

式中　P_b——试件拉断时的最大荷载，N；

　　　A_0——试件的原横截面积，mm^2。

3. 伸长率的测定

伸长率按下式计算（精确至1%），即

$$\delta = \frac{l_1 - l_0}{l_0} \times 100\%$$

式中　l_0——原标距长度；

　　　l_1——试件拉断后直接量出或按位移法确定的标距部分长度，mm；测量精确至 0.1mm。

（二）冷弯试验

冷弯试验是检验钢筋在承受规定弯曲程度的弯曲变形能力，并显示其缺陷，是评定钢筋质量的指标之一，见图 3-23。

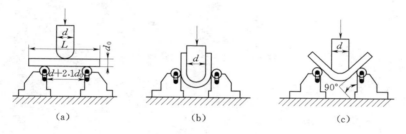

图 3-23　钢筋冷弯试验装置图

（a）装好的试件；（b）弯曲180°；（c）弯曲90°

按上图所示装置好试件，开动试验机，缓慢、平稳地施加荷载，使试件弯曲到规定的角度或出现裂纹、裂缝、裂断为止。Ⅰ、Ⅱ级钢筋弯曲角为180°。Ⅲ、Ⅳ级钢筋弯曲角为90°。试件经弯曲后按有关材料规定检查弯曲处的外面及侧面，进行评定。如未作具体规定，一般以无裂纹、裂缝、裂断或起层即认为试件合格。

习　　题

1. 何为材料的强度？材料的抗压、抗拉强度如何进行计算？

2. 弹性变形和塑性变形有何不同？

3. 什么是材料的导热性？用什么表示？

4. 通用水泥有哪些品种，各有什么性质和特点？

5. 硅酸盐水泥的主要矿物成分是什么？

6. 普通混凝土的基本组成材料有哪些？各自在混凝土中起什么作用？

7. 混凝土强度怎样测定？强度等级如何划分？

8. 影响砂浆的主要因素有哪些？

9. 说明木材腐朽的原因，有哪些方法可以防止木材腐朽？

10. 用于道路路面的沥青混合料的技术性质有哪些？

11. 石油沥青的主要技术性质是什么？各用什么指标表示？

第四章 土木工程结构的设计方法

第一节 工程结构的受力分析

一、结构上的作用

工程结构（如房屋、桥梁、隧道等）最重要的一项功能是承受其使用过程中可能出现的各种环境作用。例如房屋结构要承受结构的自重、人群和家具的重量以及风和地震的作用等；桥梁结构要承受车辆的重力、制动力和冲击力、水流的压力等；隧道结构要承受水土压力、爆炸作用等。

（一）作用及作用效应

国际标准化组织（ISO）与我国 GB 50068—2001《建筑结构可靠度设计统一标准》对结构的作用所给出的定义是：施加在结构上的集中力或分布力（直接作用，也称荷载）和引起结构外加变形或约束变形的原因（间接作用，如地震、基础沉降、温度变化等），都称为结构上的作用，是结构能产生效应（如内力、变形、应力、应变和裂缝等）的各种原因的总称。

从作用的概念及其作用形式而言，结构上的作用可分为直接作用和间接作用两类。

直接作用是指直接施加于结构上的集中或分布的力，如结构构件自重，楼面上的人群、物品、设备的重力，吊车荷载，风压力、雪压力等。它们都是以力的形式作用于结构上，有时也称为结构的荷载。

间接作用是指引起结构外加变形或约束变形的其他原因，以变形形式作用于结构，如温度变化、地基变形或基础沉降、结构材料的收缩或徐变、焊接变形、地震等。但它们不是直接以力的形式出现的，故称为间接作用。

作用效应（S）是指结构（或构件）在各种作用因素的的作用下，引起的结构或其构件的内力和变形。如轴力、弯矩、剪力、扭矩、应力和挠度、转角、应变、裂缝等。当"作用"为"荷载"时，其效应也可称为荷载效应。由于结构上的作用是随时间、地点和各种条件的改变而变化的，是一个不确定的随机变量，所以作用（荷载）效应一般也是随机变量。

作用在结构上的作用 Q 与作用效应 S 之间，在简单情况下一般可近似按线性关系考虑，即：

$$S = CQ \qquad (4-1)$$

式中　C——荷载效应系数，与结构型式和荷载情况有关；

　　　Q——某种荷载；

　　　S——荷载效应。

例如，一简支梁的跨中作用一集中荷载 Q，计算最大弯矩时，$C = l/4$，l 为梁的跨度。

结构（构件）抗力（R）是指结构或构件承受内力和变形等作用效应的能力。如构件的承载能力、刚度等。结构或构件的抗力是结构或构件材料性能（强度、弹性模量等）、几何参数和计算模式的函数。由于材料性能的变异性、构件几何特征的不确定性和计算模式的不确定性，结构或构件的抗力也是随机变量。

（二）作用的分类

为了便于工程结构设计，且利于考虑不同的作用所产生的效应的性质和重要性的不同，对结构承受的各种环境作用，可按 GB 50068—2001《建筑结构可靠度设计统一标准》确定的原则分类。

1. 按随时间的变异分类

作用按随时间的变异分类，是对作用的基本分类。作用按其随时间的变异，分为永久作用、可变作用、偶然作用三类。它直接关系到概率模型的选择，而且按各类极限状态设计时所采用的作用代表值一般与其出现的持续时间长短有关。

（1）永久作用，在设计基准期内（结构使用期）量值不随时间变化，或其变化与平均值相比可以忽略不计的作用。例如结构自重、土压力、水位不变的水压力、预应力、混凝土收缩、基础沉降和焊接变形以及引起结构外加变形或约束变形的各种施工因素等。其中直接作用称为永久荷载，一般称恒荷载，简称荷载。

（2）可变作用，在设计基准期内其量值随时间变化，且其变化与平均值相比不可忽略的作用。例如楼面活荷载、施工安装荷载、车辆荷载、风荷载、雪荷载、波浪荷载、吊车荷载和积灰荷载，温度变化、水位变化的水压力、中小地震以及收缩和徐变等。其中直接作用可称为可变荷载，一般称活荷载，简称恒载。

（3）偶然作用（异常荷载），在设计基准期内不一定出现，而一旦出现，其量值很大且持续时间很短的作用。例如爆炸、撞击、罕遇的地震、龙卷风、火灾、极其严重的腐蚀、洪水作用等。偶然荷载还包括工艺过程突然破坏，设备临时故障或损坏引起的荷载；土壤结构发生变化而引起地基不均匀变形的作用（如膨胀土或永冻土融化时产生的地基沉降变形）；矿山采空区和喀斯特地区地面土变形的作用；人为破坏和恐怖活动等。

2. 按随空间位置的变异分类

作用按随空间位置的变异分类，是由于进行荷载效应组合时，必须考虑荷载在空间的位置及其所占面积大小。

（1）固定作用，在结构空间位置上具有固定分布的作用；固定作用的特点是在结构上出现的空间位置固定不变，但其量值可能具有随机性，例如房屋建筑楼面上位置固定的设备荷载、屋盖上的水箱和结构的自重等。

（2）自由作用（可动作用），在结构上一定范围内可以任意分布的作用。自由作用的特点是可以在结构的一定空间上任意分布，出现的位置及量值都可能是随机的，例如楼面的人员荷载、吊车荷载等。

由于自由作用可以任意分布，结构设计时应考虑它在结构上引起最不利效应的分布情况。

3. 按结构的反应特点分类

（1）静态作用，使结构产生的加速度可以忽略不计的作用，例如结构自重、土压力、温度变化等。

（2）动态作用，使结构产生的加速度不可忽略不计的作用，例如地震、冲击、爆炸、高耸结构的风荷载等。

作用按结构的反应分类，主要是因为进行结构分析时，对某些出现在结构上的作用需要考虑其动力效应（加速度反应），设计时须采用结构动力学方法进行结构分析。

二、土木工程力学基础

在正常情况下，建筑结构或构件相对于地球是静止的，工程上叫做平衡状态。建筑结构或构件处于平衡状态的最基本的条件就是平衡条件。力学基础就是利用力的平衡求出作用在结构或构件上的力的个数及大小，为结构设计打下基础。

（一）力的性质

1. 力的概念

在长期的生产和生活中，通过反复的观察、实验和分析抽象，得出了力的定义：力是物体间相互的机械作用，这种作用的结果是使物体的机械运动状态发生改变，或使物体变形。因此，力不能离开物体而存在，它总是成对出现。

物体间机械作用的形式是多种多样的。一个力对物体作用的效应，一般可以分为两个方面：一是使物体的机械运动状态发生改变，称之为力的运动效应或外效应；二是使物体的形状发生改变，称之为力的变形效应或内效应。

2. 力的三要素

力对物体的作用效应由力的大小、方向和作用点三要素所决定。力一般采用国际单位制，力的单位是牛顿（N）或千牛顿（kN）。

力的作用点是力作用在物体上的位置。实际上，当两个物体直接接触时，力总是分布地作用在一定的面积上。当力作用的面积很小以至可以忽略其大小时，就可以近似地将力看成作用在一个点上。作用于一点上的力称为集中力。

如果力作用的面积很大，这种力称为分布力。例如，作用在墙上的风压力或压力容器上所受到的气体压力，都是分布力。有的力不是分布地作用在一定的面积上，而是分布地作用于物体的每一点上，如地球吸引物体的重力。

3. 力的图示法

力是矢量。一般用带箭头的直线段表示力的三要素，如图4-1所示。线段的长度 AB 按一定的比例尺表示力的大小；线段的方位和箭头的指向表示力的方向；线段的起点（或终点）表示力的作用点。通过力的作用点沿力的方位画出的直线，如图4-1中的 KL，称为力的作用线。代表力矢量的符号常用黑体字表示，如 P。

为了便于后面研究问题的方便，现给出以下定义：

（1）同时作用在物体上的一群力或一组力称为力系。按照力系中各力作用线分布的不同，力系可分为：汇交力系、力偶系、平行力系和一般力系。

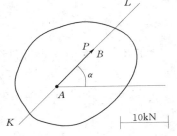

图4-1　力的三要素

（2）如果物体在某一力系作用下保持平衡状态，则该力系称为平衡力系。

（3）作用在物体上的一个力系，如果可用另一个力系来代替，而不改变力系对物体的作用效果，则这两个力系称为等效力系。

4. 刚体的概念

任何物体在力的作用下，都会产生变形。但是在正常情况下，实际工程中结构或构件产生的变形极为微小，对于研究物体的平衡问题影响很小，可以忽略不计。因而可以将物体视为不变形的理想物体——刚体，也使所研究的问题得以简化。在任何外力的作用下，大小和形状保持不变的物体称为刚体。显然，现实中刚体是不存在的；任何物体在力的作用下，总是或多或少地发生一些变形。

在静力学中，主要研究的是物体的平衡问题，为研究问题的方便，则将所有的物体均看成是刚体。然而，在材料力学中，主要讨论物体受力作用后会不会破坏，主要是研究物体在力作用下的变形和破坏，必须将物体看成变形体。

（二）力的合成与分解

作用在物体上的某一点的力是个矢量，力对物体的效应是由力的三要素来决定。如果一个力与一个力系等效，则该力称为此力系的合力，而力系中的各力称为此合力的分力。将几个力合成为一个力，叫做力的合成；反之，如果将一个力分解成两个或几个力，叫做力的分解。

最简单的一种情况是：作用于物体上同一点的两个力，或其作用线相交于一点的两个力的合成，用相交两力为邻边作一平行四边形，从两力交点作该平行四边形的对角线，即为其合力。这就是力的平行四边形法则。

如图 $4-2$ （a）所示，P_1、P_2 两力作用在某一物体的 A 点，两力的夹角为 α。过 A 点按比例画出 P_1、P_2，以 P_1、P_2 为邻边作平行四边形 $ABCD$，对角线 AC，就是 P_1 与 P_2 的合力 R。对角线 AC 线段的长度就是合力的大小，其方向也即为合力 R 的方向。

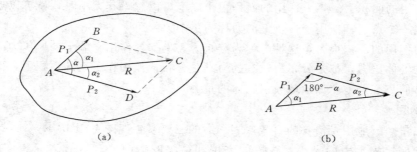

（a）

（b）

图 $4-2$　力的合成

（a）平行四边形法则；（b）三角形法则

在求合力 R 时，也可只作平行四边形的一半，如图 $4-2$ （b）所示，从力矢 P_1 的终点 B，作力矢 P_2，首尾相接成一折线 ABC，连接 AC 两点，即得到合力 R。这就是力的三角形法则。对此推广到一个力系，作力矢的多边形，见图 $4-3$。

图 $4-3$　力的多边形

从以上分析可以知道，合力 R 等于力系中各力 P_i 的矢量和，而不是代数和。

反之，一个力也可分解成若干个分力，不过力的分解不像合成那样得到唯一答案，如果没有给出必要的附加条件，答案将是不定的。在分析计算时，常将一个力沿直角坐标轴方向分解成两个分力，即正交分解，此时解答将是唯一的。

力系的合成还可以利用力的平行四边形的几何关系求得，凡是用数学演算来求解问题的方法，称之为数解法。由图 4-2（b）可见 P_1、P_2、R 三者几何关系。

余弦定理：

$$R^2 = P_1^2 + P_2^2 + 2P_1P_2\cos(180° - \alpha) = P_1^2 + P_2^2 + 2P_1P_2\cos\alpha \qquad (4-2)$$

正弦定理：

$$\frac{R}{\sin\alpha} = \frac{P_1}{\sin\alpha_2} = \frac{P_2}{\sin\alpha_1} \qquad (4-3)$$

由式（4-2）、式（4-3）可得合力 R 的数值与方向（α_1、α_2）。

为了用数解法研究力系的合成，引入力在坐标轴上投影的概念。设力 P 作用在物体点 A 处，过力 P 所在平面的任意点 O 作直角坐标系 xOy，见图 4-4。自力矢的始端 A 和末端 B 分别向坐标轴作垂线，两垂足间的线段长度加以正负号，称为力在坐标轴上的投影。图中 ab 线段即为力在 x 轴上的投影，记为 X，且规定：当从力的始端的投影 a 到末端的投影 b 的方向与投影轴 x 的正向一致时，投影取正值；反之取负值。同理也可确定力 P 在 y 轴上的投影 a_1b_1，用 Y 表示。

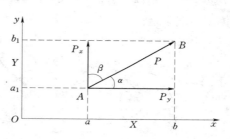

图 4-4　力在坐标轴上的投影

图中分力 P_x 和 P_y 的大小与力 P 在对应坐标轴上的投影的绝对值是相等的，但是应该注意的是：分力是矢量，而力在坐标轴上投影是标量，所以不能将分力与投影混为一谈。

设力 P 与 x 轴和 y 轴的正向间的夹角分别为 α 和 β。则由图 4-4 可得：

$$X = P\cos\alpha$$
$$Y = P\cos\beta \qquad (4-4)$$

式中：α 和 β 分别为力 P 与 x 和 y 轴所夹的锐角；X 和 Y 的正负号可按上面提到的规定直观判断得出。

显然，如果已知力 P 在坐标轴上的投影 X 和 Y，则可确定力 P 的大小和方向。

$$P = \sqrt{X^2 + Y^2}$$
$$\cos\alpha = X/P$$
$$\cos\beta = Y/P \qquad (4-5)$$

其中 $\cos\alpha$ 和 $\cos\beta$ 分别称为力 P 的方向余弦。

合力投影定理：平面汇交力系的合力在任一轴上的投影，等于各分力在同一轴上投影的代数和。即：

$$X = X_1 + X_2 + \cdots + X_n = \sum X_i$$
$$Y = Y_1 + Y_2 + \cdots + Y_n = \sum Y_i \qquad (4-6)$$

式中"$\sum$"表示求代数和。必须注意式中各投影的正、负号。

同理由式（4-5）可求得合力 R 的大小和方向：

$$R = \sqrt{X^2 + Y^2} = \sqrt{(\sum X_i)^2 + (\sum Y_i)^2}$$
$$\cos\alpha = X/R \qquad\qquad\qquad\qquad (4-7)$$
$$\cos\beta = Y/R$$

（三）静力学公理

所谓公理就是指符合客观实际，不能用更简单的原理去代替，也无需证明而为大家所公认的普遍规律。静力学公理是研究力系简化和平衡问题的基础。

1. 二力平衡公理（公理 1）

作用在同一刚体上的两个力，使刚体平衡的必要和充分条件是：这两个力大小相等，方向相反，作用在同一条直线上。如图 4-5 中，若物体在两力作用下保持平衡，则此两力必定大小相等，方向相反，并沿着作用点 A、B 的连线作用在同一物体上，否则，该物体就不能平衡。

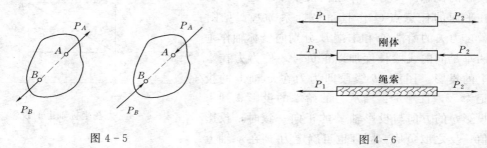

图 4-5　　　　　　　　　　　　　　　　图 4-6

上述的二力平衡公理对于刚体是充分的也是必要的，而对于变形体只是必要的，而不是充分的。如图 4-6 所示的绳索的两端若受到一对大小相等、方向相反的拉力作用可以平衡，但若是压力就不能平衡。在工程结构中，经常遇到只受二力作用而处于平衡的杆件或构件，这类构件称为二力构件或二力杆。

2. 加减平衡力系公理（公理 2）

在作用于刚体上的任意力系中，加上或去掉任何平衡力系，并不改变原力系对刚体的作用效果。在刚体上加上或去掉一个平衡力系，是不会改变刚体原来的运动状态的。公理 2 是对力系进行简化的重要理论依据。

应用公理 1 和公理 2 可以得到一个重要推论。

推论 1（力的可传性原理）

作用于刚体上的力，可以沿其作用线移动到刚体内任意一点，而不会改变该力对刚体的作用效果。例如，用绳拉车，或者沿绳子同一方向，以同样大小的力用手推车，对车产生的运动效果相同，如图 4-7 所示。

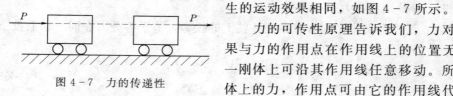

图 4-7　力的传递性

力的可传性原理告诉我们，力对刚体的作用效果与力的作用点在作用线上的位置无关。即力在同一刚体上可沿其作用线任意移动。所以对作用在刚体上的力，作用点可由它的作用线代替，力的三要素变为：力的大小、方向和作用线。

应当注意，力的可传性只适用于同一个刚体，不适用于两个刚体。如图 4 - 8 （a），两平衡力 P_1、P_2 能使两物体 A、B 保持平衡；但是，如果将 P_1、P_2 各沿其作用线移动成为如图 4 - 8 （b）所示的情况，则两物体各受一个拉力作用而将被拆散失去平衡。另外，力的可传性原理也不适用于变形体。如图 4 - 9 （a）将产生伸长变形，而图 4 - 9 （b）所示物体将产生压缩变形，变形形式发生了变化。

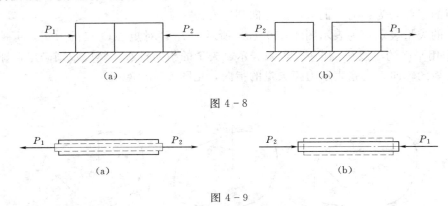

图 4 - 8

图 4 - 9

3. 力的平行四边形法则（公理 3）

作用在物体上同一点的两个力，可以合成为一个合力。合力的作用点仍在该点，合力的大小和方向由以原来的两个力为邻边所构成的平行四边形的对角线来确定。即合力等于原来的两个力的矢量和 $R = P_1 + P_2$，见图 4 - 2 （a）。

推论 2（三力平衡汇交定理）

一刚体受共面不平行的三力作用而平衡时，此三力的作用线必汇交于一点。

三力平衡汇交定理给出了不平行的三个力平衡的必要条件。

4. 作用与反作用定律（公理 4）

两个相互作用物体之间的作用力与反作用力大小相等，方向相反，沿同一直线且分别作用在这两个物体上，这就是牛顿第三定律。这个定律说明了两物体间相互作用力的关系，无论是静止的还是运动的，这一定律都普遍适用。

力总是成对出现的，有作用力必有一反作用力，且总是同时产生又同时消失的。作用力和反作用力用相同的符号表示，在其中的一个右上方加一撇，如 F、F'。应该注意的是，不能把作用与反作用定律与二力平衡公理混淆。

（四）力矩和力偶

1. 力矩

以扳手拧紧螺帽为例，螺帽绕其中心转动，手上用得力越大，螺帽拧得越紧，有时为了省力，在扳手上套一根管子，使拧紧螺帽所需要作用的力减小或将螺帽拧得更紧。由此可知，使扳手绕某点的转动效应不仅与力 P 的大小成正比，而且与该点到离的作用线的垂直距离成正比。用力的大小与 O 点到它的作用线的垂直距离 h 的乘积来表示力 P 使物体绕 O 点转动的效应，称作力 P 对 O 点的矩，简称力矩，写作 $M_o(P)$。h 称作为力臂；

O 点称作矩心。力 P 对 O 点之矩的数学表达式为:

$$M_o(P) = \pm Ph \tag{4-8}$$

力矩的单位是 N·m 或 kN·m。对于平面力系来说，力矩使物体转动只有两种不同的转向，习惯上规定：使物体产生逆时针转动（或转动趋势）的力矩取为正值；反之则为负值。

需要注意的是力矩必须与矩心相对应，同一个力对于不同的矩心，其力矩也就不同。所以力矩的三要素为：力矩的大小、方向和矩心。

力矩的矢量表示：为表示图 4-10 (a) 所示的力 P 对矩心 O 点的力矩，可从矩心 O 沿 P 力作用平面的法线 On 作一矢量来表示。矢量的指向按右手螺旋规则确定，即四个手指表示力矩的转向，拇指表示力矩矢量的指向，见图 4-10 (b)。

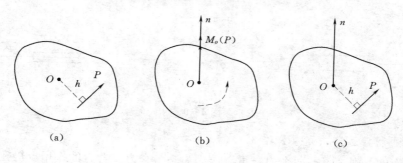

图 4-10

在日常生活和工程实际中，都存在着一个物体绕一个特定的轴线转动的问题。例如门、窗的启闭。如图 4-10 (c) 所示，若力 P 作用平面与垂直轴（On）的交点为 O，由 O 点向 P 力作垂线 h，那么，力对该轴之矩为：

$$M_n(P) = Ph \tag{4-9}$$

在工程实际中，有时直接计算一力对某点力臂的值较麻烦，而计算该力的分力对该点的力臂值却很方便。这时可用合力矩定理求解比较简单。合力矩定理表述为：平面内合力对某一点之矩等于其分力对同一点之矩的代数和。

工程中常对一些构件作抗倾覆验算，也要利用力矩的概念，如图 4-11 所示的悬挑阳台，阳台上的荷载、自重及其栏杆的水平推力均可能使整个阳台绕 A 点产生转动而发生倾覆，它们对 A 点之矩称为倾覆力矩；而作用于阳台梁上的墙体重量和其他荷载具有抵抗倾覆的能力，它们对 A 点产生的反力矩称为抗倾覆力矩。

2. 力偶

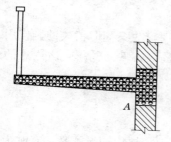

图 4-11　阳台示意图

(1) 力偶与力偶矩。用丝锥攻丝作用于扳手上两个力，大小相等、方向相反，作用线相互平行的两个力的作用。但这两个力不满足二力平衡条件。在力学上，把大小相等、方向相反且不共线的两个平行力组成的力系，称为力偶。力偶的两力之间的垂直距离 d 成为力偶臂，力偶中两力所在的平面称为力偶作用面。

力偶只能改变物体的转动状态，力偶不能与一个力等效，即力偶没有合力，力偶只能用力偶来平衡。力和力偶是静力学的两个基本要素。

力偶对物体的转动效应可用力偶矩来度量，其大小恒等于力与力偶臂的乘积，与矩心位置无关。力偶在平面内的转向不同，其作用效应也不同。平面力偶对物体的作用效应，由力偶矩的大小和力偶在作用面内的转向两个因素决定。

因此，平面力偶矩可视为代数量，以 M 或 M（P, P'）表示。即：

$$M = M(P, P') = \pm Pd \tag{4-10}$$

力偶矩是一个代数量，其绝对值等于力的大小与力偶臂的乘积，正负号表示力偶的转向，一般逆时针转向为正，反之则为负。力偶矩的单位是 N·m。

（2）平面力偶系的合成与平衡。在同一平面内的任意个力偶可合成为一个合力偶，合力偶矩等于各个力偶矩的代数和。可写为：

$$M = \sum M_i \tag{4-11}$$

由合成结果可知，力偶系平衡时，其合力偶矩等于零。因此，平面内力偶系平衡的必要和充分条件是：所有各力偶矩的代数和等于零。即：

$$\sum M_i = 0 \tag{4-12}$$

（五）平面力系

1. 平面任意力系向作用平面内一点的简化

各力的作用线均在同一平面内且任意分布的力系称为平面任意力系或称为平面一般力系。前面讨论的平面汇交力系和平面力偶系是其特殊的力系。

（1）力的平移定理。

力的平移定理：作用于刚体上的力可以平行移动到刚体内的任意一点，欲不改变它对刚体的作用效应，必须附加一力偶，附加力偶的力偶矩等于原力对新的作用点之矩。定理的证明过程可参照图 4-12，力 P 由作用在 A 点移动到 B 点，附加一个力偶 $M = P \cdot d$。

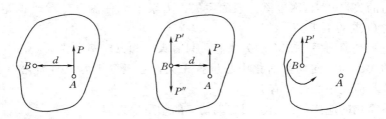

图 4-12 力的平移

力平移后可得到同平面的一个力和一个力偶。反过来，同平面的一个力 P_1 和力偶矩为 M 的力偶也一定能合成为一个大小和方向与力 P_1 相同的力 P。其作用点到力 P_1 的作用线的距离为：

$$d = |M| / P_1 \tag{4-13}$$

力的平移定理不仅是力系简化的理论依据，而且还可用来解释一些实际的问题。例如，用丝锥攻丝时，必须用双手握扳手，用力要相等，力偶使丝锥转动；不允许用一只手扳动扳手，否则使丝锥产生弯曲，甚至折断。

（2）平面任意力系向任一点简化。

设刚体上作用有 n 个力（P_1，P_2，…，P_n）组成的任意力系，如图 4-13（a）所示。在平面内任选一点 O 为简化中心，应用力的平移定理，将各力平移到 O 点，于是得到汇交于 O 点的平面汇交力系 P'_1，P'_2，…，P'_n 及平面力偶系 M_1，M_2，…，M_n，如图 4-13（b）所示。其中：

$$P'_i = P_i, \ M_i = M_O(P_i) \quad (i = 1, 2, \cdots, n)$$

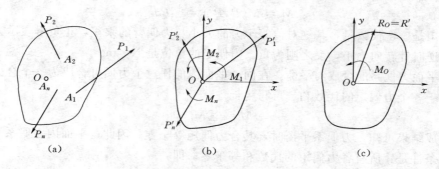

图 4-13　力系的简化

一般情况下，平面汇交力系 P'_1，P'_2，…，P'_n 可以合成为作用于 O 点的一个力 R_O；平面力偶系可合成一个合力偶，合力偶的力偶矩 M 等于各附加分力偶力偶矩的代数和，如图 4-13（c）所示。于是有：

$$R_O = P'_1 + P'_2 + \cdots + P'_n = P_1 + P_2 + \cdots + P_n = \sum_{i=1}^{n} P_i$$

$$M_O = M_1 + M_2 + \cdots + M_n = \sum_{i=1}^{n} M_O(P_i)$$

平面任意力系向作用面内任一点 O 简化，一般可得到一个力和一个力偶。我们把力系中所有各力的矢量和 R_O 称为该力系的主矢。力系中所有各力对 O 点的矩的代数和 M_O 称为该力系对 O 点的主矩。

注意主矢只是原力系中各力的矢量和，只有大小和方向两个要素，它不涉及作用点的问题，主矢的大小和方向均与简化中心位置无关；主矩等于力系对简化中心之矩的代数和，主矩一般与简化中心位置有关。

（3）力系简化的应用——分析固定端约束的约束反力。

固定端（插入端）是工程中常见的一种典型约束。其结构特点为被约束体的一部分固嵌于约束体内部，即物体受约束的一端既不能向任何方向移动，也不能转动。例如插入地下的电线杆、楼房的阳台、悬臂梁等均属于这种约束。以悬臂梁为例分析固定端的约束反力。如图 4-14 所示一悬臂梁，一端嵌入墙体内 ［图 4-14（a）］，使梁固定不动，即为梁的固定端约束。

在荷载（或主动力）的作用下，由于夹持和水泥封闭的原因，使物体与约束的接触点具有任意性，物体被固定的一段上所受的约束反力是任意分布的，将作用于固定端上的约束反力向 A 点简化，得到一约束反力 R_A 和一约束反力偶 M_A ［图 4-14（b）］，约束反力亦可用两个相互垂直的分力 X_A 和 Y_A 表示 ［图 4-14（c）］。

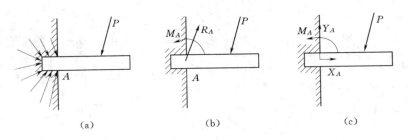

图 4-14　固定约束及反力

（4）简化结果分析与讨论。

平面任意力系向作用面内任一点 O 简化，一般可得到一个主矢 R' 和一个主矩 M_O。其主矢 R' 和主矩 M_O 可能有下列四种情况：

1）一个力偶。当 $R'=0$，$M_O\neq0$ 时，原力系简化为一个合力偶，其合力偶矩等于原力系各力对 O 点之矩的代数和，即：

$$M_O = \sum M_O(P_i)$$

2）一个合力。当 $R'\neq0$，$M_O=0$ 时，原力系简化为过 O 点的一个合力，此时 R' 既是主矢也是合力。

3）平衡力系。当 $R'=0$，$M_O=0$ 时，即主矢和主矩都等于零，原平面任意力系是一平衡力系。

4）一个合力和一个力偶。当 $R'\neq0$，$M_O\neq0$ 时，即主矢和主矩都不等于零，这说明力系向 O 点简化得到一力和一力偶。根据力的平移定理的逆过程，将简化所得的主矩改变形式，使之成为一个力偶（R 和 R''），参见图 4-15 所示，且 $R=R'=-R''$，使 R' 与 R'' 共线，力偶臂为 d。显然 R' 和 R'' 为平衡力系，可以从力系中减去。由此可见，原平面任意力系，在主矢和主矩都不等于零的情况下，最后可以简化为一个合力。合力的力矢 R 等于力系的主矢 R'，但合力并不作用于简化中心 O 点，而作用于图 4-15（c）所示的 O' 点，合力作用线离 O 点的距离为：

$$d = \frac{|M_O|}{R'}$$

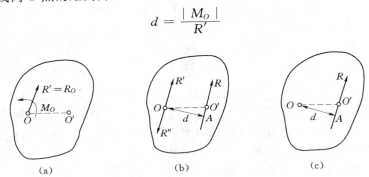

图 4-15　力的平移

因此，平面任意力系向任意一点简化，只要其主矢 R' 不等于零，则无论主矩 M_O 是否为零，原力系最终简化为一个合力。

【例 4-1】　求三角形荷载合力的大小和作用点的位置〔图 4-16（a）〕。

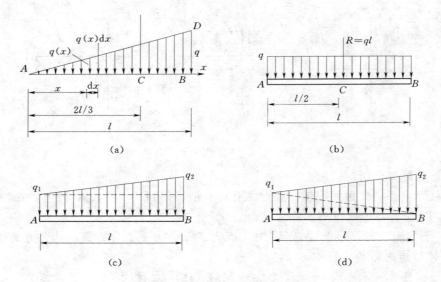

图 4-16 分布荷载及其合力

解：（1）求合力的大小。

设距离 A 端 x 处的荷载集度为 q (x)，则 $\mathrm{d}x$ 段的合力大小为：

$$R(x) = q(x)\mathrm{d}x$$

由三角形相似的比例关系，得：

$$q(x)/x = q/l$$

则合力 R 的大小为：

$$R = \int_0^l q(x)\mathrm{d}x = \int_0^l \frac{q}{l}x\,\mathrm{d}x = \frac{1}{2}ql$$

（2）求合力作用点 C 的位置。

由合力矩定理

$$R \cdot AC = \int_0^l q(x)x\,\mathrm{d}x = \int_0^l \frac{q}{l} \times xx\,\mathrm{d}x = \frac{1}{3}ql^2$$

得：

$$AC = \frac{ql^2}{3R} = \frac{2}{3}l$$

若荷载均匀分布，如图 4-16（b），则合力的大小为 $R=ql$，其作用点位置 $AC=l/2$。若荷载为梯形分布，这时可将荷载视为两部分叠加：一部分为荷载集度 q_1 的均布荷载，另一部分是以 q_2-q_1 为高的三角形荷载，如图 4-16（c）所示；或将荷载视为分别以 q_1 和 q_2 为高的两个三角形荷载，如图 4-16（d）所示。

2. 平面任意力系的平衡条件和平衡方程

若平面任意力系简化的结果为主矢和主矩均等于零，即：

$$R' = 0 \qquad M_O = 0 \tag{4-14}$$

式（4-14）是平面任意力系平衡的充分必要条件。式（4-14）可改写为：

$$R' = \sqrt{(\textstyle\sum X)^2 + (\textstyle\sum Y)^2} = 0; \quad M_O = \textstyle\sum M_O(P) = 0$$

即

$$\left.\begin{array}{l} \sum X = 0 \\ \sum Y = 0 \\ \sum M_O(P) = 0 \end{array}\right\} \qquad (4-15)$$

平面任意力系平衡的必要和充分条件是：所有力在两坐标轴上投影的代数和分别等于零，以及所有力对任意点之矩的代数和也等于零。

式（4-15）是平衡方程的基本形式。

【例4-2】 在水平梁 AB 上作用一力偶矩为 M 的力偶，在梁的中点 C 处作用一集中力 P，它与水平线之间夹角为 α，如图 4-17（a）所示，梁长为 l，梁的自重不计，试求支座 A、B 的反力？

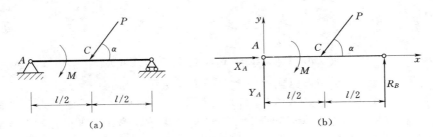

图 4-17

解：（1）取水平梁 AB 为研究对象。梁 AB 除受到力偶矩为 M 的力偶和集中力 P 的作用外，还受到铰链支座 A 的反力 X_A、Y_A 以及辊轴支座 B 的反力 R_B 的作用，梁的受力图如图 4-17（b）所示。其中各反力的指向都是假定的。

（2）列平衡方程。由于 X_A、Y_A 的汇交点为 A，先列以 A 点为矩心的力矩平衡方程，可以求出一个未知量 R_B。

由

$$\sum M_A(P) = 0 \qquad R_B l - M - P\sin\alpha \frac{l}{2} = 0$$

解得

$$R_B = \frac{M}{l} + \frac{P\sin\alpha}{2}$$

由

$$\sum X = 0 \qquad X_A - P\cos\alpha = 0$$

解得

$$X_A = P\cos\alpha$$

X_A 和 R_B 为正值，表示原假定二力的指向是正确的。

由

$$\sum Y = 0 \qquad Y_A + R_B - P\sin\alpha = 0$$

解得

$$Y_A = \frac{P\sin\alpha}{2} - \frac{M}{l}$$

Y_A 的正、负，取决于上式右边两项的差。

通过以上例题可以看出，对于平面任意力系，可以求解三个未知量。平衡方程除了式（4-15）那样的基本形式外，还有二矩式和三矩式平衡方程，它们与基本形式的平衡方程式（4-15）是等价的，但应用时有时会方便一些。

二矩式平衡方程：

$$\left.\begin{aligned}\sum X &= 0\\\sum M_A(P) &= 0\\\sum M_B(P) &= 0\end{aligned}\right\}(AB\text{ 连线与 }Ox\text{ 轴不垂直}) \qquad (4-16)$$

三矩式平衡方程：

$$\left.\begin{aligned}\sum M_A(P) &= 0\\\sum M_B(P) &= 0\\\sum M_C(P) &= 0\end{aligned}\right\}(A、B、C\text{ 三点不共线}) \qquad (4-17)$$

式（4-15）、式（4-16）、式（4-17）三组平衡方程都是平面任意力系平衡的必要与充分条件。在应用平衡方程求解问题时，灵活地选用不同形式的平衡方程，同时应尽量避免方程联立。但是应该注意，对于一个平衡的平面任意力系，只能建立三个独立方程，因此只能求解三个未知量；其他的平衡方程可以用来进行校核。

（1）平面汇交力系的平衡方程。

对于平面汇交力系的平衡的必要和充分条件是：该力系的合力等于零，即必须同时满足方程：

$$\sum X = 0 \qquad \sum Y = 0 \qquad (4-18)$$

于是，平面汇交力系平衡的必要和充分条件是：各力在两个坐标轴上的投影的代数和分别等于零。式（4-18）称为平面汇交力系的平衡方程。

（2）平面平行力系的平衡方程。

如果取 x 轴与平面平行力系中各力的作用线垂直，则这些力在 x 轴上投影全部为零，因而 $\sum X = 0$，由平面任意力系的平衡方程可得：

$$\sum Y = 0 \qquad \sum M_A(P) = 0 \qquad (4-19)$$

平面平行力系平衡的必要和充分条件是：力系中所有各力在与该力系平行轴上的投影的代数和等于零，以及这些力对于任一点之矩的代数和等于零。

同理，由平面任意力系平衡方程的二力矩形式，可得平面平行力系平衡方程的另一种形式为：

$$\sum M_A(P) = 0 \qquad \sum M_B(P) = 0 \qquad (4-20)$$

其中 A、B 两点的连线不平行于力系中各力的作用线。

【例4-3】　塔式起重机机架重为 G，其作用线离右轨 B 的距离为 e，轨距为 b，最大载重 Q 离右轨的最大距离为 l，平衡配重重力 P 的作用线离左轨 A 的距离为 a（图4-18）。欲使起重机满载及空载时均不翻倒，试求平衡配重的重量 P。

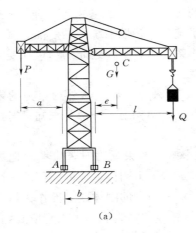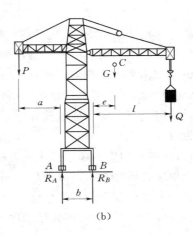

图 4 - 18

解：（1）空载时的情况。

空载时，作用于起重机的力有：机架重力 G、平配重重力 P，钢轨反力 R_A 和 R_B 见图 4 - 18（b）。若起重机在空载时翻倒，将绕 A 逆时针转动，而轮 B 离开钢轨，R_B 为零。若使起重机空载时不翻倒，必须 $R_B \geqslant 0$。由

$$\sum M_A(P) = 0 \qquad Pa - G(b+e) + R_B b = 0$$

得
$$R_B = [G(b+e) - Pa]/b$$

因为 $R_B \geqslant 0$，故

$$P \leqslant G(b+e)/a$$

此即空载时不翻倒的条件。

（2）满载时的情况。

满载时，作用于起重机的力有：机架重力 G、重物重力 Q、平配重重力 P，钢轨反力 R_A 和 R_B 见图 4 - 18（b）。若起重机在满载时翻倒，将绕 B 顺时针转动而轮 A 离开钢轨，R_A 为零。若使起重机满载时不翻倒，必须 $R_A \geqslant 0$。由

$$\sum M_B(P) = 0 \qquad P(a+b) - Ge - Ql - R_A b = 0$$

得
$$R_A = [P(a+b) - Ge - Ql]/b$$

因为 $R_A \geqslant 0$，故可得

$$P \geqslant (Ge + Ql)/(a+b)$$

此即满载时不翻倒的条件。

故，起重机不至于翻倒，平衡配重 P 应满足的条件为：

$$(Ge + Ql)/(a+b) \leqslant P \leqslant G(b+e)/a$$

3. 物体系统的平衡、静定与静不定问题

（1）物体系统的平衡。

所谓物体系统，是指若干个物体通过适当的约束相互连接而组成的系统。如组合构架、三铰拱等结构，都是由几个物体组成的系统。

当整个物体系统处于平衡时，则组成该系统的每一个物体必然处于平衡。于是，可以选取整个物体系统为研究对象，也可将整个物体系统拆开，取系统中某一部分（局部）作为研究对象。选取研究对象的先后顺序要根据物体系统内各物体之间的约束和受力情况而定。下面说明物体系统平衡问题的求解方法和步骤：

1）首先应考虑是否可选择整体为研究对象。一般来说，如整体外约束力的未知量不超过三个，或超过三个却可通过选择适当的平衡方程，率先求出一部分未知量时，应首先选取整体为研究对象。

2）如果整体外约束力超过三个或者题目要求求解内约束反力时，应考虑把物体系统拆开，选取相应的研究对象，可选单个刚体，也可选若干个刚体组成的局部。一般应先选取力系简单、未知量较少的但却包含了已知力和待求未知量的刚体或局部作为研究对象。

3）应排好选择研究对象的先后顺序，整理出解题步骤，当确信可以完成解题要求时，再动手求解。

（2）静定与静不定问题。

在求解单个刚体或物体系统的平衡问题时，如果研究对象是在平面一般力系作用下平衡，只有三个独立的平衡方程，而平面汇交力系和平面平行力系只有两个独立的方程，因此对每一种力系来说，能求解的未知量的数目是一定的，若未知量的数目小于或等于独立平衡方程的数目，则应用刚体静力学的理论，就可以求出全部的未知量，这种问题称为静定问题。若未知量的数目超过独立平衡方程的数目，单独应用刚体静力学的理论不能求出全部的未知量，这样的问题称为静不定（或超静定）问题。

求解静力学问题时，应先判断问题的静定性，即在画完受力图后，判断一下仅用刚体静力学的方法能否求出全部的未知量，从而避免解题的盲目性。

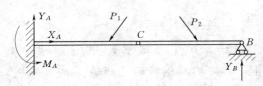

图 4-19　静定结构

如图 4-19 所示，梁由两部分铰接组成，每一部分有 3 个平衡方程，共 6 个平衡方程，未知量除了图中所画出来的三个支座反力和一个反力偶外，尚有铰链 C 处的两个未知力，共有 6 个未知量，因此也是静定的。若将 B 的滚动支座改变为固定铰支，则此系统为静不定的。

对于物体系统的平衡问题，其静定性的判断要复杂一些，但原理是一样的。设物体系统中有 m_1 个物体受平面任意力系作用，m_2 个物体受平面汇交力系或平面平行力系作用，m_3 个物体受平面力偶系作用，则物体系统可能有的独立方程数目 S 在一般情况下为：

$$S = 3m_1 + 2m_2 + m_3$$

设系统中未知量的总数为 k，则有

$k \leqslant S$ 时　　　静定问题

$k > S$ 时　　　静不定问题

必须指出，静不定问题并不是不能求解的，而只是不能仅用静力学平衡方程来求解。必须考虑物体因受力作用而产生的变形，加列某些补充方程后，才能使方程的数目等于未知量的数目。

4. 平面桁架

（1）平面桁架的基本概念。工程中，房屋建筑中的屋架、铁路线上的桥梁桁架、大型起重机的机身、电视塔、微波塔及高压输电线路的塔架等结构都属于桁架结构。

桁架是一种由杆件在两端用铰链彼此连接而成的几何形状不变的结构，桁架中杆件的铰链接头称为结点。杆件的端部实际上是固定端，由于桁架的杆件比较长，端部对整个杆件转动的限制作用比较小，因此，可以把节点抽象为光滑的铰链而不会引起较大的误差。

如桁架上所有杆件的轴线都位于同一平面内，称为平面桁架；如不在同一平面内，则称为空间桁架。

桁架的优点是：杆件主要承受拉力或压力，可以充分发挥材料的作用，节约材料，结构重量轻。

本节只研究平面静定桁架。讨论桁架在外荷载作用下个杆件内力的计算方法：节点法和截面法。

（2）节点法。桁架在外力（荷载及支座反力）作用下处于平衡，则其中任一部分都是平衡的。为了求每个杆件的内力，可以逐个地选取节点为研究对象，运用平面汇交力系的平衡方程可以求出作用于该点上的未知内力（杆的内力），进而求出全部未知的杆件内力。这种分析计算杆件内力的方法称为节点法。节点法只适用于简单桁架，具体求解可用解析法，也可用几何法，这里仅讨论求解的解析法。

作用于平面桁架节点上的力是平面汇交力系。因此，运用节点法求解时，对于每个节点可列出两个独立的平衡方程。所以对于每个节点，其未知力的数量不应不超过两个，即连接于同一节点的未知力杆件不应超过两个。

在计算过程中，桁架中各杆件的内力一般均假设为拉力，用背离节点的矢量来表示，若计算结果为正值，说明实际的内力确实为拉力；反之为压力。

【例 4-4】　平面桁架的尺寸和支座如图 4-20（a）所示。在节点 D 处受一集中荷载 $P=10\text{kN}$ 的作用。试用节点法求桁架各杆的内力。

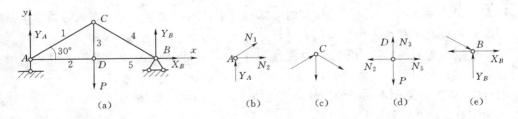

图 4-20　例题 4-4 图

解：（1）求支座反力。

以桁架整体为研究对象，受力如图 4-20（a）所示。列平衡方程：

$$\sum X = 0 \qquad X_B = 0$$

$$\sum M_A(P) = 0 \qquad Y_B 4 - P2 = 0$$

$$\sum M_B(P) = 0 \qquad P2 - Y_A 4 = 0$$

解得：

$$X_B = 0 \qquad Y_A = Y_B = 5\text{kN}$$

（2）结点 A。作结点 A 的隔离体图，见图 4-20（b），杆的内力 N_1 和 N_2 未知，假设杆的内力为拉力，列平衡方程：

$$\sum X = 0 \qquad N_2 + N_1\cos30° = 0$$
$$\sum Y = 0 \qquad Y_A + N_1\sin30° = 0$$

将 Y_A 的值代入后，解得：

$$N_1 = -10\text{kN（压力）}, \qquad N_2 = 8.66\text{kN（拉力）}$$

（3）结点 C，见图 4-20（c）。同理，假设未知力 N_3 和 N_4 都为拉力。列平衡方程：

$$\sum X = 0 \qquad N_4\cos30° + N_1\cos30° = 0$$
$$\sum Y = 0 \qquad -N_3 - N_4\sin30° + N_1\sin30° = 0$$

解得：

$$N_3 = 10\text{kN（拉力）}, \qquad N_4 = -10\text{kN（压力）}$$

（4）结点 D。结点 D 的隔离体图见图 4-20（d）。只有杆件 5 的内力未知。列平衡方程：

$$\sum X = 0 \qquad N_5 - N_2 = 0$$

故

$$N_5 = 8.66\text{kN（拉力）}$$

（5）校核。解出各杆内力后，可用尚余结点的平衡方程校核已得的结果。例如对结点 B 列出平衡方程，图 4-20（e）。将 4、5 号杆件的内力代入，若平衡方程：

$$\sum X = 0 \qquad \sum Y = 0$$

得到满足，则计算正确。请读者自己验算。

说明：由于桁架和荷载都是对称的，因此处于对称位置的两根杆应具有相同的轴力，即桁架中的内力也是对称分布的。因此，只需计算半边桁架的轴力。

一般来说，用结点法计算简单桁架时，如果截取结点的次序与桁架组成时添加结点的次序相反，就可以顺利地求出全部轴力。

桁架中内力为零的杆称为零力杆（简称零杆）。零杆可以通过计算求得，但某些情况下可直接判定。判定零杆的方法有：

1）结点只连接两根不共线的杆件，且结点上无外荷载，如图 4-21（a）所示，则此结点上两根杆件都为零杆。

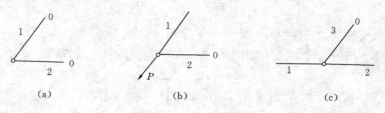

图 4-21　零杆的判断

2）结点只连接两根不共线的杆，且此结点上的外荷载沿其中一根杆件作用，如图 4-21（b）所示，另一根杆件则为零杆。

3）结点连接三根杆件，其中有两根杆共线，并且此结点上无外荷载，则不共线的杆为零力杆，如图 4-21（c）所示。

虽然桁架中某些杆件内力为零，但这些零力杆并不是多余的杆件，若去掉这些零力杆，桁架就不能保持其几何形状不变，同时，这些零力杆的内力实际不为零，只是因为我们在计算桁架内力时对桁架作了简化和假设。

（6）截面法。截面法是用假想的截面切断拟求内力的杆件，截取桁架中的一部分（隔离体）作为研究对象，这部分桁架在外力和被截断桁架杆件内力作用下处于平衡，并且组成平面任意力系，可列出三个独立的平衡方程来求解未知量。因此，用截面法时，一般被截断的、内力未知的杆件数应不多于 3 根。应用截面法求解杆件内力的关键在于如何选取适当的截面，而截面的形状并无任何限制。

【例 4-5】　求图 4-22（a）所示桁架结构中指定杆件 1、2、3、4 的内力。已知：$a=h=2.4\text{m}$，$P=120\text{kN}$。

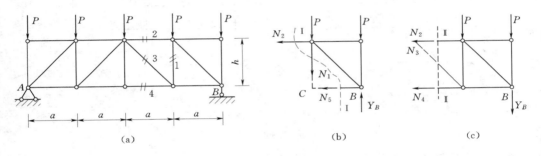

（a）　　　　　　　　　　（b）　　　　　　　　　　（c）

图 4-22　例题 4-5

解：（1）求支座反力。

由 x 方向的合力等于零，及其对支座 A、B 分别取矩，其力矩等于零，列平衡方程，求解得：

$$X_A = 0; \quad Y_A = 2.5P = 300\text{kN}(\uparrow); \quad Y_B = 300\text{kN}(\uparrow)$$

y 方向的合力等于零，进行校核。

（2）截面 I-I，求 1、2 两杆的内力。

$$\sum Y = 0 \qquad N_1 = 300 - 120 - 120 = 60\text{kN}(拉力)$$

对 N_5、N_1 交点 C 取矩：

$$\sum M_C = 0 \qquad N_2 = (Pa - Y_B a)/h = -180\text{kN}(压力)$$

（3）截面 II-II，求 3、4 两杆的内力。

$$\sum Y = 0 \qquad N_3 = (120 + 120 - 300)\sqrt{2} = -84.84\text{kN}(压力)$$

$$\sum X = 0 \qquad N_4 = \sqrt{2}/2 N_3 + N_2 = 60 + 180 = 240\text{kN}(压力)$$

（六）空间力系简介

作用在物体上的力系，其作用线分布在空间，而且也不能简化到某一平面时，这种力系就称为空间力系。在工程实际中，常遇到物体在空间力系作用下的情况，如机器上的转轴以及空间桁架结构等均属空间力系问题。

与平面力系一样，空间力系也可以分为空间汇交力系、空间平行力系和空间一般力系。本节着重研究空间一般力系的平衡问题。

1. 力在空间坐标轴上的投影

图4-23（a）所示，已知力 P 与 x、y、z 轴的夹角分别为 α、β、γ，根据力的投影定义或借助于矢量的概念，可直接将力 P 向三个坐标轴上投影，得到：

$$X = P\cos\alpha$$
$$Y = P\cos\beta \qquad\qquad [4-21(a)]$$
$$Z = P\cos\gamma$$

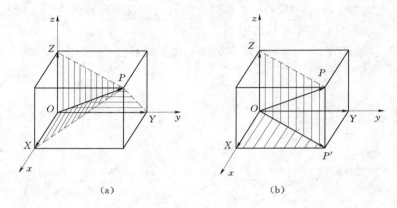

图4-23 空间力 P 的分解

求力在坐标轴上的投影时，也可以采用二次投影的方法，如图4-23（b）所示。

$$X = P\sin\gamma\cos\varphi$$
$$Y = P\sin\gamma\sin\varphi \qquad\qquad [4-21(b)]$$
$$Z = P\cos\gamma$$

式（4-21a）一般称为一次投影法，式（4-21b）称为二次投影法；在具体计算中，究竟选用一次投影法还是二次投影法，要看问题给出的已知条件来确定。

反过来如果已知力 F 在三轴 x、y、z 上的投影 X、Y、Z，也可求出力 F 的大小和方向。

2. 力对轴之矩

力对轴的矩是力使刚体绕转动轴转动效果的度量，是一个代数量，它等于这个力在垂直于该轴的平面上的分力对这个平面与轴交点之矩。其正负号按下列方法确定：从 z 轴正向看，物体绕该轴按逆时针转向转动为正号，反之为负号。也可按右手螺旋法则来判断其正负号。

很容易得出下列结论：

（1）当力的作用线与轴平行或相交，即力与轴位于同一平面时，力对该轴的矩等于零。

（2）当力沿其作用线移动时，它对轴的矩不变。

（3）在平面力系中，力对力系所在的平面内某点的矩，就是力对通过此点且与力系所在平面垂直的轴的矩。

力对轴之矩也可用解析式表示。设力 P 在三个坐标轴上的投影分别表示为 X、Y、Z，力的作用点 A 的坐标为 $(x，y，z)$，则：

$$M_z(P) = M_O(P_{xy}) = M_O(X) + M_O(Y)$$

同理，可得力对轴之矩的解析式：

$$M_x(P) = yZ - zY$$
$$M_y(P) = zX - xZ \tag{4-22}$$
$$M_z(P) = xY - yX$$

力对点之矩的矢量在通过该点的某轴上的投影等于力对该轴之矩。这就是力矩关系定理，这个定理沟通了力对点之矩与力对轴之矩的关系。

3. 空间任意力系的平衡条件

（1）空间任意力系向已知点的简化。

利用力的平移定理，空间任意力系向任一点简化，一般可得到一个力和一个力偶；这个力 R_o 作用于简化中心，其大小和方向等于原力系的主矢 R'；这个力偶的力偶矩矢等于原力系中各力对简化中心的矩的矢量和，并称为原力系对简化中心的主矩。显然，主矢 R' 只取决于原力系中各力的大小和方向，与简化中心的位置无关；而主矩 M_o 的大小和方向一般都与简化中心的位置有关。

（2）简化结果分析。

空间任意力系向一点简化得主矢 R' 和主矩 M_o，其结果可能出现下列情形：

1）主矢 $R'=0$，主矩 $M_o=0$，这时原力系的最后简化结果为作用于简化中心的一个力 R_o，这个力就是原力系的合力。

2）主矢 $R'=0$，主矩 $M_o \neq 0$，表明原力系的最后简化结果为一个力偶，其力偶矩矢为 M_o，在这种情况下，主矩 M_o 与简化中心的位置没有关系。

3）主矢 $R' \neq 0$，主矩 $M_o \neq 0$，这是空间力系简化结果的最一般情况，它还可以进一步简化。

①主矢 R' 和主矩 M_o 垂直，即 $R' \perp M_o$，与平面力系的相似，最终可将主矢 R' 平移一定距离到 O' 点的一个力 R。此力与原力系等效，即为原力系的合力，其大小和方向等于原力系的主矢；其作用线离简化中心 O 的距离为：$d = |M_o|/R$。②主矢 R' 和主矩 M_o 平行，即 $R' \parallel M_o$，这时主矢 R' 与力偶矩矢为 M_o 的力偶所在平面垂直，原力系不能再简化。这种由一个力和一个力偶所组成的力系称为力螺旋。攻丝与钻孔时，加在丝锥或钻头上的力就是力螺旋。③主矢 R' 和主矩 M_o 成任意夹角 α（$\alpha \neq 0$ 或 $\pi/2$），这是力系简化的最一般情况，这时可将 M_o 分解成 M'_o 和 M''_o 两个力偶矩矢，它们分别平行 R' 和垂直 R'。

空间任意力系的合力对某点（轴）之矩等于各分力对同一点（轴）之矩的矢量和（代数和），这就是合力矩定理。

（3）空间任意力系的平衡条件。

空间任意力系向任一点简化的结果可得一主矢 R' 和一主矩 M_o。因此，要使力系平衡，则必须主矢 R' 和主矩 M_o 都等于零。故空间任意力系平衡的必要和充分条件是：力系的主矢和力系对任一点的主矩都等于零，即 R' 和 M_o 都等于零。

$$\begin{aligned} \sum X &= 0 & & \sum M_x(P_i) = 0 \\ \sum Y &= 0 & 和 \quad & \sum M_y(P_i) = 0 \\ \sum Z &= 0 & & \sum M_z(P_i) = 0 \end{aligned} \right\} \tag{4-23}$$

因此，空间任意力系平衡的必要与充分条件是：力系中所有各力在直角坐标系中每一个轴上投影的代数和等于零，以及这些力对每一坐标轴之矩的代数和也等于零。式（4-23）称为空间任意力系的平衡方程。这 6 个方程是彼此独立的，故求解空间任意力系平衡问题时可求解 6 个位置量。

由空间任意力系的平衡方程，可以推导出多种特殊力系的平衡方程如下：

1）平面任意力系：$\sum X = 0$；$\sum Y = 0$；$\sum M_z(P_i) = 0$。

2）空间平行力系：$\sum Z = 0$；$\sum M_x(P_i) = 0$；$\sum M_y(P_i) = 0$。

3）空间汇交力系：$\sum X = 0$；$\sum Y = 0$；$\sum Z = 0$。

求解空间力系的平衡问题时，解题步骤与平面力系相同。

4. 平行力系的中心及物体的重心与质心

（1）平行力系的中心。

平行力系合力的作用点称为平行力系中心。其中心 C 点的位置仅与各平行力的大小和作用点的位置有关，与各平行力的方向无关。

平行力系中心 C 点的坐标为：

$$x_C = \frac{\sum P_i x_i}{\sum P_i}, \quad y_C = \frac{\sum P_i y_i}{\sum P_i}, \quad z_C = \frac{\sum P_i z_i}{\sum P_i} \tag{4-24}$$

式（4-24）不仅适用于空间同向平行力系，也适用于主矢不等于零的空间反向平行力系，此时分子分母为代数和。

（2）重心和质心。

1）重心的概念。

不论在日常生活中，还是在工程实际中都会经常遇到重心问题。例如为了顺利吊装机械设备，就一定要知道其重心的位置；水坝、汽车行驶都涉及确定重心位置的问题。塔式起重机的重心位置更为重要，一般都要加一定的配重，使它无论在空载还是满载时，其重心的位置始终在两支承轮之间，否则就会引起严重的翻倒事故；因此，需要了解什么是重心和怎样确定重心的位置。

物体的重力就是地球对物体的引力，严格地说，引力是由交于地球的中心的一个空间汇交力系组成。但由于物体的尺寸与地球的半径相比小得多，且离地心很远，故可认为物体上各点重力的作用线是平行的，即近似地认为重力由空间平行力系组成的，其合力 W 称为物体的重力。由实验可知，这些平行力的合力总是通过物体内的一个确定点——平行力系的中心，这个点叫做物体的重心。

实践证明形状不变的物体，其重心在该物体内的相对位置不变，与该物体在空间的位置无关，即不论物体如何放置，其重力的作用线总是通过该物体的重心。

2）物体的重心坐标公式。

设物体重心坐标为 $C(x_C, y_C, z_C)$，则：

$$x_C = \frac{\int_V x\,dV}{V}, \quad y_C = \frac{\int_V y\,dV}{V}, \quad z_C = \frac{\int_V z\,dV}{V} \qquad [4-25(a)]$$

或

$$x_C = \frac{\sum w_i x_i}{\sum w_i}, \quad y_C = \frac{\sum w_i y_i}{\sum w_i}, \quad z_C = \frac{\sum w_i z_i}{\sum w_i} \qquad [4-25(b)]$$

从式（4-25）可看出，对均质物体来说，重心位置只与物体的几何形状有关，与物体重量无关。由物体几何形状和尺寸所决定的物体几何中心，称为物体的形心。因此，均质物体的重心也就是该物体的几何形体的形心。

如果以 $w_i = m_i g$ 代入式 [4-25（b）]，分子和分母同时消去 g，可得到：

$$x_C = \frac{\sum m_i x_i}{\sum m_i}, \quad y_C = \frac{\sum m_i y_i}{\sum m_i}, \quad z_C = \frac{\sum m_i z_i}{\sum m_i} \qquad [4-25(c)]$$

满足式 [4-25（c）] 的几何点 C 称为物体的质量中心（简称为质心）。质心表示质量的分布，与重心的物理意义不同，重心表示重力的分布，重心只在重力场中有意义，而质心在非重力场中也有意义。

3）物体重心的求法。

在工程实际中，物体通常是由一个或几个简单几何图形的物体组合而成（即组合形体）。对于简单几何图形物体的重心，可以从有关的工程手册中查到。

在工程实际中，经常遇到具有对称轴、对称面或对称中心的均质物体。这种物体的重心一定在对称轴、对称面或对称中心上，即可用对称性法求物体的重心；组合形体形状比较复杂物体，可用分割法、实验法确定其物体的重心。

（七）结构的计算简图及简化要点

实际结构是很复杂的，完全按照结构的实际情况进行力学分析是不可能的，也是不必要的。因此，对实际结构进行力学计算以前，必须加以简化，略去不重要的细节，显示其基本特点，用一个简化的图形来代替实际结构，这种图形称为结构的计算简图。计算简图的选择是力学计算的基础，极为重要。

1. 选择计算简图的原则

（1）从实际出发——计算简图要反映实际结构的主要性能。

（2）分清主次，略去细节——计算简图要便于计算。

2. 结构体系的简化

一般结构各部分相互连接成为一个空间整体，以承受各个方向可能出现的荷载。但在多数情况下，常可以忽略一些次要的空间约束而将实际结构分解为平面结构，使计算得以简化。当然，也有一些结构必须按空间结构简化计算。

3. 杆件的简化

杆件的截面尺寸通常比杆件长度小得多，截面上的应力可根据截面的内力来确定。因此，在计算简图中，杆件用其轴线表示，杆件之间的连接区用结点表示，杆长用结点间的距离表示，而荷载的作用点也转移到轴线上。当截面尺寸增大时（例如超过长度的1/4），杆件用其轴线表示的简化，可能将引起较大的误差。

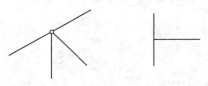

图 4-24　铰结点和刚结点

4. 杆件间连接的简化

杆件间的连接区简化为结点。结点通常简化为以下两种理想情形：

（1）铰结点，被连接的杆件在连接处不能相对移动，但可相对转动，即可以传递力，但不能传递力矩。

（2）刚结点，被连接的杆件在连接处既不能相对移动，又不能相对转动；既可以传递力，也可以传递力矩。如现浇钢筋混凝土梁与柱连接的结点。

5. 结构与基础间连接的简化

结构与基础的连接区简化为支座。按其受力特征，一般简化为以下四种情形：滚轴支座（图4-25）、铰支座（图4-26）、定向支座（图4-27）和固定支座（图4-28）。

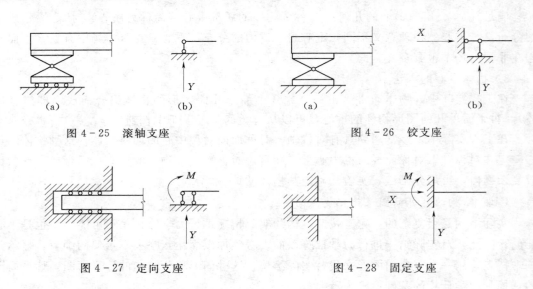

图 4-25　滚轴支座　　　　　　　　　　图 4-26　铰支座

图 4-27　定向支座　　　　　　　　　　图 4-28　固定支座

6. 材料性质的简化

在土木、水利工程中结构所用的建筑材料通常为钢、混凝土、砖、石、木料等。在结构计算中，为了简化，对组成各构件的材料一般都假设为连续的、均匀的、各向同性的、完全弹性或弹塑性的。上述假设对于金属材料符合较好。

7. 荷载的简化

结构承受的荷载可分为体积力和表面力两大类。体积力指的是结构的自重或惯性力等；表面力则是由其他物体通过接触面而传给结构的作用力，如土压力、车辆的轮压力等。在杆件结构中把杆件简化为轴线，因此不管是体积力还是表面力都可以简化为作用在杆件轴线上的力。荷载按其分布情况可简化为集中荷载和分布荷载。一般情况下，荷载的简化与确定比较复杂。

例如钢筋混凝土厂房结构，简化考虑因素和过程如下：

首先，厂房结构虽然是由许多排架用屋面板和吊车梁连接起来的空间结构，但各排架在纵向以一定的间距有规律地排列着。作用于厂房上的荷载，一般是沿纵向均匀分布的，通常可把这些荷载分配给每个排架，而将每一排架看作一个独立的体系，于是实际的空间结构便简化成平面结构。

其次，梁和柱都用它们的几何轴线来代表。由于梁和柱的截面尺寸比长度小得多，轴线都可近似地看作直线。

梁和柱的连接只依靠预埋钢板的焊接，梁端和柱顶之间虽不能发生相对移动，但仍有发生微小相对转动的可能，因此可取为铰结点。柱底和基础之间可以认为不能发生相对移动和相对转动，因此柱底可取为固定端。所以，计算上述的厂房结构时，可采用图 4 - 29 所示的计算简图。

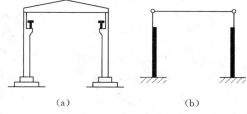

图 4 - 29　厂房结构计算简图——排架

（八）平面体系的几何组成分析

一个结构要能够承受各种可能的荷载，首先它的几何构造应当合理，它本身应是几何稳固的，其几何形状保持不变。反之，如果一个杆件体系本身为几何不稳固，不能使其几何形状保持不变，则它是不能承受任意荷载的。因此，从几何构造的角度看，一个结构应是一个几何形状不变的体系，简称几何不变体系。

本节讨论结构的几何构造分析时，只对平面杆件体系进行讨论。在平面体系的几何构造分析中，最基本的规律是三角形规律。

1. 几何构造分析的几个概念

（1）几何不变体系和几何可变体系。

图 4 - 30 （a）所示为由两根竖杆和一根横杆绑扎组成的平面支架。显然，这个支架是几何不稳定的，容易倾倒，如图 4 - 30 （a）中虚线所示。如果加上一根斜撑 AD，就得到图 4 - 30 （b）所示的支架，这个支架是一个几何稳固的平面体系。

在几何构造分析中，不考虑因材料的应变所产生的变形。杆件体系可以分为：几何不变体系 ［图 4 - 30 （b）］和几何可变体系 ［图 4 - 30 （a）］两大类。

一般结构都必须是几何不变体系，而不能采用几何可变体系。几何构造分析的一个主要目的就是要检查并设法保证结构的几何不变性。

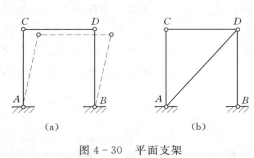

图 4 - 30　平面支架

（2）自由度。

平面内一点有两种独立运动方式（两个坐标 x、y 可以独立地改变）。因此，一点在平面内有两个自由度。

图 4 - 31 所示为一个刚片（即刚体）在平面内有三种独立的运动方式（三个坐标 x、y、θ 可以独立地改变），因此一个刚片在平面内有三个自由度。

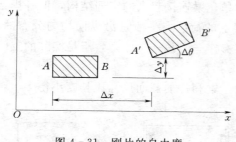

图 4 - 31　刚片的自由度

一般来说，如果一个体系有 n 个对立的运动方式，则这个体系有 n 个自由度。即一个体系自由度的个数等于这个体系运动时可以独立改变的坐标的数目。

一般工程结构都是几何不变体系，其自由度的个数为零。凡是自由度的个数大于零的体系都是几何可变体系。

（3）约束。

在图 4 - 32（a）中，单独的梁 AB 在平面内有 3 个自由度。用支杆 AC 与基础相连以后，梁 AB 只有两种运动方式：A 点沿以 C 为圆心、以 AC 为半径画的圆弧移动；梁绕 A 点转动。由此可见，支杆 AC 使梁的自由度由 3 减为 2，即支杆使梁的自由度减少一个。因此，一个支杆相当于一个约束。

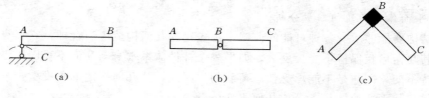

(a)	(b)	(c)

图 4 - 32　约束

在图 4 - 32（b）中，两个孤立的梁 AB 和 BC 在平面内共有 6 个自由度。两个梁用铰 B 连接以后，自由度便由 6 减为 4。由此可见，一个连接两个物体的铰使自由度减少两个，所以一个铰相当于两个约束。

在图 4 - 32（c）中，两根杆件 AB 和 BC 在 B 点刚性连接成整体后，自由度减少了 3 个，只有 3 个自由度，所以一个刚性结合相当于三个约束。

（4）多余约束。

如果在一个体系中增加一个约束，而体系的自由度并不因而减少，则此约束称为多余约束。

由上述可知，一个体系中如果有多个约束存在，那么，应当分清楚：哪些约束是多余的，哪些约束是非多余的。只有非多余约束才对体系的自由度有影响，而多余约束则对体系的自由度没有影响。

（5）瞬变体系。

本来是几何可变、经微小位移后又成为几何不变的体系可称为瞬变体系。瞬变体系是可变体系的一种特殊情况。可变体系包括瞬变体系和常变体系两种情况。如果一个几何可变体系可以发大位移，则称为常变体系，如图 4 - 30（a）所示。

2. 平面几何不变体系的组成规律

有的刚体体系在几何构造上不合理，不能保证体系的几何不变性，因而不能作为结构。如常变体系在荷载作用下，发生很大变形，形成机构，不能作为结构使用；对于瞬变体系也不能作为结构，瞬变体系虽然不能产生过大的位移，但是可能引起较大的内力，使材料发生破坏。所以，在进行受力分析前，必须对结构进行几何构造分析，确保结构安全可靠。

规律 1　一个刚片与一个点用两根链杆相连，且三个铰不在一直线上，则组成几何不变的整体，且没有多余约束。

规律 2　两个刚片用一个铰和一根链杆相连接，且三个铰不在一直线上，则组成几何不变的整体，且没有多余约束。

规律 3　三个刚片用三个铰两两相连，且三个铰不在一直线上，则组成几何不变的整体，且没有多余约束。

上述三条规律虽然表述方式不同，但实际上可归纳为一个基本规律：如果三个铰不共线，则一个铰结三角形的形状是不变的，而且没有多余约束。这个基本规律可称为三角形规律。三角形规律是浅显的，但规律的运用却灵活多变。

规律 4　两个刚片用三根链杆相连，且三链杆不交于同一点（包括无限远的一点，即三杆平行），则组成几何不变的整体，且没有多余约束。

运用三角形规律，对于一些常见的体系能够进行构造分析，并能判断出有无多余约束、多余约束的个数 n 或体系自由度的个数 S。

三、应力和应变分析

一根拉长的橡皮筋从中间剪断时，断开的两段就会各自弹缩回去，为了不使其弹缩回去就必须在端口处分别施以拉力，使之对接到原拉长状态。作用于橡皮筋两端的拉力是外力，而存在于端口处的拉力是受拉橡皮筋的内力，它是由于橡皮筋在外力作用下产生拉伸形变引起的。

内力的概念可以概括为：物体或杆件由于外因（受力、温度变化等）而变形时，在物体内各部分之间产生相互作用的力称为内力。杆件结构根据受力特点不同，杆件所受的内力也不同，内力主要有轴力、剪力、弯矩（扭矩）等。一般利用截面法计算其内力。

用一个与杆件轴线垂直的假想平面将杆件切断，断面两侧就有相互作用的内力；一般把垂直于截面的内力分力叫做轴力，沿着截面方向的内力分力叫做剪力；附加在截面上的力矩，若使截面发生弯曲变形的力矩称为弯矩；而使截面发生绕杆件轴线旋转变形（或趋势）的力矩称为扭矩，扭矩是指作用引起的结构或构件某一截面上的剪力所构成的力偶矩。

（一）应力与应变的概念

以轴向受力杆件为例，分析应力和应变的概念。

1. 应力的概念

两个粗细不同而材料相同的杆件，如果它们受相同的拉力 P 作用，则其轴力 N 也相同的，数值都等于 P，随着拉力 P 值的逐渐增大，显然细杆先被拉断。这说明，仅有轴力的概念还不足以判断杆件的强度，还与杆件的截面大小有关。通过长期实践证明，引入一个与杆件单位面积上的内力的新概念——应力。

应力（Stress）是指作用引起的结构或构件中某一截面单位面积上的力。即指截面上某一点处的分布内力的集度，由于在一般情况下，内力并非均匀分布，故应力不是平均应力，一般与计算点的位置有关，所以有时也称为某一点的应力。

应力会随着外力的增加而增长，对于某一种材料，应力的增长是有限度的，超过这一限度，材料就要破坏。对某种材料来说，应力可能达到的这个限度称为该种材料的极限应力。极限应力值要通过材料的力学试验来测定。考虑到主观设计条件与客观实践之间存在一定差距，同时构件需有必要的安全储备，为此将测定的极限应力作适当降低，规定出材料能安全工作的应力最大值，即许用应力。

工作时，材料所受的外力不随时间而变化，这时其内部的应力大小不变，称为静应力；还有一些材料在受随时间呈周期性变化的外力，其内部的应力也随时间呈周期性变化，称为交变应力。材料在交变应力作用下发生的破坏称为疲劳破坏。另外材料会由于截面尺寸改变而引起应力的局部增大，这种现象称为应力集中。对于组织均匀的脆性材料，应特别注意应力集中将大大降低构件的强度。

为分析方便常把应力分解为垂直截面的正应力 σ 与截面相切的剪应力 τ 两个分量。注意正应力的"正"字不是指正、负的意思，而是指其方向垂直于截面。

2. 应变的概念

当杆件受轴向外力作用时，由实验可以观察到杆件的长度和横向尺寸都有改变。例如：用力拉一根橡胶棒时，橡胶棒被拉长，同时变细；反之，如果使橡胶棒轴向受压时，其长度缩短，同时变粗。对于土木工程中常有的钢材和混凝土等材料，也会发生相似的变形，只不过其变形非常小，必须用仪器才能测量出来。

（1）与变形有关的几个概念。

位移（Displacement）——作用引起的结构或构件中某点位置的改变，或某线段方向的改变。前者称线位移，后者称角位移。

挠度（Deflection）——在弯矩作用平面内，结构构件轴线或中面上某点由挠曲引起垂直于轴线或中面方向的线位移。

变形（Deformation）——作用引起的结构或构件中各点间的相对位移。

弹性变形（Elastic Deformation）——作用引起的结构或构件的可恢复变形。

塑性变形（Plastic Deformation）——作用引起的结构或构件的不可恢复变形。

外加变形（Imposed Deformation）——由地面运动、地基不均匀变形等作用引起的结构或构件的变形。

约束变形（Restrained Deformation）——由温度变化、材料胀缩等作用引起的受约束结构或构件中潜在的变形。

应变（Strain）——作用引起的结构或构件中各种应力所产生相应的单位变形。

线应变（Linear Strain）——作用引起的结构或构件中某点单位长度上的拉伸或压缩变形。前者称拉应变，后者称压应变，对应于正应力的线应变亦称正应变。

剪应变（Shear Strain）——作用引起的结构或构件中某点处两个正交面夹角的变化量。

（2）应变的概念。

物体受力产生变形时，体内各点处变形程度一般并不相同。用以描述一点处变形的程度的力学量是该点的应变。以轴向受力杆件为例说明应变的物理含义。设等直杆件，原长为 l，正方形横截面的边长为 b，受力后杆长变为 l_1，宽度由 b 变为 b_1，则轴向变形 Δl 和

横向变形 Δb 分别为：

$$\Delta l = l_1 - l; \quad \Delta b = b_1 - b$$

将轴向变形 Δl 除以原长 l，得到杆件单位长度的轴向变形 ε，并称为轴线线应变，简称轴向应变；同理，横向变形 Δb 除以原宽 b，得到杆件的横向线应变 ε_1，简称横向应变。注意，轴向应变 ε 和横向应变 ε_1 恒为异号。

杆件的横向变形和轴向变形之间存在着一定的关系。实践证明，在弹性范围内，横向变形 ε_1 与轴向变形 ε 之比是一个常数，用 ν 表示：

$$\nu = |\varepsilon_1 / \varepsilon|$$

ν 称为泊松比（或横向变形系数），它是反映材料弹性性能的一个常数。

下面主要研究各种常见杆件的内力、应力和变形的计算。

(二) 轴向拉伸与压缩

如桁架中的杆件等，作用在杆上的外力合力的作用线与杆的轴线相重合，在这样的外力作用下，其主要的变形特点是：杆产生沿轴线方向的伸长或缩短，这种变形形式称为轴向拉伸或压缩。通过实验观察，受力构件的变形符合平截面假设，即杆件在变形前的横截面，在变形后仍保持平面，且仍与杆件轴线垂直。

根据圣维南原理，可以认为杆件中横截面上的应力是均匀分布的。所以，杆件中的最大应力为：

$$\sigma = \frac{N}{A} \tag{4-26}$$

式中：σ 为轴心受力构件横截面上应力，Pa；N 为横截面上的轴力，N；A 为横截面面积，m^2。

当等直杆受几个轴向外力作用时，由求出各个截面的轴力，确定其最大轴力 N_{max}，即可得到杆内最大正应力为：

$$\sigma_{max} = \frac{N_{max}}{A} \tag{4-27}$$

最大轴力所在的截面称为危险截面，危险截面上的应力称为最大工作应力。

前面已经给出了轴向变形 Δl 和应变的概念。许多材料实验发现，在弹性范围内，其变形量 Δl 与外力 P 和杆件的原长 l 成正比，与杆件的横截面面积 A 成反比。另外还与材料本身的特性有关，引入一个比例系数，则：

$$\Delta l = \frac{Pl}{EA} \quad \text{或} \quad \Delta l = \frac{Nl}{EA} \tag{4-28}$$

式 (4-28) 就是轴向受力时轴向变形的计算公式，称为胡克定律。式中的 E 值仅与材料的性能有关，称为材料的弹性模量，对于钢材 $E = (2.0 \sim 2.1) \times 10^5 MPa$。

由应变的概念，可知：

$$\varepsilon = \frac{\Delta l}{l} \tag{4-29}$$

再根据应力的概念和计算公式，可得胡克定律的又一形式：

$$\varepsilon = \frac{\sigma}{E} \tag{4-30}$$

为保证构件安全可靠地工作，必须是构件的工作应力不超过材料的许用应力。对于轴心受力作用的构件，应满足的条件是：

$$\sigma = \frac{N}{A} \leqslant [\sigma] \tag{4-31}$$

式中：σ 为轴心受力构件横截面上的工作应力，Pa；$[\sigma]$ 为材料的许用应力，Pa，对于钢结构中杆件为钢材的设计强度 f。

（三）剪切与扭转

1. 剪切

在工程实际中，常遇到剪切的问题。如在剪切机上剪断钢板以及连接中常用的销、螺栓键块等连接件都是主要发生剪切变形的构件。这类构件的受力特点是：作用在构件两侧面的横向外力的合力大小相等，方向相反，作用线相距很近。其变形特点是：两力间的横截面发生相对错动，这种变形形式叫做剪切。

（1）剪切强度的实用计算。

以螺栓受剪连接为例，说明其计算方法。若螺栓上作用的外力 P 过大，螺栓可能沿着两力间的截面被剪断，这个截面叫做剪切面。在实用计算时，假设剪应力 τ 在受力面上是均匀分布的，且为保证连接安全可靠地工作，要求其工作的剪应力不得超过某一个许用值。故剪切强度条件为：

$$\tau = \frac{Q}{A} \leqslant [\tau] \tag{4-32}$$

（2）挤压强度的实用计算。

在剪切连接中，连接件和被连接件接触面上将相互压紧，接触面上总的压紧力称为挤压力，引起的应力叫做挤压应力，其分布情况比较复杂，在实用计算中假设挤压应力均匀地分布在挤压面上，见图 4-33。构件工作时所引起的挤压应力不得超过某一个许用值才能保证构件正常工作，因此挤压强度条件为：

$$\sigma_{bs} = \frac{F}{A_{bs}} \leqslant [\sigma_{bs}] \tag{4-33}$$

式中：σ_{bs} 为剪切构件的挤压应力，Pa；$[\sigma_{bs}]$ 为材料的许用挤压应力，Pa；A_{bs} 为有效挤压面面积，它是实际的挤压面在垂直于挤压方向上的投影面积。

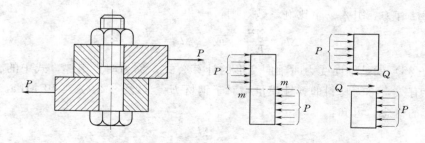

图 4-33　螺栓连接

2. 扭转

扭转是杆的又一种基本变形形式。扭转构件的受力特点是：构件两端受到两个在垂直于轴线平面内的力偶作用，两个力偶大小相等，转向相反。在这样一对力偶作用下，其变形特点是：各横截面绕轴线发生相对转动。

（1）扭转时的内力。

根据物理知识知道：功率、转速和力偶矩之间有一定的关系：

$$M_e = 9545 \frac{P}{n} \tag{4-34}$$

式中：M_e 为作用于轴上的外力偶矩，N·m；P 为轴所传动的功率，kW；n 为轴的转速，r/min。

当杆受到外力偶矩作用发生扭转时，在杆的截面上产生相应的内力（在截面平面内的力偶），称其为扭矩，用符号 T 表示。内力扭矩的大小用截面法计算，其方向用右手螺旋法则确定：如果使右手四指的握向与扭矩的转向相同，若拇指的指向离开截面，则该扭矩 T 为正。反之，拇指的指向朝向截面时则扭矩为负。

（2）剪应力互等定理和剪切胡克定理。

两相互垂直截面上在其相交处的剪应力成对存在，且数量相等而符号相反。这个规律称为剪应力互等定理（见图 4-34）。这一定理具有普遍意义，不仅用于纯剪切的情况，也适用于非纯剪切的情况。

通过实验表明，剪应力和剪应变之间存在剪切胡克定律。可用下式表示：

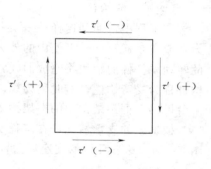

$$\tau = G\gamma \tag{4-35}$$

式中：τ 为剪切构件的剪应力，Pa；G 为材料的剪切弹性模量，Pa，其数值可由试验确定；γ 为剪应变。

图 4-34 剪应力互等定理

（3）圆轴扭转时的应力与强度条件。

根据几何关系（平截面假设）、物理关系（胡克定律）和静力平衡关系，即可得横截面上任一点处的剪应力：

$$\tau_\rho = \frac{T\rho}{I_P} \tag{4-36}$$

式中：τ_ρ 为计算点的剪应力，Pa；T 为横截面上的扭矩，N·m；ρ 为横截面上任一点到圆心的距离，m；I_P 为横截面对形心的极惯性矩，m^4；W_P 为扭转截面系数，m^3。

极惯性矩用下式计算：

$$I_P = \int_A \rho^2 \, dA \tag{4-37}$$

强度条件就是要求横截面上最大的剪应力不应超过材料的容许剪应力 $[\tau]$。

$$\tau_{max} = \frac{T_{max}R}{I_P} = \frac{T_{max}}{I_P/R} = \frac{T_{max}}{W_P} \leqslant [\tau] \tag{4-38}$$

式中：τ_{max} 为最大剪应力，Pa；T_{max} 为剪切构件的最大扭矩，N·m；R 为横截面上的半径，m；W_P 为扭转截面系数，m^3。

（4）圆轴扭转变形与刚度计算。

圆轴扭转时，各横截面之间绕轴线发生相对转动。因此圆轴的扭转变形是用两横截面绕轴线的相对扭转角来度量的。若圆轴为同一材料制成的等直圆杆，且各横截面上的扭矩 T 的数值相同，相距 l 的两个横截面的相对扭转角为：

$$\varphi = \frac{Tl}{GI_P} \qquad (4-39)$$

扭转角的单位为 rad。工程中通常采用单位长度扭转角来计算。即：

$$\theta = \frac{\mathrm{d}\varphi}{\mathrm{d}x} = \frac{T}{GI_P} \qquad (4-40)$$

为了保证机器加工的精密度，确保圆轴的正常工作，常常将单位长度的扭转角控制在一定的许用值内，即扭转构件应满足一定的刚度条件。考虑到工程中的单位常用°/m，经过单位换算后得到刚度条件为：

$$\theta_{\max} = \frac{T_{\max}}{GI_P} \times \frac{180}{\pi} \leqslant [\theta] \qquad (4-41)$$

（四）受弯构件

在工程中常遇到这样的一类构件，它们所承受的荷载作用线垂直于杆件轴线的横向力，或者是通过杆轴平面内的外力偶。在这种外力作用下，杆件的相邻横截面要发生相对的转动，杆件的轴线将弯成曲线，这种变形称为弯曲变形，凡是以弯曲变形为主要变形的构件称为受弯构件，有时称为梁。弯曲是工程中常见的一种基本变形形式，如门窗过梁、阳台挑梁、框架结构中的框架梁等。

根据梁的支承情况，在工程实际中常见的梁有简支梁、悬臂梁、外伸梁三种形式，见图 4-35。这三种梁的支座反力皆可用静力平衡方程求得，属于静定梁。

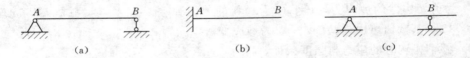

(a)　　　　　　　　　(b)　　　　　　　　　(c)

图 4-35　静定梁基本形式

1. 剪力和弯矩

梁在外力作用下，其任一截面上的内力可用截面法求得。截面两侧的内力（剪力、弯矩）其值相等、方向或转向则相反，因为它们是作用与反作用的关系。为使左右两段梁在同一截面上的内力正负号相同，须按梁的变形情况来规定内力的正负号。为此规定：梁截面上的剪力如果使所取梁段产生顺时针方向转动时为正，反之为负；梁截面上的弯矩如果使所取梁段上部受压、下部受拉时为正，反之为负，如图 4-36 所示。

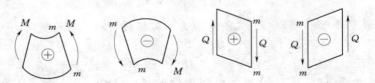

图 4-36　梁的内力正负号判断

在内力分析中，由梁的变形确定梁的内力的正负号，一律先假设内力为正，结果的正负号及表示内力的正负，也表示梁的实际变形情况。

梁任一截面上的剪力，在数值上等于该截面左边（或右边）梁上所有外力对该截面方向投影的代数和。横截面上的弯矩，在数值上等于该截面左边（或右边）梁上所有外力对该截面形心的矩的代数和。

因此，可以直接利用上述规律，根据横截面左边或右边梁上的外力来求截面上的剪力和弯矩，而不必列出平衡方程，从而可简化计算过程。

2. 剪力图和弯矩图

一般情况下，梁横截面上的剪力和弯矩是随横截面的位置而变化的。为了分析梁的强度和刚度问题，就必须知道剪力和弯矩沿梁轴线的变化规律，可将梁横截面上的剪力和弯矩都表示为坐标 x 的函数，即剪力方程和弯矩方程：

$$Q = Q(x), \ M = M(x)$$

为了能一目了然地表明梁各横截面上剪力和弯矩沿梁轴线的变化情况，在设计计算中常把各横截面上的剪力和弯矩用图表示。以梁横截面沿梁轴轴线的位置为横坐标，以垂直于梁轴线方向的剪力或弯矩为纵坐标。按适当比例绘出剪力方程或弯矩方程的图线，这种图线称为剪力图或弯矩图。绘图时，将正应力绘在 x 轴上方，正弯矩绘在梁的下方（受拉侧）。

弯矩、剪力与分布荷载集度之间的微分关系：

$$\frac{\mathrm{d}Q(x)}{\mathrm{d}x} = q(x), \ \frac{\mathrm{d}M(x)}{\mathrm{d}x} = Q(x), \ \frac{\mathrm{d}^2 M(x)}{\mathrm{d}x^2} = q(x)$$

3. 弯曲应力

为了解决梁的强度计算问题，在内力求得后，还必须进一步研究横截面上应力的分布规律，建立梁的正应力和剪应力计算公式。弯矩 M 只与横截面上的正应力 σ 相关，剪力 Q 只与剪应力 τ 相关。

（1）弯曲正应力及抗弯强度。

综合考虑变形几何关系、物理关系和静力学关系等三个方面。其中变形几何关系，主要还是符合平面假设，梁弯曲是纵向纤维将产生伸长或缩短；物理关系主要考虑了应力应变之间应符合胡克定律；根据静力学关系，对于等截面直梁纯弯曲时任意横截面上任一点处正应力的计算公式：

$$\sigma = \frac{My}{I_x} \tag{4-42}$$

式中：M 为横截面上的弯矩，N·m；I_x 为截面对中性轴 x 的惯性矩，m^4；y 为所求应力点到中性轴的距离，m。

由上式可知，离中性轴越远处的正应力越大，最大正应力及强度条件为：

$$\sigma_{max} = \frac{My_{max}}{I_x} = \frac{M}{W_x} \leqslant [\sigma] \tag{4-43}$$

式中：W_x 为弯曲截面系数，m^3；仅与截面的形状和尺寸有关。

对于宽为 b、高为 h 的矩形截面：

$$I_x = \frac{bh^3}{12}, \ y_{max} = \frac{h}{2}, \ W_x = \frac{bh^2}{6}$$

对于直径为 D 的圆形截面：

$$I_x = \frac{\pi D^4}{64}, \ y_{max} = \frac{D}{2}, \ W_x = \frac{\pi D^3}{32}$$

（2）弯曲剪应力及抗剪强度。

当梁非纯弯曲时，横截面上不仅存在正应力，而且存在剪应力。假设：①横截面上各点处剪应力的方向与该截面上的剪力方向平行；②横截面上剪应力沿横截面宽度均匀分布。根据静力平衡方程即可推出弯曲切应力计算公式。

$$\tau = \frac{QS_x}{I_x b} \leqslant [\tau] \tag{4-44}$$

式中：Q 为横截面上的剪力；I_x 为整个横截面对中性轴的惯性矩；S_x 为横截面上距中性轴为 y 的横线以外部分的面积对中性轴的静矩；b 为截面的宽度。

4. 提高梁的抗弯强度的措施

在工程实际中，弯曲正应力是控制梁的主要因素，因此按强度要求对细长梁进行设计时，主要是依据梁的正应力强度条件，因此要提高梁的承载能力，降低梁的最大正应力，在不减小外荷载、不增加材料的前提下，必须尽可能降低最大弯矩、合理选择梁的截面尺寸提高抗弯截面系数或局部加强弯矩较大的梁段。

一般通过合理布置梁的荷载、合理改变支座位置或将静定梁改为超静定梁，可以降低梁的最大弯矩。

合理选择梁的截面尺寸主要包括：

（1）在截面面积保持不变的条件下，尽量获得较大的抗弯截面系数，例如矩形截面梁，竖放比平放具有较大的抗弯能力，且更为合理。

（2）选择合理的截面形式，如工字形截面或槽形截面比矩形截面合理；对于混凝土等脆性材料，因其抗压强度远高于抗拉强度，宜采用 T 形、槽形截面、并使离中性轴近的一侧承受拉应力。

（3）采用变截面梁。使梁的横截面尺寸沿梁轴线变化的与弯矩图相适应。

5. 弯曲变形及梁的刚度条件

梁在受到荷载作用发生平面弯曲时，梁轴线由直线变为曲线，变弯后的轴线称为挠曲线。挠曲线是一条光滑连续的平面曲线。

梁横截面形心在垂直于梁轴线方向的线位移称为挠度，用 w 表示。横截面绕中性轴发生转动的角位移称为转角，用 θ 表示。挠曲线近似微分方程：

$$\frac{d^2 w}{dx^2} = -\frac{M(x)}{EI} \tag{4-45}$$

根据挠曲线近似微分方程，可用积分法并引入已知的位移条件（边界条件和光滑连续性条件）即可确定梁的变形。对于复杂荷载作用下的变形，可分别计算简单荷载单独作用下梁的变形，再利用叠加法求其总的变形。梁的刚度条件：

$$|w|_{max} \leqslant [w] \quad \text{或} \quad |\theta|_{max} \leqslant [\theta] \tag{4-46}$$

如果遇到构件刚度不足，就应该运用弯曲变形的规律来提高受弯构件的刚度。合理选择截面形状、改变荷载作用方式及约束方式，都能增大梁的抗弯刚度。

（五）超静定结构的受力分析介绍

工程中常见的超静定杆系结构的类型有：超静定梁，超静定桁架，超静定刚架，超静定拱，超静定组合结构。它们的反力和内力只凭静力平衡条件是无法确定的，或者虽然它的反力和部分杆件的内力可由静力平衡条件求得，但却不能确定全部杆件的内力。与静定结构相比，超静定结构具有下列重要特性：

（1）在超静定结构中，如温度改变、支座位移、制造误差、材料收缩等因素都可能引起内力。这是因为任何因素所引起的超静定结构的变形，在其发生过程中，一般将遭受赘余联系的约束，因而相应地产生了内力。

（2）超静定结构的内力根据静力平衡条件无法全部确定，还必须考虑变形条件才能得出解答，故与结构的材料性质和截面尺寸有关。

（3）超静定结构由于具有赘余联系，一般地说，其刚度比相应的静定结构要大些，且内力分布也比较均匀。

求解任何超静定问题，都必须综合考虑以下三个方面的条件：

（1）平衡条件，结构的整体及任何一部分的受力状态都应满足静力平衡方程。

（2）几何条件，也称为变形条件或位移条件、协调条件、相容条件等，而结构的变形和位移必须符合约束条件和各部分之间的变形连续条件。

（3）物理条件，即变形或位移与力之间的物理关系。

在具体求解时，根据计算途径的不同，归纳起来，基本上可以分为两类，一类是以多余未知力为未知数的力法（又称柔度法）；另一类是以结点位移为未知数的位移法（又称刚度法）。力法和位移法是分析超静定结构的两种基本方法，其他的计算方法大都是从这两种基本方法演变而来的。

力法的基本特点是：以多余未知力作为基本未知量，取去掉多余联系后的静定结构为基本结构，并根据去掉多余联系处的已知位移条件列出位移方程，将多余未知力首先求出，再按静定结构计算。它可用来分析任何类型的超静定结构。

位移法是以某些位移为基本未知量的求解方法。基本思路是"先固定后复原"。"先固定"是指在原结构产生位移的结点上设置附加约束，使结点固定，从而得到基本结构，然后加上原有的外荷载；"后复原"是指人为地迫使原先被"固定"的结点恢复到原有的位移。通过上述两个步骤，使基本结构与原结构的受力和变形完全相同，从而可以通过基本结构来计算原结构的内力和变形。

用力法或位移法计算超静定结构都要组成和解算联立方程，当未知量的数目较多时，计算工作十分繁重。为此可采用矩阵位移法，利用计算机求解；也可利用力矩分配法求解，这两种方法都属于位移法的范畴。力矩分配法是位移法的渐近法，主要用于计算一般连续梁和无结点线位移的刚架。

四、结构功能要求

1. 结构的安全等级

建筑物的重要程度是根据其用途决定的。我国根据建筑结构破坏时可能产生的后果（危及人的生命，造成经济损失，产生社会影响等）的影响程度，将建筑结构的安全等级分为三级，见表 4-1。对人员比较集中使用频繁的影剧院、体育馆以及高层建筑等，安全等级宜按一级设计；对特殊的建筑物，其设计安全等级可视具体情况确定。设计时建筑中的梁、柱等各类构件的安全等级一般应与整个建筑物的安全等级相同，对部分特殊的构建可根据其重要程度作适当调整。

表 4 - 1 建筑结构的安全等级

安全等级	破坏后果的影响程度	建筑物的类型	示　例
一级	很严重：对人的生命、经济、社会或环境影响很大	重要的建筑物	大型的公共建筑等
二级	严重：对人的生命、经济、社会或环境影响较大	一般的建筑物	普通的住宅和办公楼等
三级	不严重：对人的生命、经济、社会或环境影响较小	次要建筑物	小型或临时性贮存建筑等

在近似概率极限状态设计法中，结构的安全等级是用结构重要性系数 γ_0 来体现的。

2. 结构的设计使用年限

计算结构的可靠度所依据的年限就是结构的设计使用年限，它是指设计规定的结构或结构构件不需进行大修即可按预定目的使用的年限；一般可按 GB 50068—2001《建筑结构可靠度设计统一标准》确定，表 4 - 2 给出了房屋建筑结构的设计使用年限。

表 4 - 2 房屋建筑结构的设计使用年限

类别	设计使用年限（年）	示例	类别	设计使用年限（年）	示例
1	5	临时性建筑结构	3	50	普通房屋和构筑物
2	25	易于替换的结构构件	4	100	标志性建筑和特别重要的建筑结构

进行结构可靠性分析时，为确定可变作用及与时间有关的材料性能等取值而选用的时间参数称为设计基准期（Design reference period），它不同于结构的设计使用年限。需说明的是，结构的设计使用年限虽然与其使用寿命有联系，但是并不等同。当超过结构的设计使用年限或超过设计基准期后，并不意味该结构不能再使用了，而是指它的可靠度降低了。

3. 建筑结构的功能

为了使设计的结构安全可靠，设计的结构或结构构件应在规定的时间内，在正常条件下满足所要求的功能，而不需要进行大修加固。建筑结构应该满足的功能要求可概括为：

（1）安全性。建筑结构应能承受正常施工和正常使用时可能出现的各种作用。在设计规定的偶然事件（如地震、爆炸）发生时及发生后，仍能保持必需的整体稳定性，不致发生倒塌；所谓整体稳定性，是指在偶然事件发生时及发生后，建筑结构仅产生局部的损坏而不致发生连续倒塌。

（2）适用性。结构在正常使用过程中应具有良好的工作性能。如不产生影响使用的过大变形或振幅，不发生足以让使用者不安的过宽的裂缝或振动等。

（3）耐久性。结构在正常维护条件下应有足够的耐久性能。所谓足够的耐久性能，是指结构在规定的工作环境中，在预定时期内，其材料性能的恶化不致导致结构出现不可接受的失效概率。从工程概念上讲，足够的耐久性能就是指在正常维护条件下结构能够正常使用到规定的设计使用年限。例如，混凝土不发生严重风化、腐蚀、脱落，钢筋不发生锈蚀等。

注意，对重要的结构，应采取必要的措施，而对一般的结构，宜采取适当的措施，防止出现结构的连续倒塌。对港口工程结构，"撞击"应指非正常撞击。

4. 结构的可靠性

上述对结构安全性、适用性、耐久性的要求可概括为对结构可靠性的要求。结构的可靠性是指结构在规定的时间内（即设计基准期），在规定的条件下（结构的正常设计、施工、使用和维护条件），完成预定功能（如强度、刚度、稳定性、抗裂性、耐久性等）的能力。

结构可靠度是对结构可靠性的定量描述，即结构在规定的时间内，在规定的条件下，完成预定功能的概率。

《建筑结构可靠度设计统一标准》中所指的结构可靠度或结构失效概率，是对结构的设计使用年限而言的，也就是说，规定的时间指的是设计使用年限；而规定的条件则是指正常设计、正常施工、正常使用，不考虑人为过失的影响。

为了保证建筑结构具有规定的可靠度，除了应进行必要的设计计算外，还应对结构材料性能、施工质量、使用与维护进行相应的控制。对控制的具体要求，应符合有关勘察、设计、施工及维护等标准的专门规定。

五、结构极限状态

（一）极限状态

设计时，结构的可靠性是用结构的极限状态来判断的。结构或构件的极限状态是结构或构件能够满足设计规定的某一功能要求的临界状态。整个结构或结构的一部分超过某一特定状态就不能满足设计规定的某一功能要求，则此特定状态称为该功能的极限状态。例如，构件即将开裂、倾覆、滑移、压屈、失稳等。极限状态是结构从有效状态转变为失效状态的分界，是结构开始失效的标志。

我国《建筑结构可靠度设计统一标准》将结构的极限状态分为承载能力极限状态和正常使用极限状态两类。

1. 承载能力极限状态

承载力极限状态：结构或构件达到最大承载力（如强度、稳定、疲劳）或不适于继续承载的变形。包括构件或连接的强度破坏、疲劳破坏和因过度变形而不适于继续承载，结构或构件丧失稳定，结构转变为机动体系和结构倾覆。

当结构或结构构件出现下列状态之一时，即认为超过了承载能力极限状态。

（1）整个结构或结构的一部分作为刚体失去平衡（如倾覆等）。

（2）结构构件或连接因超过材料强度而破坏（包括疲劳破坏），或因过度变形而不适于继续承载。

（3）结构转变为机动体系。

（4）结构或结构构件丧失稳定（如压屈等）。

（5）地基丧失承载能力而破坏（如失稳等）。

承载能力极限状态可理解为结构或结构构件发挥允许的最大承载功能的状态。结构构件由于塑性变形而使其几何形状发生显著改变，虽未达到最大承载能力，但已彻底不能使用，也属于达到这种极限状态。疲劳破坏是在使用中由于荷载多次重复作用而达到的承载能力极限状态。

2. 正常使用极限状态

正常使用极限状态：结构或构件达到正常使用或耐久性的某项规定限值，如出现影响正常使用的过大变形、裂缝过宽、局部损坏和振动等。超过了正常使用极限状态，结构或构件就不能保证适用性和耐久性的功能要求。

当结构或结构构件出现下列状态之一时，即认为超过了正常使用极限状态：

(1) 影响正常使用或外观的变形。

(2) 影响正常使用或耐久性能的局部损坏（包括裂缝）。

(3) 影响正常使用的振动。

(4) 影响正常使用的其他特定状态。

正常使用极限状态可理解为结构或结构构件达到使用功能上允许的某个限值的状态。例如，某些构件必须控制变形、裂缝才能满足使用要求。因过大的变形会造成房屋内粉刷层剥落、填充墙和隔断墙开裂及屋面积水等后果；过大的裂缝会影响结构的耐久性；过大的变形、裂缝也会造成用户心理上的不安全感。

在结构设计时，除考虑结构功能的极限状态外，还应根据结构在施工和使用中的环境条件和影响，区分下列三种设计状况：持久状况、短暂状况和偶然状况。

对于不同的设计状况，可采用相应的结构体系、可靠度水准和基本变量等。即三种设计状况分别对应不同的极限状态设计。对于持久状况、短暂状况和偶然状况，都必须进行承载能力极限状态设计；对于持久状况，尚应进行正常使用极限状态设计；而对于短暂状况，可根据需要进行正常使用极限状态设计。

（二）极限状态的方程

设 S 表示荷载效应，它代表由各种荷载分别产生的荷载效应的总和，可以用一个随机变量来描述；设 R 表示结构构件抗力，也当作一个随机变量。构件每一个截面满足 $S \leqslant R$ 时，才认为构件是可靠的，否则认为是失效的。结构的极限状态可以用极限状态函数来表示。承载能力极限状态方程可表示为：

$$Z = R - S \qquad (4-47)$$

根据概率统计理论，设 S、R 都是随机变量，则 $Z=R-S$ 也是随机变量。根据 S、R 的取值不同，Z 值可能出现三种情况，并且容易知道：当 $Z>0$ 时，结构处于可靠状态；当 $Z=0$ 时，结构达到极限状态；当 $Z<0$ 时，结构处于失效（破坏）状态。

第二节　现代结构设计理论与方法

一、现代结构设计理论

（一）现代结构的特征

随着经济的飞速发展，我国正进行着前所未有的大规模的经济建设和基础设施的建设。大的基础建设项目包括公路与铁路交通运输网络新建工程，如京沪、京广高铁工程，能源工程的"西气东输"工程和"西电东送"工程，水利工程的"南水北调"工程和"水电开发"工程等。随着城市化步伐的飞速发展，各类城市建设工程正在大量兴建。反映21世纪的经济、文化和信息特征的高耸电视塔、超高层楼宇、新型空间结构的体育场馆、音乐厅与歌剧院、具备综合集散功能的现代运输枢纽、机场、码头和车站等现代建筑都将纷纷拔地而起。为解决交通问题，大跨度过江桥梁、跨海桥梁和隧道的建设也将如雨后春笋般展开。

现代结构的特点是为满足人们对建筑功能更高的要求，这些建筑功能不仅是建筑高度的增加、桥梁的跨度增加、新型结构体系的增加（新体系和新材料的不断出现和应用），这些建筑功能更多地体现在"绿色"的可持续发展方面，必须满足社会、人和自然的协调发展。所以现代结构在设计和施工中，应贯彻强调"功能需要"，强调"节约能源"和"与环境友好"；树立可持续发展的理念，综合考虑美学、社会、环境的要求，同时注重设计全过程的力学概念和体系特点的应用。

现代结构的主要特征如下：

（1）高耸：因用地紧张，高耸或高层建筑快速增长。继上海金茂大厦（88 层，420.5m 高）和上海环球金融中心（101 层，492m 高）建成之后，更高的上海中心（127 层，632m 高）正在施工之中。超高层建筑设计，除考虑的地震响应以外，与建筑高度成量级增加的风荷载和其侧向变形以及基底倾覆力矩都将是设计中的难点。

（2）大跨：为适应经济发展，跨越江河大川，大跨桥梁也飞速发展。大跨桥梁一般采用斜拉桥、悬索桥和各类拱式桥。如江阴长江大桥，其悬索桥主跨为 1385m。上海卢浦大桥和重庆朝天门长江大桥为钢结构拱桥，跨度分别达到 540m 和 552m。随着桥梁跨度的增加，风振、地震和结构体系或构件的其他动力与稳定问题都将显得日益突出，为结构设计分析和灾害防范带来极大的困难和挑战。

（3）新颖：随着大规模的建设，各类新颖结构也将层出不穷。新颖结构的特点是体态的奇特和受力的复杂，目前尚缺乏现成有效的分析计算方法和设计规程，使结构的工作性态难于预测和控制。

（4）绿色：现代结构除了高、宽、大这些传统意义上的特征外，在结构的设计和施工中更加强调"绿色"的理念，即在建筑结构的设计和施工中注重节能、节材、节水、节地和环保的设计理念。国家强制出台的建筑保温节能要求就是现代结构设计中必须要考虑的"绿色"设计理念的一项具体要求。

超高层建筑、超大跨桥梁和各类新颖特殊结构在恶劣环境下的工作性态是极端复杂和具有挑战性的。设计时应抓住结构的基本力学特点，抓住主要问题，将复杂结构用合理的力学模型简化分析，就可以在结构的早期设计阶段通过简化计算方法定量分析并比较各种设计方案，提出相对最优设计方案，节省造价，达到事半功倍的效果。如大跨桥梁，可以在早期设计阶段将其整体看成简支梁或连续梁进行受力分析，估算主要构件的大致尺寸。而对于一些新颖的空间结构，可在早期设计阶段将其整体简化为拱结构或悬索结构或几种结构体系的巧妙组合，进行各种受力分析，确定结构主受力构件的大致尺寸并估算结构的造价。

（二）现代结构的设计理论

结构设计的基本目标是在一定的经济条件下，赋予结构以足够的可靠度，所以现代结构设计理论主要是可靠度理论。下面主要介绍结构可靠度理论的基本概念和基本原理。

前面已经指出，结构在规定的设计年限内，应满足安全性、适用性和耐久性等功能要求。结构的可靠性是指结构在规定的时间内、在规定的条件下完成预定功能的概率，这种能力既取决于结构的作用和作用效应，也取决于结构的抗力。

结构的可靠度是对结构可靠性的定量描述，即结构在规定的时间内（结构的设计使用年限）、在规定的条件下（正常设计、正常施工、正常使用、正常维修，不考虑人为过失的影响），完成预定功能的概率。这也是从统计学观点出发的比较科学的定义，因为在各种随机因素的影响下，结构完成预定功能的能力只能用概率来度量。

1. 随机变量的分析与处理

前面介绍的作用、作用效应和抗力都是具有变异性的随机变量或随机过程，都具有不确定性，但都有一定的内在规律。对随机变量的分析和处理的科学方法就是数理统计和概率论方法。

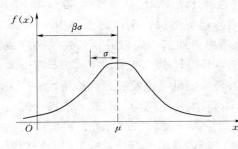

图 4-37　正态分布概率密度曲线

（1）概率密度函数和正态分布曲线。结构的作用、作用效应和抗力的实际分布情况是十分复杂的，但统计分析表明，它们有的服从正态分布，有的通过数学变换可以化为当量正态分布。从概率论知识可知，若两个相互独立的随机变量都服从正态分布，则两个随机变量的总体也是一个服从正态分布随机变量。正态分布概率密度曲线（图 4-37）的一般函数表达式为：

$$f(x) = \frac{1}{\sqrt{2\pi}\sigma} \times e^{-\frac{(\mu-x)^2}{2\sigma^2}} \qquad (4-48)$$

（2）随机变量的统计特征。一般在掌握大量统计资料的基础上，经过数理统计分析可以得到平均值 μ、标准差 σ、变异系数 δ 等统计参数，统称为"数理统计特征"。

1）平均值 μ。即

$$\mu = \frac{\sum_{i=1}^{n} x_i}{n} \qquad (4-49)$$

式中：x_i 为第 i 个随机样本值；n 为随机样本值的抽样个数。

平均值为正态分布曲线峰值处的横坐标。

2）标准差（或均方差）σ。标准差主要反映随机变量以均值为中心的离散程度的。σ 值越大，曲线越趋扁平，说明随机变量越分散；σ 值越小，曲线越高而窄，说明随机变量越集中。从几何意义上说，σ 的绝对值即为正态分布曲线反弯点到均值 μ 的水平距离。σ 可按下式求得：

$$\sigma = \sqrt{\frac{\sum_{i=1}^{n}(\mu - x_i)^2}{n-1}} \qquad (4-50)$$

3）变异系数 δ。变异系数为标准差与均值之比，又称相对标准差。即

$$\delta = \sigma/\mu \qquad (4-51)$$

δ 主要用来反映不同 μ 的相对离散程度，显然，δ 越大，相对离散程度越大。

4）可靠指标 β。

可靠指标是均值与标准差之比。即：

$$\beta = \mu/\sigma \tag{4-52}$$

β 值的几何意义是指从横坐标原点至均值的距离等于 β 倍标准差的倍数。因为由 β 值可以判断随机事件的失效概率和可靠概率，所以 β 值一般称为可靠指标。

（3）正态分布曲线特征。

正态分布曲线的特征值是平均值 μ 和标准差 σ，曲线有如下几个特点：①曲线对称于 $x=\mu$；②曲线只有一个峰值点 $f(\mu)$；③当 x 趋于 ∞ 时，$f(x)$ 趋于零；④对称轴两边各有一个反弯点，反弯点距峰值点水平距离为 σ，它也对称于对称轴。

由概率论可知，频率密度的积分称为概率。且有：

$$P = \int_{-\infty}^{+\infty} f(x)\,\mathrm{d}x = 1 \tag{4-53}$$

当 $x=\mu-\sigma$、$\mu-1.645\sigma$、$\mu-2\sigma$ 时，随机变量 x 大于上述各值的概率分别为 84.13％、95％和 97.72％。例如，如果随机变量代表材料的强度，则当强度取值为 $\mu-1.645\sigma$ 时（此时就是规范规定的材料强度标准值），实际强度高于这个强度值的概率（保证率）为 95％，系数 1.645 称为保证率系数。再如随机变量代表可变荷载时，当荷载取值为 $\mu+1.645\sigma$ 时（荷载标准值），则实际荷载低于该值的概率也为 95％。

2. 结构的可靠概率和失效概率

极限状态方程（功能函数）$Z=R-S$ 来描述结构的工作状态。由于结构的抗力 R 和作用效应 S 是随机变量，故结构的功能函数 Z 也是随机变量。当假定 R 和 S 相互对立并且都服从正态分布时，则 Z 也服从正态分布，其特征值：

$$\mu_Z = \mu_R - \mu_S \tag{4-54}$$

$$\sigma_Z = \sqrt{\sigma_R^2 + \sigma_S^2} \tag{4-55}$$

$$\delta_Z = \sigma_Z/\mu_Z \tag{4-56}$$

结构能够完成预定功能（$R \geqslant S$）的概率称为可靠概率 p_s，不能完成预定功能（$R < S$）的概率称为失效概率 p_f。当结构功能密度函数确定后，结构的可靠概率和失效概率可由该密度函数曲线下的积分面积来确定。即：

$$p_f = \int_{-\infty}^{0} f(Z)\,\mathrm{d}Z \tag{4-57}$$

$$p_s = \int_{0}^{+\infty} f(Z)\,\mathrm{d}Z \tag{4-58}$$

并且两者是互补的，即 $p_s + p_f = 1$。因此，既可以用结构的可靠概率来衡量结构的可靠度，也可以用结构的失效概率来衡量结构的可靠度。

3. 可靠指标的设计准则

对影响结构可靠度的各随机变量进行统计分析和数学处理，并用失效概率来衡量结构的可靠度，能够较好地反映问题的实质，具有明确的物理意义，但失效概率计算复杂。因此引入可靠指标 β 来代替失效概率 p_f，具体度量结构的可靠性。

可靠指标是结构功能函数 Z 的平均值 μ_Z 与其标准差 σ_Z 之比，即：

$$\beta = \frac{\mu_Z}{\sigma_Z} = \frac{\mu_R - \mu_S}{\sqrt{\sigma_R^2 + \sigma_S^2}} \tag{4-59}$$

可靠指标 β 与失效概率 p_f 有对应的关系：β 值越大，p_f 值越小；反之，β 值越小，p_f 值越大。

表 4-3　　结构构件承载力极限状态的目标可靠指标 [β] 值

破坏类型	安　全　等　级		
	一级	二级	三级
延性破坏	3.7	3.2	2.7
脆性破坏	4.2	3.7	3.2

在结构设计时，根据建筑物的安全等级，按规定的可靠指标（目标可靠指标）进行设计。对于承载能力极限状态的可靠指标可参见表 4-3。

上述按可靠指标的设计准则虽然直接运用了概率论的原则，但是在确定可靠指标时，作了若干假定和简化，因此这个准则只能是近似概率设计准则。

二、现代结构设计主要方法

在传统的设计理论与方法不能适应指导新的设计活动的要求的时候，有必要提出现代设计理论与方法。随着科学技术的发展，设计理论将会被赋予新的含义，也将会涌现出更多新的设计方法。

(一) 现代结构的主要设计方法

设计方法是设计理论的具体化和实用化，现代设计方法是基于理论而成的方法，是科学方法论在设计中的应用，它融合了土木工程技术、计算机技术、管理科学等领域的知识，借助理论指导设计可减少传统设计中经验设计的盲目性和随意性，提高设计的主动性、科学性和准确性。目前在土木工程设计过程中，现代设计方法主要有：

(1) 优化设计（Optimal Design）：它是一种规格化的设计方法，首先要求将设计问题按优化设计所规定的格式建立数学模型，选择合适的优化方法及计算机程序，然后再通过计算机的计算，自动获得最优设计方案。结构优化设计能缩短设计周期、提高设计质量和水平，取得显著的经济效益和社会效益。

(2) 可靠性设计（Reliability Design）：它是指在规定时间内、规定的条件下，以概率和数理统计为理论基础，以失效分析、失效预测及各种可靠性试验为依据，以完成产品规定功能为目标的现代设计方法。本节将重点介绍可靠性设计方法。

(3) 计算机辅助设计（Computer Aided Design，简称 CAD）：就是将计算机作为辅助工具，应用于各个领域的设计中。计算机辅助设计，是随着计算机科学的迅速发展而诞生的，目前，在我国已广泛应用于土木工程、造船、机械、电子、汽车、服装等各个领域。

目前土木工程领域通用设计和分析软件主要有：美国 ANSYS 公司编制的 ANSYS 通用有限元分析软件；SAP2000、ABQUS 等大型有限元分析软件；中国建筑科学研究院编制的 PKPM 系列设计软件的框排架、连续梁、PMCAD、SATWE 等模块；同济大学编制的 3D3S 钢结构设计分析软件的空间结构建模、门式刚架和幕墙结构模块；同济大学编制的 MTS 钢结构设计软件的功能介绍及多高层钢结构设计模块等。

计算机辅助设计在我国土木建筑工程领域中得到广泛应用，当前在各设计单位应用较多的是由中国建筑科学研究院开发的 PKPMCAD 系统。PKPMCAD 是面向钢筋混凝土框架、排架、框架-剪力墙、砖混以及底框架等结构，适用于一般多层工业与民用建筑、100层以下复杂体型的高层建筑，是一个较为完整的设计软件。PKPM 系列软件中的结构设计软件，包括结构平面计算机辅助设计 PMCAD 软件，钢筋混凝土框架、排架及连续梁结构计算与施工图绘制软件 PK，多层及高层建筑结构三维分析及设计软件，多层及高层建筑结构空间有限元分析与设计软件，以及独基、条基、钢筋混凝土地基梁、桩基础和筏板基础设计软件。

（4）绿色设计（Green Design）：也称为生态设计或环境设计。绿色设计是思考关于自然、社会与人的关系问题在城市空间或单体设计、建设、使用的表现。简言之，即在建筑的整个生命周期内（设计、建造、施工、使用或废弃处理），着重考虑建筑或城市的环境属性（自然资源的利用、对环境和人的影响、可拆卸性、可回收性、可重复利用性等），并将其作为设计目标，以绿色技术为原则所进行的设计。绿色设计是集生态系统、大地景观、整体和谐、集约高效、生土技术为一体的综合整体网络。

绿色设计除常规设计方法外，还必须考虑可拆卸设计、可回收设计、模块化设计等新的设计思想和方法。它克服了传统设计的不足，使所设计的人居环境满足绿色的要求。主要包含从概念设计的形成到总体规划及单体设计、生产施工、使用乃至材料废弃后的回收、重用及处理处置的各个阶段的整个过程。也就是说，要从根本上防止污染、节约资源和能源，关键在于要预先设法防止设计对环境产生的副作用，然后再建造，这就是绿色设计的基本思想。除此之外，还必须考虑建筑在整个生命周期过程中与环境和人的友好性：一是防止影响环境的废弃物产生；二是良好的材料管理。所以绿色设计是通过寻找和采用尽可能合理和优化的结构和方案，使得资源消耗和环境负影响降到最低。

（二）可靠性设计方法

前面介绍了有关可靠性的基本原理。可靠性问题直接影响生产、经济和安全，随着高新技术的发展，可靠性设计的愈加必要。可靠性设计可以提高经济效益、保证结构安全、促进结构设计理论的发展。

按可靠指标的设计准则或近似概率设计准则并不直接用于具体设计，具体的设计方法是极限状态设计法。因为这种方法不考虑功能函数 Z 的全分布，只需求 Z 的一阶原点矩（即平均值）和二阶中心矩（即方差或标准差的平方），也就是最高只考虑到二阶矩，故称为二阶矩设计法。当函数 Z 与基本变量不是线性关系时，可将其展开为泰勒级数，仅取其一次幂项而线性化。当函数 Z 中基本变量不是正态分布时，可将其近似为正态分布来解决。所以这种方法全称为：考虑基本变量概率分布类型的一次二阶矩概率极限状态设计法，简称二阶矩设计法。

以概率理论为基础的极限状态设计方法则是以结构失效概率来定义结构可靠度，并以与结构失效概率相对应的可靠指标 β 来度量结构可靠度，从而能较好地反映结构可靠度的实质，使设计概念更为科学和明确。这种方法对荷载效应 S 和结构构件抗力 R 的联合分布进行了考察，综合考虑了 S 和 R 的变异性对结构可靠度的影响。但在结构可靠度分析中还存在一定的近似性，故该设计方法也称为近似概率极限状态设计法。

结构的极限状态可分为承载力极限状态和正常使用极限状态两类，各类极限状态都规定了明确的标志和限值。通常是按承载能力极限状态来计算结构构件，再按正常使用极限状态来验算构件。

1. 承载能力极限状态设计

在极限状态设计法中，对于承载能力极限状态，可按下列设计表达式进行结构设计：

$$\gamma_0 S \leqslant R \qquad (4-60)$$

式中：γ_0 为结构重要性系数。对于安全等级为一级或设计使用年限为 100 年及以上的结构构件，其值不应小于 1.1；对安全等级为二级或设计使用年限为 50 年的结构构件，不应小于 1.0；对安全等级为三级或使用年限为 5 年及以下的结构构件，不应小于 0.9。S 为结构效应组合的设计值；R 为结构构件抗力的设计值，应按各有关建筑结构设计规范的规定确定。

注意在抗震设计中，不考虑结构构件的重要性系数。同一建筑物中的各种构件的安全等级，宜与整个结构的安全等级相同。但应根据需要，对某些构件的安全等级可采取提高一级或降低一级。

当结构上同时作用多种可变荷载时，要考虑荷载效应的组合问题。荷载效应组合是指所有可能同时出现的诸荷载组合下，确定结构或构件内产生的总效应。其最不利组合是指所有可能产生的荷载组合中，对结构构件产生总效应为最不利的一组。

对于承载力极限状态一般考虑荷载效应的基本组合，必要时应考虑荷载效应的偶然组合。对于基本组合，荷载效应组合的设计值 S 应从下列组合值中取最不利值确定。

（1）由可变荷载效应控制的组合。

$$S = \gamma_G S_{Gk} + \gamma_{Q1} S_{Q1k} + \sum_{i=1}^{n} \gamma_{Qi} \psi_{Ci} S_{Qik} \qquad (4-61)$$

式中：γ_G 为永久荷载的分项系数，当其效应对结构不利时，应取 1.2；有利时，一般情况下取 1.0，对结构的倾覆、滑移或漂浮验算时，应取 0.9，也可按 GB 50009—2001《建筑结构荷载规范》（以下简称《荷载规范》）第 3.2.5 条采用；γ_{Qi} 为第 i 个可变荷载的分项系数，其中 γ_{Q1} 为可变荷载 Q_1 的分项系数；一般情况下应取 1.4（当其效应对结构构件承载能力有利时可取 0）；S_{Gk} 为按永久荷载标准值 G_k 计算的荷载效应值；S_{Qik} 为按可变荷载标准值 Q_{ik} 计算的荷载效应值，其中 S_{Q1k} 为诸可变荷载效应中起控制作用者；ψ_{Ci} 为可变荷载 Q_i 的组合值系数，应分别按《荷载规范》各章的规定采用；n 为参与组合的可变荷载数。

（2）由永久荷载效应控制的组合。

$$S = \gamma_G S_{Gk} + \sum_{i=1}^{n} \gamma_{Qi} \psi_{Ci} S_{Qik} \qquad (4-62)$$

式中：γ_G 为永久荷载的分项系数，但取值为 1.35，且参与组合的仅限于竖向荷载；其余符号同前。

偶然组合是指一种偶然作用与其他可变荷载相组合。偶然作用发生的概率很小，持续的时间较短，但对结构却可造成相当大的损害。但是，由于目前对许多偶然作用尚缺乏研究，缺少必要的实际观测资料，因此，偶然作用的代表值及有关参数，常常只能根据工程经验、建筑物类型等情况，经综合分析判断确定。

鉴于偶然组合特性，从安全与经济两方面考虑，当按偶然组合验算结构的承载能力时，所采用的可靠指标值允许比基本组合有所降低。

2. 正常使用极限状态表达式

对于正常使用极限状态，应根据不同的设计要求，采用荷载的标准组合、频遇组合或准永久组合，并应按下列设计表达式进行设计：

$$S \leqslant C \tag{4-63}$$

式中：C 为结构或结构构件达到正常使用要求的规定限值，例如变形、裂缝、振幅、加速度、应力等的限值，应按各有关建筑结构设计规范的规定采用。

第三节　土木工程结构设计

一、土木工程设计规范要求与依据

（一）土木工程设计规范要求

土木工程设计应全面贯彻"适用、安全、经济、美观"的基本方针，同时满足规范的有关要求。具体体现在建筑设计和结构设计两大方面。

在建筑设计方面主要要求有：

（1）满足建筑功能要求。满足建筑物的功能要求，就是为人们的生产和生活活动创造良好的环境，它是建筑设计的首要任务。

（2）采用合理的技术措施。正确选用建筑材料，根据建筑空间组合的特点，选择合理的结构、施工方案，使房屋坚固耐久、建造方便。

（3）具有良好的经济效果。设计和建造房屋要有周密的计划和核算，重视经济领域的客观规律，讲究经济效果。房屋设计的使用要求和技术措施，要和相应的造价、建筑标准统一起来。

（4）考虑建筑美观要求。建筑物是社会的物质和文化财富，它在满足使用要求的同时，还需要考虑人们对建筑物在美观方面的要求。

（5）符合总体规划要求。单体建筑是总体规划的组成部分，单体建筑应符合总体规划的要求。建筑物的设计，还要充分考虑与周围环境的关系，如原有建筑的状况、道路的走向、基地面积大小以及绿化等方面与拟建建筑物的关系。新设计的单体建筑，应使所在基地形成协调的外部空间组合和良好的室外环境。

土木工程结构设计方面主要满足下列三方面功能要求：

（1）安全性。结构能承受正常施工和正常使用时可能出现的各种作用；在设计规定的偶然事件（如地震等）发生时和发生后，仍能保持必需的整体稳定性，即结构只发生局部损坏而不致发生连续倒塌。

（2）适用性。结构在正常使用荷载作用下具有良好的工作性能。如不发生影响正常使用的过大变形，或出现令使用者不安的过宽裂缝等。

（3）耐久性。结构在正常使用和正常维护条件下具有足够的耐久性。如钢筋不过度腐蚀、混凝土不发生过分化学腐蚀或冻融破坏等。

建筑设计除应执行国家有关工程建设的方针、政策外，尚应执行下列基本原则：

（1）贯彻经济规划、社会发展规划、城乡规划和产业政策；满足当地城市规划部门制定的城市规划实施条例，根据建筑物的用途和目的，综合讲求建筑的经济效益、社会效益、环境效益。

（2）综合利用资源，满足环保要求；合理利用城市土地和空间，提倡社会化综合开发和综合性建筑。

（3）遵守工程建设技术标准；建筑和环境应综合考虑防火、抗震、防空和防洪等安全措施。

（4）采用新技术、新工艺、新材料和新设备。

（5）重视技术和经济效益的结合。

（6）贯彻以人为本的理念，体现对残疾人、老年人的关怀，为他们的生活、工作和社会活动提供无障碍的室内外环境。

（二）土木工程设计依据

土木工程设计依据主要是根据土木工程的特点、使用的功能要求、自然条件（如气象、地形、水文地质等）、技术要求以及有关的设计文件进行设计。

1. 使用功能

（1）人体尺度及人体活动所需的空间尺度，它是确定民用建筑内部各种空间尺度的主要依据；比如门洞、窗台及栏杆的高度，踏步的高宽，家具设备的尺寸以及建筑内部使用空间的尺度等都与人体尺度及人体活动所需的空间尺度有关。

（2）家具、设备及使用它们所需的必要空间，房间内家具设备的尺寸以及人们使用它们所需的空间尺寸，加上必要的交通面积，都是确定房间内部空间大小的依据。

2. 自然条件

（1）气象资料。建设地区的温度、湿度、日照、雨雪、风向、风速等是建筑设计的重要依据。例如炎热地区的建筑应考虑隔热、通风、遮阳，建筑处理较为开敞；寒冷地区应考虑防寒保温，建筑处理较为封闭；雨量较大的地区要特别注意屋顶形式、屋面排水方案的选择以及屋面防水构造的处理；在确定建筑物间距及朝向时，应考虑当地日照情况及主导风向等因素。

（2）地形、地质以及地震烈度。基地的地形、地质及地震烈度直接影响到房屋的平面空间组织、结构选型、建筑构造处理及建筑体型设计等。例如，位于山坡地的建筑常根据地形高低起伏变化，采用错层、吊脚楼或依山就势这样较为自由的组合方式，位于岩石、软土或复杂地质条件上的建筑，要求基础采用不同的结构和构造处理。

地震烈度表示当发生地震时，地面及建筑物遭受破坏的程度。烈度在 6 度以下时，地震对建筑物影响较小，一般可不考虑抗震措施。9 度以上地区，地震破坏力很大，一般应尽量避免在该地区建造房屋，否则需进行专门研究确定。建筑物抗震设防的重点是 6、7、8、9 度地震烈度的地区。地震区的房屋设计应考虑：选择对抗震有利的场地和地基；房屋设计的体型，应尽可能规整、简洁，避免在建筑平面及体型上的凹凸，构造措施符合抗震规范的要求等。

（3）水文条件。水文条件是指地下水位的高低及地下水的性质，直接影响到建筑物的基础和地下室，设计时应采取相应的防水和防腐措施。

3. 技术要求

设计应满足国家制定的各种规范及标准。例：防火规范、采光设计标准、住宅设计规范等。为了实现工业化大规模生产，使不同材料、不同形式和不同制造方法的建筑构配件、组合件具有一定的通用性和互换性，在建筑业中必须遵守 GBJ 2—1986《建筑模数协调统一标准》。

4. 设计文件

项目批准文件，如上级批准的该项目立项书；符合城市规划要求；满足国家规定的建设工程勘察、设计深度要求等。

铁路、交通、水利等专业建设工程，还应当以专业规划的要求为依据。

二、土木工程设计内容

在工程设计前，设计人员应首先熟悉设计任务书，了解工程项目规模、投资、资金来源及分年投资安排等，结合城建部门批准的该项目建设用地规划许可证，从中了解建设用地范围及红线位置。熟悉建设单位建设目的以及对工程的使用要求等。其次是进一步收集必需的原始设计资料，如设计定额指标及标准，当地的气象、水文、地质、地震资料等。然后进行设计前的调查研究，特别是应该去现场进行基地踏勘等。最后进入工程设计。

（一）建筑工程设计程序

民用建筑工程一般应分为方案设计、初步设计和施工图设计三个阶段；对于技术要求简单的民用建筑工程，经有关主管部门同意，并且合同中有不做初步设计的约定，可在方案设计审批后直接进入施工图设计。对于存在总体部署问题的项目、牵涉面广的项目可增加总体规划设计或总体设计。

1. 方案设计

建筑方案设计是依据设计任务书而编制的文件。建筑方案设计必须贯彻国家及地方有关工程建设的政策和法令，应符合国家现行的建筑工程建设标准、设计规范和制图标准以及确定投资的有关指标、定额和费用标准规定。建筑方案设计可以由业主直接委托有资格的设计单位进行设计，也可以采取竞选的方式进行设计。方案设计竞选可以采用公开竞选和邀请竞选两种方式。

设计者在对建筑物主要内容的安排有了大概的布局设想之后，首先要考虑和处理建筑物与城市规划的关系，其中包括建筑物和周围环境的关系，建筑物和城市交通或城市其他功能的关系等。这个工作阶段通常叫初步方案阶段，一般由建筑师提出方案图，即简要的总平面与建筑设计说明；平、立、剖面图；透视效果图或模型；为主管部门审批提供方案设计文件，满足初步设计文件的需要。

2. 初步设计

初步设计是根据批准的可行性研究报告与立项批复或设计任务书而编制的初步设计文件。初步设计是设计过程中的一个关键性阶段，也是整个设计构思基本成型的阶段。初步设计文件由设计说明书（包括设计总说明和各专业的设计说明书）、设计图纸、主要设备及材料表和工程概算书等四部分内容组成，其内容应满足设备招标订货和编制施工图设计文件的需要。

初步设计中首先要考虑建筑物内部各种使用功能的合理布置，同时还要考虑建筑物各部分之间布置紧密、联系方便、交通简捷，避免交叉混杂。

此外，结构方式的选择也是初步设计中的重要内容，主要考虑它的坚固耐久、施工方便和材料、人工、造价上的经济性，还要考虑工程概算。所以在初步设计阶段，各专业应对本专业内容的设计方案或重大技术问题的解决方案进行综合技术经济分析，论证技术上的适用性、可靠性和经济上的合理性。

3. 技术设计

技术设计是初步设计的具体化阶段，也是各种技术问题的定案阶段。对于不太复杂的工程，技术设计的一部分工作可纳入初步设计，称扩大初步设计；而另一部分工作则可在施工图阶段进行。

4. 施工图设计

施工图设计是根据已批准的初步设计或设计方案而编制的可供进行施工和安装的设计文件。图是工程师的语言，工程师的设计意图是通过图纸来表达的，所以施工图设计内容以图纸为主。施工图和详图主要是通过图纸，把设计者的意图和全部的设计结果（包括做法和尺寸）都表达出来，作为施工依据。施工图和详图要表达准确周全，有严密的系统性，易查找，切勿疏漏、差错或含糊不清，图纸之间不应互相发生矛盾。详图设计是整个设计工作的深化和具体化，又称细部设计，它不但要解决细部构造，还要从艺术上使细部与整体造型、风格、比例统一和协调，形成统一的建筑整体风格。

施工图设计文件的深度应满足以下要求：①能据以编制施工图预算；②能据以安排材料、设备订货和非标准设备的制作；③能据以进行施工和安装；④能据以进行工程验收。

上述建筑设计程序都是就民用建筑而言。工业建筑在原则上与之相似，只是所考虑的具体内容和侧重不同。其中最主要的是初步设计和技术设计都要满足生产工艺的要求，在功能布局上要考虑生产和运输活动方便、高效，并为工厂创造优良的工作环境等。

（二）建筑工程设计内容

民用建筑工程的设计内容包括建筑、结构和设备专业设计等。

1. 建筑设计

建筑设计的主要任务是根据任务书及国家有关建筑方针政策，对建筑单体或总体作出合理布局，提出满足使用和观感要求的设计方案，解决建筑造型、处理内外空间、选择围护结构材料、解决建筑防火、防水等技术问题，作出有关构造设计和装修处理。一般由建筑师完成。

2. 结构设计

结构设计是在建筑方案确定的条件下，解决结构选型、结构布置，分析结构受力，对所有受力构件作出设计。主要采用基础、墙、柱、梁、板、楼梯、大样细部等结构元素来构成建筑物的结构体系，包括竖向和水平的承重及抗力体系，把各种情况产生的荷载以最简洁的方式传递至基础。一般由结构工程师完成。

结构设计包括三个部分：概念设计、计算分析及构造设计。概念设计体现了结构工程师的设计理念，计算分析则是通过有限元软件分析结构从而从数值上定量地印证设计理念，而构造设计则是通过适当合理的构造设计来实现设计理念。现在的建筑结构越来越复杂，掌握良好的设计方法和按照正确的设计步骤进行设计，将会使得设计效率大大提高，达到事半功倍的效果。

对于一个大型的建筑项目，结构设计主要可分为四个阶段：方案设计阶段，结构分析阶段，构件设计阶段，施工图设计阶段。结构方案阶段的设计内容包括结构选型、结构布置和主要构件的截面尺寸估算；结构分析是要计算结构在各种作用（或荷载）下的效应，是结构设计的重要内容；构件设计包括截面设计和节点设计两个部分，每部分又包含计算和构造两项内容，构造是计算的重要补充；施工图和详图主要是通过图纸，把设计者的意图和全部的设计结果（包括做法和尺寸）都表达出来，作为施工依据。对于混凝土结构，截面设计有时也称为配筋计算。结点设计也称为连接设计。

3. 设备设计

设备设计主要包括给水排水、电气照明、暖通空调通风、动力等方面设计，一般由相应专业设备工程师在建筑方案确定条件下作出专业计算与设计。

尽管各专业完成的任务不同，但都是为同一建筑工程的设计而共同工作。这就要求专业之间紧密配合，密切合作，当出现矛盾时，要互相协商解决。在民用建筑设计中，建筑方案起着决定性的作用。而建筑专业在作方案时，不仅要考虑建筑功能、建筑艺术，还要综合考虑结构设备等专业的要求，尊重这些专业本身的规律，在各专业间起综合协调作用。各专业的设计图纸、计算书、说明书及概预算构成一套完整的建筑工程文件，以此作为建筑工程施工的依据。

第四节　土木工程设计规范简介

旧中国没有自己的工程建设标准规范，直接采用外国规范设计、施工，建造了一些近代建筑。自新中国成立后，以后开展大规模经济建设的起步阶段，全盘引进原苏联的规范标准，并在消化、吸收的基础上开始自主编制标准规范。早期标准规范数量少，水平不高，但也基本起到应有的作用。"文革"十年浩劫使规范标准的执行陷于瘫痪。20 世纪 80 年代以后，标准规范受到空前的重视，全国人大通过立法公布了《中华人民共和国标准化法》，同时国家颁布了《标准化管理条例》，并开始编制我国自己的标准规范体系，涉及到工程建设各专业领域（规划选址、勘察设计、施工验收、使用维护等），以保证基本建设的质量。

一、标准规范的管理

（一）标准的等级

1. 国家标准（GB）

在全国范围内普遍执行的标准规范。

按照《工程建设国家标准管理办法》的规定，在全国范围内需要统一或国家需要控制的工程建设技术要求主要包括以下六个方面：

（1）工程建设勘察、规划、设计、施工（包括安装）及验收等通用的质量要求。

（2）工程建设通用的有关安全、卫生和环境保护的技术要求。

（3）工程建设通用的术语、符号、代号、量与单位、建筑模数和制图方法。

（4）工程建设通用的试验、检验和评定等方法。

（5）工程建设通用的信息技术要求。

（6）国家需要控制的其他工程建设通用的技术要求。

对工程建设国家标准范围的理解，关键在于两点：一是通用；二是国家需要控制。所谓通用，指的是在全国范围内普遍行得通，也就是指不受行业的限制，均能够得到实施。另外，为了保证国家标准的覆盖范围，规定了对国家需要控制的其他工程建设通用的技术要求也可以制定国家标准，这里的"国家需要控制"主要是根据国家的产业政策，对国民经济发展有重大意义的，国家需要重点推动的技术，需要通过标准进行控制的情况。如：能源、交通运输、原材料等方面的技术要求所制定的标准以及根据国务院领导批示精神组织制定的一些标准等。

2. 行业标准

工程建设行业标准（JG）是指对没有国家标准，而又需要在全国某个行业范围内统一的技术要求所制定的标准。在建筑行业范围内执行的标准规范；工程建设行业标准的范围主要包括以下六个方面：

（1）工程建设勘察、规划、设计、施工或安装及验收等行业专用的质量要求。

（2）工程建设行业专用的有关安全、卫生和环境保护的技术要求。

（3）工程建设行业专用的术语、符号、代号、量与单位、建筑模数和制图方法。

（4）工程建设行业专用的试验、检验和评定等方法。

（5）工程建设行业专用的信息技术要求。

（6）工程建设行业需要控制的其他技术要求。

3. 地方标准（DB）

在局部地区、范围内执行的标准规范。

4. 企业标准（QB）

仅适用于企业范围内，属于企业行为，国家不加干预。

（二）标准的性质

我国实行强制性标准与推荐性标准并行的双轨制，近年又增加了强制性条文这一层次，形成了三种形式并存的局面。

强制性标准（GB、JG、DB）：由政府部门以文件形式公布，带有"行政命令"的强制性质。

推荐性标准（CECS、GB/T、JG/T）：由行业协会、学会，如中国工程建设标准化协会（CECS）编制、管理的标准。其特点是"自愿采用"，故带有推荐性质。标准的约束力通过合同、协议的规定而体现。

强制性条文：具备一定法律性质的强制性标准中的个别条文。

一般情况下，下列标准制应属于强制性标准：

（1）工程建设勘察、规划、设计、施工（包括安装）及验收等通用的综合标准和重要的通用的质量标准。

（2）工程建设通用的有关安全、卫生和环境保护的标准。

（3）工程建设重要的通用的术语、符号、代号、量与单位、建筑模数和制图方法标准。

（4）工程建设重要的通用的试验、检验和评定方法等标准。

（5）工程建设重要的通用的信息技术标准以及国家需要控制的其他工程建设通用的标准。

（三）标准的作用

按标准对象本身的特性进行分类，一般分为基础标准、方法标准、安全、卫生和环境保护标准、综合性标准、质量标准。分类不同，作用也不同。

（1）基础标准：是指在一定范围内作为其他标准制定、执行的基础而普遍使用，并具有广泛指导意义的标准。基础标准一般包括：①技术语言标准，例如：术语、符号、代号标准、制图方法标准等；②互换配合标准，例如：GBJ 2—1986《建筑模数协调统一标准》；③技术通用标准，即针对技术工作和标准化工作等制定的需要共同遵守的标准，例如：GB 50153—2008《工程结构可靠度设计统一标准》等。

（2）方法标准：是指以工程建设中的试验、检验、分析、抽样、评定、计算、统计、测定、作业等方法为对象制定的标准，例如：土工试验方法标准、混凝土力学性能试验方法标准、厅堂混响时间测量规范、钢结构质量检验评定标准等。方法标准是实施工程建设标准的重要手段，对于推广先进方法，保证工程建设标准执行结果的准确一致，具有重要的作用。

（3）安全、卫生和环境保护的标准。是指工程建设中为保护人体健康、人身和财产的安全，保护环境等而制定的标准。一般包括：防止噪声、抗震、防火、防爆、防振等方面，例如：建筑抗震设计规范、建筑设计防火规范、民用建筑室内环境污染控制规范等。

（4）质量标准（验评标准）。为对建筑工程的质量通过检测验收而制定的标准，其目的主要是为保证工程建设各环节最终成果的质量，以技术上需要确定的方法、参数、指标等为对象而制定的标准。例如：设计方案优化条件、工程施工中允许的偏差、勘察报告的内容和深度等。

（5）综合性标准。是指以上几类标准的两种或若干种的内容为对象而制定的标准。综合性标准在工程建设标准中所占的比重较大，一般来说主要用于指导工程建设中各种行为所制定的规定，如规划、勘察、设计、施工及验收等方面的标准规范，绝大多数工程建设标准规范均属此类范畴。例如：GB 50205—2001《钢结构工程施工质量验收规范》，其内容包括术语、材料、施工方法、施工质量要求、检验方法和要求等，其中，既有基础标准、方法标准的内容，又包括了质量保证方面的内容等。

（四）标准的关系

服从关系：下级标准服从上级标准；推荐标准服从强制标准；应用标准服从基础标准。"服从"意味着不得违反上级标准有关的原则和规定。

分工关系：在标准规范体系中，每本标准规范只能管辖特定范围内的技术内容。标准规范之间切忌交叉、重复。应避免多头管理造成标准规范之间的矛盾。

协调关系：相关标准规范在有关技术问题上应互相衔接，协调一致。最常用的衔接形式是"应符合现行有关标准的要求"或"应遵守现行有关规范的规定"。

二、土木工程设计常用标准规范

在建筑及其结构设计时，除必须考虑使用功能需求、建筑设计意图和资金、材料、施工等必要条件外，另一重要依据是它要受建筑结构设计标准、规范、规程有关条文的制约。

土木工程项目建筑设计首先应遵守 GB 50352—2005《民用建筑设计通则》的要求，同时符合 GBJ 2—1986《建筑模数协调统一标准》的要求。根据建筑功能不同，国家也制定了相应的建筑标准，例如住宅设计规范、宿舍建筑设计规范、中小学校建筑设计规范、托儿所、幼儿园建筑设计规范、图书馆建筑设计规范、博物馆建筑设计规范、档案馆建筑设计规范、电影院建筑设计规范、综合医院建筑设计规范、办公建筑设计规范、小型火力发电厂设计规范、体育建筑设计规范、铁路旅客车站建筑设计规范、汽车客运站建筑设计规范、港口客运站建筑设计规范等。

建筑设计必须满足防火、防爆安全及建筑环境的要求，这方面的规范主要有：建筑设计防火规范、村镇建筑设计防火规范、高层民用建筑设计防火规范、建筑内部装修设计防火规范、人民防空工程设计防火规范、汽车库、修车库、停车场设计防火规范、建筑灭火器配置设计规范、洁净厂房设计规范、民用建筑热工设计规范、严寒和寒冷地区居住建筑节能设计标准、夏热冬暖地区居住建筑节能设计标准、公共建筑节能设计标准、民用建筑隔声设计规范、建筑隔声评价标准、建筑照明设计标准、建筑采光设计标准、民用建筑工程室内环境污染控制规范、工业企业设计卫生标准、工业建筑防腐蚀设计规范等。工程设计中，还要方便照顾老年人及残疾人，这方面遵循的标准有：城市道路和建筑物无障碍设计规范、老年人居住建筑设计标准、特殊教育学校建筑设计规范等。

工程设计成果是以图纸形式表达，为了便于设计人员和施工人员的沟通，制定了有关制图标准，主要包括：房屋建筑制图统一标准、总图制图标准、建筑制图标准、建筑结构制图标准、建筑给水排水制图标准、道路工程制图标准等。

对于结构设计，必须遵守工程结构可靠性设计统一标准、建筑结构可靠度设计统一标准的要求，GB 50153—2008《工程结构可靠度设计统一标准》主要是为了统一房屋建筑、铁路、公路、港口、水利水电等各类工程结构设计的基本原则、基本要求和基本方法而制定的，主要目的使结构符合可持续发展的要求，并符合安全可靠、经济合理、技术先进、确保质量的要求。

房屋结构设计中，有关设计术语及符号应与建筑结构设计术语和符号标准、工程抗震术语标准、岩土工程基本术语标准等保持一致，建筑结构设计中涉及的作用应按建筑结构荷载规范规定的要求取值。对于不同形式的结构应符合有关标准规范的要求，这些规范主要有：混凝土结构设计规范、木结构设计规范、砌体结构设计规范、混凝土小型空心砌块建筑技术规程、多孔砖砌体结构技术规范、轻骨料混凝土结构设计规程、型钢混凝土组合结构技术规程等，而对于钢结构可遵循钢结构设计规范、冷弯薄壁型钢结构技术规范、网架结构设计与施工规程、高层民用建筑钢结构技术规程、门式钢架轻型房屋钢结构技术规程等规范的要求。

房屋结构地基基础设计必须坚持因地制宜、就地取材、保护环境和节约资源的原则；根据岩土工程勘察资料，综合考虑结构类型、材料情况与施工条件等因素，精心设计，做到安全适用、技术先进、经济合理、确保质量、保护环境。我国幅员辽阔，地质条件复杂，主要有分布于西北地区的湿陷性黄土、东南地区的膨胀土、西南地区的红黏土以及严寒地区的多年冻土，这些地区的地基基础还应符合现行有关标准、规范的规定。有关地基基础方面的规范主要有：建筑地基基础设计规范、建筑桩基技术规范、复合载体夯扩桩设计规程、高层建筑箱形与筏形基础技术规范、建筑基坑支护技术规程、岩土工程勘察规范、膨胀土地区建筑技术规范、湿陷性黄土地区建筑规范、冻土地区建筑地基基础设计、软土地区工程地质勘察规范、冻土工程地质勘查规范、高层建筑岩土工程勘察规程等。对于软弱地基，除采用深基础外，还可以采用地基处理的方法，地基处理应按照 JGJ 79—2002《建筑地基处理技术规范》执行。

特种结构是指具有特种用途的工程结构，也与我们生活密切相关。特种结构包括高耸结构、海洋工程结构、管道结构和容器结构等。有关特种结构规范主要有：烟囱设计规范、钢筋混凝土筒仓设计规范、高耸结构设计规范、给水排水工程构筑物结构设计规范、架空索道工程技术规范等。

位于Ⅵ度及以上的地震地区的建筑应按 GB 50011—2010《建筑抗震设计规范》进行抗震设计，该抗震规范的基本抗震设防目标是：当遭受低于本地区抗震设防烈度的多遇地震影响时，主体结构不受损坏或不需修理可继续使用；当遭受相当于本地区抗震设防烈度的设防地震影响时，可能发生损坏，但经一般性修理仍可继续使用；当遭受高于本地区抗震设防烈度的罕遇地震影响时，不致倒塌或发生危及生命的严重破坏。使用功能或其他方面有专门要求的建筑，当采用抗震性能化设计时，具有更具体或更高的抗震设防目标。与其有关的标准规范还有：构筑物抗震设计规范、核电厂抗震设计规范、预应力混凝土结构抗震设计规程。对于已有建筑应按建筑抗震鉴定标准、建筑工程抗震设防分类标准进行鉴定，鉴定不满足要求时，可按建筑抗震加固技术规程的要求进行设计和施工。

对于其他土木工程结构应按相应的规范进行设计，满足适用、安全、经济、卫生、美观的基本准则。

与公路桥梁有关的规范有：公路桥涵设计通用规范、公路工程结构可靠度设计统一标准、城市桥梁设计荷载标准、公路圬工桥涵设计规范、公路桥涵地基与基础设计规范、公路隧道设计规范、公路桥梁抗震设计细则、公路路基设计规范、公路水泥混凝土路面设计规范、公路钢筋混凝土及预应力混凝土桥涵设计规范、公路悬索桥设计规范。

与铁路工程相关的规范有：铁路路基设计规范、铁路桥涵地基和基础设计规范、铁路隧道设计规范、铁路工程抗震设计规范、地铁设计规范、铁路特殊路基设计规范等。

与水利工程相关的规范有：水利水电工程进水口设计规范、水工建筑物抗震设计规范、水工隧洞设计规范、水工建筑物荷载设计规范、选矿厂尾矿设施设计规范、混凝土重力坝设计规范、碾压混凝土坝设计规范、混凝土拱坝设计规范、浆砌石坝设计规范、溢洪道设计、水工混凝土结构设计规范等，其中河道整治应遵守堤防设计规范、渠道防渗工程技术规范、堤防工程施工规范等规范的要求。

与海工工程相关的规范有：海工结构规范、防浪堤设计和施工指南、《码头、栈桥和系靠船墩设计》、《干船坞、船闸、滑道和船台、升船机、坞门闸门设计》、《近岸锚泊装置和浮式结构设计》等。

习　　题

1. 什么是施加于结构上的作用，荷载与作用有什么区别？

2. 工程结构设计中，如何对结构上的作用进行分类？

3. 司机操纵方向盘驾驶汽车时，可用双手对方向盘施加一个力偶，也可用单手对方向盘施加一个力，这两种方式能否得到同样的效果？这是否说明一个力与一个力偶等效？为什么？

4. 试证：空间力偶对任一轴之矩等于其力偶矩矢在该轴上的投影。

5. 空间平行力系简化的结果是什么？可能合成为力螺旋吗？

6. 一均质等截面直杆的重心在哪里？若把它弯成半圆形，重心的位置是否改变？

7. 若①空间力系中各力的作用线平行于某一固定平面；②空间力系中各力的作用线分别汇交于两个固定点，试分析这两种力系各有几个平衡方程。

8. 什么是弯曲变形？

9. 集中力、集中力偶作用处截面的剪力 Q 和弯矩 M 值各有什么变化？

10. 如何确定弯矩的极值？如何确定最大弯矩值？弯矩的极值与最大弯矩是一回事吗？

第五章 土木工程施工

土木工程施工一般包括施工技术与施工组织两大部分。其中施工技术是以各工种工程（土方工程、基础工程、混凝土结构工程、结构安装工程、防水工程、装饰与装修工程等）施工的技术为研究对象，以施工方案为核心，结合具体施工对象的特点，选择最合理的施工方案，决定最有效的施工技术措施。而施工组织是以科学编制一个工程的施工组织设计研究对象，编制出指导施工的施工组织设计，合理地使用人力物力、空间和时间，着眼于各工种工程施工中关键工序的安排，使之有组织、有秩序地施工。

第一节 基础工程施工

一、土方工程施工

（一）概述

最常见的土方工程有：场地平整、基坑（槽）开挖、爆破、运输、地坪填土与平整、路基填筑及基坑回填和压实（或夯实）土等。此外还包括与之配合的土壁支撑、施工排水和人工降低地下水位等土方工程施工的准备工作与辅助工作。

土石方工程施工的特点是：工程量大，占用工期长，劳动繁重和施工条件复杂等特点；土方工程施工又受气候、水文、地质、地下障碍等因素的影响较大，不可确定的因素也较多，有时施工条件极为复杂。

土石方工程施工的基本要求是：开挖或填筑后的土体，其标高、断面尺寸、表面坡度等应准确，土体有足够的强度和稳定性，符合设计规定的技术指标和质量要求；施工中采用的排水、降水措施和边坡坡度设置、土壁支撑等技术措施得当；填土的质量符合设计要求；挖、运、填、筑等施工过程应尽量采用各种土方工程机械，组织机械化施工，降低劳动强度，提高生产效率。

组织土方工程施工前，应对现场进行踏勘。掌握土的种类和工程性质、工期及质量要求、施工条件以及场地地下情况等；收集施工区域的地形图、地质、水文、气象等资料，作为拟订施工方案、选择施工方法及机械和组织施工的依据。

（二）场地平整

大型工程项目通常都要确定场地设计平面，进行场地平整。场地平整就是通过挖高填低，将原始地面改造成满足人们生产、生活所需要的场地平面。因此必须确定场地平整的设计标高，作为计算挖填方工程量、进行土方平衡调配、选择施工机械、制定施工方案的依据。因此，必须针对具体情况进行科学合理的设计。

1. 场地平整设计标高的确定

确定场地平整设计标高的基本原则是：应满足建筑功能、生产工艺和运输的要求；应充分利用地形，以减少挖方量；场地内挖填方量力求平衡，土方运输费用最少；有一定的排水坡度（$\geqslant 2‰$），考虑最高洪水水位的影响等。

对于小型场地平整，如自然地形比较平缓，对场地设计标高无特殊要求，通常采用挖填土方量平衡法或最小二乘法计算确定。前者仅能使挖方量与填方量平衡，但不能保证总的土方量最小；后者不仅满足挖方量与填方量平衡，而且满足总的土方量最小的条件，即可得到最佳设计的平面。对大型场地或地形比较复杂时，应采用最小二乘法的原理进行竖向规划设计，求出最佳设计平面。

以上求出的场地设计标高，只是一个理论值，实际上还应该考虑土的可松性、场地内基础及地下管沟等开挖、场地各类借土或弃土等因素的影响，需要对设计标高进行调整；另外还要考虑设计标高以上各种填方工程的影响以及场地边坡挖方量和填方量对设计标高的影响。

总之，合理确定场地设计标高，对工程设计和施工都是一项十分重要的工作。要对影响因素进行综合分析后做出最后的决定，作为最终采用的场地设计标高。

2. 场地平整的土方量计算方法

场地平整的土方量计算有多种方法，通常采用的计算方法有两种：即方格网法和断面法。

方格网法适用于场地地形较为平坦或台阶宽度较大的地段，计算方法比较复杂，精度较高。

断面法主要是适应于地形较复杂或地形狭长、挖填深度较大、断面不规则的地段，计算方法较简单，精度较低。

3. 土方调配方案

土方调配是指对场地挖土的利用、堆弃和填土之间的关系进行综合协调处理，确定挖、填方区的调配方向和数量，使得土方工程的施工费用少、工期短，施工方便。

（1）土方调配的目的。

土方调配工作是土方规划设计的重要内容。土方调配的目的是使土方总运输量（m^3）或土方施工成本（元）最小，从而要求合理地确定填、挖方区土方的调配方向和数量，达到缩短工期、提高经济效益的目的。

（2）土方调配的原则。

1）首先应力求达到挖、填平衡和运距最短，即总土方运输量或运输费用最少；取土或弃土应尽量不占农田或少占农田，弃土尽可能有规划地造田。

2）选择恰当的调配方向、运输路线，做到施工顺序合理、土方运输流向合理。考虑近期施工与后期利用相结合。必要时可突破场地界线进行土方调配。

3）符合机械化施工和土方运输的要求，充分发挥大型土方工程机械的性能。

4）布置在山地、坡地上的建设场地，可考虑采用"最佳平面设计法"，根据工艺要求和地形将场地设计成多个平面，以减少土方调配的工程量。

5）建设场地的土方平衡调配还应尽可能与市、镇规划以及农田水利等结合考虑，以便统筹安排。

（3）土方调配步骤。

土方调配步骤包括：划分土方调配区；计算土方调配区之间的平均运距（或单位土方运价或单位土方施工费用）；确定土方的初始调配方案、确定土方的最优调配方案；绘制土方调配图表。

4. 场地平整土方机械及其施工

土方工程量较大，为减轻劳动强度、提高劳动生产率、加快工程进度、降低工程成本，在组织土方工程施工时，应尽可能采用机械化施工。场地平整常用的土方施工机械主要为推土机、铲运机，有时也使用挖掘机及装载机。

（1）推土机。

推土机是土方工程施工的主要机械之一。推土机实际上是装有推土刀的拖拉机。由于推土机牵引力大，生产效率高，工作装置简单，操纵灵便，行驶速度较快，能爬30°左右的缓坡，可同时完成铲土、运土、卸土等多种作业，应用广泛。

推土机适用于推挖一至三类土。用于平整场地、移挖作填、回填土方、堆筑堤坝、配合挖土机集中土方和修路开道等。推土机作业以切土和推运土方为主，切土时应根据土质情况，尽量采用最大切土深度在最短距离（6～10m）内完成，以便缩短低速行进的时间，然后直接推运到预定地点。

推运距离宜在100m以内，经济推运距离为40～60m。为提高生产效率，可采用下坡推土、槽型推土、并列推土及多铲集运等方法。

（2）铲运机。

铲运机是一种利用铲斗铲削土壤，并将碎土装入铲斗进行运送的铲土运输机械，能够独立完成铲土、装土、运土、卸土和分层填土、局部碾实的综合作业。铲运机具有操纵简单，不受地形限制，运转方便，能独立工作，行使速度快，生产效率高等优点。

铲运机适用于大面积场地平整，开挖大型基坑、沟槽，以及填筑路基、堤坝等工程；在铁路、道路、水利、电力等工程平整场地中广泛应用。铲运机适用于四类以下的土。当铲运三类、四类较坚硬的土壤时，宜用松土机配合施工以提高生产效率。

（3）单斗挖土机。

单斗挖土机广泛应用于开挖建筑基坑、沟槽和清除土丘等土方作业。有液压传动和机械传动两种。液压传动可无级调速，传动平稳，冲击、振动小，结构简单，附有不同的工作装置，能一机多用，经济效果好。

单斗挖土机按其工作装置不同，可分为正铲、反铲、拉铲和抓铲。

（4）运土车辆。

当挖土机挖出的土方需要运土车辆运走时，挖土机的生产率不仅取决于本身的技术性能，而且还取决于所选的运输工具是否与之协调。

为了使挖土机充分发挥生产能力，应使运土车辆的载重量与挖土机的每斗土重保持一定的倍数关系，并有足够数量车辆以保证挖土机连续工作。从挖土机和车辆两方面考虑，最适合的车辆载重量应当是使土方施工单价为最低。一般情况下，汽车的载重量以每斗土重的3～5倍为宜。

为了减少车辆的调头、等待和装土时间，装土场地必须考虑调头方法及停车位置。如在坑边设置两个通道，使汽车不用调头，可以缩短调头、等待时间。

（三）基坑工程

在土木工程有较深的地下管线、地下室或其他建（构）筑物时，在结构施工时一般都须进行基坑开挖，为保证基坑开挖的顺利，在施工前需要进行基坑土壁稳定验算或支护结构的设计与施工。

1. 土方边坡

土方工程施工中，必须使基坑（槽）的土壁保持稳定。如果土体在外力作用下失去平衡，土壁就会塌方，发生事故，影响土方工程施工，甚至造成人员伤亡，还会危及附近建筑物、道路及地下设施的安全，产生严重的后果。

为了施工安全，防止塌方，比较经济、简单的土方施工方法是：对挖方或填方的边缘，均应制成一定坡度的边坡。由于条件限制不能放坡或为了减少土方工程量而不放坡时，可采取技术措施，设置土壁支护结构以保施工安全。

土方边坡的大小，应根据土质条件、挖方深度或填方高度、地下水位、排水情况、施工方法、边坡留置时间的长短、边坡上部的荷载情况、相邻建筑的情况等因素综合考虑确定。土方边坡可做成直线形、折线形或踏步形，见图 5-1。边坡坡度 i 以其高度 H 与其底宽度 B 之比表示。

$$i = \frac{H}{B} = \frac{1}{B/H} = \frac{1}{m} \tag{5-1}$$

式中：i 为边坡坡度；m 为坡度系数。

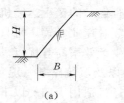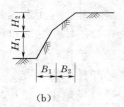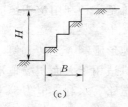

图 5-1　土方放坡
(a) 直线形；(b) 折线形；(c) 踏步形

当地质条件良好、土质均匀且地下水位低于基坑（槽）或管沟底面标高时，如敞露时间不长，挖方边坡可挖成直壁而不加支撑，但深度不宜过大。也可做成直线形边坡，当挖方深度在 5m 以内时，不加支撑的边坡的最陡坡度见表 5-1。对于使用时间较长的临时性挖方边坡坡度值参见有关资料。如果挖方要经过不同类别的土层或深度超过某一限值时，其边坡可以做成折线形或台阶形。

表 5-1　　　　　深度在 5m 内的基坑（槽）、管沟边坡的最陡坡度（不加支撑）

土 的 类 别	边坡坡度（高：宽）		
	坡顶无荷载	坡顶有静载	坡顶有动载
中密的砂土	1：1.00	1：1.25	1：1.50
中密的碎石类土（充填物为砂土）	1：0.75	1：1.00	1：1.25
硬塑的素土	1：0.67	1：0.75	1：1.00
中密的碎石类土（充填物为黏性土）	1：0.50	1：0.67	1：0.75

续表

土 的 类 别	边坡坡度（高：宽）		
	坡顶无荷载	坡顶有静载	坡顶有动载
硬塑的粉质黏土、黏土	1：0.33	1：0.50	1：0.67
老黄土	1：0.10	1：0.25	1：0.33
软土	1：1.00	—	—

边坡稳定的分析计算方法很多，如摩擦圆法、条分法等，可参考有关资料。

2. 土壁支护

开挖基坑（槽）时，如地质条件及周围环境许可，采用放坡开挖是较经济的。但在建筑稠密地区施工，或有地下水渗入基坑（槽），采用放坡无法保证施工安全或场地无放坡条件时，一般采用支护结构临时支挡，增加基坑的稳定性。基坑支护结构既要确保土壁稳定、临近建筑物与构筑物和管线的安全，又要考虑支护结构施工方便、经济合理、有利于土方开挖和地下室的建造。

基坑（槽）支护结构的主要作用是支撑土壁。此外，钢板桩、混凝土板桩及水泥土搅拌桩等围护结构还兼有不同程度的隔水作用。

支护体系主要由围护结构（挡土结构）和撑锚结构两部分组成。围护结构主要承担土压力、水压力、边坡上的荷载，并将这些荷载传递到撑锚结构。撑锚结构除承受围护结构传递来的荷载外，还要承受施工荷载（如施工机具、堆放的材料、堆土等）和自重。

3. 基坑降（排）水

当基坑或沟槽开挖至地下水位以下时，土的含水层被切断，地下水将不断渗入坑内。大气降水、施工用水等也会流入坑内。开挖基坑时，渗入坑内的地下水和流入的地面水如不及时排走，不但会使施工条件恶化，造成土壁塌方，还会影响地基的承载力。当基坑下遇有承压含水层时，若不降水减压，则基底可能被冲溃破坏。做好施工排水和人工降低地下水位是配合基坑开挖的一项安全措施。

（1）地面及场地排水。防止地表水（雨水、施工用水、生活污水等）流入基坑，一般应充分利用现场地形地貌特征，采取在基坑周围设置排水沟、截水沟或修筑土堤等措施，并尽可能利用已有的排水设施。

（2）基坑（槽）降水。对不同的土质应用不同的降水形式。基坑降水方法主要有集水井降水法（或称明排水法）和井点降水法。

（四）土方的填筑与压实

为使填土满足强度和稳定性要求，土方填筑工程必须正确选择填方土料和土方填筑与压实方法。

1. 填土压实的施工要求

（1）填方的边坡坡度，应根据填方高度、土的类型、使用期限及重要性确定。

（2）填方宜采用同类土填筑，如采用不同透水性的土分层填筑时，下层宜填筑透水性较大、上层宜填筑透水性较小的填料，并将透水性较小的土层表面做成适当坡度，以免形成水囊。

（3）基坑（槽）回填前，应清除沟槽内积水和杂物，检查基础的混凝土达到一定的强度后方可进行。如遇软土、淤泥，必须进行换土回填。回填基坑和管沟时，应从四周或两侧均匀地分层进行，以防止基础和管道产生偏移或变形。

（4）填方应按设计要求预留沉降量，如无设计要求时，可根据工程性质、填方高度、填料类别、压实机械及压实方法等确定。

（5）填方压实工程应由下至上分层铺填，分层压（夯）实，分层遍数，根据压（夯）实机械、密实度要求、填料分料及含水量确定。

（6）当填方位于倾斜的地面时，应先将斜坡改成阶梯状，然后分层填土以防填土横向滑动。

2. 土料的选择

填方土料应符合设计要求，对于碎石类土、砂土和爆破石渣仅用于表层下的填料；淤泥、淤泥质土、冻土、膨胀性土、有机质含量大于 8% 的土以及有水溶性硫酸盐大于 5% 的土，一般不能用作填方土料。

3. 填土的方法

填土可采用人工填土和机械填土。人工填土一般用手推车运土，用锹、耙、锄等工具进行填筑，自下而上分层铺填；机械填土可用推土机、铲运机、自卸汽车运土，同时也可借助推土机、铲运机等机械的自重完成部分压实工作。

填方施工应接近水平分层填土、分层压实，每层填筑厚度及压实遍数应根据土质、压实系数及所用机具确定。一般平碾为 200～300mm，羊足碾为 200～350mm。填方施工过程中还应检查排水措施、含水量控制、压实程度。

4. 压实方法

填土的压实方法有碾压法（包括振动碾压）、夯实法和振动压实法三种。一般大面积的填土工程采用碾压法；小面积的填土工程采用夯实法和振动压实法，而振动压实法主要用于压实非黏性土。

5. 填土压实的质量检查

填土必须具有一定的密实度，以避免建筑物产生不均匀沉陷。实践证明，当每层填土厚 30cm，压实至 20cm 时，可达 95% 的密实度。

二、路基与软土地基施工

（一）路基工程施工

路基是按照路线位置和一定技术要求修筑的带状构造物，主要是路面以下的天然地层或填筑起来的压实土层。路基作为是公路与铁路工程的基础，承受由路面传递下来的行车荷载，应该具有足够的强度、稳定性和耐久性。

路基工程的特点是路线长，通过的地带类型多，技术条件复杂，受地形、气候和水文地质条件影响很大。如公路可能通过草原、丘陵或山岭、河川、沼泽、岩石、冰雪、沙漠或盐渍土。路基工程中除了采用一般的施工技术外，还要考虑软土压实、桩基、边坡稳定等问题。

根据路基设计标高与天然地面的不同，可将路基横断面形式分为填方路基（路堤）、挖方路基（路堑）和半填半挖（填挖结合）三种类型，见图5-2。

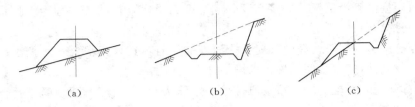

(a)　　　　　　　　(b)　　　　　　　　(c)

图5-2　路基横断面形式
(a) 路堤；(b) 路堑；(c) 半填半挖路基

路基施工按其技术特点分为：机械化施工法和爆破施工法，前者适用于一般土方工程，后者是石质路基开挖的基本方法。路基施工机械包括铲土运输机械（推土机、铲运机、平地机）、挖掘与装载机械（挖掘机、装载机）、工程运输车辆和压实机械。

1. 路堤填筑

（1）填料的选择。一般的土石都可作为路堤填料。一般来说，碎石土、卵石土、砂石土、中粗砂都具有较好的透水性、强度和稳定性，是很好的填筑材料。而亚砂土、亚黏土、轻亚黏土等经压实成型后能形成足够的强度和稳定性，也是比较好的填筑材料。淤泥、沼泽土、冻土、含残余树根和易于腐烂物质的土，不能用作路堤填料。液限大于50%及塑性指数大于26的土，以及含水量超过规定的土，不得直接作为填料，需要时应采取技术措施，检验合格后方可使用。

（2）路堤基底的处理。路堤填料与原地面直接接触部分称为基底。为使两者结合紧密，避免路堤沿基底发生滑动或路堤沉陷，填筑前应根据基底的土质、水文、坡度、植被和填筑高度采取相应的处理措施。特别是当基底为坡面时，极易发生滑动失稳，应作好处理措施。对填方地段应做好原地面临时排水设施，并与永久性排水相结合。

（3）路堤的填筑基本形式。填筑路堤时，一般应采用水平分层填筑法施工，即按照设计的横断面，将填料沿水平方向自下而上逐层压实，进行填筑。它可以将不同土质的土，有规则的分层填筑和压实，以获得规定的压实度，形成必要的强度和稳定性。

当路线跨越深谷陡坡地形，难以分层填筑时可采用竖向填筑法。竖向填筑法指沿路中心线方向逐步向前深填的施工方法。竖向填筑由于填土过厚而难以压实，应采用高效能压实机械。

受地形限制或堤身较高，不能按前两种方法自始至终填筑时，也可采用混合填筑法，即路堤下层用竖向填筑，而上层用水平分层填筑，使上部填土经分层压实获得需要的压实度。

2. 路堑开挖

路堑施工就是按照要求进行挖掘，挖出的土作为路堤填料或弃土。处于地壳表层的路堑边坡，暴露于大气中，受到自然、人为因素的影响，比路堤边坡更容易破坏和失稳，其稳定性与施工方法关系密切。

（1）土方路堑的开挖方法：

1）横向全宽挖掘法。以路堑整个横断面的宽度和深度，从一端或两端逐渐向前开挖的方式称为横挖法,该法适用于短而深的路堑。

2)纵向挖掘法。沿路堑纵向将高度分成不大的层次开挖的方法称为纵挖法,适用于较长的路堑开挖。

3)混合挖掘法。当路线纵向长度和挖深都很大时,宜采用混合式开挖法。先沿路堑纵向挖通道,然后沿横向坡面挖掘,以增加开挖坡面。

(2)岩石路堑的开挖。岩石路堑通常采用爆破法开挖,有条件时宜采用松土法开挖,局部情况亦可采用破碎法开挖。

(3)深挖路堑的施工。深挖路堑边坡的合理坡度与形状是保证边坡稳定的关键,施工前应充分掌握地层土质,作出适宜的边坡坡度。

3. 路基压实

研究表明,路基压实后,土体密实度提高,透水性降低,毛细水上升高度减小,防止了水分集聚和侵蚀而导致的路基软化,或因冻胀而引起的不均匀变形,从而提高了路基的强度和稳定性。

土的压实过程和结果受到多种因素的影响,内因包括含水量和土的性质,外因包括压实功能、压实机具和压实方法等。实践证明,这些因素并不是独立起作用,而是在共同起作用,因此路基压实应从不同方案中选出最佳方案。

压实全过程中,经常检查含水量和密实度,以达到符合规定压实度的要求。

衡量路基的压实程度是工地实际达到的干容重与室内标准击实试验所得的最大干容重的比值,即压实度或压实系数。路基压实度试验方法可采用灌砂法、环刀法、灌水法(水袋法)或核子密度适度仪法。各种方法具体操作见 JTG E40—2007《公路土工试验规程》。

(二)软土地基施工

从广义上说,软土就是强度低、压缩性高的软弱土层,在我国滨海平原,河口三角洲,湖盆地周围及山涧谷地均有广泛分布。一般可将软土划分为软黏性土、淤泥质土、淤泥、泥炭质土及泥炭五种类型。

软弱地基系指主要由淤泥、淤泥质土、冲填土、杂填土或其他高压缩性土层构成的地基。若天然地基不能满足建(构)筑物对地基的要求,就必须采取措施对软弱地基进行处理。在考虑地基处理方案时,应将上部结构、基础和地基统一考虑,重视它们的共同作用。地基处理的好坏将直接关系到基础的选型和造价。

1. 软弱天然地基

利用软弱土层作为持力层时,可按下列规定执行:

(1)淤泥和淤泥质土,宜利用其上覆较好土层作为持力层,当上覆土层较薄,应采取避免施工时对淤泥和淤泥质土扰动的措施。

(2)冲填土、建筑垃圾和性能稳定的工业废料,当均匀性和密实度较好时,均可作为一般建筑物的持力层。

(3)对于有机质含量较多的生活垃圾和对基础有侵蚀性的工业废料等杂填土,未经处理不宜作为持力层。局部软弱土层以及暗塘、暗沟等,可采用基础梁、换土、桩基或其他方法处理。

2. 地基处理

地基处理的目的就是利用换填、夯实、挤密、排水、胶结、加筋和热学等方法对地基土进行加固，改良地基土的工程特性。选择地基处理方法时，应综合考虑场地工程地质和水文地质条件、建筑物对地基要求、建筑结构类型和基础型式、周围环境条件、材料供应情况、施工条件等因素，经过技术经济指标比较分析后择优采用。

根据地基处理的加固原理，将地基处理方法分为六大类：

(1) 置换。用物理力学性质较好的岩土材料置换天然地基中部分或全部软弱土体，以形成双层地基或复合地基，达到提高地基承载力、减少沉降的目的。

(2) 排水固结（预压法）。排水固结是指土体在一定荷载作用下排水固结，孔隙比减小，抗剪强度提高，以达到提高地基承载力，减少工后沉降的目的。

(3) 灌入固化物。灌入固化物是指向土体中灌入或拌入水泥、石灰、其他化学固化浆材，在地基中形成增强体，以达到地基处理的目的。

(4) 振密、挤密。振密、挤密是指采用振动或挤密的方法使地基土体密实以达到提高地基承载力和减少沉降的目的。

(5) 加筋。加筋是在地基中设置强度高、模量大的筋材，如：土工格栅、土工织物等，以达到提高地基承载力、减少沉降的目的。

(6) 冷热处理。冷热处理是通过冻结地基土体，或焙烧、加热地基土体以改变土体物理力学性质达到地基处理的目的。

3. 软土路基施工

软土路基加固方法常用袋装砂井法、塑料板排水法、加载预压法。

在软土地基中设置砂井，可使排水固结过程大大加快，从而提高地基稳定。一般采用套管式振动打设法施工，其施工步骤为：整平原地面→摊铺地基底砂垫层→机具定位→打入套管→沉入砂袋并加料压密→拔出套管→机具移位→埋砂袋头→摊铺上层排水砂垫层。

塑料板排水法是将塑料排水板打入或用插板机插入土中，作为垂直排水通道，并使竖向排水通道与土工布、表层砂垫层等横向排水通道相结合，促进地基排水固结，减少沉降。其施工步骤为：整平原地面→摊铺下层砂垫层→机具定位→塑料板穿靴→打入套管→拔出套管→割断塑料排水管→机具移位→摊铺上层排水砂垫层。

三、深基础施工

当天然地基土质不良，无法满足建筑物对地基变形和强度方面的要求时，可按前面讲述的方法进行地基处理；也可利用地基下部较坚硬的土层作为基础的持力层而设计成深基础。常用的深基础有桩基础、沉井及地下连续墙等。

（一）桩基础

1. 概述

桩基础是用承台把沉入土中的若干个基桩的顶部联系起来的承担上部荷载一种基础。桩的作用是将上部建筑物的荷载传递到深处承载力较大的土层上，或将软弱土层挤密以提高地基土的承载能力及密实度。

桩按受力情况不同分为端承桩、摩擦桩和复合受荷载桩。

按桩身材料的不同可分为混凝土桩、钢筋混凝土桩、预应力钢筋混凝土桩和钢桩等。

按施工方法的不同又可分为预制桩和灌注桩。预制桩是先在工厂或施工现场预制成桩，然后利用沉桩设备（不同方法，如打入、振动、压入等）将桩沉入土中。沉桩方法有锤击沉桩、静力压桩、振动沉桩和水冲沉桩等。灌注桩是在施工现场的桩位上先成孔，然后在孔内灌注混凝土（或钢筋混凝土）而成。根据成孔方法的不同，可分为泥浆护壁成孔灌注桩、干作业成孔灌注桩、套管成孔灌注桩和爆扩成孔灌注桩等。和预制桩相比，它具有节省钢材、降低造价、持力层顶面起伏不平时桩长容易控制等优点。但施工时影响灌注桩质量的因素多，故应严格按规定施工，并加强对施工质量的检验。

2. 预制桩施工

钢筋混凝土预制桩承载力较大，桩的制作和沉桩具有工艺简单、施工速度快、沉桩不受地下水位高低影响等特点。其施工现场干净，文明施工程度较高，但耗钢量较大，桩长也不易适应地层变化。

（1）预制桩的制作、起吊、运输和堆放。

钢筋混凝土预制桩有实心桩和空心管桩两种。为便于制作，实心桩大多制成方形断面。混凝土空心管桩一般采用成套钢管膜在工厂用离心法生产。

钢筋混凝土预制桩可在预制工厂或施工现场制作，较短的桩一般在预制厂制作，较长的桩可以在施工现场预制。钢筋混凝土预制桩的制作常用并列法、间隔法、叠浇法、翻模法等。制作程序如下：现场布置→场地平整→浇筑地坪混凝土→支模板→绑扎钢筋，安装吊环→浇筑桩混凝土→养护至 30％强度拆模→支上层模板，涂刷隔离剂→重叠生产浇筑第 2 层桩→养护→起吊→运输→堆放。

（2）预制桩沉桩。

预制桩沉桩方法有锤击法、静压法、振动法及水冲法。

1）锤击沉桩（打入桩）。锤击沉桩是利用桩锤下落时产生的瞬时冲击力锤击桩头所产生的冲击机械能，克服土体对桩的阻力而将桩沉入土中的一种方法。这种沉桩方法能适应各种不同的土层，机械化程度高、速度快，而且由于打桩过程中桩对土有振动和挤压的影响，能使土体密实，使桩有较高的承载能力，因而是最常用的一种沉桩方法。但是噪音大，不适用于居民集中的城市地区。

为避免和减轻打桩对周围环境产生的危害，可采取下述措施：控制打桩速度；选择合理的打桩顺序；挖防振沟；埋设塑料排水板或袋装砂井。

2）静力压桩施工。静力压桩是通过静力压桩机的压桩机构，利用桩架的自重与压重，通过卷扬机和滑轮组，将桩逐节压入土中的一种沉桩法。其特点是：桩机全部采用液压装置驱动，压力大，自动化程度高，纵横移动方便，运转灵活；桩定位精确，不易产生偏心，可提高桩基施工质量；施工时不产生噪声、振动和污染；对周围的干扰和影响小。适用于软土、填土及一般粘性土层中应用，特别适合于居民稠密的地区、危房附近以及环境保护要求严格的地区沉桩；但不适用于地下有较多的孤石、障碍物以及有 4m 以上硬隔离层的地区。

3）振动沉桩施工。利用固定在桩头上的振动沉桩机所产生的振动力，通过桩身使土体强迫振动，桩与土之间的摩擦力减小，使桩在自重与振动力作用下沉入土中。一般主要适用于砂石、黄土、软土和亚黏土，特别适用含水砂层，但沙砾层中采用此法时，尚需配以水冲法。该方法可用于沉、拔钢板桩及钢管桩。

4）水冲沉桩。利用高压水流从桩侧面或从空心桩内部的射水管中冲刷桩尖附近的土层，来减小桩下沉的阻力和桩表面与土壤之间的摩擦力，使桩在自重及锤击作用下很快沉入土中。水冲沉桩适用于在砂土和碎石土中打桩。

3. 灌注桩施工

混凝土及钢筋混凝土灌注桩按照施工设备和成孔方法的不同分为泥浆护壁成孔灌注桩、套管成孔灌注桩、干作业成孔灌注桩、爆扩成孔灌注桩。其中泥浆护壁成孔灌注桩按照成孔设备的不同分为冲击钻成孔灌注桩、回转钻机成孔灌注桩、潜水钻机成孔灌注桩、挤扩多分支承力盘与多支盘灌注桩等；套管成孔灌注桩分为振动沉管灌注桩、锤击沉管灌注桩、套管夯扩灌注桩等；干作业成孔灌注桩分为长螺旋钻孔灌注桩、人工挖孔桩、爆扩成孔灌注桩等。

（二）地下连续墙和逆作法施工

连续墙的施工工艺，即在工程开挖土方之前，用特制的挖槽设备在泥浆护壁的条件下，在指定的位置开挖一条具有一定深度和宽度的沟槽，每次开挖形成一定长度的单元槽段，待开挖至设计深度并清除沉积的泥渣后，将加工好的钢筋骨架放入深槽内，用导管法向沟槽内水下浇注混凝土，混凝土由沟槽底部开始逐渐向上灌注，逐渐置换出槽段内的泥浆后，一个单元槽段即施工完毕。紧接着下一单元槽段的施工，各个槽段用特定的接头连接后即形成一道连续的地下混凝土墙体。

1. 地下连续墙施工

地下连续墙的主要工序有：

（1）修筑导墙。导墙是地下连续墙挖槽之前修筑的临时结构物，起到了挡土墙的作用，它对挖槽具有支撑作用、存蓄泥浆等重要作用。

导墙一般为现浇的钢筋混凝土结构，但亦有钢制或钢筋混凝土的装配式结构。导墙必须具有足够的强度、刚度，满足挖槽机械的施工要求。

现浇钢筋混凝土导墙的施工顺序为：平整场地→测量定位→挖槽及处理弃土→绑扎钢筋→支模板→浇筑混凝→拆模并设置横撑→导墙外侧回填土。

（2）挖槽。挖槽主要工作包括：单元槽段划分；挖槽机械的选择与正确使用；制定防止槽壁坍塌的措施和特殊情况的处理方法等。挖槽过程中应保持槽壁的稳定性，防止槽壁塌方，一般采用泥浆护壁。泥浆的作用是护壁、携渣、冷却机具和切土滑润。

（3）清底。挖槽结束后清除以沉渣为主的槽底沉淀物工作称为清底。清底的方法有沉淀法和置换法两种。沉淀法是在土渣沉淀至槽底之后再进行清底。一般挖槽后静止 2h，悬浮在泥浆中的泥渣 80% 可以沉淀，4h 后几乎全部沉淀完毕。置换法是在挖槽结束后，在土渣未沉淀之前就用比重小的泥浆把槽内的泥浆置换出来，使槽内泥浆控制在 1.15 以下。在工程中常用置换法。

（4）钢筋笼加工和吊放。钢筋骨架根据地下连续墙墙体配筋图和单元槽段的形状和尺寸来制作，最好按单元槽段做成一个整体。也可分段制作，在吊放时再采用焊接或机械连接。

钢筋笼的起吊应用横梁或吊架，不允许产生不能恢复的变形。起吊时不能使钢筋笼下端在地面上拖动，防止钢筋产生弯曲变形。

（5）地下连续墙的接头。地下连续墙的接头形式很多，可以根据受力情况和防渗要求进行选择。地下连续墙的接头分施工接头（纵向接头）和结构接头（水平接头）。施工接头是指施工地下连续墙时在墙的纵向连接两相邻单元墙段的接头；结构接头是指已竣工的地下连续墙在水平向与其他构件（梁、柱、墙、板等）相连接的接头。

接头管（锁口管）接头是应用最多的一种接头。

（6）混凝土浇注。地下连续墙施工所用的混凝土，应具有黏性和良好的流动性，防止造成混凝土夹渣、孔洞等质量的缺陷。地下连续墙混凝土宜用导管法进行浇筑。

浇筑混凝土置换出来的泥浆，要送入沉淀池处理。

2. 逆作法施工

逆作法施工是地面以下各层地下室自上而下施工，借助于地下结构自身的能力对基坑产生的支护作用来保证基坑土方开挖，利用地下各层混凝土结构楼板的水平刚度来和抗压强度，使各层楼板成为基坑围护桩（或墙）的水平支撑点，并利用基坑外不同方向的土压力的自相平衡来抵消对坑壁围护桩（或墙）的不利影响。因此，逆作法施工一般实现施工地下建筑的四周围护墙和建筑物内部按柱网轴线布置的中间支承柱，然后再自上而下进行地下梁板楼面结构施工和楼板下面的土方开挖。同时可进行地上结构的施工。待地下室底板完成后，再进行复合柱、复合墙的施工。但在地下室灌注混凝土结构底板之前，地面以上的上部结构允许施工的层数要经过计算确定。

（三）沉井基础施工

沉井是修筑深基础和地下构筑物的一种特殊施工工艺。施工时先在地面或基坑内制作开口的钢筋混凝土井身，待其达到设计的强度后，在井身内部分层挖土运出，随着挖土和土面的降低，井身在自重或在其他措施协助下克服与土壁间的摩阻力和刃脚的反力，不断下沉，直至设计标高就位，然后进行封底。沉井法多用于重型设备基础、桥墩、水泵结构，超高层建筑物基础、地下油库、地下电厂、顶管的工作井、取水口等工程施工。

沉井施工工艺的优点是：可在场地狭窄情况下施工较深的工程（约 50 余 m）的地下工程，且对周围环境影响较小，适用于水文和地质条件复杂地区施工；施工时不需复杂的机具设备；与土方大开挖施工方法相比，可以减少挖、运和回填的土方量。其缺点是施工工序较多，技术要求高，质量控制困难。

第二节　结构工程施工

一、砌筑工程施工

砌筑工程是指用砂浆和砖（普通黏土砖、空心砖、硅酸盐类砖）、石材和各类砌体组成的工程。砖石结构在我国有着悠久的历史，"秦砖汉瓦"在我国古代建筑中占有重要的地位；它具有取材方便、保温隔热、隔声、耐火、造价低廉和施工简单等优点；但是生产效率低，工期长，劳动强度高，难以适应建筑工业化的需要，且烧黏土砖需占用大量农田，能源消耗高。因此，现阶段我国推荐采用工业废料和天然材料制作中、小型砌块以代替普通黏土砖。

（一）砌筑材料

砌体主要由块材和砂浆组成，其中，砂浆作为胶结材料将块材结合成整体，以满足正常使用要求及承受结构的各种荷载。因此，块材和砂浆的质量是影响砌体质量的首要因素。

1. 砌筑砂浆

砌筑砂浆是由无机胶凝材料、细骨料和水拌制而成；为了获取和改善砂浆的某种性质，往往还需要掺入外加剂，常用砌筑砂浆可分为水泥砂浆和混合砂浆。水泥砂浆和混合砂浆可用于砌筑潮湿环境和强度要求较高的砌体。对于含水量较大的地下砌筑工程，一般用水泥砂浆砌筑。

2. 块材

砌体结构用砖有烧结普通砖、蒸压灰砂砖、粉煤灰砖、炉渣砖、烧结多孔砖和烧结空心砖等。其中烧结空心砖的强度较低，一般只能用于非承重砌体。

石材按其外形和加工尺寸可分为毛石和料石。毛石又分为乱毛石、平毛石。毛石的中部厚度不小于150mm。料石按其加工面的平整程度分为细料石、半细料石、粗料石和毛料石四种。

砌块按用途分为承重砌块与非承重砌块（包括隔墙砌块和保温砌块）；按使用的原材料分为普通混凝土砌块、粉煤灰砌块、煤矸石混凝土砌块、加气混凝土砌块、浮石混凝土砌块、超轻陶粒混凝土空心砌块、炉渣混凝土空心砌块和火山灰混凝土砌块等；按大小分为小型砌块和中型砌块。

（二）砖砌体施工

1. 准备工作及要求

砌筑砖砌体时，砖应提前1～2d浇水湿润。适宜的含水率不仅可以提高砖与砂浆之间的粘结力，提高砌体的抗剪强度，也可以使砂浆强度保持正常增长，提高砌体的抗压强度。同时，适宜的含水率还可以使砂浆在操作面上保持一定的摊铺流动性能，便于施工操作，有利于保证砂浆的饱满度。对烧结普通砖、多孔砖含水率宜为 $10\%\sim15\%$，对灰砂砖、粉煤灰砖含水率宜为 $8\%\sim12\%$。

2. 砖墙砌筑工艺

砖墙的砌筑工艺包括抄平、放线、摆砖样（摆底）、立皮数杆、砌砖、勾缝、楼板安装、清理等。

3. 砌体的质量要求及保证措施

砖砌体的质量要求可概括为十六字："横平竖直，砂浆饱满，组砌得当，接槎可靠"。

（1）横平竖直要求砌体的水平灰缝应平直，竖向灰缝应垂直对齐。

（2）砂浆饱满要求砌体水平灰缝的砂浆厚薄均匀，水平灰缝厚度宜为10mm。但不应小于 8mm，也不应大于 12mm；饱满度不得小于 80%。

（3）组砌得当可保证砌体的强度和稳定性，增强砌体的整体性，砖砌体组砌方法应正确，上下错缝，内外搭砌，应避免"通缝"的出现。墙体组砌形式有：一顺一丁、梅花丁（即同一皮砖丁顺相间组砌）、三顺一丁、两平一侧（用于 3/4 砖墙）、全顺（用于半砖墙）、全丁（用于圆弧形砌体，如烟筒等）。

（4）接槎可靠要求纵横墙宜同时砌筑。不能同时砌筑时，应留斜槎，斜槎水平投影不应小于高度的 2/3。当不能留斜槎时，除转角处外，可留直槎，但直槎必须做成凸槎，留直槎处应加设拉结钢筋。

4. 砌体冬期施工

当室外日平均气温（气温根据当地气象资料确定）连续 5d 稳定低于 5℃时，或当日最低气温低于 0℃时，砌体工程应采取冬期施工措施。如拌和砂浆宜采用两步投料法。水的温度不得超过 80℃，砂的温度不得超过 40℃，避免砂浆拌和时因砂和水过热造成水泥假凝现象。

当气温低于、等于 0℃时，不宜对砖浇水，但必须适当增大砂浆的稠度。为使砂浆能保持良好的流动性，可采用掺外加剂法、氯盐砂浆法及暖棚法施工。

砖石工程冬期施工常用方法有掺盐砂浆法和冻结法。

（三）石砌体施工

石材应质地坚实，无风化剥落和裂纹。用于清水墙、柱表面的石材，应色泽均匀。石材表面的泥垢、水锈等杂质，应清除干净，保证石材与砂浆的粘结质量。

（四）混凝土小型空心砌块施工

混凝土小砌块建筑由于自重轻、施工速度快、节约砂浆、不占农田、节约能源、符合国家经济发展政策和墙体材料改革的要求，近年来得到广泛的应用。

小砌块砌体的砌筑质量要求为：对孔、错缝、反砌。对孔，即上皮小砌块的孔洞对准下皮小砌块的孔洞，上、下皮小砌块的壁、肋可较好传递竖向荷载，保证砌体的整体性及强度。错缝，即上、下皮小砌块错开砌筑（搭砌），以增强砌体的整体性。反砌，即小砌块生产时的底面朝上砌筑于墙体上，易于铺放砂浆和保证水平灰缝砂浆的饱满度，这也是确定砌体强度指标的试件的基本砌法。

（五）配筋砌体

利用小砌块竖向孔洞和专用的带水平沟槽的异型小砌块配置钢筋，并浇注混凝土，而使砌块砌体结构性能大大改善。当砌体中按体积配筋率达到或超过 0.07% 时，这样的砌体称为配筋砌体。除了网状配筋柱以外，还有钢筋混凝土构造柱、组合配筋砌体构件、配筋砌体剪力墙构件等，都属于配筋砌体。

（六）脚手架工程

脚手架是土木工程施工中为保证高处生产作业安全、顺利进行施工而搭设的工作平台或作业通道。在结构施工、装饰装修施工和设备管道的安装施工中，都需要按照操作要求搭设脚手架。脚手架属于临时设施，在施工完成前拆除。

（1）钢管脚手架。由钢管按不同形式组合而成的脚手架统称为钢管脚手架，常用的钢管脚手架有扣件式钢管脚手架和碗扣式钢管脚手架。

（2）门式脚手架。又称多功能门式脚手架，是一种工厂生产、现场搭设的脚手架，它不仅可作为外脚手架，也可作为内脚手架或满堂脚手架。

（3）升降式脚手架。沿结构外表面搭设的脚手架，在结构和装修工程施工中应用较为方便，升降式脚手架包括附着升降脚手架、悬挑式脚手架、悬吊式脚手架和整体升降式等几种脚手架。

（4）里脚手架。里脚手架是用于在楼层上砌墙、装饰装修和砌筑围墙的搭设在室内的脚手架。脚手架搭设于建筑物内部，每砌完一层墙后，即将其转移到上一层楼面，进行新的一层墙体砌筑。

二、钢筋混凝土工程施工

钢筋混凝土工程是由模板工程、钢筋工程和混凝土工程所组成，在施工中三者之间要紧密配合，合理组织施工，才能保证工程质量。

（一）模板工程

1. 模板的作用、分类及组成

模板是使钢筋混凝土构件成型的模型。已浇筑的混凝土需要在此模型内养护、硬化、增长强度，形成所要求的结构构件。

整个模板系统包括模板和支架两部分。模板的作用就是形成混凝土构件需要的形状和几何尺寸；支架则是用来保持模板的设计位置。

模板按其所用的材料不同，可分为木模板、钢模板、钢木模板、钢丝网水泥模板、胶合板模板、塑料模板等。

按施工方法分为：固定式模板、现场装拆式模板和移动式模板。

2. 现浇结构常用模板安装

不同结构、不同部位的构件，其特点不同，支模板时，一定要结合结构构件的特点及现场情况，确保模板位置、尺寸正确，同时满足施工及安全的要求。如阶梯形基础模板时，要保证上、下模板不发生相对位移；柱模板安装要保证其垂直度，独立柱要在模板四周设斜撑；梁模板及其支撑系统稳定性要好，有足够的强度和刚度，不致超过规范允许的变形。

3. 模板安装质量要求

安装现浇结构的上层模板及其支架时，下层楼板应具有承受上层荷载的承载能力；加设支架时上、下层支架的立柱应对准，并铺设垫板。模板应符合规范规定和设计要求。同时应满足下列要求：

（1）模板的接缝不应漏浆；在浇筑混凝土前，模板内的杂物应清理干净；木模板应浇水湿润，但模板内不应有积水。

（2）模板与混凝土的接触面应清理干净并涂刷隔离剂，但不得采用影响结构或妨碍装饰工程的隔离剂。

4. 模板的拆除

模板的拆除日期取决于混凝土的强度、各个模板的用途、结构的性质和混凝土硬化时的气温。及时拆模，可提高模板的周转率。但过早拆模，容易出现混凝土强度不足而造成混凝土结构构件沉降变形或缺棱掉角、开裂等。

模板的拆除顺序一般是先支的后拆，后支的先拆，先拆除非承重部分，后拆除承重部分，自上而下。底模及其支架拆除时的混凝土强度应符合设计要求。

（二）钢筋工程

1. 钢筋的验收

钢筋应有出厂质量证明书或试验报告单，钢筋端头或每捆（盘）钢筋均应有标志。进场时应按炉（批）号及直径分别存放、分批检验。检查内容包括查对标志和外观检查，并按现行国家有关标准的规定抽取试样作力学性能试验，合格后方可使用。

2. 钢筋的冷加工

为提高钢筋的强度，节约钢材，满足预应力钢筋的需要，常采用冷拉、冷拔的方法对钢筋进行冷加工。

钢筋冷拉是在常温下拉伸钢筋，使钢筋的应力超过屈服点，钢筋产生塑性变形，强度提高（屈服点提高），达到节约钢材的目的。

钢筋的冷拔就是将直径为 6～8mm 的 HPB235 级钢筋，采用强制通过钨合金拔丝模的方法，反复几次，使钢筋变细变长，强度提高、塑性降低的一种冷加工手段，冷拔后的钢筋称为冷拔低碳钢丝。

3. 钢筋的连接

常用钢筋连接方法有焊接连接、绑扎连接、机械连接等。

（1）绑扎连接。绑扎连接工艺简单，工效高，不需要连接设备，当钢筋较粗时，相应地需增加接头钢筋长度，浪费钢材、且绑扎接头的刚度不如焊接接头。

（2）焊接连接。焊接连接的方法有：闪光对焊、电阻点焊、电弧焊、电渣压力焊和埋弧压力焊等。用电焊代替钢筋的绑扎，可以节约大量钢材，而且连接牢固、工效高、成本低。

（3）机械连接。近年来在工程施工中，尤其是在现浇钢筋混凝土结构施工现场粗钢筋的连接中广泛采用机械连接技术，常用的方法有钢筋冷压连接、锥形螺纹钢筋连接和套筒灌浆连接等。机械连接方法具有工艺简单、节约钢材、改善工作环境、接头性能可靠、技术易掌握、工作效率高、节约成本、无明火作业、不污染环境等优点。

4. 钢筋的配料

钢筋配料是根据构件的配筋图计算构件各钢筋的直线下料长度、根数及重量，然后编制钢筋配料单，作为钢筋备料加工的依据。

设计图中注明的钢筋尺寸是钢筋的外轮廓尺寸（从钢筋外皮到外皮量得的尺寸），称为钢筋的外包尺寸。在钢筋加工时，一般也按外包尺寸进行验收。钢筋加工前直线下料，如果下料长度按钢筋外包尺寸的总和来计算，则加工后的钢筋尺寸将大于设计要求的外包尺寸或者弯钩平直段太长，影响施工质量，造成材料的浪费。钢筋弯曲时中轴线长度不变，外皮伸长，内皮缩短。按外包尺寸下料，是不准确的，只有按轴线长度下料加工，才能使钢筋形状、尺寸符合设计要求。

5. 钢筋的代换

在施工中如遇有钢筋品种或规格与设计要求不符时，可进行代换。为了保证对设计意图的理解不产生偏差，钢筋代换时应办理设计变更文件，由设计单位负责，以满足原结构设计的要求。

6. 钢筋的加工

钢筋加工包括调直、除锈、下料剪切、接长、弯曲等工作，另外对钢筋进行冷拉、冷拔处理及焊接等也属加工范围。

（三）混凝土工程

混凝土工程施工包括配料、搅拌、运输、浇筑、养护等施工过程。在整个工艺过程中，各个施工过程紧密联系又相互影响，任一施工过程处理不当都会影响混凝土的最终质量。

1. 混凝土的配料

混凝土应按国家现行标准 JGJ 55—2000《普通混凝土配合比设计规程》的有关规定，根据混凝土强度等级、耐久性和工作性等要求进行配合比设计。合理的混凝土配合比应能满足两个基本要求：既能保证混凝土的设计强度，又要满足施工所需的和易性。对于有抗冻、抗渗等要求的混凝土，尚应符合相关的规定。

2. 混凝土的搅拌

选择混凝土搅拌机时，要根据工程量大小、混凝土浇筑强度、坍落度、骨料粒径等条件而定。目前施工现场主要用强制式搅拌机，利用拌筒内运动着的叶片强迫物料朝着各个方向运动，由于各物料颗粒的运动方向、速度各不相同，相互之间产生剪切滑移而相互穿插、扩散，从而在很短的时间内，使物料拌和均匀；它具有搅拌质量好、速度快、生产效率高、操作简便及安全等优点。

3. 混凝土的运输

混凝土运输设备应根据结构特点（例如是框架还是设备基础）、混凝土工程量大小、每天或每小时混凝土浇筑量、水平及垂直运输距离、道路条件、气候条件等各种因素综合考虑后确定。

为了保证混凝土工程质量，混凝土的运输过程中应保持混凝土的均匀性，不产生严重的离析现象，并应保证混凝土在初凝前浇入模板内捣实完毕。

混凝土的运输分为地面水平运输、垂直运输和楼面水平运输。

常用的地面水平运输工具有：手推车、机动翻斗车、混凝土搅拌运输车、自卸汽车等。混凝土运距较远时宜采用搅拌运输车，也可用自卸汽车；运距较近的场内运输宜用机动翻斗车，也可用双轮手推车。

常用的垂直运输机械有塔式起重机、快速井式升降机、井架。

泵送混凝土既可作混凝土的地面运输又能作楼面运输，既能作混凝土的水平运输又能作垂直运输，故它是一种很有效的混凝土运输和浇筑机具。它以泵为动力，由管道输送混凝土，故可将混凝土直接送到浇筑地点。混凝土泵连续浇筑混凝土，中间不停断，施工速度快、生产效率高，工人劳动强度明显降低，还可提高混凝土的强度和密实度。混凝土泵适用于一般多高层建筑、水下及隧道等工程的施工。目前城市商品混凝土常常采用混凝土搅拌运输车和混凝土泵运输。

4. 混凝土的浇筑

混凝土的浇筑工作包括布料摊平、捣实和抹面修正等工序。它对混凝土的密实性和耐久性、结构的整体性和外形正确性等都有重要影响。

为保证混凝土的整体性，浇筑工作应连续进行。当由于技术或施工组织原因必须间歇时，其间歇时间应尽可能缩短，并应在前层混凝土凝结之前，将次层混凝土浇筑完毕。间歇的最长时间应按所用水泥品种及混凝土条件确定；当间歇时间过长时应留置施工缝。

5. 混凝土的养护

养护的目的是为混凝土硬化创造必需的湿度、温度条件，防止水分过早蒸发或冻结，防止混凝土强度降低和出现收缩裂缝、剥皮、起砂等现象，确保混凝土质量。混凝土初期阶段的养护非常重要，在混凝土浇筑完毕后，应在 12h 内加以养护；干硬性混凝土和真空脱水混凝土应于浇筑完毕后立即进行养护。

混凝土养护常用方法主要有自然养护、加热养护和蓄热养护。其中蓄热养护多用于冬季施工；加热养护除用于冬季施工外，常用于预制构件养护。

6. 混凝土质量检查

对混凝土的质量检查应贯穿于工程施工的全过程，从混凝土的配料、搅拌、运输、浇筑直至最后对混凝土试块强度的评定。混凝土质量检查包括施工中检查和施工后检查。混凝土施工后的检查主要是对已完成混凝土的外观质量检查及其强度检查。对有抗冻、抗渗要求的混凝土，尚应进行抗冻、抗渗性能检查。

混凝土结构构件拆模后，应从外观上检查其表面有无麻面、蜂窝、孔洞、露筋、缺棱掉角、缝隙夹层等缺陷，现浇结构的外观质量不应有严重缺陷，不宜有一般缺陷，如已出现缺陷应进行处理，并重新验收。外形尺寸是否超过允许偏差值，如有应及时加以修正。

混凝土质量缺陷的修补措施主要有：表面抹浆修补、细石混凝土填补、水泥灌浆与化学灌浆等方法。

（四）混凝土冬季施工

我国规范规定：根据当地多年气温资料，室外日平均气温连续 5d 低于 5℃时，进入冬期施工阶段，混凝土结构工程应采取冬期施工措施，并应及时采取气温突然下降的防冻措施。

1. 混凝土冬期施工的工艺要求

（1）混凝土材料选择及要求。配制冬期施工的混凝土，应优先选用硅酸盐水泥或普通硅酸盐水泥。水泥标号不应低于 42.5，水泥用量不宜少于 300kg/m³，水灰比不应大于 0.6；使用矿渣硅酸盐水泥宜采用蒸汽养护。掺用防冻剂的混凝土，严禁使用高铝水泥。在钢筋混凝土中掺用氯盐类防冻剂时，应严格控制氯盐掺量，且不宜采用蒸汽养护。

（2）混凝土冬期施工的措施。

1）改用高活性的水泥，如高标号水泥、快硬水泥等。

2）降低水灰比，使用低流动性或干硬性混凝土。

3）浇筑前将混凝土或其组成材料加温，使混凝土既早强又不易冻结。

4）对已浇筑混凝土保温或加温，人为地连成一个温湿条件进行养护。

5）搅拌时，加入一定的外加剂，加速混凝土硬化，以提早达到临界强度；或降低水的冰点，使混凝土在负温下不致冻结。

实际施工中根据气温情况、结构特点、工期要求等综合考虑，然后采取相应的措施，以达到最佳经济效果为准。

2.混凝土冬期养护方法

混凝土冬期养护方法有蓄热法、蒸汽加热法、电热法、暖棚法以及掺外加剂法等。但无论采用什么方法，均应保证混凝土在冻结以前，至少应达到临界强度。

（五）预应力混凝土工程

预应力混凝土是在结构受力之前，对结构构件受拉区的钢筋在弹性范围内进行拉伸，利用钢筋的弹性回缩，对受压区的混凝土予以先施加预压应力，以提高结构构件的抗裂性、刚度和耐久性等性能的技术。

预应力混凝土按施工方式不同可分为：预制预应力混凝土、现浇预应力混凝土和叠合预应力混凝土等。

按预加应力的方法不同可分为：先张法预应力混凝土和后张法预应力混凝土。在后张法中，按预应力筋粘结状态又可分为：有粘结预应力混凝土和无粘结预应力混凝土。

1.先张法

先张法是在浇筑混凝土构件之前，张拉预应力筋，并将其临时锚固在台座上或钢模上，然后浇筑混凝土，待混凝土达到一定强度，保证预应力筋与混凝土之间有足够的粘结力时，放松预应力筋。先张法目前大多用于生产中小型预应力构件，如屋面板、楼板、小梁、檩条等。

2.后张法

后张法是先制作构件或先浇筑结构混凝土，并预先留出预应力筋孔道，待混凝土达到设计规定的强度等级以后，在预留孔道内穿入预应力筋，并按设计要求的张拉控制应力进行张拉，利用锚具把预应力筋锚固在构件端部，最后进行孔道灌浆。一般用于现场施工大型和重型构件或结构，如屋架、楼面梁、吊车梁等。

三、结构安装工程施工

结构安装工程是用起重设备将预制成形的各种结构构件安装到设计位置的施工过程。结构安装工程是装配式结构施工中的主导工程。安装工程高空作业多，应加强安全技术措施。吊装任务的关键是正确选用起重设备。

1.起重机械与设备

结构安装工程常用的起重机械有：桅杆式起重机、自行杆式起重机和塔式起重机等。除此之外，安装工程还要使用许多辅助工具及设备，如卷扬机、滑轮组和钢丝绳等。

2. 钢筋混凝土单层工业厂房结构的安装工程

单层工业厂房的结构吊装是一个系统工程，直接影响到施工进度和吊装质量。必须从施工前的准备、构件的预制、运输、排放、吊车的选择直至结构的吊装顺序综合进行考虑。

四、钢结构工程施工

1. 钢结构的制作

由于钢材的强度高、硬度大和钢结构的制作精度要求高，钢结构的制作一般应在专业化的钢结构制造厂进行。在工厂，不但可集中使用高效能的专用机械设备、精度高的工装夹具和平整的钢平台，实现高度机械化、自动化的流水作业，提高劳动生产率，降低生产成本，而且易于满足质量要求。另外还可节省施工现场场地和工期，缩短工程整体建设时间。

钢结构的制造从钢材进厂到构件出厂，一般要经过生产准备、零件加工、装配和油漆装运等一系列工序。根据施工详图及有关规范的要求，制造厂技术管理部门应结合本厂设备、技术条件，编制工艺技术文件（工艺卡或制作要领书），下达车间指导生产。其技术文件内容应包括：工程内容、加工设备、工艺措施、工艺流程、焊接要点、规范标准、允许偏差、施工组织等。另外，还应对质量保证体系制定必要的文件。

2. 钢结构的安装

安装之前应精心进行施工组织设计，认真做好图纸会审和基础交接工作。同时注意以下工序和流程：

（1）构件复验、清整和作定位标记。构件进场后应按设计图对其主要几何尺寸进行复验。及时矫正和修补装卸、运输等过程中造成的损伤、变形和涂层损坏，并清理油污、泥沙等。

（2）构件组装。钢结构的吊装可采用单件吊装、（多件）组合吊装、整体吊装或整体顶升，也可采用（搭平台）高空组装和滑移就位（多用于网架结构）等方法，应根据施工条件尽量采用组合吊装或整体吊装。

（3）吊装就位。吊点应经计算确定，必要时还需作加固处理。构件吊装时应尽量使其呈设计状态。构件的吊装程序必须保证在整个安装过程中结构的稳定性和不导致永久变形，必要时，采取临时加固措施，以防止其失稳变形。

（4）调整校正。主要使吊装就位构件的中心线、垂直度、标高等符合有关施工规范的允许偏差要求。钢结构对温度的影响特别敏感，所以校正和测量宜选择在温差不大（一般为早晚），且风力较小时段。

（5）固定。在构件调整校正且形成空间刚度单元后立即进行永久固定。一般采用焊接或高强度螺栓连接固定，次要部位也可采用 C 级普通螺栓固定。

（6）除锈、涂装、封闭。固定工作全部完成后，应对构件表面所有在制造、运输、安装过程中的遗留、漏涂和损伤部位进行补充涂装。

（7）竣工验收。竣工验收应在施工单位自检合格的基础上，根据 GB 50300—2001《建筑工程施工质量验收统一标准》的规定，按照检验批、分项工程、（子）分部工程三个层次进行。

3.空间网架结构吊装

空间网架结构的施工特点是跨度大、构件重、安装位置高。网架的安装方法及适用范围如下：

（1）高空散装法。将网架的杆件和节点（或小拼单元）直接在高空设计位置总拼成整体的方法。适用于螺栓球节点或高强螺栓连接的各种类型网架，并宜采用少支架的悬挑施工方法。

（2）分条或分块安装法。将网架从平面分割成若干条状或块状单元，每个条（块）状单元在地面拼装后，再由起重机吊装到设计位置总拼成整体。适用于分割后网架的刚度和受力状况改变较小的各类中小型网架，如两向正交正放四角锥，正放抽空四角锥等网架。

（3）高空滑移法。将网架条状单元在建筑物上由一端滑移到设计位置后再拼成整体的方法称高空滑移法。高空滑移法按摩擦方式的不同可分为滚动摩擦式和滑动摩擦式两种。

（4）整体吊装法。将网架在地面总拼成整体后，用起重设备将其吊装至设计位置的方法称为整体吊装法。适用于各种类型的焊接连接网架，吊装时可在高空平移或旋转就位。优点是地面总拼可保证焊接质量和几何尺寸的准确性。

（5）整体提升及整体顶升法。将网架在地面就位拼成整体，用起重设备垂直地将网架整体提（顶）升至设计标高并固定的方法，称整体提（顶）升法。提升法和顶升法的共同优点是可以将屋面板、防水层、天棚、采暖通风与电气设备等全部在地面或最有利的高度施工，从而大大节省施工费用。

第三节　其他工程施工

一、桥梁和隧道工程施工

（一）桥梁工程施工

在桥梁工程施工中，通常采用的基础形式有明挖扩大基础、桩基础、沉井基础、管柱基础等。因河水的影响，施工时应结合围堰进行施工。桥梁下部施工主要介绍围堰工程和管柱基础施工。

1.围堰施工

围堰属于临时性结构，其主要作用是为桥梁主体工程及附属设施的施工提供正常的作业条件，确保它们在修建过程中不受水流侵袭。围堰的修筑应考虑主体工程所在位置、现场情况和实际需要等问题，同时还需对施工期间的各种影响（雨水、潮汐、风浪、季节等）和航行、灌溉等有关因素进行考虑。

2.管柱基础施工

管柱基础施工是使用专用机械设备，在水面上进行桥墩基础的施工。具有可不受季节限制、改善劳动条件、加快施工进度、降低工程成本的优点。管柱基础适用于各种土质条件，尤其是在深水、岩面不平、无覆盖层或覆盖层很厚的自然条件下，不宜修建其他类型基础时，可采用管柱基础。

3. 桥梁墩台施工

桥梁墩台施工方法通常分为两大类：一类是现场就地浇筑与砌筑；一类是拼装预制的混凝土砌块、钢筋混凝土或预应力混凝土构件，其施工过程主要包括模板工程、混凝土工程、砌体工程等几个方面。其中，模板工程在施工过程中非常重要，它是保证桥梁墩台施工精度的基础，墩台轮廓尺寸和表面的光洁主要通过模板来保证；桥梁墩台必须保证其具有足够的强度和刚度。墩台施工的基本要求是保证其位置、高程、各部分尺寸与材料强度均符合设计的规定。

4. 梁桥结构施工

（1）装配式梁桥施工。装配式桥梁施工包括构件的预制、运输和安装等过程。可以节约支架、模板，减少混凝土收缩、徐变对结构的影响，有利于保证工程质量，缩短现场施工工期，但这种施工方法需要大型吊装设备。

（2）预应力混凝土梁桥悬臂法施工。预应力混凝土梁桥的悬臂法施工分为悬臂浇筑（悬浇）法和悬臂拼装（悬拼）法两种。悬浇法是在桥墩顶浇筑起步梁段（0号块），安装钢桁架并向两侧伸出悬臂以供垂吊挂篮，在挂篮上依次进行分段悬浇梁段施工，对称浇筑混凝土，最后合拢；悬拼法是将预制块件在桥墩上逐段进行悬臂拼装，并穿束和张拉预应力筋，最后合拢。悬臂施工适用于梁的上翼缘承受拉应力的桥梁形式，如连续梁、悬臂梁、T形钢构、连续钢构等桥型。

悬臂拼装法是将主梁划分成适当长度并预制成块件，将其运至施工地点进行安装，经施加预应力后使块件连接成整体桥梁。预制块件的长度主要取决于悬拼吊机的起重能力，一般为2～5m。预制混凝土块件要求尺寸准确，拼装接缝处应密贴，预应力孔道的对接应通畅。施工过程是：在桥墩上先施工0号块件，以便为预制块件的安装提供必要的施工工作面。安装挂篮或吊机，并从桥墩两侧同时、对称地安装预制块件，以保证桥墩平衡受力，减少弯曲力矩。

（3）预应力混凝土连续梁桥顶推法施工。顶推法施工是：沿桥梁纵轴方向，在桥台后方（或引桥上）设置预制场，浇筑梁段混凝土；待混凝土达到设计强度后施加预应力，并用千斤顶向前顶推；空出的底座继续浇筑梁段，随后施加预应力与前一段梁连接，直至将整个桥梁的梁段浇筑并顶推完毕；最后进行体系转换而形成连续梁桥。

顶推施工的关键问题是如何利用有限的推力将梁顶推就位，通常有水平-竖向千斤顶顶推法、拉杆千斤顶顶推法、设置滑动支座顶推法、单向顶推法、双向顶推法等五种施工方法。

5. 拱桥结构施工

拱桥的施工方法应根据其结构形式、跨径大小、材料、桥址环境的具体情况，并遵循方便、经济、快捷的原则而确定。

石拱桥、混凝土预制块主要采用拱架施工法。

钢筋混凝土拱桥（包括箱板拱桥、箱肋拱桥）、钢管混凝土拱桥和劲性骨架钢筋混凝土拱桥等，如在允许设置拱架或无足够吊装能力的情况下，各种钢筋混凝土拱桥均可采用在拱架上现浇或组拼拱圈的拱架施工法；也可采用无支架（或少支架）施工法；根据两岸地形及施工现场的具体情况，可采用转体施工法；对于大跨径拱桥还可以采用悬臂施工法。

桁架拱桥、桁式组合拱桥一般采用预制拼装施工法。对于小跨径桁架拱桥可采用有支架施工法；对于不能采用有支架施工的大跨径桁架拱桥则采用无支架施工法，如缆索吊装法、悬臂安装法、转体施工法等。

刚架拱桥可以采用有支架施工法、少支架施工法或无支架施工法。

6. 斜拉桥施工

斜拉桥的施工包括索塔施工、主梁施工、斜拉索的制作与安装三大部分。

（1）索塔施工。斜拉桥索塔的材料有钢、钢筋混凝土或预应力混凝土。钢筋混凝土索塔应用较为普遍，其主要形式有单塔柱和双塔柱。单塔柱主要采用 A 形、倒 Y 形和倒 V 形布置；双塔柱主要采用门形、H 形、A 形布置等。钢索塔目前国内应用较少。

索塔施工属于高空作业，工作面狭小。起重设备一般采用塔吊辅以人货两用电梯，也可以采用万能杆件或贝雷架等通用杆件配备卷扬机、电动葫芦装配的提升吊机，或采用满布支架配备卷扬机、摇头扒杆起重等。

塔柱施工程序为立劲性骨架→绑扎钢筋→制作拉索套筒并定位→支外侧模板→浇筑混凝土→安装横梁等。其中劲性骨架起固定钢筋、拉索套筒的定位以及调整模板等作用。

（2）主梁施工。斜拉桥主梁施工常采用支架法、顶推法、转体法、悬臂施工法等。混凝土斜拉桥多采用悬臂浇筑法，其施工方法与预应力混凝土梁式桥基本相同。

（3）斜拉索的制作与防护。斜拉索是斜拉桥的主要受力构件，一般采用高强度钢筋、钢丝（常用 5～7mm）或钢绞线（常用 $\phi 12$ 和 $\phi 15$）制作。

斜拉索的防护质量决定整个桥梁的安全和使用寿命。斜拉索的防护可分为临时防护和永久防护两种。目前临时防护一般有钢丝镀锌，将钢丝纳入聚乙烯套管内安装锚头密封后喷防护油或充氮气，以及涂漆、涂油、涂沥青等方法；永久防护一般采用 PE 套管法作外防护，也可采用沥青砂、防锈脂、黄油、聚乙烯泡沫塑料和水泥浆等内防护。

7. 悬索桥施工

悬索桥主要由主缆、索塔、锚锭、加劲梁、吊索组成。它的施工一般分为下部工程和上部工程。下部工程包括锚锭基础、锚体、塔柱基础，需先进行施工。上部工程施工一般为主塔工程、主缆工程、加劲梁工程的施工。

主缆是悬索桥的主要承重结构。主缆的形成有空中编缆法（AS 法）和预制丝股法（PS 法）两种。

吊索是连接主缆和加劲梁的主要构件，一般采用镀锌钢丝绳制作。钢丝绳吊索的制作工艺流程为：材料准备→预张拉→弹性模量测定→长度标记→切割下料→灌铸锥形锚块→灌铸热铸锚头→恒载复核→吊索上盘。

锚锭是悬索桥的主要受力结构，其作用是抵抗来自主缆的拉力，并将力传递给地基。锚锭的施工包括主缆锚固体系施工、锚锭体施工和散索鞍的安装。悬索桥的锚锭体属于大体积混凝土结构，尤其是重力式锚锭。因而要按大体积混凝土的施工方法来进行施工。

索塔按材料可分为钢筋混凝土塔和钢塔。钢筋混凝土塔一般为门式刚架结构，由两个箱形空心塔柱和横系梁组成；钢塔常见的结构形式有桁架式、刚架式和混合式等。

牵引系统是架于两锚锭之间，跨越索塔用于空中拽拉的牵引设备，它主要承担架设猫道、架设主缆和部分牵引吊运工作。猫道是为架设主缆、紧缆、安装索夹、安装吊索以及空中作业所提供的脚手架。主缆架设主要有 AS 法和 PS 法。索股架设完成后，需通过紧缆工作，把索股群整形成为圆形。紧缆完成后，在主缆上用螺栓将索夹安装就位。索夹安装的顺序是：中跨是从跨中向塔顶进行，而边跨是从散索鞍向塔顶进行。

（二）隧道施工

在隧道施工中，应综合考虑社会经济条件、环境交通条件、隧道地质条件等各种因素，本着"经济适用、因地制宜、安全可靠、绿色环保"的原则选择施工方法，配置施工机械。但就山岭隧道施工方法而言，不外钻爆法和掘进机法两种方法。对于城市地铁隧道常用：明挖法、盖挖法、喷锚暗挖法、盾构法、隧道掘进机法 TBM、顶管法、沉管法、新奥法、冻结法等。

1. 钻爆法

钻爆法也称矿山法，简单而言就是打眼、放炮的掘进方法。一般适用于线路埋深较大、地质条件较好的工程项目，特别适用于山岭隧道施工中。传统的矿山法施工顺序，主要按衬砌的施工顺序分为：先墙后拱法和先拱后墙法。

目前钻爆法的发展方向是：提高开挖成洞速度；提高应变能力，降低工程成本；改善施工作业环境条件和安全技术。

2. 掘进机法

掘进机法包括隧道掘进机法和盾构掘进机法。前者应用于岩石地层，后者则主要应用于土质等软弱围岩，尤其适用于软土、流沙、淤泥等特殊地层。

（1）盾构法。盾构通常由盾构壳体、推进系统、拼装系统、出土系统等四大部分组成。具有开挖、支护、排渣和拼装隧道衬砌管片等功能。盾构法施工的优点是施工速度快、精度高、振动小、噪声低，且对周围建筑物影响较小。缺点是设备昂贵，对区段短的工程不经济，对断面尺寸多变的区段适应能力差。

常见盾构机种类有敞口式、网格式、土压平衡式、泥水平衡式和气压式等。各种盾构机均有一定适用范围，应根据隧道外径、埋深、地质、地下管线与构筑物、地面环境、开挖面稳定和地表隆沉控制值等控制要求，进行设备选型。

（2）隧道掘进机法（Tunnel Boring Machine，简称 TBM）。具有快速、优质、经济和安全等优点，但掘进机法对具有坍塌、岩爆、软弱地层、涌水及膨胀岩等不良地质情况的地段适应性较差。此法多用于水工和污水隧洞，因为这类隧道的断面多为圆形。英吉利海峡隧道、秦岭铁路隧道也是采用隧道掘进机法。

3. 新奥法（New Austrian Tunnelling Method，简称 NATM）

新奥法是新奥地利隧道施工方法的简称。它是以既有隧道工程经验和岩体力学的理论为基础，将锚杆和喷射混凝土组合在一起作为主要支护手段的一种施工方法，我国也常称为喷锚构筑法。其主要原则可扼要地概括为："少扰动、早喷锚，勤量测、紧封闭"。现在几乎所有重点难点工程都离不开新奥法，新奥法广泛应用于山岭隧道、城市地铁、地下贮库、地下厂房、矿山巷道等地下工程。当前铁路隧道施工中广泛采用的是与新奥法原理结合的钻爆法。

根据地质条件、围岩级别、断面开挖宽度和埋深情况，新奥法的开挖施工一般有全断面法、台阶法（三台阶或两台阶）、分部开挖法、CD法、CRD法等。

4. 顶管法

顶管法是将预先造好的管道按设计要求分节用液压千斤顶支承在后座墩上，在工作基坑内将管道逐渐压入土体中，同时在管内将工作面内的泥土开挖并运输出来的一种敷设管道的施工技术。它是一种比较方便适用的不需要地面开挖，又不破坏地表建筑物的施工方法。

顶管法最早应用于1896年美国的北太平洋铁路铺设工程的施工。我国1953年开始采用顶管法施工，顶管法在我国的城市和偏远地区的隧道和管道的建设中都有应用。其优点是占地面积少、对周围土体的扰动小、不破坏现有的管线和构筑物。缺点是施工精度的保证较为困难，容易出现顶管方向的偏移。

5. 沉管法

沉管法就是先在船坞中预制大型混凝土管段或混凝土和钢的组合管段，并在两端用临时隔墙封闭，装好拖运、定位、沉放等设备，然后将管段浮运沉放到江中预先挖好的沟槽中，并将其连接起来，最后回填砂石将管段埋入原河床中。这也是用于修建水下隧道的重要越江手段。

迄今为止，世界各国采用沉管法修建的水下隧道已达近200座。沉管法主要用来修建水底隧道、地下铁道、城市市政隧道等，以及埋深很浅的山岭隧道。此种施工法也完全适用于地震地区。其缺点是在沉管时影响河道上的船舶交通。

6. 城市地铁隧道常用施工方法

(1) 明挖法。明挖法是直接在地下工程建造处进行露天开挖和支护，然后在开挖处建造地下结构，完工后再进行覆盖、恢复地貌的方法。明挖法具有施工作业面多、速度快、工期短、易保证工程质量和工程造价低等优点，但因对城市生活干扰大、对周围环境破坏大，不宜在市区实施。适用于浅埋的地下工程，可修建的空间比较大。

(2) 盖挖法。先用连续墙、钻孔桩等形式作围护结构，然后做钢筋混凝土盖板，在盖板、围护墙、中间桩保护下进行土方开挖和结构施工。盖挖法的主要优点是安全、占地少、对居民生活干扰少，但施工速度比较慢。当地铁车站设在城市繁忙主干道上，而交通不能长期中断，且需要确保一定交通流量要求时，可选用盖挖法。主体结构可以顺作，也可以逆作。如果开挖面积较大、覆土较浅、周围沿线建筑物过于靠近，为尽量防止因开挖基坑而引起临近建筑物的沉陷，或需及早恢复路面交通，但又缺乏定型覆盖结构，常采用盖挖逆作法施工。这种方法特别适合于城市市区，人口、交通密集繁忙之处。

二、道路和铁路工程施工

在基础施工中，已经介绍了路基的施工，但是路基施工中还应注意路基地面排水设施的施工。排水设施的作用是将可能停滞在路基范围内的地面水迅速排除，并防止路基范围外的地面水流入路基内。一般根据路基情况设置边沟、截水沟、排水沟、跌水和急流槽等地面排水设施。对于地下排水设施常用明沟和槽沟、渗沟、渗井等，这里不再详述。这节主要介绍基层和面层的施工。

1. 路面基层（底基层）施工

基层是位于路面面层之下，主要起承重和扩散荷载应力作用的结构层；底基层则是位于基层之下，辅助基层起承重和扩散荷载应力作用的结构层；垫层则是位于基层或底基层之下，主要起改善路面水温状况作用的结构层。

基层按其刚度大小分为三类：半刚性基层、柔性基层和刚性基层。

（1）半刚性基层施工。在粉碎的或原来松散的土（粗、中、细粒土）中掺入足量的无机结合料（水泥、石灰、工业废渣等）和水，经拌和、压实及养生后当其抗压强度符合规定要求时，称为半刚性基层，也叫做稳定土基层。半刚性基层，包括水泥稳定类、石灰稳定类、石灰工业废渣稳定类基层等。

半刚性基层施工程序一般是先通过修筑试验路段，进行施工优化组合，找出主要问题加以解决，并由此提出标准施工方法指导大面积施工。施工方法分为路拌法和集中厂拌法。

（2）柔性基层施工。柔性基层主要包括级配粒料基层（如级配碎石）、嵌锁型粒料基层（如泥结碎石、填隙碎石）以及沥青碎石等。

（3）刚性基层。刚性基层，包括水泥混凝土、贫混凝土、碾压混凝土等。我国目前常用的基层有水泥稳定类、石灰稳定类、石灰粉煤灰稳定类基层、级配碎石、级配砾石或砂砾和填隙碎石基层。施工方法同前。

2. 沥青路面面层施工

沥青路面是用沥青作结合料粘结矿料或混合料修筑面层，与各类基层和垫层所组成的路面结构。沥青混合料按强度构成原理，分为密实类和嵌挤类两大类；按矿料级配有连续和间断级配两种；按施工工艺分为层铺法和拌和法；按技术特征分为沥青混凝土、沥青碎石、乳化沥青碎石、沥青表面处治和沥青贯入式等。

沥青应选用符合"交通道路石油沥青技术要求"的沥青或改性沥青。煤沥青不宜用于沥青面层。矿料应洁净、干燥、无风化、无有害杂质，粗集料还应具有一定硬度和强度、良好的颗粒形状；细集料可用天然砂、机制砂和石屑，并有适当的级配。矿料规格和质量应符合 JTG F40—2004《公路沥青路面施工技术规范》之要求。

3. 水泥混凝土路面施工

水泥混凝土路面是一种刚性高级路面，由水泥、水、粗集料（碎石）、细集料（砂）和外加剂按一定级配拌和成水泥混凝土混合料铺筑而成。

混凝土拌和物在拌和时注意配料的精确度，加入外加剂时应注意有关规定，并根据拌和物的黏聚性、均质性及强度稳定性试拌确定最佳拌和时间。拌和过程中应对拌和物进行质量检验与控制。

（1）施工方式。目前水泥混凝土路面有：滑模摊铺施工、轨道摊铺施工、小型机具施工、三辊轴机组施工和碾压混凝土施工等五种施工方式。

（2）接缝施工。接缝施工是水泥路面使用性能优劣的关键技术和难点，应引起足够的重视。

1）纵缝一般按照路宽 3～4.5m 设置。当双车道路面按全幅宽度施工时，可采用假缝加拉杆的形式；按一个车道施工时，可采用平头缝或企口缝。

2）横缝。横向接缝是垂直于行车方向的接缝，共有三种，即缩缝、胀缝和施工缝。

填缝工作宜在混凝土初步结硬后及时进行。填缝前，首先将缝隙内泥沙杂物清除干净，然后浇灌填缝料。填缝料可用聚氯乙烯类填缝料或沥青玛蹄脂等。

4. 铁路工程施工简介

铁路工程现场施工主要包括：路基工程、桥涵工程、隧道工程、轨道工程。

（1）路基工程。铁路路基工程施工方案的主要内容包括：铁路路基工程施工方案比选、土石方调配方案、路堤填筑方案、路基工程地基处理方案、路堑开挖方案、路基施工检测方案、路基附属工程施工方案。与前述路基施工要求相同。

铁路路堤的构造自下至上一般为：地基、基床以下路堤、基床底层、基床表层。基床是指路基上部承受轨道、列车动力作用，并受水文、气候影响变化而具有一定厚度的土工结构；基床表层填料应采用级配碎石或砂砾石和沥青混凝土。

路堑的基本结构包括：路堑基床底层、路堑基床表层、路堑排水系统（路堑侧沟、路堑堑顶天沟、吊沟等）、路堑边坡。

路基高边坡应采取支挡措施，支挡结构形式有：重力式挡土墙、短卸荷板式挡土墙、悬臂式和扶壁式挡土墙、锚杆挡土墙、锚定板挡土墙、加筋土挡土墙、土钉墙、抗滑桩、桩板式挡土墙、预应力锚索等。

（2）桥涵工程。铁路桥梁工程施工方案包括的主要内容是：桥梁工程施工方案比选、基础施工方案、桥梁高墩和桥梁低墩施工方案、简支梁的预制和架设方案、连续梁（连续刚构）施工方案、钢梁施工方案、涵洞施工方案、顶进桥涵施工方案。

墩台施工程序如下：墩台底面放线→基底处理→绑扎钢筋→安装模板→浇筑混凝土→养护、拆模。

有关桥涵工程施工可参见混凝土工程和桥梁工程的施工。

（3）隧道工程。铁路隧道工程施工方案包括的主要内容是：隧道工程进洞方案，正洞开挖施工方案，支护施工方案，衬砌施工方案，防水及排水施工方案，供风、供水、供电、通风、排水方案，监控量测方案，地质预报及探测方案，特殊地质地段施工方案。

铁路隧道常用的开挖方法有钻爆法、掘进机法、盾构法、沉管法、明挖法。具体开挖方法应根据施工条件、地质条件、隧道长度、隧道横断面、埋置深度、环保条件等综合确定。钻爆法适用于各种地质条件和地下水条件，也是目前修建山岭隧道的最通行的方法。掘进机法（TBM）不适用于短隧道，不宜改变开挖直径和形状，地质的适应性受到一定限制。盾构机是现阶段在软弱地层中修建地铁和交通隧道以及各种用途管道的最先进的施工方法之一。沉管法是修建水底隧道通常采用的方法，其施工顺序：管段制作、沟槽施工、基础施工、沉放结合、回填及覆盖等。

（4）轨道工程。铁路轨道工程基本作业有道碴铺设、轨枕道钉锚固、轨排组装、铺轨、铺岔、上碴整道、应力放散、无缝线路锁定、焊轨、线路拨接、道岔换铺等作业。

1）铺轨基地。铺轨基地宜设置在既有车站附近，应根据工程规模、施工方法及进度要求按经济技术比选确定，并有富余生产能力。基地内临时设施的设置，应尽量避免影响站后工程施工。基地联络线的坡度和曲线半径，应根据地形、运量和作业方法确定。基地内尽头线应设车挡。

2）铺设方案选择。在对工程概况和施工特点分析的基础上，确定铺设程序和顺序、施工起点流向，以及确定铺轨、铺碴、铺道岔等分部分项工程的施工方法和施工机械。一条铁路线的轨道铺设，依其工作面的不同可分为单面铺设和多面铺设。单面铺设由线路的一端开始，以起点循序铺设至线路的终端；多面铺设是从线路的两端或线路中部展开的铺设。

3）铺设方法选择。轨道铺设方法可分为人工铺轨和机械铺轨。人工铺轨主要包括检配钢轨、挂线散枕、排线散枕、排摆轨枕、混凝土枕硫磺锚固，散布钢轨及扣配件、钢轨划印、方正轨枕、安装扣配件、初步整修等技术作业。人工铺轨主要适用于便线、专用线等铺轨工程量较小的工程，如较短的铁路及站场股道宜选择人工铺轨。

机械铺轨是将轨道铺设基地组装好的轨排，用轨排列车运至铺设地点，再用铺轨机铺设到预铺道碴的路基上。主要适用于铁路干线的铺设。机械化铺设普通轨道主要包括轨节组装、轨节运输、轨节铺设、铺碴整道等四个基本环节。

4）无缝线路的铺设方法。无缝线路的铺设方法主要内容有：钢轨焊接、钢轨铺设、钢轨应力放散、无缝线路锁定、钢轨伸缩调节器铺设、无缝线路轨道整理、钢轨预打磨。钢轨焊接包括闪光接触焊、铝热焊和气压焊。钢轨铺设方法有分段换轨法、长轨排铺设法、单枕综合铺设法、推轨铺设法。

三、地下工程施工

地下工程结构的施工主要有地下连续墙施工、沉井施工等施工方法，对于管线结构主要采用顶管法施工。有关地下工程结构的施工可参见前述内容。本节主要介绍地下结构的防水工程施工。

防水工程按所用材料不同，可分为柔性防水和刚性防水两大类。柔性防水用的是对变形相对不敏感的柔性材料，包括各类卷材和涂膜材料。刚性防水用的是对变形相对敏感的刚性材料，主要是砂浆和混凝土材料。

1. 地下防水工程的分类

地下工程都不同程度地受到潮湿环境和地下水的作用，包括地下水对地下工程的渗透作用和地下水中的有害化学成分对地下工程的腐蚀和破坏作用。因此地下工程必须选择合理有效的防水技术措施，确保良好的防水效果，满足地下工程的耐久性及使用要求。地下工程的防水方案，一般可分为三类：

（1）防水混凝土结构防水。依靠防水混凝土结构自身的抗渗性和密实性来进行防水，防水混凝土结构既是承重、围护结构，又是防水层，被广泛地采用。

（2）表面防水层防水。在结构物的外侧增加水泥砂浆、卷材等防水层以达到防水目的。防水层可根据工程对象、防水要求及施工条件选用。

（3）渗排水防水层防水。利用盲沟、渗排水层等措施把地下水排走，以达到防水的目的。适用于重要的、面积较大的、上层滞水且防水要求较高的地下建筑。

2. 表面防水层防水

（1）水泥砂浆防水层。它是用水泥砂浆和素灰（纯水泥浆）交替抹压涂刷在地下工程表面形成水泥砂浆刚性防水层，依靠水泥砂浆防水层的密实性来达到防水要求。主要适用于地下砖石结构的防水层和防水混凝土结构的加强层。

（2）卷材防水层。它是用胶结材料将防水卷材粘贴于需防水结构的外侧而形成的一种柔性防水层。具有重量轻、抗拉强度高、延伸率大、耐候性好、使用温度幅度大、寿命长、耐腐蚀性好，以及施工简便、污染小等优点，适用于受侵蚀介质作用，或受振动作用、微小变形作用的地下工程防水。

3. 防水混凝土结构自防水

防水混凝土结构自防水是以结构混凝土自身的密实性来进行防水。它具有密实度高、抗渗性强、耐蚀性好的特点，是目前地下工程防水的一种主要方法。

（1）防水混凝土性质及材料要求。防水混凝土结构常用普通防水混凝土和外加剂防水混凝土，其抗渗等级不应低于 P6。

普通防水混凝土是通过调整混凝土的配合比来提高混凝土的密实度，以达到提高其抗渗能力的一种混凝土。主要通过控制其水灰比、水泥用量和砂率来保证混凝土中砂浆的质量和数量，以抑制孔隙的形成，切断混凝土毛细管渗水通路，从而提高混凝土的密实性和抗渗性能。

外加剂防水混凝土是在混凝土中掺入一定的有机或无机的外加剂，改善混凝土的性能和结构组成，提高混凝土的密实性和抗渗性，从而达到防水目的。常用的外加剂防水混凝土有：三乙醇胺防水混凝土、引气剂防水混凝土、减水剂防水混凝土、氯化铁防水混凝土、补偿收缩混凝土。

近十多年，逐步出现了一些新型混凝土，如纤维抗裂防水混凝土、高性能防水混凝土、聚合物水泥防水混凝土等，各有各自的特性，但都显著提高了混凝土的密实性和抗裂性。

（2）防水混凝土施工。施工作业时保持施工环境干燥，避免带水施工。模板支撑牢固，接缝严密不漏浆，固定模板用的螺栓必须穿过混凝土结构时，应采取止水措施。为防止钢筋引水作用，迎水面钢筋保护层厚度不应小于 50mm，钢筋及绑扎钢丝均不得接触模板，不得用垫铁或钢筋头充当混凝土保护层垫块。混凝土材料用量要严格按配合比计量。防水混凝土应用机械搅拌，搅拌时间不应少于 120s。混凝土应分层连续浇筑，防水混凝土进入终凝（浇筑后 4～6h），即应覆盖浇水养护 14d 以上。

四、给排水工程施工

（一）室外管道工程施工

室外管道施工包括下管、排管、稳管、接口、质量检查与验收等施工项目。

1. 室外给水管道施工

（1）下管。下管方法有人工下管和起重机下管，应以施工安全、操作方便、经济合理为原则，考虑管径、管长、管道接口形式、沟深等条件选择下管方法。

（2）排管。对承插接口的管道，一般情况下宜使承口迎着水流方向排列；以减少水流对接口填料的冲刷，避免接口漏水；在斜坡地区铺管，以承口朝上坡为宜。

（3）管材及管道接口。有铸铁管及其接口、钢筋混凝土压力管及其接口、钢管及接口、塑料管及其接口、柔性管道及其接头等几种形式。

（4）管道质量检查与验收。

管道试压应分段进行。灌水时应从低处开始，以排除管内空气并确保管道内壁与接口填料充分吸水后进行。水压试验主要进行管道强度试验、严密性试验。

冲洗管内的污泥、脏水与杂物；对于生活给水管道还要进行消毒。

2. 室外排水管道施工

（1）稳管。稳管是排水管道施工中的重要工序，其目的是确保施工中管道稳定在设计规定的空间位置上。通常采用对中与对高作业。对中可采用中心线法或边线法进行。稳管高程应以管内底为准；调整管子高程时，所垫石块、土层均应稳固牢靠。

（2）管材及其接口。有混凝土管与钢筋混凝土管、塑料类排水管、排水铸铁管、陶土管及其接口及大型排水渠道施工。

3. 管道的防腐、防震、保温

安装在地下的钢管或铸铁管均会遭受地下水、各种盐类、酸与碱的腐蚀，以及杂散电流的腐蚀，金属管道表面不均匀电位差的腐蚀。设置在地面上管道同样受到空气等其他条件腐蚀；钢筋混凝土管铺筑在地下水位以下或地下时，若地下水位或土壤对混凝土有腐蚀作用，亦会遭受腐蚀。因此，管道应作防腐处理。

（1）外防腐。对于非埋地钢管一般采用油漆防腐，而埋地钢管可采用石油沥青涂料或环氧煤沥青涂料作外防腐层。

（2）内腐蚀。一般采用水泥砂浆或聚合物改性水泥砂浆涂衬。防腐层可采用机械喷涂、人工抹压、拖筒或离心预制法施工。

（3）管道的防震。地下直埋管道力求采用承插式橡胶圈接口的球墨铸铁管或预应力钢筋混凝土管及焊接钢管。通过断裂带的管道应采用钢管或安装柔性管道系统。在管道三通、弯头处宜采用柔性接口。

（4）保温层。施工方法主要取决于保温材料的形状和特性。常用的保温方法有：涂抹法（适用于石棉硅藻土、碳酸镁石棉灰、石棉粉等保温材料）、充填法（适用于矿渣棉、玻璃棉、超细玻璃棉等保温材料）、包扎法（适用于矿渣棉毡、玻璃棉毡、超细玻璃棉毡等保温材料）和预制块（适用于泡沫混凝土、膨胀珍珠岩、矿渣棉、玻璃棉、膨胀蛭石、硬质聚氨酯青聚苯乙烯泡沫塑料等能预制成型的保温材料）保温。除了上述保温方法外还有套筒式保温、缠绕法保温、粘贴法保温、贴钉法保温等。

（二）室外管道的特殊施工

（1）管道的不开槽施工。地下管道不开槽敷管的方法很多，常用的有顶管法、盾构法、牵引法和夯管法等。

（2）管道穿越河流施工。给排水管道可采用河底穿越或河面跨越两种形式通过河流。河底穿越的施工方法可采用顶管、围堰（河底开挖）、水下挖泥、拖运和沉浮法（沉管铺筑）等方法。而架空管线可沿路桥过河（吊环法、托架法、桥台法或管沟法等），也可采用管桥过河。

（三）室内管道工程施工

1. 管材与连接

室内给排水工程中，常用的管材有塑料管、钢管和铸铁管等。

（1）塑料管。塑料管一般采用细齿木工手锯或圆锯切割，弯头部位可采用热煨弯管。塑料管连接方法主要有焊接连接、法兰连接、粘结连接、套接连接、承插连接、管件丝接、管件紧固连接等。

（2）钢管。管道加工包括下料、调直、弯管及制作异形管件等过程。下料可采用手工钢锯、滚刀切管器、砂轮切割机、气割枪等设备进行切割，要求切口平整，不产生断面收缩、无毛刺。调直主要采用冷调直或热调直两种方法。弯管加工方法有：冷煨弯管、热煨弯管、模压弯管及焊接弯管等。

（3）铸铁管。常用的切断方法有人力錾切断管、液压断管机断管、砂轮切割机断管、电弧切割断管等。排水承插铸铁管常采用承插连接，排水平口铸铁管常采用不锈钢带套连接。

2. 建筑物内部给水系统安装

（1）引入管安装。引入管的位置及埋深应满足设计要求。引入管穿越承重墙或基础时应预留孔，其空隙用黏土填实。引入管穿越地下室或地下构筑物外墙时，应采取防水措施，一般可用刚性防水套管，防水要求严格的应用柔性防水套管。

（2）建筑内部管道安装。建筑物内部给水管道的敷设一般可分明装和暗装两种方式，其安装位置、高程应符合设计要求。

给水横管安装时应有 0.002～0.005 的坡度坡向泄水装置。管与管之间，管与墙面之间有一定的间距，以便安装及维修方便，其具体尺寸可参考有关手册。

采暖管道安装应保证坡度合理，转弯一般采用煨弯弯头或管道直接弯曲。

建筑物内部冷、热水供应系统及采暖系统安装完毕后应进行试压，试压后必须进行冲洗。生活给水管道系统在使用前应用含游离氯的水灌满管道进行消毒。

（3）消防设施安装。室内消火栓一般采用丝扣连接在消防管道上，并将消火栓装入消防箱内。室外消火栓安装分地上式和地下式安装，其连接方式一般为承插连接或法兰连接。

水泵接合器分地上式、地下式和墙壁式三种安装形式，一般采用法兰连接。

（4）管架制作安装。管架分活动管架和固定管架两大类，按支承方式又分支架（座）、托架（座）和吊架三种形式。活动管架支承的管道不允许横向位移，但可以纵向或竖向位移，已接受管道的伸缩或管道位移，一般用于水温高、管径大或穿过变形缝的管道敷设；固定管架支承的管道不允许横向、纵向及竖向位移，用于室内一般管道的敷设。

（5）防腐及保温。

埋地管道的防腐方法同前。室内明设管道通常采用油漆防腐。油漆材料选择应考虑被涂物周围腐蚀介质的种类、温度和浓度，被涂物表面的材料性质以及经济效果等因素。

保温结构一般由防锈层、保温层、防潮层（保冷结构）、保护层、防腐层及识别标志等构成。

对于保冷结构和敷设于室外的保温管道，需设置防潮层。常用的材料有沥青类防潮材料、聚乙烯薄膜等。施工时应将防潮材料用粘结剂粘贴在保温层面上。

3. 建筑物内部排水系统安装

建筑物内部排水管道系统安装的施工顺序一般是先做地下管线，即安装排出管，然后安装立管和支管或悬吊管，最后安装卫生器具或雨水斗。

建筑物内部排水管道一般采用塑料排水管承插粘结连接，也可采用机制铸铁排水管柔性承插连接、不锈钢带套接等。

排水管道安装应使管道承口朝来水方向，坡度大小应符合设计要求或有关规定的要求，坡度均匀、不要产生突变现象。塑料排水应安装伸缩节头。

卫生器具排水管一般应设不小于 50mm 的水封装置。

通气管穿出屋面时，应与屋面工程配合好，特别应处理好屋面和管道接触处的防水。通气管的支架安装间距同排水管。

雨水斗与屋面连接处必须做好防水。悬吊管应沿墙、梁或柱悬吊安装，并应用管架固定牢，管架间距同排水管道。悬吊管敷设坡度应符合设计要求且不得小于 0.005。立管常沿墙、柱明装或暗装于墙槽、管井中。雨水排出管上不能有其他任何排水管接入，排出管穿越基础，地下室外墙应预留孔洞或防水套管，安装要求同生活污水排出管。

4. 卫生器具安装

卫生器具多采用陶瓷、搪瓷生铁、塑料、水磨石等不透水、无气孔材料制成。卫生器具的安装一般应在室内装饰工程施工之后进行。卫生器具常用木螺钉或膨胀螺栓稳固在墙上或地面上。卫生器具的给水接口和排水接口连接应美观、适用，不得渗漏，固定及连接完成后应进行试水。

地漏安装时须使地漏算子比地平面最低点低 5～10mm。做好地漏与楼板间的防水，一般用 1∶2 水泥砂浆（可掺入 5％拒水粉）或细石混凝土分 2～3 次填实地漏四周，然后在混凝土面上浇灌热沥青。

五、机场工程施工

机场工程主要包括机场跑道、航站楼等。航站楼一般采用混凝土结构或钢结构，可按建筑工程的相应施工方法及要求进行施工，本节主要介绍机场跑道的施工工艺。

跑道道面分为刚性和非刚性道面。刚性道面由混凝土筑成，能把飞机的载荷承担在较大面积上，承载能力强，在一般中型以上空港都使用刚性道面。而非刚性道面有草坪、碎石、沥青等各类道面，承载力小，用于中小型飞机起降的机场。

机场场道应采取机械施工作业。一般采用分段流水作业，浇注时，采取间隔式分条，填挡间隔推进的方法。由于现代化机型对机场场道的强度、平整度、粗糙度的要求较高，因此场道混凝土工程应严字当头、确保工程质量。其施工工艺如下：

（1）作好基层。基层应平整密实，断面形状、位置、标高均应符合设计要求。

（2）立模。在预定的道面纵、横向分块线的交点处做 $10cm \times 10cm$ 的水泥砂浆"塌饼"，用水准仪测定其高程。待砂浆凝固后用经纬仪放出模板内面脚线，根据脚线立模，模板尺寸，确认无误后方能浇注道面混凝土。

（3）水泥混凝土的搅拌、运输、摊铺。为了获得合格的拌和物，采用带自动计量装置的强制式搅拌机拌和。一般采用二层摊铺法，摊铺中防止混凝土离析。

（4）振捣。混凝土振捣主要采用平板振捣器，辅以插入式振捣器。混凝土振捣时间以拌和物停止下沉、不冒气泡、并出水泥浆为准。振捣时间一般为 $30 \sim 45s$。

（5）做面。混凝土振捣后，要振动整平、用自锁提浆辊提浆，再进行做面，一般采用两道木抹一道铁抹。要求表面不露砂，无抹痕、砂眼、气泡、龟裂等。

（6）拉毛。用自制的长柄尼龙刷拉毛，拉毛的纹理垂直于飞机的滑行方向。

（7）养生、切缝。常温下，养护期不少于 $14d$。一般用切缝机切缝。

（8）嵌缝。嵌缝最好在养生结束，道面干燥后进行。嵌缝施工工艺流程：嵌缝清理→贴隔离胶带→塞泡沫条→清洗缝隙→混胶→注枪→注胶→刮胶、整形→清理注胶缝→检查验收。

（9）拆模。拆模时先拆支撑，再用扁棒插入模板边缘慢慢撬下模板。

目前机场建设中基本上都采用了刚性道面，经过几十年的研究与应用，我国机场跑道主要采用干硬性混凝土，这就要求施工中一定掌握好混凝土的水灰比、配合比、材料质量和搅拌时间。实践证明，胀缝往往引起道面的破损，机场跑道尽量取消道面胀缝，特别是具有足够厚度、足够强度的混凝土道面更应该取消。

另外，跑道施工应采用先进的技术，目前普遍采用集中搅拌、连续浇筑、机械切缝、薄膜养生等，使机械化程度日益提高。同时道面嵌缝料应考虑不同气候条件，选择合理的配方，使其效果良好、经久耐用、价格低廉、施工方便。

六、水利工程施工

1. 概述

水利工程施工是研究水利工程建设施工方法、管理方法的学科。水利工程施工与一般土木工程施工有许多相同之处。但有时施工条件要比一般土木工程困难得多。对于水利工程，其施工主要包括：导截流工程、爆破工程、地基处理与基础工程、土石坝工程、混凝土工程、水闸工程、渡槽工程、地下工程等施工及其施工组织和项目管理等工作。但是，水利工程的施工也有其独自的特点。本节主要介绍水利工程施工一些特殊施工工艺和特殊要求的内容。

2. 施工导流与截流技术

概括地说就是要采取"导、截、拦、蓄、泄"等施工措施，将河水流量全部或部分安全地导向下游，或者拦蓄起来，以保证枢纽主体建筑物能在干地上施工。这就是施工过程中的水流控制，习惯上称为施工导流。

在宽河床上建坝，多采用分期导流；在狭谷河床建坝，多采用一次围堰断流，并以隧洞导流或明渠导流。施工导流的围堰形式中，用得最普遍的是土石围堰。此外，还有混凝土围堰、过水土石围堰等。河道截流方法有平堵、立堵及平立堵。平堵有用船舶、浮桥、缆机施工等方式；立堵有单戗、双戗或多戗等形式；平立堵有先立堵后栈桥平堵的方式。所用材料除土石外，多用混凝土多面体、异形体及混凝土构架等。

3. 地基处理技术

常用的处理方法是把覆盖层及风化破碎的岩石挖掉。但如覆盖层较深或风化层较厚时，完全挖掉有困难或不经济，且影响造价、工期，这就需要采取其他的技术措施：灌浆、采用混凝土防渗墙或对软弱地基进行加固处理。加固处理方法有换土或采用砂垫层、桩基础、沙井、沉井、沉箱、爆炸压密、锚喷、预应力锚固等措施。

4. 筑坝施工技术

（1）土石坝施工。利用土、砂、石等当地材料填筑堤坝，历史悠久，经验丰富。通过大量研究，劣质土料也能用于实际工程，如红黏土、湿陷性黄土、膨胀土、风化料、残积的碎石土等，只要有正确的土料设计，合适的机械施工设备，科学的压实参数，均可以作为防渗土料。土石坝的施工方法很多，应用最早、采用最广泛的是分层压实法，以后又相继应用水力冲填法筑坝、振动碾压法筑坝以及定向爆破筑坝等。

（2）混凝土坝。20世纪初开始用混凝土修建重力坝。后经逐步改进，形成一套常规的施工方法。混凝土坝一般采用柱状浇筑法；并应按大体积混凝土施工方法及有关措施进行施工。近年来，混凝土坝逐渐发展钢悬臂模板和预制混凝土模板或自升式模板技术。中型工程广泛采用组合钢模板。大型工程普遍采用大型钢模板和悬臂钢模板。滑动模板在大坝溢流面、隧洞、竖井、混凝土井筒中广泛采用。

（3）碾压混凝土坝。碾压混凝土就是在混凝土薄层通仓浇筑后，用振动碾碾压密实，目前建设的碾压混凝土坝，采用高掺粉煤灰，降低水泥用量。碾压混凝土坝施工程序为：配料→拌和→运输→入仓→铺料→碾压→切缝→养护→水平缝处理。

5. 水工程构筑物施工

（1）水下灌筑混凝土施工。在进行基础施工中，如灌筑连续墙、灌注桩、沉井封底等，有时地下水渗透量大、大量抽水又会影响地基质量；或在江河水位较深，流速较快情况下修建取水构筑物时，常可采用直接在水下灌筑混凝土的方法。在水下灌筑混凝土，应解决如何防止未凝结的混凝土中水泥流失的问题。当混凝土拌和物直接向水中倾倒，在穿过水层达到基底过程中，由于混凝土的各种材料所受浮力不同，将使水泥浆和骨料分解，骨料先沉入水底，而水泥浆则会流失在水中，以致无法形成混凝土。混凝土水下施工方法一般分为水下灌注法和水下压浆法。

水下灌筑法有直接灌筑法、导管法、泵压法、柔性管法和开底容器法等。通常施工中使用较多的方法是导管法。导管法是将混凝土拌和物通过金属管筒在已灌筑的混凝土表面之下灌入基础，这就避免了新灌筑的混凝土与水直接接触。

压浆法是先在水中抛填粗骨料，并在其中埋设注浆管。然后用水泥砂浆通过泵压入注浆管内并进入骨料中。水下注浆分自动灌注和加压注入两种方法。

（2）现浇钢筋混凝土水池施工。在施工实践中，常采用现浇钢筋混凝土建造各类水池等构筑物以满足生产工艺、结构类型和构造的不同要求。有关钢筋混凝土工程的施工工艺和施工方法，可参见前述内容，本节仅介绍现浇混凝土构筑物施工的几个问题。

1）提高水池混凝土防水性的措施。常采用外加剂防水混凝土和普通防水混凝土，以提高防水性能。防水混凝土应尽量采用连续浇筑方式。

2）钢筋混凝土构筑物的整体浇筑技术。要求具有高抗渗性和良好整体性的结构需要采取连续浇筑施工，应针对其点，着重解决好分层分段流水施工和选择合理的振捣作业。对于面积较小、深度较浅的构筑物，可将池底和池壁一次浇筑完毕。面积较大而又深的水池和泵房地坑，应将底板和池壁分开浇筑。

3）构筑物严密性试验。对给水排水贮水或水处理构筑物，除检查强度和外观外，还应通过满水试验检验其严密性。对消化池还应进行闭气试验。

（3）装配式预应力钢筋混凝土水池施工。预应力钢筋混凝土水构筑物多为圆柱形，其预应力钢筋主要沿环向布置，但当高度较高的地面式大容量水池，考虑温度收缩应力或由于施加环向预应力的影响，有时也在垂直方向施加预应力钢筋。

（4）地下水取水构筑物——管井施工。管井是垂直安装在地下的取水构筑物。主要由井壁管、滤水器、沉淀管、填砾层和井口封闭层等组成。

管井施工是用专门钻凿工具在地层中钻孔，然后安装滤水器和井管。规模较小的浅井工程中，可以采用人力钻孔。深井通常采用机械钻孔。

（5）江河取水构筑物浮运沉箱法施工。沿江河或湖泊的工业和城市用水，多以地面水为给水水源，故需修建取水构筑物。这类构筑物常见的有岸边式、江心式、斗槽式等。在江河中修建取水构筑物工程的施工方法，可以采用围堰法、浮运沉箱法。

围堰的结构形式有多种，如土石围堰、卷埽混合围堰、板桩围堰等。

浮运沉箱法是指预先在岸边制作取水构筑物（沉箱），通过浮运或借助水上起重设备吊运到设计的沉放位置上，再注水下沉到预先修建的基础上。一般用于修建取水构筑物较小，河道水位较深，修建施工围堰困难或工程量很大时。浮运沉箱法特别适用于淹没式江心取水口构筑物的施工。

七、油田地面工程施工

1. 概述

油气储运系统包括长距离输油气管道、工艺站场和大型油气储存设施等。

对于管线施工来讲，按照管线的布置方式不同，可以分为埋地管线的施工、管堤埋设管线施工（又分为半埋地敷设和埋地敷设）和架空管线施工；按照管线所处的地理环境不同，可以分为陆上管线施工、海上管线施工和沙漠管线施工。按照管线的施工位置来划分，管线施工可以分为站（库）内管线施工与设备安装和干线管道施工。按照管线内所输送的介质来划分，管线施工可以分为原油管线施工、天然气管线施工、成品油管线施工、蒸汽和压缩空气管线施工等。

2. 管道线路基本施工工艺

长输管道由管道专用钢管焊接而成，管体外涂敷有防腐绝缘层，通常埋于地面冻土层以下。

长输管道敷设工程的施工工序分为：施工准备工作、线路交桩、测量放线、施工作业带清理、修筑施工通道、防腐管运输、布管、坡口加工、管口组对、焊接、管沟开挖、无损检测、现场防腐补口补伤、管道下沟与管沟回填、管道穿跨越工程、清管与试压、管道干燥、管道连头、阴极保护工程和管道线路附属工程等。

管道施工中，常用的土方机械有推土机、挖掘机、岩石挖掘机、碎石机、振动筛土机、平地机、螺旋回填机和压土机等。管沟开挖参见土方工程。

世界上长输管道管口焊接工艺主要有上向焊、下向焊、手工半自动下向焊、全自动焊、挤压电阻焊等。我国最常用的是下向焊、手工半自动下向焊、全自动焊，它可与管内对口器、吊管机等设备相配合，实现机械化流水作业。

3. 管道穿跨越工程

长输管线经过人工与天然障碍物，如山川沟谷、河流、湖塘、公路、铁路等，可采用穿越或跨越方式通过。目前管道穿越方法有定向钻法、开挖隧道法、顶管法和大开挖法等；开挖隧道法又分为人工钻爆法开挖隧道和盾构法开挖隧道两种。管道跨越方式有简支梁、拱跨、斜拉、悬索与悬缆等十余种管桥形式。

定向钻敷管具有穿越施工对地表的干扰较小、施工速度快、可控制铺管方向、施工精度高等优点，主要用于穿越河流、湖泊、铁路、公路和山体或建筑物等障碍物，敷设大口径、长距离的油气管道。定向钻系统一般由钻机系统、控向与造斜系统、钻具、泥浆系统、回拖系统、动力系统和辅助系统组成。常用的钻具有钻头、泥浆马达和钻杆。常用的定向钻钻头有铣齿钻头、牙轮钻头和金刚石钻头。

顶管施工法。按工作面的开挖方式不同可将顶管法分为普通顶管（人工开挖）、机械顶管（机械开挖）、水射顶管（水射流冲蚀）、挤压顶管（挤压土柱）等。

大开挖施工。其优点是施工简单、直接，成本低，适合于宽阔的地表、无障碍物（河流、建筑物等）的地段敷设地下管线。但是大开挖妨碍交通、破坏环境、安全性差。大开挖分为开挖道路和开挖河流，注意两者各有不同的施工方法。

4. 站场施工

站场的含义比较广泛。对于油气集输系统来讲，站场是指油气田的联合站、原油库等集中处理设施；对输油输气系统来讲，站场是指该系统的首站、中间站、末站和中间清管站；对于油品储存系统来讲，站场是指各独立油库或企业附属油库。站场施工内容为：场区平面施工，建构筑物施工，工艺管道安装，阀门与仪表安装，设备（机泵、炉、塔、罐等）的安装与吊装，消防系统施工，热力系统施工，电力、电气系统施工，通信系统施工等。场区平面施工的主要内容有：定位放线、场地平整、土建工程施工等。施工方法参见前述相应的内容。

站场工艺管道的安装施工流程为：准备工作→管道预制→管道安装→无损检测→试压吹扫→防腐保温。站场内工艺管道安装必须按以下原则进行：先地下（先埋地管线后地沟管线），再地面，后架空；先室内，后室外；先机泵设备，后配管；对同类介质管线，先高压、后低压，先大管、后小管；先主干管线，后分支管线；对设备就位，先室内、后室外。具体施工方法不再赘述。

在油气储运系统中，热力系统主要包括生产热力系统与生活热力系统两部分，生活热力系统的安装可参阅室内管线安装的内容；油气储运系统常用的热力设备有：锅炉、换热器、热媒炉、加热盘管等，故油气储运热力系统的安装内容为：热力设备（锅炉、换热器、热媒炉等）安装、热力管道安装和加热盘管安装。

常用热力设备的结构和功能虽然不同，但其安装方法大同小异，基本安装工艺为：施工准备→设备基础施工→设备检查→设备吊装就位→设备安装找正。

站场工艺管网的试压、清管要采取系统、设备隔离和多个试压包等工程措施。

5. 储罐基础的施工

立式圆筒形储罐是目前国内外应用最为广泛、最普遍的一种储罐，主要由罐底、罐壁（罐体）、罐顶及罐内附件四大部分构成。罐底由多块薄钢板拼装而成，罐底中部钢板称为中幅板，周边的钢板称为边缘板。罐壁是由多圈钢板组对焊接而成；拱顶罐的拱顶形状近似球面，由中心盖板和扇形板组成；浮顶罐的浮顶常用单盘式、双盘式和浮子式等。

储罐基础施工程序为：测量放线→土方开挖与回填→地基处理→钢筋绑扎→模板支护→混凝土浇筑→级配砂石回填→沥青砂面层→大罐焊接→散水混凝土。储罐地基处理方法同前，基础混凝土浇筑应分段分层连续浇筑。沥青砂绝缘层施工。沥青砂绝缘层用砂应为干燥的中、粗砂。沥青砂绝缘层应分层分块铺设，可按扇形或环形分格，用压路机碾压密实，然后用加热烙铁烙平、平板振动器振实，或用火滚滚压平实。

6. 立式圆筒形钢制焊接储罐的施工

立式圆筒形钢制焊接储罐建造工艺，大致可分为倒装法施工、正装法施工和特殊施工工艺等。其施工工艺选择主要根据施工条件、施工技术装备、施工队伍的技术素质以及经济效益等因素综合考虑。倒装法主要用于固定顶圆筒形储罐，正装法主要用于大型浮顶储罐。

大型浮顶罐一般采用悬挂内脚手架正装法、充水正装法及水浮脚手架配自动焊正装法施工。

（1）浮顶储罐施工。浮顶储罐的施工过程主要包括浮顶储罐罐底的施工、浮顶储罐罐壁的施工、浮顶储罐罐顶的施工和浮顶储罐附件的施工。

（2）立式圆筒形固定顶储罐施工。主要采用倒装法施工，相对于浮顶储罐的施工来讲比较简单，相应部分可参照浮顶储罐的施工要求进行。这里仅对施工程序做一简要介绍。

1）储罐的半成品预制。储罐罐顶一般由多块桔瓣板组成，小型拱顶每块桔瓣板用整块钢板压制而成，而大型拱顶每块桔瓣板由多块钢板拼焊成一个窄扇形面。罐体加固圈主要有轧制角钢劈八字加固圈和钢板焊接劈八字加固圈预制方法。用轧制角钢加工劈八字加固圈的主要工序为：劈角、煨弯、校平和复样检验等。用钢板加工劈八字加固圈的主要工序为：放样、下料、成型、组焊、校形、复样检验等。扁钢弧筋多采用人工锤击或热煨弯，现多采用顶弯或滚弯法预制。

2）底板铺设焊接及检验。可浮顶罐的底板铺设焊接及检验方法参照施工。

3）顶层壁板组焊及检验。顶层壁板组装的一般工序为：壁板划线→顶层壁板组对→顶层壁板焊接→顶层壁板检验→包边角钢的组焊检验。

4）顶胎放样制作安装。拱顶胎架制作可采用计算法和实际放样法做胎。

5）顶板组装焊接及质量检验。储罐顶板的焊接适于采用手工电弧焊，因顶板面积大，不适合采用自动焊接。尽量采用小电流焊接减少焊接残余应力和变形。

6) 倒装施工设施就位、安装。施工工艺有：充气倒装法施工工艺；中心柱倒装法施工工艺；电动倒链多点提升倒装法施工工艺；液压提升倒装法施工工艺。

7) 依次组装焊接第二层壁板直至底层壁板。封焊角焊缝与龟甲缝。

8) 施工设施撤离及人孔排污孔等附件的安装；储罐的充水试验检查。

9) 罐体防腐与罐体保温。保温施工主要有捆绑法、粘结法和喷涂法。

7. 卧式油罐的安装与埋设

（1）地面卧式油罐组的安装施工。地面卧式油罐组安装施工的一般程序为：

1) 油罐支撑及基础施工。

2) 油罐渗漏检查和修补防腐层。

3) 油罐罐体就位。

4) 安装油罐罐体附件及工艺管线；安装防雷防静电接地系统等。

（2）覆土卧式油罐组的安装与埋设。

覆土卧式油罐组埋设形式常见的有：罐体全埋式、操作间埋身式、露头埋身式和阀井埋身式四种。按油罐与周围地坪的标高差又可分为地上埋设、半地下埋设和地下埋设三种。现以半地下、双排操作间埋身式为例，说明安装埋设施工程序为：开挖土（石）方→油罐支撑及基础施工→油罐渗漏检查和防腐→油罐罐体就位→安装罐体附件和防雷防静电接地系统→砌筑油罐顶人孔、采光孔井→砌筑操作间→回填土→安装工艺管线→竣工验收。

第四节 现代施工技术

一、现代施工的特点

对土木工程要求的提高促进施工技术的不断发展。现代施工具有以下特点。

（1）流动性。土木工程产品的固定性决定了建筑施工的流动性。生产者和生产设备要随着建造地点和施工部位的变动而变动。

（2）周期长。建筑产品的单一、固定与庞大性决定了土木工程施工的复杂性、施工的周期长。要求各专业、工种间必须按照合理的施工顺序进行配合。

（3）单件性。建筑产品的多样性决定了建筑施工的单件性。

（4）复杂性与先进性。建筑产品的综合性决定了建筑施工的复杂性。

（5）高空作业多，手工操作多，体力消耗大、受气候影响大。

二、现代施工技术

现代土木工程施工技术主要表现在基础工程、上部结构施工技术及其一些特殊施工技术。

1. 基础工程施工技术

（1）人工地基施工技术。包括地基加固、承载桩、钢管桩等技术。

地基加固普遍采用换土、预压、强夯、水泥土旋喷、深层搅拌技术等技术。承载桩：有水泥土桩、混凝土桩、钢桩（钢管、H 形钢）、特殊桩（成槽机施工的巨型桩、扩头桩）等。目前我国施工的灌注桩最大直径达 3m，深度超过 100m。

（2）基坑支护技术。包括挡土结构、防水帷幕、支撑技术、降水技术及环境保护技术等方面。其中挡土结构包括重力坝、钢筋混凝土地下连续墙、劲性水泥土桩等。防水帷幕有水泥土排桩、注浆帷幕、薄型地下连续墙等。支撑技术主要包括型钢支撑、钢筋混凝土支撑、双向双股复加预应力钢管支撑、土锚杆（土钉）拉锚。降水技术常用的有：轻型井点、喷射井点、深井及加真空深井、大口径明排水管井等。环境保护技术主要包括井点回灌技术、堵漏技术、信息监测与信息化施工技术等。

（3）大体积混凝土施工技术。可以采取有效措施，科学地组织施工，提高大体积混凝土的浇筑强度。

（4）逆作法施工技术。逆作法是基础与上部结构同时施工的先进工艺，有减少和取消临时支护措施，降低成本及大大加快施工速度等优点。

2. 上部结构施工技术

结构施工技术范围很广，材料不同，施工技术也不相同，下面仅介绍普遍采用的钢筋混凝土结构中的模板、钢筋、混凝土以及结构吊装的先进工艺技术。

（1）模板技术。除了使用传统的支架模板外，还有经过改进的台模、飞模、排架式快拆模体系、独塔式快拆模体系等，显著提高了混凝土工程的施工速度。

（2）钢筋施工技术。如钢筋点焊网片、钢筋接头（如绑条焊、对焊、电渣焊、压力焊、套筒冷压接、套筒斜螺纹连接、可调螺纹连接等）、预应力技术。

（3）混凝土技术。

1）混凝土组分的发展。添加掺和料形成了新的品种，使用范围扩大和性能得到改善，掺和料有改善混凝土性能的粉煤灰、提高强度和改善性能的磨细矿渣粉等，提高混凝土强度与抗裂性各种纤维，以及满足混凝土适应减水、快硬、增塑、增稠、缓凝、抗冻、可泵送、自密实等功能的要求的各种化学外加剂等。

2）混凝土强度的发展。目前我国实际工程中应用的混凝土强度可达 C80，实验室强度可达 C100。美国西雅图双联大厦工程中，钢管混凝土达 C130。

3）商品混凝土及泵送混凝土。我国一些大城市中商品混凝土发展很快，商品混凝土几乎取代了现场拌制混凝土。

4）高性能混凝土（HPC）及其发展。为实现不同要求和满足高强、耐久、耐油、抗裂等特殊功能的混凝土，如自密实混凝土、海洋结构中耐久混凝土等。

（4）结构吊装技术。由传统的机械吊装向大型化与多机组合吊装发展，如网架结构的整体提升吊升。

3. 特殊施工技术

在现代土木工程施工中，有大量的特殊施工技术，如水利工程的定向控制爆破，隧道工程的顶管施工、沉管法施工、盾构施工技术等，煤矿井筒工程的冻结法施工以及斜拉桥、悬索桥等桥梁施工技术等。

第五节 施 工 组 织

一、工程建设及其工作程序

工程建设又称基本建设，是指横贯于国民经济各部门、各单位之中，并为其形成新的固定资产的综合性经济活动过程。

按建设性质划分，基本建设可分为新建、扩建、改建、恢复和迁建项目。需要注意分期进行建设的项目，在一期工程建成之后的续建项目，属于扩建项目，但经扩大建设规模后，其新增固定资产价值超过原有固定资产价值（原值）三倍以上的也算新建项目。

工程建设程序是指项目建设全过程中各项工作必须遵守的先后次序。工程建设程序主要由项目建议书、可行性研究、编制设计文件、建设准备、施工安装、竣工验收等六个阶段组成（见图5-3）。每个阶段又包含着若干环节，各有不同的工作内容。

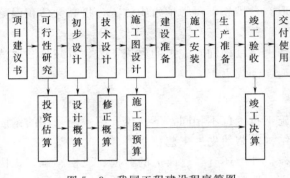

图 5-3 我国工程建设程序简图

二、施工程序及施工组织研究的对象和任务

1. 施工程序

施工程序是指拟建工程项目在整个施工阶段必须遵守的先后工作程序。它主要包括承接施工任务及签订施工合同、施工准备、组织施工、竣工验收、保修服务等五个环节或阶段。

2. 土木工程产品及其生产的特点

（1）土木工程产品的特点。

1）产品的固定性。任何土木工程产品（如建构筑物、公路等）只能在建设单位（业主）所选定的地点上建造和使用。这是土木工程产品最显著的特点。

2）产品的多样性。不但满足用户对其使用功能的要求，还要考虑当地特定的社会环境、地质条件、气候条件等，导致土木工程产品种类繁多，用途各异。

3）产品体形庞大。占据广阔的地面与空间。

4）产品的综合性。由各种材料、构配件和设备组装而成一个庞大的实物体系。

（2）土木工程施工的特点。

1）施工的流动性。土木工程产品的固定性，决定了产品生产的流动性。因此，在进行施工前必须事先做好科学的分析和决策、合理的安排和组织。

2）施工的单件性。土木工程产品的固定性和多样性决定了产品生产的单件性。必须按照当地的规划和用户的需要，在选定的地点上单独设计和单独施工。

3）机械化、自动化生产水平低，施工的周期长。这主要是建筑产品的地点固定性、体积庞大和类型多样性决定的。

4）露天作业多、高空作业多、安全性差。

5）施工的地区性。由工程产品的固定性决定，要受到建设地区的自然、技术、经济和社会条件的限制。必须调查分析建设条件，因地制宜做好各种施工安排。

6）施工的复杂性。由于工程产品的固定性、多样性和综合性以及施工的流动性、地区性、露天和高空作业多等特点，再加上要在不同的时期、地点、产品上组织多专业、多工种的人员综合作业，这使土木工程施工变得更加复杂。

（3）土木工程施工管理特点。

1）管理的针对性。每项工程都有明确的建设目的、内容和任务量，具有明确的建设时间、投资额及质量标准，所以针对不同的项目制定不同的管理实施方案。

2）管理的一次性。不便于积累经验，故项目控制任务量大。

3）管理系统的综合性，涉及到质量、工期和投资三大目标等多目标的管理。

4）施工管理环境多变。主要由产品的地点固定性和生产流动性决定的。自然环境和社会环境受建筑场地的影响较大。

3. 施工对象分析

为了便于科学地制定施工组织设计和进行工程管理，将施工对象进行科学的分解与分析是十分必要的。其施工承包对象可划分为以下层次：

（1）建设项目。是指在一个场地或多个场地上，按一个总体设计进行施工的各个工程项目的总和，建成后具有设计所规定的生产能力或效益。它一般由一个或几个单项工程组成。

（2）单项工程。是指在一个建设项目中具有独立而完整的设计文件，建成后可以独立发挥生产能力或效益的工程。一般是指一座办公楼、图书馆、教学楼等。

（3）单位工程。指具有专业独立设计、可以独立组织施工，建成后能形成独立使用功能的工程。它是单项工程的组成部分。如一个车间的建造可分为厂房建造和生产设备的安装等单位工程。一个单位工程有多个分部工程构成。

（4）分部工程。一般是按专业性质、所在单位工程的部位确定，它是单位工程的组成部分。如一个建筑工程可划分为地基与基础、主体结构、装饰装修、屋面工程、给水排水、采暖、电气、智能建筑、通风与空调、电梯等十个分部。

（5）分项工程。按主要工种、材料、施工工艺、设备类别等进行划分的。它是分部工程的组成部分。如模板工程、钢筋工程、混凝土工程等分项工程。

三、施工组织设计概述

土木工程施工组织就是针对工程施工的复杂性，讨论与研究土木工程施工过程为达到最优效果，寻求最合理的统筹安排与系统管理客观规律的一门科学。

施工组织设计是在开工前编制的，是用来规划和指导拟建工程施工准备和组织施工及竣工验收的全面性的技术经济文件。它是整个施工活动实施科学管理的有力手段。

施工组织设计的基本任务是根据国家有关技术规定、业主对建设项目的要求、设计图纸和施工组织的基本原则，选择经济、合理、有效的施工方案；确定紧凑、均衡、有序、可行的施工进度；拟订针对性强、效果好的技术组织措施；采用最佳的部署和组织，优化配置和节约使用劳动力、材料、机械设备等资源；合理利用施工现场的空间，以确保全面、高效、优质地完成最终建筑产品。

1. 分类

施工组织设计要与设计阶段相配合，按设计阶段编制不同广度、深度和作用的施工组织设计。

根据编制对象和范围不同可分为施工组织总设计、单位工程施工组织设计和分部分项工程组织设计等三种类别和层次。施工组织总设计是整个建设项目的全局性战略部署，其内容和范围大而概括，属规划和控制型；单位工程施工组织设计是在施工组织总设计的控制下，针对具体的单位工程所编制的指导施工各项活动的技术经济性文件，它是施工组织总设计内容的具体化、详细化，属实施指导型；分部分项工程施工组织设计必须在单位工程施工组织设计控制下，针对特殊的分部分项工程进行编制，属具体实施操作型。

按中标前后的不同分为投标施工组织设计和中标后施工组织设计两种。

施工组织设计按编制内容的繁简程度不同，可分为完整的施工组织设计和简明的施工组织设计两种。

2. 施工组织设计的编制依据

（1）设计资料。包括已批准的设计任务书、设计图纸和设计说明书等。

（2）自然条件资料。包括地形、地质、水文和气象资料。

（3）技术经济条件资料。如建设地区的资源、水电、交通、生产设施等。

（4）施工合同规定的有关指标。项目分期分批及配套建设的要求、交工日期。

（5）施工条件。施工及相关协作单位可配备的人力、机械设备和技术状况等。

3. 施工组织设计的编制内容

（1）工程概况及特点分析。包括拟建工程的性质、规模、建设特征、结构特点，建设条件、施工条件，建设单位提供的条件及要求等。

（2）施工部署和施工方案。对整个建设项目施工进行总体规划和安排，结合人力、材料、机械、资金等全面布置任务，安排施工顺序，确定施工方法等。

（3）施工准备工作计划。主要明确施工前应完成的施工准备工作的内容、起止时间、质量要求等。如技术、物资准备，现场"三通一平"、临建设施等。

（4）施工进度计划。是施工组织设计在时间上的安排，是组织与控制整个工程进展的依据。编制内容包括划分施工过程，计算工程量、劳动量和机械量，确定工作天数和作业人数或机械台班数，编制进度计划表及检查与调整等项工作。

（5）各项资源需要量计划。是提供资源保证的依据和前提。

（6）施工（总）平面图。施工方案和进度计划在空间上的全面安排。

（7）技术措施和主要技术经济指标。主要目的是确保质量、工期、文明安全以及降低成本。主要技术经济指标是在施工组织设计的最后反映的，其指标主要包括施工工期、全员劳动生产率、资源利用系数、质量、成本、安全等指标。

四、施工准备工作

施工准备工作是指施工前为了整个工程能够按计划顺利的施工，在事先必须作好各项准备工作。它是施工程序中的重要环节。

1. 分类

按规模范围分类，施工准备可以分为全场性施工总准备、单位工程施工条件准备和分部（分项）工程作业条件准备等三种内容。

按施工阶段分类，施工准备可分为开工前的施工准备和各施工阶段施工前的准备。

2. 施工准备的工作内容

(1) 原始资料的调查分析，以获得必要的自然条件和技术经济条件资料。

(2) 技术准备。即通常说的"内业"工作，主要包括：做好扩大初步设计方案的审查、熟悉和审查施工图及有关设计技术资料、原始资料调查分析、编制施工图预算和施工预算、编制施工组织设计等五个部分。

(3) 施工物资准备。施工中必须的劳动手段（机械、工具、临时设施）和劳动对象（材料、构配件、制品）等的准备，它是保证施工顺利进行的物质基础。

(4) 施工现场准备。应按施工组织设计的要求和安排进行，如：现场"三通一平"；控制网测量；建造临时设施；组织施工机具、建筑材料进场等。

(5) 施工场外准备。如签订分包合同，材料及构配件的加工和订货等。

五、流水施工原理

1. 流水施工基本概念

(1) 施工过程。把施工对象按施工顺序划分为若干个部分，每个部分分别由各自的施工队伍完成，把每个部分都称为一个施工过程。

(2) 施工段。将施工对象从平面上划分为几个区段，每个施工过程均在各个区段上依次进行施工，不同的区段可以容纳不同的施工队伍同时进行各自的施工过程，每一个区段都称为施工段。

(3) 施工层。施工对象在高度上较大，全部高度不能一次施工时，将施工对象从高度上划分为若干个层，每个施工过程均按层依次进行施工，不同的施工过程能够在不同的层同时进行，从而形成立体交叉作业，每一个层都称为施工层。

(4) 施工进度计划。一般采用横道图、斜线图和网络图表示。横道图是由画在表格内的横线表示施工过程，横线的长度表示施工过程的施工持续时间。施工过程的紧前、紧后关系由横线的前后位置表示。斜线图是由画在表格内的左低右高的斜线表示施工过程，斜线水平投影的长度表示施工过程的施工持续时间。施工过程的紧前、紧后关系由斜线的前后位置表示。

(5) 施工组织方式。举例说明：某单层砖混房屋，主体工程包括 2 个施工过程：砌筑砖墙、钢筋混凝土屋面板，施工时分 2 个施工段。砌墙班组 20 人，每一段上需砌筑 3d；钢筋混凝土屋面班组 10 人，每一段上需施工 2d。试安排其施工进度计划。各种组织方式见图 5-4。

1) 依次施工。按照一定的顺序施工，前一个施工过程或工程完成后，后一个施工过

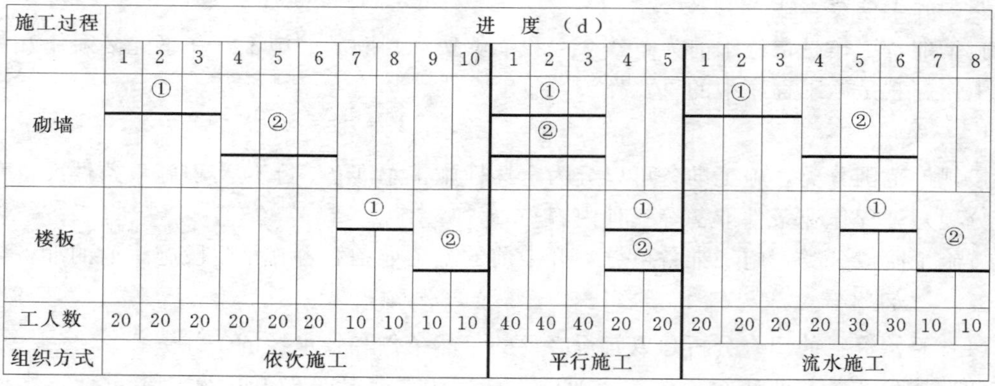

施工过程	进度（d）																						
	1	2	3	4	5	6	7	8	9	10	1	2	3	4	5	1	2	3	4	5	6	7	8
砌墙		①			②							① ②					①			②			
楼板					①		②							① ②					①			②	
工人数	20	20	20	20	20	20	10	10	10	10	40	40	40	20	20	20	20	20	20	30	30	10	10
组织方式	依次施工										平行施工					流水施工							

图 5-4　施工组织方式对比分析

程或工程开始施工；具有单位时间内所需资源少，施工现场的布置、安排比较简单等优点。但生产率低、工期长，不利于实现专业化施工。

2）平行施工。就是各个施工段或工号同时开工，同时竣工。其优点是工作面利用充分，工期短；缺点是单位时间内所需资源多，资源供应集中，使临时设施也相应增加；不利于实现专业化施工队伍连续作业，不利于提高劳动生产率和工程质量；施工现场组织、管理比较复杂。

3）流水施工。将施工对象的建造过程划分成若干个工作性质相同的分部分项工程或施工过程，同时在平面上划分成若干个劳动量大致相等的施工段，在竖向上划分成若干个施工层。按照施工过程分别建立相应的专业施工队（或班组），按照一定施工顺序依次投入施工、连续地完成各施工段的施工任务。该施工措施具有：工作面利用科学，工期合理；可实现专业化施工，质量有保证，劳动生产率高；单位时间内所需资源量较为均衡，有利于资源供应的组织工作；专业施工队伍能够连续作业，相邻的专业施工队伍之间实现了最大限度的合理搭接；可方便现场文明施工和科学管理。

由上图 5-4 可知，依次施工施工队的工人数少，没有充分利用工作面，施工持续时间长；平行施工施工队的工人数多，施工工期短，但每天资源需要量大。而流水施工是分段施工，不同的施工段上容纳不同的施工队同时完成各自的施工过程，形成最大限度的合理的平行搭接施工（保持各施工过程的连续）；科学地较充分地利用工作面，工期较短较合理；单位时间内所需资源量较为适中均衡。

（6）流水施工的分类。流水施工的分类是组织流水施工的基础，其分类方法是按不同的流水特征来划分。

1）按流水施工组织范围（组织方法）划分，流水施工可划分为分项工程流水施工、分部工程流水施工、单位工程流水施工和群体工程流水施工。其中最重要的是分部工程流水施工，又叫专业流水，它是组织流水施工的基本方法。

2）按流水施工节奏特征划分，流水施工可划分为有节奏流水施工和无节奏流水施工（非节奏流水施工）。有节奏流水施工又可分为全等节拍流水施工（固定节拍流水施工）、不等节拍流水施工（异节拍流水施工）、成倍节拍流水施工。

2. 流水施工主要参数

组织流水施工，主要是对各施工过程在时间和空间上的开展情况及相互依存关系进行组织安排，为此须引进一些描述流水施工进度计划图表特征和各种数量关系的参数，这些参数称为流水参数，它包括工艺参数、时间参数和空间参数。

（1）工艺参数。在组织流水施工时，用以表达流水施工在施工工艺上的开展顺序及其特征的参数均称为工艺参数，它包括流水过程（数）和流水强度。

根据工艺性质不同，可分为制备类、运输类和砌筑安装类三类施工过程。制备类和运输类施工过程一般不占用施工对象空间，也不影响总工期，通常不列入施工进度计划。

施工过程数。它一般与施工进度计划的性质、作用有关，常用 n 表示；还与建筑物的复杂程度、施工方案、施工过程劳动量多少、劳动组织状况等有关。

每一个施工过程在单位时间内完成的工程量叫流水强度，一般用 V 表示。它一般是指每一个工作班内完成的工程量。

（2）空间参数。在组织流水施工时，用以表达流水施工在空间布置上所处状态的参数，均称为空间参数。它包括工作面（大小）、施工段（数）和施工层（数）。

工作面是表明施工对象上可能安置多少工人进行操作或布置多少施工机械进行施工的场所空间的大小。根据施工过程的不同，可以采用不同的计量单位。

施工段数一般用 m 表示。施工段划分应合理，数目要适当。

施工层的划分，一般根据建筑物的高度、楼层来确定，施工层数用 j 表示。如室内抹灰、木装修、油漆、玻璃和水电安装等，可按楼层进行施工层划分。

（3）时间参数。在组织流水施工时，用以表达流水施工在时间上排列所处状态的参数，均称为时间参数。它包括流水节拍、流水步距、间歇时间、搭接时间等。

流水节拍是指在组织流水施工时，每个专业施工队在各施工段上完成相应施工任务所需要的工作延续时间，一般用 t 表示。流水节拍的大小，反映出流水施工速度的快慢、节奏感的强弱和资源消耗量的多少。

流水步距是指相邻两个施工过程的施工队（班组）开始投入施工的间隔时间（不含间歇和搭接时间），一般用 B 表示。流水步距的大小对工期的影响很大，在施工段不变的情况下，流水步距小即平行搭接多，则工期短，反之工期长。

在组织流水施工中，有时还需要考虑合理的间歇时间（一般用 t_j 表示）。间歇时间包括技术间歇时间和组织间歇时间。

搭接时间是指两相邻施工过程在同一施工段上的重叠时间。一般用 t_d 表示。

六、网络计划技术

由箭线和节点组成的，用来表示工作流程的有向、有序的网状图形称为网络图。用网络图表达任务构成、工作顺序并加注工作时间参数的进度计划称为网络计划。

1. 网络计划技术的基本原理

网络计划技术是指用网络计划对任务的工作进度进行安排和控制，以保证实现预定目标的科学的计划管理技术。其基本原理是把一项工程全部建造过程分解成若干项工作，并按各项工作开展顺序和相互制约关系，绘制成网络图；通过网络图各项时间参数计算，找出关键工作、关键线路和计算工期；利用网络计划优化，不断改进网络计划初始方案，找出最优方案，获得最大的经济效益。

2. 网络计划的优点

网络计划与横道图都可以表示施工进度计划。与横道图相比，网络计划的优点：能全面而明确地表达各项工作开展的先后顺序，并能反映出各项工作间相互制约和相互依赖的关系；能进行各种时间参数的计算，找出关键工作和关键线路，便于管理者抓住主要矛盾，确保按期竣工，避免盲目抢工；在计划实施过程中能进行有效地控制和监督，并利用计算出的各项工作的机动时间，更好地调配人力、物力，以达到降低成本的目的；通过网络计划的优化，可以在若干个可行方案中找出最优方案；网络计划的编制、计算、调整、优化和绘图等各项工作，都可以用计算机来协助完成。

3. 网络计划的分类

按网络计划编制的对象和范围分为：局部网络计划、单位工程网络计划和总体网络计划。按网络计划的性质和作用分为：实施性和控制性网络计划；按工作性质分为肯定型和非肯定型网络计划。按有无时间坐标分为时标和非时标网络计划。按表示方法分为：双代号网络计划、单代号网络计划、搭接网络计划和时标网络计划等。

4. 双代号网络图

由箭线表示工作，由箭线首尾节点编号表示该工作的开始和结束，根据施工顺序和相互关系，将一项计划的所有工作用上述符号从左至右绘制而成的网状图形，称为双代号网络图。它是目前国际工程项目进度计划中最常采用的网络计划形式。双代号网络图是由工作、节点和线路三个基本要素组成。

5. 双代号时标网络计划

时标网络计划是指以时间坐标为尺度编制的网络计划。它是综合应用横道图时间坐标和网络计划的原理，吸取了二者的长度，兼有横道计划的直观性和网络计划的逻辑性，故在工程中的应用较非时标网络计划更广泛。时标的时间单位应根据需要在编制网络计划之前确定，可为天、周、旬、月或季等。

时标网络计划主要适用范围：工作项目较少，工艺过程较为简单的工程，能迅速地边绘图、边计算、边调整。

6. 网络计划的优化

网络计划的优化是在满足既定约束的条件下，按某一目标，通过对网络计划的不断调整，寻求相对满意或最优计划方案的过程。网络计划优化的目标，应按计划任务的需要和条件选定，主要包括工期目标、费用目标和资源目标。因此，网络计划优化的主要内容有：工期优化、费用优化和资源优化。

第六节 施工技术的发展趋势及展望

近年来，土木工程向着"高、深、大、繁、新"等五个方面发展。"高"即高层、高耸等方向发展；"深"即为深基础和深基坑；"大"主要是指大跨度、大体积和大面积；"繁"主要指功能繁杂、结构繁琐和计算程序繁杂等；"新"即指新技术、新工艺和新材料。从发展的角度看，施工技术还会随着土木工程的发展和工程规模的扩大以及现代科技的进步而发展，与时俱进，不断创新，在施工技术领域取得了令世人瞩目的发展。

（1）建筑向高层发展。随着经济发展和人口增长，造成城市用地紧张、交通拥挤、地价昂贵，这就迫使房屋建筑向高层发展。特别是大模板、滑模、爬模、隧道模和飞模、密肋模壳等现浇与预制相结合的施工方法发展更为迅速。

（2）大跨度发展。目前出现了跨度超过 200m 的体育馆、飞机库等大空间结构，必须有与之相应的新材料、新结构和施工方法。要求工程材料向轻质、高强、多功能化发展。如大跨度屋盖结构已形成网架、网壳、悬索、薄壳、薄膜等多种施工成套技术，针对不同条件采用高空散装法、高空滑移法、整体吊装法、整体提升法、整体顶升法、分段吊装法、活动模架法、预制拼装法等施工方法。

（3）为了解决城市土地供求矛盾，城市建设向地下发展。随着地下铁道的兴建，地下商业街、地下停车场、地下仓库、地下工厂、地下旅店等也陆续发展起来。要求解决地下建筑的施工工艺，如盾构技术、地下工程的防水技术等。

（4）功能要求多样化。公共建筑和住宅建筑要求周边环境、结构布置、水电煤气供应、室内温湿度调节控制等与现代化设备相结合。由于电子技术、精密机械、生物基因工程、航空航天等高技术产业的发展，对许多工业建筑提出了恒湿、恒温、防微振、防腐蚀、防辐射、防磁、无微尘等要求，并向跨度大、分隔灵活、工厂花园化的方向发展。

目前还出现了智能建筑，一是房屋设备用先进的计算机系统监测与控制，并可通过自动优化或人工干预来保证设备运行的安全、可靠和高效；二是安装了对居住者的自动服务系统。这就要求施工技术与现代化科技发展相适应。

（5）随着土木工程规模的扩大和由此产生的施工工具、设备和机械向多品种、自动化、大型化发展，施工日益走向机械化和自动化。对于特种工艺及结构，其现代化设备正向大、重、高、柔和精密、高压、低温等方向发展，在设备安装工程中形成了大型设备整体吊装、自动焊接、气顶法、水浮法、电气快速接头安装、直埋式保温管道等安装技术。

（6）应用系统工程的理论和方法加强施工组织与管理。以工程为对象，工艺为核心，运用系统工程的原理，把先进技术与科学管理结合起来，经过工程实践形成的综合配套技术的应用方法，使施工组织与管理日益走向科学化。

（7）普遍采用信息技术。信息时代正在迎面走来，其他学科和其他方面的新观点新技术，也必然会影响到土木工程，并且为这一传统学科注入新的活力。

今后，建筑施工技术将沿着工业化、现代化的道路发展，有些工程设施的建设继续趋向结构和构件标准化和生产工业化。今后着重提高量大面广的住宅等一般建筑的功能、质量和效益，进行高、大、深、精、尖等特殊建筑物的技术攻关。工业建筑着重推进大开间、大柱网、多功能和灵活性大的工业化建筑体系，发展机械化、专业化施工和工厂化、社会化生产，努力掌握多种超高层、大跨度、深基础及各类建筑的施工成套技术及现代施工组织设计管理。对于水利工程施工向着普遍采用大容量、高效率并且配套的施工机械方向发展，广泛采用电子、激光、声波等新技术，使用新材料和新工艺（如高压喷射、锚喷支护、快速掘进等）。

习 题

1. 土的工程性质有哪些？它们对土方工程施工有何影响？
2. 试述土方边坡的形式、表示方法及影响边坡稳定的因素。
3. 试述如何进行填方土料的选择，以及土方填筑应注意哪些问题。
4. 填土压实有几种方法？各有什么特点？
5. 地基处理的目的是什么？常用地基处理方法有哪些？
6. 拱桥施工常用的方法有哪几种？试述其特点。
7. 地下工程的防水方案可分为哪几类？
8. 什么是流水施工？它的特点是什么？

第六章 土木工程建设项目管理

土木工程建设项目管理是管理的一个重要分支，它是通过一定的组织形式，用系统工程的观点、理论和方法，对土木工程建设项目生命周期内的所有工作，包括项目建议书、可行性研究、项目决策、设计、设备询价、施工、签证、验收等系统运动过程，进行计划、组织、指挥、协调和控制，以保证工程质量、缩短工程工期、提高投资效益的目的。由此可见，土木工程项目管理是以建设项目目标控制（质量、进度和投资控制）为核心的管理活动。

第一节 建设程序与建设法规

一、土木工程建设程序

土木工程建设程序就是指一项工程从设想、提出到决策，经过设计、施工、直至投产或交付使用的整个过程，建设程序是指工程建设全过程中各项工作都必须遵守的先后顺序。由于在工程建设过程中，工作量大，牵涉面广，内外协作关系复杂，而且存在着活动空间有限和后续工作无法提前进行的矛盾。因此，建设工程就必然存在着一个分阶段、按步骤，各项工作按顺序进行的客观规律。这种规律是不可违反的，如人为地将建设工程的顺序颠倒，就会造成严重的资源浪费和经济损失。所以，国家颁布了法规，将工程建设程序以法律的形式固定下来，从事工程建设活动，必须严格执行建设程序，这是每一位建设工作者的职责。

土木工程建设程序并非我国独有，世界各国包括世界银行在内，在进行项目建设时，都有各自的建设程序。依照我国现行工程建设程序法规的规定，我国工程建设程序主要分为工程建设前期、工程建设实施、工程建设终结三个阶段。每个阶段又包含若干环节，由于工程项目的性质不同、规模不一，同一阶段内有些环节可以省略，有些环节会有交叉。在具体执行时，可根据具体情况在遵守工程建设项目的程序的大前提下，灵活开展各项工作。

（一）建设工程前期阶段

1. 编制项目建议书

项目建议书阶段主要是根据投资主体的投资意向，对投资机会进行初步考察和分析，形成项目建设设想并文字化后向国家有关部门提出建设该项目的建议文件。

2. 进行可行性研究

可行性研究是指项目建议书被批准后，对拟建项目在技术上是否可行、经济上是否合理等内容所进行的分析论证。广义的可行性研究还包括投资机会分析。

可行性研究应对项目所涉及的社会、经济、技术问题进行深入的调查研究，对各种各样的建设方案和技术方案进行发掘并加以比较、优化，对项目建成后的经济效益、社会效益进行科学的预测及评价，提出该项目建设是否可行的结论性意见。对可行性研究的具体内容和所应达到的深度，有关法规都有明确的规定，是在项目建议书编制的基础上，进一步深化和细化。可行性研究报告必须经有资格的咨询机构评估确认后，才能作为投资决策的依据。

3. 审批立项

审批立项是有关部门对可行性研究报告的审查批准程序，《关于建设项目进行可行性研究的试行管理办法》对审批权项作了具体规定：

大中型建设项目的可行性研究报告由各主管部门，各省、直辖市、自治区或全国性工业公司负责预审，报国务院审批；小型项目的可行性研究报告，按隶属关系由各主管部门，各省、直辖市、自治区或全国性专业公司审批。

可行性研究报告经批准后，该建设项目即可立项并列入建设计划。

4. 办理用地规划、获取土地使用权、拆迁手续

用地规划：在规划区内建设的工程，必须符合城市规划或村庄、集镇规划的要求。其工程选址和布局，必须取得城市规划行政主管部门或村、镇规划主管部门的同意、批准；在城市规划区内进行建设工程的，要依法先后领取城市规划行政主管部门核发的"选址意见书"、"建设用地规划许可证"、方能进行获取土地使用权、设计、施工等相关建设活动。

《中华人民共和国土地管理法》规定：农村和城市郊区的土地（除法律规定属国家所有者外）属于农民集体所有，其余的土地都归国家所有。建设工程用地都必须通过国家对土地使用权的出让或划拨而取得，需在农民集体所有的土地上进行建设工程的，也必须先由国家征用农民土地，然后再将土地使用权出让或划拨给建设单位或个人。

在城市进行建设工程，一般都要对建设用地上的原有房屋和附属物进行拆迁。国务院颁发的《城市房屋拆迁管理条例》规定，任何单位和个人需要拆迁房屋的，都必须持国家规定的批准文件、拆迁计划和拆迁方案，向县级以上人民政府房屋拆迁主管部门提出申请，经批准并取得房屋拆迁许可证后，方可拆迁。拆迁人和被拆迁人应签订书面协议，被拆迁人必须服从城市建设的需要，在规定的搬迁期限内完成搬迁，拆迁人对被拆迁人（被拆房屋及附属物的所有人、代管人及国家授权的管理人）依法给予补偿，并对被拆迁房屋的使用人进行安置。对违章建筑、超过批准期限的临时建筑的被拆迁人和使用人，则不予补偿和安置。

（二）建设工程实施阶段

1. 实施准备阶段

（1）项目报建。建设单位或其代理机构在建设工程项目可行性研究报告或其他立项文件批准后须向当地建设行政主管部门或其授权机构进行报建，交验建设工程项目立项的批准文件。凡未报建的工程项目，不得办理招标手续和发放施工许可证，设计、施工单位不得承接该项目的设计、施工任务。

（2）勘察设计。设计是工程项目建设的重要环节，设计文件是制定建设计划、组织工程施工和控制建设投资的依据。一般工程设计分两个阶段完成，即初步设计和施工图设

计。有些工程，根据需要可在两阶段之间增加技术设计。设计与勘察密不可分，设计必须在进行工程勘察，取得足够的地质、水文等基础资料后才能进行。此外，勘察工作也要服务于建设工程的全过程。

（3）设计文件审批。

建设项目的初步设计和概算按照项目规模及隶属关系报有关部门审批，报国家发展和改革委员会备案。凡列入年度建设计划的项目，应有批准的初步设计。初步设计审批后，建设单位应当将施工图报送建设行政主管部门，由建设行政主管部门委托有关审查机构，进行结构安全和强制性标准、规范执行情况等内容的审查。通过有关专项审查后，由建设行政主管部门统一颁发设计审查批准书。

（4）申请领取建设工程规划许可证。

根据《中华人民共和国城市规划法》的规定，建设单位应按城市规划的要求进行工程设计，设计图纸经规划部门审查同意后，核发建设工程规划许可证。

（5）招标投标。

建设工程项目，除某些不适宜招标的特殊工程外，均须实行招标投标，择优选择工程勘察设计单位、监理单位、施工单位。

建设项目的招标形式有两种：公开招标和邀请招标。

（6）签订合同。

建设单位和承包单位必须签订建设工程承包合同，合同的签订，应参照使用国家工商行政管理局、建设部制订的合同示范文本。

（7）申请质量监督。

建设单位在工程开工前1个月，应到质量监督站办理监督手续，监督站应在接到文件后，拟定监督计划，并对工程实施的全过程进行监督。

（8）申请办理施工许可证。

建设单位在工程开工前应当依照《建筑工程施工许可管理办法》，向工程所在地的县级以上人民政府建设行政主管部门申请领取施工许可证。未取得施工许可证的建设单位不得擅自组织开工。

2. 施工阶段

工程施工是施工队伍具体地配置各种施工要素，将工程设计物化为建筑产品的过程，也是投入劳动量最大、所费时间较长的工作。

施工单位要根据设计单位提供的施工图（施工图要附有材料表），编制施工图预算（包括材料设备预算）和施工组织设计。施工前要认真做好施工图的会审工作，明确质量要求。施工中要严格按照施工图纸施工，如需变动，应取得设计单位同意。要按照施工顺序合理组织施工。地下工程的隐蔽工程，特别是基础和结构的关键部位，一定要经过检验合格，并做好原始记录，才能进行下一道工序。施工过程中，要严格按照设计要求和施工验收规范，确保工程质量。对不符合质量要求的工程，要及时采取措施，不留隐患。不合格的工程不得交工。要全面完成工程任务。施工单位要按设计规定的内容，干净利落地全部建完，不留尾巴。

施工管理的水平对建设项目的质量和所产生的效益起着十分重要的作用。工程施工管理具体包括施工调度、施工安全、文明施工、环境保护等几方面的内容。

3. 竣工阶段

竣工验收：工程项目按设计文件规定的内容和标准全部建成，并按规定将工程内外全部清理完毕后称为竣工。国家发展和改革委员会颁发的《建设项目（工程）竣工验收办法》1990 年颁布的规定，凡新建、扩建、改建的基本建设项目（工程）和技术改造项目，按批准的设计文件所规定的内容建成，符合验收标准的必须及时组织验收，办理固定资产移交手续。竣工验收的依据是已批准的可行性研究报告、初步设计或扩大初步设计、施工图和设备技术说明书，以及现行施工技术验收的规范和主管部门（公司）有关审批、修改、调整的文件等。工程验收合格后，方可交付使用。

根据《中华人民共和国建筑法》（2011 年 4 月通过，第 46 号主席令）及《建设工程质量管理条例》（2000 年通过，国务院令第 279 号）等相关法规的规定，工程竣工验收交付使用后，在保修期限内，承包单位要对工程中出现的质量缺陷承担保修与赔偿责任。保修范围和最低保修期限在《建设工程质量管理条例》有明确规定。

（三）建设工程的终结阶段

建设工程的终结阶段的主要任务就是做好投资后评价。建设项目投资后评价是工程竣工投产、生产运营一段时间后，对项目的立项决策、设计施工、竣工投产、生产运营等全过程进行系统评价的一种技术经济活动。它是建设工程管理的一项重要内容，也是工程建设程序的最后一个环节。它可使投资主体达到总结经验、吸取教训、改进工作、不断提高项目决策水平和投资效益的目的。目前我国的投资后评价一般分建设单位的自我评价、项目所属行业（地区）主管部门的评价及各级计划部门（或主要投资主体）的评价三个层次进行。

二、土木工程建设法规

1. 土木工程建设法规的概念

建设法规是指国家权力机关或其授权的行政机关制定的，旨在调整国家及其有关机构、企事业单位、社会团体、公民之间在建设活动过程中或建设行政管理活动中发生的各社会关系的法律、法规的总称。我国的建设立法工作经过长期不断的推动和努力，已逐步形成了体系。

任何法律都以一定社会关系为调整对象。建设法规的调整对象是建设关系，也就是发生在各种建设活动过程中的社会关系。建设法规调整的社会关系主要有三个方面的内容：

（1）建设活动中的行政管理关系。土木工程建设活动是社会经济发展中的重大活动，与社会发展息息相关。因此国家及其建设行政主管部门对此类活动必然要实行严格管理，包括对建设项目的立项、计划、资金筹措、设计、施工、验收等实行的监督管理，进而形成建设活动中的行政管理关系。

建设活动中的行政管理关系是国家及其建设行政主管部门同建设单位、勘察设计单位、施工单位、监理单位及有关建设单位（如中介服务机构）之间发生的相应的管理与被管理关系。它包括相互关联的两个方面，一方面是规划、指导、协调与服务；另一方面是检查、监督、控制与调节。这其中不但要明确各种建设行政管理部门相互间及内部各方面的责权关系，而且还要科学地建设行政管理部门同各类建设活动主体及中介服务机构之间规范的管理关系。包括国家及其建设行政主管部门对建设项目的立项、计划、资金筹集、设计、施工和验收等实行的监督管理关系；对城镇规划与建设中的监督管理关系；对建筑业、房地产业和市政公用事业中发生的监督管理关系；对建筑市场的监督管理关系等。这些都必须纳入法律调整范围，由有关的建设法规来承担。

（2）建设活动中的经济关系。在各项建设活动中，各种经济主体为了自身的生产和生活需要，或为实现一定的经济利益或目的，必须寻求协作伙伴，随即发生相互间的建设协作经济关系，如投资主体（建设单位）同勘察设计单位、施工单位、材料设备供应单位等发生的经济关系，这种关系必须以经济合同方式加以确立。

建设活动中的经济协作关系是一种平等自愿、互利互助的横向协作关系，一般应以建设合同的形式确定。建设合同关系多具有较强的计划性，这是由建设关系的自身特点所决定的。

（3）建设活动中的民事关系。建设活动中民事关系是指因从事建设活动而产生的国家、单位法人、公民之间的民事权利、义务关系。其主要内容包括：在建设活动中发生的有关自然人的损害、侵权、赔偿关系；建设领域从业人员的人身和经济权利保护关系；房地产交易中有关买卖、租赁、产权关系；土地征用、房屋拆迁安置关系等。建设活动中民事关系既涉及到国家社会利益、又关系着个人的权益和自由，因此必须按照民法和建设法规中的民事法律规范予以调整。

建设法规的三种具体调整对象，彼此间既相互关联、又各具自身属性。上述这些关系要用法律形式来确定，用法律手段来解决。即用法律确定有关各方的权利、义务和责任以及管理与监督等关系。必要时，还要采用司法程序解决建设活动中的纠纷与违法问题。这样才可以确保建设项目决策正确，及时解决建设过程中发生的矛盾，维护建筑市场秩序，提高建设的经济效益和社会效益，保证建筑业和基本建设管理体制改革的顺利进行。因此建设法规是具有行政法、经济法、民法等法律性质的综合性部门法规。并由一系列法律、行政法规和部门规章等组成建设法规体系。

建设法规所研究的内容涉及各类建设部门，如城市规划、市区公用事业、村镇建筑、工程建筑、房地产及相关的环境保护、土地资源、矿产资源等。因此学习建设法规应从掌握基本概念、基本建设程序着手，并按建设程序的各过程学习相应法律、法规的基本内容，明确建设法规在我国建设活动中的地位、作用和如何实施，并能及掌握我国新颁布的相应法律、法规。

2. 建设法规体系的组成

我国的建设法规体系包含行政管理和技术经济两方面。本节中所指的建设法规体系，仅指行政管理方面的法律、条例和各种规章、政令。建设法规体系按立法权限划分时，由五个权限层次组成：

（1）建设法律，它是建设法规体系的核心。法律必须由立法机关制定，在我国由全国人民代表大会及其常委会颁发。法律是行为准则，有强制性。属于建设方面的法律目前已颁发的有三件，即：《中华人民共和国城市规划法》、《中华人民共和国城市房地产管理法》和《中华人民共和国建筑法》。法律文件权威性大，但条款较原则，需要一系列配套法规使其具体化，以便操作。此外，在建筑实践和司法实践中，建设法规也必须与相关法规配合使用，如《中华人民共和国合同法》、《中华人民共和国环境保护法》、《中华人民共和国土地管理法》等。

（2）建设行政法规，由国务院颁发或由国务院批准颁发的法规。全国各部门、各地方都必须执行的法规。行政法规的名称可以是"条例"、"规定"、"办法"等，它们是建设法律的配套法规。

条例是对某一方面行政工作作比较全面系统的规定。如国务院颁发的《建设工程勘察设计合同条例》、《建设工程质量管理条例》、《中华人民共和国注册建筑师条例》等。

规定是对某一方面的行政工作作部分规定，如国务院批准的《中外合作设计工程项目暂行规定》。

办法是对某一项行政工作作比较具体的规定，如国务院批准的《城镇个人建造住宅管理办法》。

（3）建设部门规章，由建设行政主管部门或与国务院其他部门联合发布，在其管理权限内适用。它的名称可以是"规定"、"办法"和"实施细则"等，但不能用"条例"的名称。它是"法"和"条例"的具体补充或具体规定，如《建设工程质量管理办法》、《工程建设重大事故报告和调查程序规定》、《中华人民共和国注册建筑师条例实施细则》等。

（4）地方建设法规，由省、直辖市、自治区人民代表大会及其常务委员会制订的法规，在其管辖区内适用。它的名称可以是"条例"、"规定"和"办法"等。如《上海市建筑市场管理条例》等。

（5）地方建设规章，由各地方的人民政府颁发的规章、办法，在其管辖范围内适用。它的名称是"规定"、"办法"等，但不能用"条例"的名称。

下面层次发布的法规不得与上层次法规抵触。若有些条款与上层次法规有矛盾：如地方法规或行政法规与法律抵触，须报全国人民代表大会处理；地方规章与行政法规或法律抵触，须报国务院处理。建设法规体系中各层次法规的关系以及与其他相关法规的关系如图 6-1 所示。

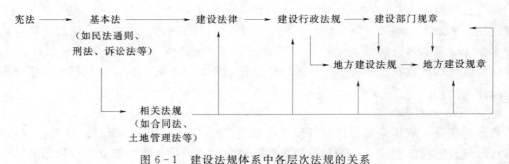

图 6-1 建设法规体系中各层次法规的关系

第二节 土木工程项目的招投标与承包

一、土木工程项目的招投标

工程项目招投标的意义是引入竞争机制以求达成交易协议和订立合同，兼有经济活动和民事法律行为两种性质。招投标的过程管理实际是在工程建设中引进公平、公开的竞争机制，优选设计、施工、材料、设备及总承包单位，以达到缩短工期、提高工程质量和节约投资的项目管理过程。工程项目的招投标管理从根本上讲是项目管理的一部分。

土木建设工程采用招标投标方式决定承建商是市场经济、自由竞争发展的必然结果。这种方式已经成为国际建筑市场上广泛采用的主要交易方式。从招标与投标双方共同角来看，招标投标就是建设产品的交换方式。

《中华人民共和国招标投标法》（以下简称《招标投标法》）是国家用来规范招标和投标活动，调整在招标和投标过程中产生的各种关系的法律规范总称。《招标投标法》是规范招标和投标活动的重要法律之一，是招标投标法律体系中的基本法律。

（一）工程项目招投标的基本概念

我国土木工程招标投标制度，是在国家宏观指导和调控下，自觉运用价值规律和市场竞争规律，从而提高土木工程产品遵守供求双方的社会效益的一种手段。其竞争目的是满足社会不断增长的需求；其竞争手段，必须为国家法规与社会精神文明和职业道德规范所允许。

标：是指发标单位标明项目的内容、条件、工程量、质量、工期、标准等要求，以及不公开的工程价格（标底）。

招标：工程项目招标是招标人根据自己的目的，制定并发布招标文件，吸引潜在投标人参加投标的行为。通过招标可使投标人之间产生竞争，实现货比多家，优中选优的目的，从而获得最优的投资效益。

对于业主来说招标就是择优。由于工程的性质和业主的评价标准不同，择优可能有不同的侧重面，但一般应包括如下四个主要方面：较低的价格、先进的技术、优良的质量和较短的工期。业主通过招标从众多的投标者进行评选，既要从其突出的侧重面进行衡量，以要综合考虑上述四个方面的因素，最后确定符合业主要求的中标者。

投标：是工程招标的相对概念，工程项目投标是投标人在响应招标文件的前提下，结合企业自身的实力，提出的具体应对方案及报价等，参加投标竞争的行为。

对于承包商来说参加投标就如同参加一场比赛。因为它关系到企业的兴衰成败。这场比赛不仅比报价的高低，而且比技术、经验、实力和信誉。特别是当前国际承包市场上工程越来越多的技术密集型项目，势必给承包商带来两个方面的挑战：一方面，技术上的挑战要求承包商具有先进科学技术，能够完成高、新、尖工程；另一方面，要求承包商具有现代科学的组织管理水平，能够以较低价中标，依靠管理获得效益。

标底是工程建设项目造价的表现形式之一。其由招标单位自行编制或委托经建设行政主管部门批准具有编制标底资格和能力的中介机构代理编制，并经当地造价管理部门（招投标办公室）核准审定最终形成发包价格，是招标者对工程所需费用的自我测算和预期，也是判断投标报价合理性的依据。

建设项目投标价是指施工单位、设计单位或监理单位根据招标文件及有关计算工程造价的资料，按一定的计算规则计算工程造价或服务费用，在此基础上考虑投标策略及各种影响工程造价的因素，然后提出投标报价。

1. 招投标的基本内容

招投标的基本内容主要由开标、评标、中标和签订合同等几个方面的内容构成。

（1）开标。开标由招标人主持，邀请所有投标人参加。工程项目开标是指招标人或其代理人当众开启投标书，宣布其中的主要内容。开标时，由投标人或者其推选的代表检查投标文件的密封情况，也可以由招标人委托的公证机构检查并公证；经确认无误后，由工作人员当众拆封，宣读投标人名称、投标价格和投标的其他主要内容。开标过程应当记录，并存档备查。

（2）评标。根据《招标投标法》第三十七条的规定，评标由招标人依法组建的评标委员会负责。工程项目评标是招标人组成的评标小组或由行政主管部门当天随机抽取的评标专家，根据招标文件要求，对有效的投标书进行商务和技术方面的审查分析和比较评价，最后根据打分的结果排出优劣次序。

（3）中标。中标是指招标人根据评标报告，选定中标人，并发出中标通知。

（4）签订合同。签订合同是指招标人和中标人根据相关法律和招标文件订立合同，确立发包关系。

2. 招标投标活动所应遵循的基本原则

《招标投标法》第五条规定："招标投标活动应当遵循公开、公平、公正和诚实信用的原则"。

（1）公开原则。公开原则，首先要求招标信息公开。招标人必须依法进行招标的项目的招标公告，应当通过国家指定的报刊、信息网络或者其他媒介发布。无论是招标公告、资格预审公告还是投标邀请书，都应当载明招标人的名称和地址、招标项目的性质、数量、实施地点和时间以及获取招标文件的办法等事项。其次，公开原则还要求招标投标过程公开。开标时招标人应当邀请所有投标人参加，招标人在招标文件要求提交截至时间前收到的所有投标文件，开标时都应当当众予以拆封、宣读。中标人确定后，招标人应当在向中标人发出中标通知书的同时，将中标结果通知所有未中标的投标人。

（2）公平原则。公平原则，要求给予所有投标人平等的机会，使其享有同等的权利，履行同等的义务。《招标投标法》第六条明确规定："依法必须进行招标的项目，其招标投标活动不受地区或者部门的限制。任何单位和个人不得违法限制或者排斥本地区、本系统以外的法人或者其他组织参加投标，不得以任何方式非法干涉招标投标活动。"

（3）公正原则。公正原则，要求招标人在招标投标活动中应当按照统一的标准衡量每一个投标人的优劣。进行资格审查时，招标人应当按照资格预审文件或招标文件中载明的资格审查的条件、标准和方法对潜在投标人或者投标人进行资格审查，不得改变载明的条件或者以没有载明的资格条件进行资格审查。《招标投标法》还规定评标委员会应当按照招标文件确定的评标标准和方法，对投标文件进行评审和比较。评标委员会成员应当客观、公正地履行职务，遵守职业道德。

（4）诚实信用原则。诚实信用原则，是我国民事活动所应当遵循的一项重要基本原则。我国《中华人民共和国民法通则》第四条规定："民事活动应当遵循自愿、平等、等价有偿、诚实信用的原则。"《中华人民共和国合同法》（以下简称《合同法》）第六条也明确规定："当事人行使权利、履行义务应当遵循诚实信用原则。"招标投标活动作为订立合同的一种特殊方式，同样应当遵循诚实信用原则。例如，在招标过程中，招标人不得发布虚假的招标信息，不得擅自终止招标。在投标过程中，投标人不得以他人名义投标，不得与招标人或其他投标人串通投标。中标通知书发出后，招标人不得擅自改变中标结果，中标人不得擅自放弃中标项目。

（二）工程项目招标的主要方式

工程项目招标是指建设单位对拟建的工程发布公告，通过法定的程序和方式吸引建设项目的承包单位竞争并从中选择条件优越者来完成工程建设任务的法律行为。工程项目招标的主要方式有公开招标、邀请招标和议标等。

1. 公开招标

公开招标，也称无限竞争性招标，是一种由招标人按照法定程序，在公开出版物上发布招标公告，所有符合条件的供应商或承包商都可以平等参加投标竞争，从中择优选择中标者的招标方式。

公开招标的优点在于能够在最大限度内选择投标商，竞争性更强，择优率更高，同时也可以在较大程度上避免招标活动中的贿标行为，因此，国际上政府采购通常采用这种方式。

公开招标的缺点在于公开招标由于投标人众多，一般耗时较长，需花费的成本也较大，对于采购标的较小的招标来说，不宜采用公开招标的方式；另外还有些专业性较强的项目，由于有资格承接的潜在投标人较少，或者需要在较短时间内完成采购任务等，最好也采用邀请招标的方式。

2. 邀请招标

邀请招标，也称为有限竞争性招标，是指招标方选择若干（不能少于三家）供应商或承包商，向其发出投标邀请，由被邀请的供应商、承包商投标竞争，从中选定中标者的招标方式。

邀请招标的方式则在一定程度上弥补了公开招标的一些缺陷，同时又能够相对较充分地发挥招标的优势。

3. 议标

议标的定义：由发包单位直接与选定的承包单位就发包项目进行协商的招标方式。

（三）工程项目招标的范围

1. 必须招标的工程建设项目范围

根据《招标投标法》第三条规定，在中华人民共和国境内进行下列工程建设项目包括项目的勘察、设计、施工、监理以及与工程建设有关的重要设备、材料等的采购，必须进行招标：

（1）大型基础设施、公用事业等关系社会公共利益、公众安全的项目。

（2）全部或者部分使用国有资金投资或者国家融资的项目。

（3）使用国际组织或者外国政府贷款、援助资金的项目。

《招标投标法》还规定，任何单位和个人不得将依法必须进行招标的项目化整为零或者以其他任何方式规避招标。

2. 必须招标项目的规模标准

《工程建设项目招标范围和规模标准规定》规定的上述各类工程建设项目，包括项目的勘察、设计、施工、监理以及与工程建设有关的重要设备、材料等的采购，达到下列标准之一的，必须进行招标：

（1）施工单项合同估算价在 200 万元人民币以上的。

（2）重要设备、材料等货物的采购，单项合同估算价在 100 万元人民币以上的。

（3）勘察、设计、监理等服务的采购，单项合同估算价在 50 万元人民币以上的。

（4）单项合同估算价低于第 1、2、3 项规定的标准，但项目总投资额在 3000 万元人民币以上的。

3. 可以不进行招标的工程建设项目

《招标投标法》第六十六条规定："涉及国家安全、国家秘密、抢险救灾或者属于利用扶贫资金实行以工代赈、需要使用农民工等特殊情况，不适宜招标的项目，按照国家有关规定可以不进行招标。"

（四）建设工程招标的种类

工程项目招标投标多种多样，按照不同的标准可以进行不同的分类。

1. 按照工程建设程序分类

按照工程建设程序，可以将建设工程招标投标分为建设项目前期咨询招标投标、工程勘察设计招标投标、材料设备采购招标投标、施工招标投标。

国内外招标投标现行做法中经常采用将工程建设程序中各个阶段合为一体进行全过程招标，通常又称其为总包。

2. 按工程项目承包的范围分类

按工程承包的范围可将工程招标划分为项目总承包招标、项目阶段性招标、设计施工招标、工程分承包招标及专项工程承包招标。

3. 按行业或专业类别分类

按与工程建设相关的业务性质及专业类别划分，可将工程招标分为土木工程招标、勘察设计招标、材料设备采购招标、安装工程招标、建筑装饰装修招标、生产工艺技术转让招标、咨询服务（工程咨询）及建设监理招标等。

4. 按工程承发包模式分类

随着建筑市场运作模式与国际接轨进程的深入，我国承发包模式也逐渐呈多样化，主要包括工程咨询承包、交钥匙工程承包模式、设计施工承包模式、设计管理承包模式、BOT 工程模式、CM 模式。

5. 按照工程是否具有涉外因素分类

按照工程是否具有涉外因素，可以将建设工程招标分为国内工程招标投标和国际工程招标投标。

二、项目的承发包各方

（一）工程项目承发包的概念

工程项目的承发包是承包方和发包方之间的一种商业行为。

1. 发包

发包是订货，即订购商品，订购商品或委托任务并负责支付报酬的一方称为发包方。

建设工程的发包方式主要有两种：招标发包和直接发包。《中华人民共和国建筑法》（以下简称《建筑法》）第十九条规定："建筑工程依法实行招标发包，对不适用于招标发包的可以直接发包。"

建设工程的招标发包，主要适用《招标投标法》及其有关规定。《招标投标法》第三条规定了必须进行招标的工程建设项目范围。对于不适于招标发包可以直接发包的建设工程，承包人依然要符合资质的要求。

2. 承包

承包则是接受订货生产并按规定供货。接受订货或委托并负责完成任务从而取得报酬的一方称承包方。

承发包的特点是先承接订购、后生产交货，是一种期货交易。发包方与承包方之间经济上的权利与义务关系，应通过经济合同予以明确。

我国对工程承包单位（包括勘察、设计、施工单位）实行资质等级许可制度。《建筑法》第二十六条第 1 款规定："承包建筑工程的单位应当持有依法取得的资质证书，并在其资质等级许可的业务范围内承揽工程。"

对于联合承包《建筑法》第二十七条规定："大型建筑工程或者结构复杂的建筑工程，可以由两个以上的承包单位联合共同承包。共同承包的各方对承包合同的履行承担连带责任。两个以上不同资质等级的单位实行联合共同承包的，应当按照资质等级较低的单位的业务许可范围承揽工程。"

3. 承发包关系

工程项目承发包关系是项目业主委托设计单位或施工单位完成拟建土木工程产品相应任务而形成的相互关系，它反映土木工程产品所有者与生产者之间的经济关系。项目业主作为土木工程产品的所有者向设计单位或施工单位发包，而设计单位或施工单位则作为土木工程产品的生产者向业主承包，并在经济上直接对业主负责。招标投标是实现工程承发包关系的主要途径，即业主通过招标进行发包，设计单位或施工单位通过投标进行承包。这样所形成的承发包关系才能真正符合市场经济发展的客观规律。在我国，经常把招标投标与承发包合称为招标承包制。

（二）建筑市场上常见的承发包方式

1. 平行承发包

项目业主把设计任务分别委托给多个设计单位，把施工任务分别发包给多个施工单位，在这种情况下，各设计单位之间是平行或并列的关系，各施工单位之间也是平行或并列的关系，故称为平行承发包，或称为分别承发包。

2. 总分包

业主把一个项目的全部设计任务委托给总包设计单位，总包设计单位再把部分设计任务委托给分包设计单位，这种方式称为设计任务总分包。而业主把一个项目的全部施工任务发包给总包施工单位，总包施工单位再把部分施工任务分包给其他施工单位，这种方式称为施工任务总分包。在采用总分包方式时，业主只与总包单位发生经济关系，总包单位就其所承包的内容向业主负全责。国际上一般规定，总包施工单位不得将所承包的任务全部分包出去；我国一般规定，总包施工单位自己至少要承担主体结构的施工。

3. 施工联合体

若业主把一个项目的全部施工任务一次性全部发包出去，但是作为承包方的不是一个总包施工单位，而是若干个施工单位，这些施工单位以施工联合体的名义与业主签订合同，这种承发包方式称为施工联合体。

4. 施工合作体

若业主把一个项目的全部施工任务一次性全部发包出去，若干个施工单位以施工合作体的名义与业主签订合同，这种承发包方式称为施工合作体。合作体比联合体相对要松散，比如，联合体是联合施工，盈利共享、亏损共担；而合作体实际是分别组织施工，自负盈亏。

5. 工程项目总承包

若业主把一个项目的全部设计任务和全部施工任务一次性发包给一个单位，这种方式称为工程项目总承包，实践中通常简称为总承包。笼统地说，工程项目总承包要既包设计，又包施工；既包主体工程，又包外围设施；既包土建施工，又包设备安装；还可能包与工程建设有关的设备订货、材料采购以及其他工作。

对于大型工程，如果一个施工企业无法完成施工任务，可以由多家建筑施工和安装企业组成施工联合体，共同承担整个施工任务。参与联合体的各个企业按照联合体合同承担各自的工作责任，并承担相应的风险。联合体是一种临时性的组织，工程完成后自动解散。

如果施工总承包单位把施工任务全部发包出去，自己主要从事施工管理，这种模式称为施工总承包管理。

6. BOT 方式

BOT 是英文 Build Operate Transfer 三词的缩写，字面意思是建设、经营和转让。采用 BOT 方式营建土木工程是 20 世纪 80 年代中期出现的，主要用于基础设施和公共工程项目，如隧道、公路、发电厂等。按常规，这些项目应当由政府发起、组织和投资。但是，发展中国家常常面临着基础设施薄弱和资金不足的双重困难；即使发达国家，在兴建大型基础设施项目时也往往暴露出政府资金不足的矛盾。这客观上需要采用一种新的方式来兴建这些对社会经济发展迫切需要的工程项目，BOT 方式即在这种条件下应运而生了。

BOT 方式与其他承发包方式的根本区别，在于建设项目是由承包商和银行投资团体负责筹措资金、组织实施以及经营管理。这种方式的实质，是将国家的基础建设和经营管理权在一定时期内私有化。在到达特许权期限时，该财团应当把该项目无偿地转交给政府经营管理，从而完成"建设—经营—转让"的全过程。

7. 新型承发包模式

（1）EPC 承包模式。EPC 承包是指一家总承包商或承包商联合体对整个工程的设计、材料设备采购、工程施工实行全面、全过程的"交钥匙"承包。

（2）CM 承包模式。CM 承包模式是指由业主委托一家 CM 单位承担项目管理工作，该 CM 单位以承包商的身份进行施工管理，并在一定程度上影响工程设计活动，组织快速路径的生产方式，使工程项目实现有条件的"边设计、边施工"。

（3）Partnering模式。Partnering模式于20世纪80年代中期首先在美国出现，到20世纪90年代中后期，其应用范围逐步扩大到英国、澳大利亚、新加坡、中国香港等国家和地区，近年来日益受到建设工程管理界的重视。

Partnering一词看似简单，但要准确地译成中文却比较困难。中国内地有的学者将其译为伙伴关系，中国台湾学者则将其译为合作管理。

值得指出的是，Partnering模式不是一种独立存在的模式，它通常需要与工程项目其他组织模式中的某一种结合使用，如总分包模式、平行承包模式、CM承包模式等。

第三节　土木工程项目管理

一、工程项目管理的重要性

（一）工程管理的定义

国内外对工程管理有多种不同的解释和界定。广义的工程管理既包括对重大建设工程实施（包括工程规划与论证、决策、工程勘察与设计、工程施工与运营）的管理，也包括对重要复杂的新产品、设备、装备在开发、制造、生产过程中的管理，还包括技术创新、技术改造、转型、转轨的管理，产业、工程和科技的发展布局与战略的研究与管理等。

狭义的"工程管理"就是常说的工程建设项目管理。它是上述广义的工程管理的一部分。工程项目管理是以工程项目为管理对象，在既定的约束条件下，为最优地实现项目目标，根据工程项目的内在规律，对工程项目寿命周期全过程进行有效地计划、组织、指挥、控制和协调的系统管理活动。

根据管理主体、管理对象和管理范围的不同，工程项目管理可分为建设项目管理、设计项目管理、施工项目管理、咨询项目管理和监理项目管理等。

1. 建设项目管理

建设工程项目管理是指由全权代表建设单位（业主）需的工程项目经理或以工程项目经理为核心的项目经理部，为实现工程项目目标，对工程项目建设全过程进行的管理。对于国有单位经营性基本建设大中型项目，国家发展和改革委员会，1996年在关于实行《建设项目法人责任制的暂行规定》中规定"在建设阶段必须组建项目法人"。项目法人可按《公司法》的规定设立责任有限公司（包括国有独资公司）和股份有限公司形式，实现项目法人责任制，由项目法人对项目的策划、资金筹措、建设实施、生产经营、债务偿还和资产的保值、增值实行全过程责任。

2. 设计项目管理

设计项目管理是设计单位对参与设计的工程项目的设计工作进行的管理。

3. 施工项目管理

施工项目管理是指以施工项目经理为核心的项目经理部，对施工的工程项目全过程进行的管理。施工项目管理的任务集中在实现质量、进度、成本和安全等具体目标上。这几个目标的特点均不一样，必须有针对性地采用相应的管理办法。质量目标控制的主要方法是"全面质量管理"，进度目标控制的主要方法是"网络计划管理"，成本目标控制的主要方法是"可控责任成本"，安全目标控制的主要方法是"安全生产责任制"。

4. 咨询项目管理

咨询项目管理是指由专职从事工程咨询的中介机构或组织，对接受建设单位委托参与的工程建设咨询服务工作进行的管理。

（二）工程管理的特点

工程作为工程管理的对象，有它的特殊性。工程的特殊性带来工程管理的特殊性。

（1）工程管理需要对整个工程的建设和运营过程中的规划、勘察和设计，各专业工程的施工和供应进行决策、计划、控制和协调。工程管理本身有鲜明的专业特点，有很强的技术性。不懂工程，没有工程相关的专业知识的人是很难做好工程管理工作的。

（2）工程管理是综合性管理工作。人们对工程的要求是多方面的、综合性的，工程管理是多目标约束条件下的管理问题，这些就决定了工程管理工作的复杂性远远高于一般的生产管理和企业管理。工程管理者需要掌握多学科的知识才能胜任工作。

（3）工程管理是实务型的管理工作。由于一个工程的建设和运营是围绕着工程现场进行的。无论是业主、承包商还是设计单位人员，如果不重视工程现场工作，不重视现场管理，对工程现场不理解，没有现场管理经验的人是很难胜任工程管理工作的。

（4）工程管理与技术工作和纯管理工作都不同。它既有技术性，需要严谨的作风和思维，又是一种具有高度系统性、综合性、复杂性的管理工作，需要有沟通和协调的艺术，需要知识、经验、社会交往能力和悟性。

（5）工程的实施和运营过程是不均衡的，工程的生命期各阶段有不同的工作任务和管理目标。

（6）由于每个工程都是一次性的，所以工程管理工作是常新的工作，富有挑战性，需要创新，需要高度的艺术性。

（7）工程管理工作对保证工程的成功有决定性作用。它与各个工程专业（如建筑学、土木工程等）一样，对社会贡献大，是非常有价值和有意义的工作，会给人以成就感。

工程项目管理的核心内容可概括为"三控制、两管理、一协调"。三控制就是进度制度、质量控制和成本控制；两管理就是合同管理和信息管理；一协调就是组织协调。在有限的资源条件下运用系统工程的观点、理论和方法对工程建设项目的全过程进行管理。

二、工程项目管理的主要方式

在现代工程立项后，投资者通常不具体地管理工程，而是委托一个工程主持或成立工程建设负责单位负责工程全过程的管理工作，保证工程目标的实现。它在我国以前被称为建设单位，现在通常被称为"业主"。这体现了工程的投资者与管理者分离的原则。

对工程的设计单位、承包单位和供应单位而言，业主就是工程的所有者。

（一）业主的工程管理模式

业主通常以如下几类方式实现对整个工程的管理。

1. 业主自己管理工程

在国内早期，政府及其职能部门、学校、工厂等对于工程建设基本都实行"自己建设，自己管理"的模式。业主为了工程的建设，招募工程管理人员，成立一个建设管理单位直接管理设计单位、承包商和供应商。如在 20 世纪 90 年代前，我国企业、政府部门、学校、工厂、部队等都设有基建处，由基建处负责本单位（或部门）的工程管理工作。建设工程结束后，建设单位就解散或者闲置着。

采用这种模式，工程管理专业化程度较低，工程管理经验不能积累，工程很难取得成功，而且会导致政企不分、垄断经营、腐败等问题，容易造成管理成本的增加和人、财、物、信息等社会资源的浪费。

与这种模式相似的是在 20 世纪 80 年代中期以前我国政府投资的基础设施工程建设都采用工程项目指挥部的形式，由每个工程参加部门（单位）派出代表组成委员会，领导工程的实施，各委员单位负责各自的工程任务，通过定期会议协调整个工程的实施。在我国，许多政府工程，如城市地铁、公路工程、化工工程、核电工程、桥梁工程等，都采用这种形式，常以副市长、副部长或副省长等作为总指挥。

在 20 世纪 80 年代中期以后，我国实行基本建设投资业主责任制，通常都要成立工程建设总公司作为业主，但直到现在仍在许多政府工程建设项目中，工程建设总公司和指挥部同时存在，"一套班子，两块牌子"。这是我国大型公共工程建设管理的一种特殊情况。

在合资项目或几个承包商联营承包的工程项目内常常也会采用这种形式。

2. 业主分别委托投资咨询、招标代理、造价咨询、监理公司进行工程管理

（1）在国际上，业主聘请各种咨询公司帮助自己管理工程已经有很长的历史。初始的建设工程管理由设计单位（主要是建筑师）承担。这是由于建筑学在工程中具有独特的地位，这也正是工程和业主最需要的。直到 20 世纪 80 年代，国外（最典型的是美国和德国）的许多建设工程组织结构图中依然是建筑师居于中心位置。许多工程的计划、工程估价、控制，甚至对承包商索赔报告的处理都由建筑师负责。

（2）随着工程管理的专业化，在 20 世纪初就有独立身份的工程管理人员出现。在国外被称为咨询工程师，在我国被称为监理工程师。20 世纪 90 年代以来，我国在建设工程管理领域实行专业化分工，有监理公司、投资咨询公司、造价咨询公司、招标代理公司为业主提供专业化的工程管理服务，业主可以将一个建设工程管理工作分别委托给设计监理、施工监理、造价咨询和招标代理等单位承担。

由于业主委托许多咨询和管理公司为自己工作，业主还必须做总体的控制和协调，还必须参与一些工程管理工作。通常业主委派业主代表与他们共同工作。

（3）其他形式。由工程参加者的某牵头专业部门或单位负责工程管理。如：由设计单位承担工程管理工作，即"设计—管理"承包；由施工总承包商牵头，即"施工—管理"总承包，在我国的许多工程中采用这种模式；由供应商牵头，即采用"供应—管理"承包模式。

3. 业主将整个工程的管理工作委托给一个"工程项目管理"单位（公司）

业主与项目管理公司签订合同。项目管理公司按合同约定，代表业主对工程的建设进行全过程或若干阶段的管理服务，为业主编制相关文件，提供招标代理、造价咨询服务，进行设计、采购、施工、试运营的组织和监督。

业主主要负责工程实施的宏观控制和高层决策，一般与设计单位、承包商、供应商不直接接触。

4. 代建制

在我国，代建制是指对政府投资的建设工程，经过规定的程序，由专业性的管理机构或工程项目管理公司对工程建设全过程实行全面的相对集中的专业化管理。工程代建单位是政府委托的工程建设阶段的管理主体。从严格意义上讲，使用代建制方式，投资者（一般为政府或政府部门）不再另外组建建设单位。工程类型可以是盈利性或非盈利性的。

工程代建单位通常有两种：一是组建常设的事业单位性质的建设管理机构（单位），它不以盈利为目的，且具有很强的独立性；二是选择专业化的社会中介性质的项目管理公司作为代建单位，实现了项目管理专业化。采用代建制，使投资者（政府）、建设管理单位（代建单位）与使用单位分离。

（二）不同工程管理模式的社会化程度和特点

在现代社会中，工程管理越来越趋向社会化。不同的管理模式社会化程度不同，业主自己管理是最低层次的社会化；项目管理承包（或服务）是比监理制更为完备的社会化方式；而代建制是最完备的高层次的社会化工程管理，业主具体的工程管理工作很少介入，见图 6-2。

社会化的工程管理需要业主充分授权，需要业主对工程管理者完全信任，更需要工程管理者具有很高的管理水平和职业道德。

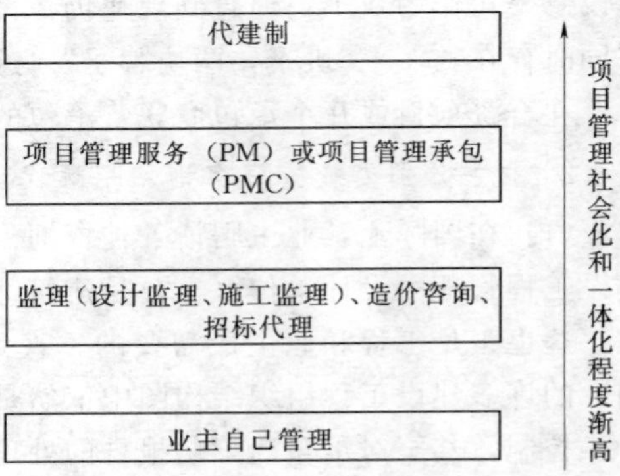

三、工程项目管理的现代化

近代工程项目管理源于 20 世纪 50 年代，从 60 年代起，国际上许多人对于项目管理产生浓厚的兴趣。目前有两大项目管理的研究体系，即以欧洲为首的体系——国际项目管理协会（IPMA）和以美国为首的体系——美国项目管理协会（PMI）。在过去 50 年中，他们都做了大量卓有成效的工作，为推动国际项目管理现代化发挥了积极的作用。我国对项目管理系统研究和行业实践起步较晚，真正称得上项目管理的开始应该是利用世界银行贷款的项目——鲁布革水电站。1984 年在国内率先采用国际招标，实行项目管理，缩短了工期，降低了造价。取得了明显的经济效益。

1. 现代工程管理的发展起因

（1）由于社会生产力的高速发展，大型及特大型工程越来越多，如航天工程、核武器研制工程、导弹研制、大型水利工程和交通工程等。由于工程规模大，技术复杂，参加单位多，又受到时间和资金的严格限制，需要新的管理手段和方法。

现代工程管理理论和方法通常首先是在大型的、特大型的工程建设中研究和应用的。

（2）由于现代科学技术的发展，产生了系统论、控制论、信息论、计算机技术、运筹学、预测技术和决策技术，并日臻完善，给现代工程管理的发展提供了理论和方法基础。

由于工程的普遍性和对社会发展的重要作用，工程管理的研究、教育和应用也越来越受到许多国家的政府、企业界和高等院校的广泛重视，得到了长足的发展，成为近几十年来国内外管理领域中的一大热点。

图 6-2　各种管理模式的社会化和一体化程度

2. 现代工程管理的发展历程

(1) 20 世纪 50 年代，国际上人们将系统方法和网络技术（CPM 和 PERT 网络）应用于工程（主要是美国的军事工程）的工期计划和控制中，取得了很大成功。最重要的是美国 1957 年的北极星导弹研制和后来的登月计划，这些方法很快就在工程建设中应用。

在我国，学习当时苏联的工程管理方法，引入施工组织设计与计划。用现在的观点看，那时的施工组织设计与计划包括业主的工程建设实施计划和组织（建设工程施工组织总设计），以及承包商的工程施工计划和组织（如单位工程施工组织设计，分部工程施工组织设计等）。其内容包括工程施工技术方案、组织结构、工期计划和优化、质量保证措施、资源（如劳动力、设备、材料等）计划、后勤保障（现场临时设施、水电管网等）计划、现场平面布置等。这对我国建国后顺利完成国家重点工程建设具有重要作用。

在对建筑工程劳动过程和效率研究的基础上，我国的工程定额的测定和预算方法也趋于完善。

(2) 20 世纪 60 年代，国际上利用计算机进行网络计划的分析计算已经成熟，人们可以用计算机进行工期的计划和控制。并利用计算机进行资源计划和成本预算，在网络计划的基础上实现了用计算机进行工期、资源和成本的综合计划、优化和控制。这不仅扩大了工程管理的研究深度和广度，而且大大提高了工程管理效率。

在 20 世纪 60 年代初，华罗庚教授用最简单易懂的方法将网络计划技术介绍到我国，将它称为"统筹法"，并在纺织、冶金、制造、建筑工程等领域中推广。网络计划技术的引入不仅给我国的工程组织设计中的工期计划、资源计划、成本计划和优化增加了新的内涵，提供了现代化的方法和手段，而且在现代工程管理方法的研究和应用方面缩小了我国与国际上的差距。

在我国的一些国防工程中，系统工程的理论和方法的应用提高了国防工程管理水平，保证了我国许多重大国防工程的顺利实施。

(3) 20 世纪 70 年代初，国际上人们将信息系统方法引入工程管理中，开始研究工程项目管理信息系统模型。

在整个 20 世纪 70 年代，工程管理的职能在不断扩展，人们对工程管理过程和各种管理职能进行全面的系统地研究，如合同管理、安全管理等。

在工程的质量管理方面提出并普及了全面质量管理（TQM）或全面质量控制（TQC），依据 TQC（TQM）原理建立起来的 PDCA 循环模式是工程质量管理中的一种有效的工作方法。20 世纪 70 年代以来，国际标准化组织（ISO）把全面质量管理理念和PDCA 循环方法引入 ISO9000（国际质量管理和质量保证体系系列标准）和 ISO14000（国际环境管理体系系列标准）中。

(4) 到了 20 世纪 70 年代末，80 年代初，计算机技术得到了普及。这使工程管理理论和方法的应用走向了更广阔的领域。由于计算机及软件价格降低，数据获得更加方便，计算时间缩短，调整容易，程序与用户友好等优点，使工程管理工作大为简化、高效率，使寻常的工程承包企业和工程管理公司在中小型工程中都可以使用现代化的工程管理方法和手段，取得了很大的成功，收到了显著的经济和社会效果。

(5) 20 世纪 80 年代以来，人们进一步扩大了工程管理的研究领域，如工程全生命期费用的优化、合同管理、全生命期管理、集成化管理、风险管理、不同文化的组织行为和沟通的研究和应用。在计算机应用上则加强了决策支持系统、专家系统和互联网技术在工程管理中应用的研究和开发。现代信息技术对工程管理的促进作用是十分巨大的。

（6）在20世纪80年代，我国的工程管理体制进行了改革，在建设工程领域引进工程项目管理相关制度。主要推行业主投资责任制、建设工程监理制度、施工项目经理责任制和推行工程招标投标制度和合同管理制度。在这方面的研究和应用取得了许多成果，也是我国工程管理最富特色的方面。

（7）近十几年来，在国际工程中人们提出许多新的理念，包括多赢，照顾各方面的利益；鼓励技术创新和管理创新；注重工程对社会、历史的责任；工程的可持续发展等。另外在工程的全生命期评价和管理方面，集成化管理方面，工程项目管理的知识体系方面，工程项目管理的标准化方面有许多研究、开发和应用成果。

随着科学技术的发展和社会的进步，对工程的需求也愈来愈多，工程的目标、计划、协调和控制也更加复杂，这将进一步促进工程管理理论和方法的发展。

2000年我国正式实施《招标投标法》，为我国工程建设项目管理提供了法律保障，我国在工程项目建设取得的成绩是显著的。但日前质量事故、工期拖延、费用超支等问题仍然严重，特别近年来出现的重大质量事故，不仅给国家和人民的生命财产造成巨大损失，同时也造成了不良社会影响。这些事故无一例外地都与项目管理有关，都是管理不善、管理不到、管理不规范所造成的。这表明在工程建设项目管理这个领域，我国与西方发达国家相比还有一定差距。

3. 现代工程管理的特点

（1）工程管理理论、方法和手段的科学化。现代工程管理的发展历史正是现代管理理论、方法、手段和高科技在工程管理中研究和应用的历史。现代工程管理吸收并使用了现代科学技术的最新成果，具体表现在：

1）现代管理理论的应用。现代工程管理理论是在现代管理理论，特别是系统论、控制论、信息论、组织行为科学等基础上产生和发展起来的，并在现代工程的实践中取得了惊人的成果。它们奠定了现代工程管理理论体系的基石，推动工程管理学科的发展。现代工程管理实质上就是这些理论在工程实施过程和管理过程中的综合运用。在工程管理的各门课程中都体现了这种应用。

2）现代管理方法的应用，如预测技术、决策技术、数学分析方法、数理统计方法、模糊数学、线性规划、网络技术、图论、排队论等，它们可以用于解决各种复杂的工程管理问题。

3）现代管理手段的应用，最显著的是计算机和现代信息技术，以及现代图文处理技术、精密仪器、数据采集技术、先进的测量定位技术、多媒体技术和互联网等的使用。这大大提高了工程管理的效率。伴随着Internet走进千家万户，以知识经济时代到来，项目管理信息化时代已经成为必然趋势。西方发达国家一些管理公司已经在项目管理中运用了计算机网络技术，开始实现网络化、虚拟化。许多项目管理公司开始大量使用项目管理软件进行项目管理。

4）近十几年来，管理领域和制造业中许多新的理论和方法，如创新管理、以人为本、物流管理、学习型组织、变革管理、危机管理、集成化管理、知识管理、虚拟组织、并行工程等在工程管理中应用，大大促进了现代工程管理理论和方法的发展，开辟了工程管理一些新的研究和应用领域。同时工程管理的研究和实践也充实和扩展了现代管理学的理论和方法的应用领域，丰富了管理学的内涵。

工程管理作为管理科学与工程的一个分支，如何应用管理学和其他学科中出现的新的理论、方法和高科技，一直是工程管理领域研究和开发的热点。

（2）工程管理的社会化和专业化。在现代社会中，由于工程的数量越来越多，规模大、技术新颖、参加单位多，社会对工程的要求越来越高，使得工程管理越来越复杂。按社会分工的要求，现代社会需要专业化的工程管理人员和企业，专门承接工程管理业务，为业主和投资者提供全过程的专业化咨询和管理服务，这样才能有高水平的工程管理。工程管理发展到今天已不仅是一个专业，而且形成许多职业。在我国建设工程领域工程管理有许多职业资质，如建造师、造价工程师、监理工程师等。专业化的工程管理（包括造价咨询、招标代理、工程监理、项目管理等）公司已成为一个新兴产业，这是世界性的潮流。国内外已探索出许多比较成熟的工程管理模式。这样能极大地提高工程的整体效益，达到投资省、进度快、质量好的目标。

随着工程管理专业化和社会化的发展，近十几年来，工程管理的教育也越来越引起人们的重视。

（3）工程管理的标准化和规范化。工程管理是一项技术性非常强的十分复杂的管理工作，要符合社会化大生产的需要，工程管理必须标准化、规范化。这样才能逐渐摆脱经验型的管理状况，这样项目管理才有通用性，才能专业化、社会化，才能提高管理水平和经济效益。

2002 年我国颁布了国家标准 GB/T 50326—2001《建设工程项目管理规范》。

（4）工程管理的国际化。在当今整个世界，国际合作工程越来越多，例如国际工程承包、国际咨询和管理业务、国际投资、国际采购等。另外在工程管理领域的国际交流也越来越多。

工程国际化带来工程管理的困难，这主要体现在不同文化和经济制度背景的人，由于风俗习惯、法律背景、组织行为和工程管理模式等的差异，加剧了工程组织的复杂性和协调的困难程度。这就要求工程管理国际化，即按国际惯例进行管理，要有一套国际通用的管理模式、程序、准则和方法，这样就使得工程中的协调有一个统一的基础。

第四节 土木工程建设监理

我国的建设监理属于国际上业主方项目管理的范畴。我国推行土木工程建设监理制度的目的是：确保工程建设质量、控制工程建设工期、充分发挥投资效益，提高工程建设水平。

一、工程监理概述

1. 土木工程建设监理的产生

土木工程建设工程监理制度在国际上具有悠久的历史，监理制度的起源可以追溯到产业革命以前的 16 世纪。进入 16 世纪以后，欧洲兴起了花型建筑，立面也比较讲究，于是在营造师中分离出一部分人专做设计，另一部分人专做施工，形成了第一次分工，即设计和施工的分离。正是这种设计与施工的分离，业主对监理需求的起因便逐渐形成，建设工程监理制度初露端倪。18 世纪 60 年代，欧洲产业革命的爆发，促进了整个欧洲大陆城市化和工业化的发展进程，社会大兴土木带来了建筑行业的空前繁荣，完成建筑业的第二次分工，建设监理专业化的工作方式，满足了业主对设计和施工进行有效监督和强化管理的需求。

我国土木工程建设监理制度起步较晚，这主要是由我国的基本国情所决定的。从新中国成立直至 20 世纪 80 年代，我国固定资产投资基本上是由国家统一安排计划（包括具体的项目计划），由国家统一财政拨款。在我国当时经济基础薄弱、建设投资和物资短缺的条件下，这种方式对于国家集中有限的财力、物力、人力进行经济建设，迅速建立我国的工业体系和国民经济体系起到了积极作用。

我国自 1988 年开始，在工程建设领域实行了建设工程监理制度。这是建设工程领域管理体制的重大改革。实行建设工程监理制，目的在于提高建设工程的投资效益和社会效益。1993 年 3 月，中国监理协会成立，标志着我国建设工程监理进入稳步发展阶段，全国大型水电工程、铁路工程、大部分国道和高等级公路、大部分房屋建筑工程均实行了监理。建设工程监理工作得到很大发展。1995 年 12 月，建设部在北京召开了全国第六次建设监理工作会议，总结近年来建设监理工作的成绩和经验，出台了《建设工程监理规定》和《建设工程监理合同示范文本》，进一步完善我国建设工程监理制度。2001 年 5 月颁布 GB 50319—2000《建设工程监理规范》，使建设工程监理工作有法可依，标志着建设工程监理工作进入全面推行的新阶段。目前我国土木工程建设监理在制度化、规范化、科学化方面已经上了一个新台阶，并向国际监理水准稳步迈进。

2. 土木工程建设监理的概念

国外的工程建设监理是指咨询顾问为建设项目业主所提供的项目管理服务。我国的工程建设监理是参照国际惯例并结合我国国情而建立起来的，工程建设监理的概念与国外基本一致，但也有其特殊的地方。

土木工程建设监理是指具有相应资质的监理单位受工程项目建设单位的委托，依据国家有关建设工程的法律、法规，经建设主管部门批准的工程项目建设文件、建设工程委托监理合同及其他建设工程合同，对建设工程实施的专业化监督管理。

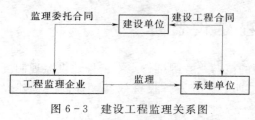

图 6-3 建设工程监理关系图

监理单位代表建设单位（项目业主），承担其项目的管理工作，对承建单位的建设行为实施监督管理，如图 6-3 所示。这一专业化的管理就是建设工程监理。建设工程监理的表述内容丰富，其主要内涵有以下几个方面的内容。

（1）工程建设监理的行为主体是监理单位。

按照《建筑法》规定，实行监理的建筑工程，由建设单位委托具有相应资质条件的工程监理单位监理。建设工程监理的行为主体是工程监理企业，这是我国建设工程监理制度的一项重要规定。

监理单位是建筑市场的建设项目管理服务主体，具有独立性、社会化和专业化的特点。只有监理单位才能按照独立、自主的原则，以公正的第三方的身份开展监理工作。非监理单位开展的对工程建设的监督管理都不是工程建设监理。建设工程监理是由特定主体所进行的监督行为，是专门由工程建设监理单位代表业主所进行的监督管理活动。

（2）工程建设监理是针对工程项目建设所实施的监督管理活动。

第一，工程项目是监理活动的一个前提条件。工程建设监理是围绕着工程项目建设来开展的，离开了工程建设项目，就谈不上工程建设的监理活动。而作为一个工程建设项目，也应具有一定的条件，其中主要的是建设目标明确，建设项目的资金要落实，项目建设的工期和质量目标要明确。

第二，工程建设监理是一种微观管理活动，因为它是针对具体的工程项目而实施的。这一点与由政府进行的行政性监督管理活动有着明显的区别。政府的监督管理活动是宏观上的，它的主要功能是通过强制性的立法、执法来规范建筑市场。实行建设监理制，对具体工程项目的管理由市场主体承担，工程建设监理是一种微观管理活动。

（3）工程建设监理的实施需要业主委托。监理单位提供的是高智能的建设项目管理服务，至于需不需要这种服务，取决于业主。我国《建筑法》第三十一条规定，实行监理的建筑工程，由建设单位委托具有相应资质条件的工程监理单位监理。业主委托这种方式，决定了业主与监理单位的关系是委托与被委托的关系，这种关系具体体现在工程建设监理合同上。业主委托这种方式还说明，监理工程师对项目的管理权力是来源于业主的委托与授权。在工程建设过程中，业主始终是以建设项目管理主体，把握着工程建设的决策权，并承担着主要风险。

（4）工程建设监理是有明确依据的工程建设管理行为。首先依据的是法律、行政法规。法律是由全国人大及常委会制定的，行政法规是由国务院制定的。我国法律、法规是广大人民群众意志的体现，具有普遍的约束力，在中国境内从事活动均须遵守，从事工程监理活动也不例外。监理单位应当依照法律、法规的规定开展监理工作，对承包商实施监督。对业主违反法律、法规的要求，监理单位应当予以拒绝。

其次是合同。最主要的是工程建设监理合同和工程承包合同。监理合同是业主和监理单位为完成工程建设监理任务，明确相互权利义务关系的协议；工程承包合同是业主和承包商为完成商定的某项工程建设，明确相互权利义务关系的协议。依法签订的合同具有法律约束力，当事人必须全面履行合同规定的义务，任何一方不得擅自变更或解除合同。在开展监理工作时，监理单位必须以合同为依据办事。工程建设监理的依据还有国家批准的工程项目建设文件，如批准的建设项目可行性研究报告、规划、计划和设计文件以及工程建设方面的现行规范、标准、规程等。这些依据表明监理工程师权力的另外一个来源，即法律赋予的监督工程建设各方按法律、法规办事的权力，监理工程师开展监理活动也是执法过程。

我国的土木工程建设监理，有时称为工程监理，如在《建筑法》中称为建筑工程监理，又有结合各行业称为公路工程监理、水电工程监理的，其内涵和外延都是一样的，都有上面所叙述的几个要点。我国的工程建设监理概念，应该说与国外咨询顾问向业主提供的服务相一致，其范围应当包括工程建设从立项实施到后评估的全过程。但是目前，我国的土木工程建设监理主要发生在工程建设的实施阶段，尤其以施工阶段为主，常称为施工监理。

二、工程建设监理的内容和作用

1. 工程建设监理内容

工程建设监理的中心任务是工程质量控制、工程投资控制和建设工期控制，围绕这个任务，进行工程建设合同管理和信息管理，并协调参建有关单位间的工作关系，对工程建设的全过程实施监督管理。

（1）在设计前期，应着重参与投资决策咨询、项目评估，项目可行性研究和设计任务书的编制。

（2）在设计阶段应着重审查设计方案和工程概算，并协助建设单位选择勘察设计单位和签订勘察设计合同。

（3）在施工准备阶段和施工阶段，应协助业主编制招标文件和组织招投标，审查施工图设计与预算，监督施工合同的签订与实施，调节合同双方的争议，检查工程的质量和进度，参与工程竣工验收与审查结算。

（4）在保修阶段，要负责检查工程质量状况，鉴定质量责任，监督施工单位履行保修责任。

2. 工程建设监理的作用

工程建设监理制度的实行是我国建设工程领域管理体制的重大改革。工程建设监理在工程建设中发挥着越来越重要、越来越明显的作用，受到了社会的广泛关注和普遍认可。工程建设监理的作用主要表现在以下几方面：

（1）有利于提高建设工程投资决策的科学化。工程项目可行性研究阶段就介入工程监理，可大大提高投资的经济效益，包括举世瞩目的巨型工程——三峡工程，实施全方位建设工程监理，在提高投资的经济效益方面取得了显著成效。若建设单位委托工程监理企业实施全方位、全过程监理，则工程监理企业协助建设单位优选工程咨询单位、督促咨询合同的履行、评估咨询结果、提出合理化建议；有相应咨询资质的工程监理企业可以直接从事工程咨询。工程监理企业参与决策阶段的工作，不仅有利于提高项目投资决策的科学化水平，避免项目投资决策失误，而且可以促使项目投资符合国家经济发展规划、产业政策，符合市场需求。

（2）有利于规范参与建设工程各方的建设行为。社会化、专业化的工程监理企业在建设工程实施过程中对参与建设工程各方的建设行为进行约束，改变了过去政府对建设工程既要抓宏观监督、又要抓微观监督的不合理局面，可谓在建设工程领域真正实现了政企分开。工程监理企业主要依据委托监理合同和有关建设工程合同对参与建设工程各方的建设行为实施监督管理。尤其是全方位、全过程监理，通过事前、事中和事后控制相结合，可以有效地规范各承建单位以及建设单位的建设行为，最大限度地避免不当建设行为的发生，及时制止不当建设行为或者尽量减少不当建设行为造成的损失。

（3）有利于保证建设工程质量和使用安全。建设工程作为一种特殊的产品，除了具有一般产品共有的质量特性外，还具有适用、耐久、安全、可靠、经济、与环境协调等特定内涵，因此，保证建设工程质量和使用安全尤为重要。同时，工程质量又具有影响因素多、质量波动大、质量隐蔽性、终检的局限性、评价方法的特殊性等特点，这就决定了建设工程的质量管理不能仅仅满足于承建单位的自身管理和政府的宏观监督。有了工程监理企业的监理服务，既懂工程技术又懂经济管理的监理人员能及时发现建设过程中出现的质量问题，并督促质量责任人及时采取相应措施以确保实现质量目标和使用安全，从而避免留下工程质量隐患。

（4）有利于提高建设工程的投资效益和社会效益。建设工程投资效益最大化有以下三种不同表现：其一是在满足建设工程预定功能和质量标准的前提下，建设投资额最少；其二是在满足建设工程预定功能和质量标准的前提下，建设工程寿命周期费用（或全寿命费用）最少；其三是建设工程本身的投资效益与环境、社会效益的综合效益最大化。

就建设单位而言，希望在满足建设工程预定功能和质量标准的前提下，建设投资额最少；从价值工程观念出发，追求在满足建设工程预定功能和质量标准的前提下，建设工程寿命周期费用最少；对国家、社会公众而言，应实现建设工程本身的投资效益与环境、社会效益的综合效益最大化。实行建设工程监理制之后，工程监理企业不仅能协助建设单位实现建设工程的投资效益，还能大大提高我国全社会的投资效益，促进国民经济的发展。

三、工程监理的范围和依据

1. 工程监理的范围

为了有效发挥建设工程监理的作用，加大推行监理的力度，根据《建筑法》，国务院公布的《建设工程质量管理条例》对实行强制性监理的工程范围作了原则性的规定，建设部又进一步在《建设工程监理范围和规模标准规定》中对实行强制性监理的工程范围作了具体规定。下列建设工程必须实行监理：

（1）国家重点建设工程。依据《国家重点建设项目管理办法》所确定的对国民经济和社会发展有重大影响的骨干项目。

（2）大中型公用事业工程。项目总投资额在 3000 万元以上的供水、供电、供气、供热等市政工程项目；科技、教育、文化等项目；体育、旅游、商业等项目；卫生、社会福利等项目；其他公用事业项目。

（3）成片开发建设的住宅小区工程。建筑面积在 5 万 m^2 以上的住宅建设工程。

（4）利用外国政府或者国际组织贷款、援助资金的工程。包括使用世界银行、亚洲开发银行等国际组织贷款资金的项目；使用国外政府及其机构贷款资金的项目；使用国际组织或者国外政府援助资金的项目。

（5）国家规定必须实行监理的其他工程。项目总投资额在 3000 万元以上的关系社会公共利益、公众安全的交通运输、水利建设、城市基础设施、生态环境保护、信息产业、能源等基础设施项目以及学校、影剧院、体育场馆项目。

建设工程监理范围还可按监理的建设阶段划分，建设工程监理阶段主要有建设工程投资决策阶段和实施阶段，但目前主要监理阶段是建设工程施工阶段。

2. 工程监理的依据

建设工程监理是具有明确依据的监督管理活动，其依据主要包括建设工程文件、有关的法律法规和标准规范、建设工程委托监理合同和有关的建设工程合同。

（1）建设工程文件。建设工程文件主要包括：批准的可行性研究报告、建设项目选址意见书、建设用地规划许可证、建设工程规划许可证、批准的施工图设计文件、施工许可证等。

（2）有关的法律、法规、规章和标准、规范。包括：《建筑法》、《合同法》、《招标投标法》、《建设工程质量管理条例》等法律法规，《建设工程监理规定》等部门规章，以及地方性法规等，也包括《建设工程标准强制性条文》、《建设工程监理规范》以及有关的工程技术标准、规范、规程等。

（3）建设工程委托监理合同和有关的建设工程合同。工程监理企业应当根据两类合同，即工程监理企业与建设单位签订的建设工程委托监理合同和建设单位与承建单位签订的有关建设工程合同进行监理。建设工程委托监理合同和有关的建设工程合同是建设工程监理的最直接依据。

工程监理企业依据哪些有关的建设工程合同进行监理，视委托监理合同的范围来决定。全过程监理应当包括咨询合同、勘察合同、设计合同、施工合同以及设备采购合同等；决策阶段监理主要是咨询合同；设计阶段监理主要是设计合同；施工阶段监理主要是施工合同。

四、工程建设监理的程序

为了提高工程建设监理水平，规范工程建设的监理行为，监理工作必须执行 GB 50391—2000《建设工程监理规范》，还应在符合国家现行的有关强制性标准的前提下，遵循工程建设监理程序。

1. 确定总监理工程师

每一个拟监理的工程建设项目，工程建设监理单位都应根据工程建设项目的规模、性质，工程建设项目业主对工程建设监理的要求，委派相称职的人员（一般来说，他应该具有高级专业技术职称和丰富的工程建设监理经验）担任工程建设项目的总监理工程师，代表工程建设监理单位全面负责该工程建设项目的工程建设监理工作。

总监理工程师是一个工程建设项目中监理工作的总负责人，他对内向工程建设监理单位负责，对外向项目业主负责。

2. 成立工程建设监理组织

在总监理工程师的具体领导下，组建工程建设项目的工程建设监理班子，并根据签订的工程建设监理委托合同，制定工程建设监理规划和具体的实施计划，开展工程建设监理工作。

3. 全面收集相关资料

（1）反映工程建设项目特征的有关资料。工程建设项目的批文，规划部门关于规划红线范围和设计条件通知，土地管理部门关于准予用地的批文，批准的工程建设项目可行性研究报告或设计任务书，工程建设项目地形图，工程建设项目勘察、设计图样及有关说明等资料。

（2）反映当地工程建设政策、法规的有关资料。关于工程建设报建程序的有关规定，当地关于拆迁工作的有关规定，当地关于工程建设应交纳有关税、费的规定，当地关于工程项目建设管理机构资质管理的有关规定，当地关于工程项目建设实行工程建设监理的有关规定，当地关于工程建设招投标制的有关规定，当地关于工程造价管理的有关规定等。

（3）反映工程所在地区技术经济状况等建设条件的资料。气象资料，工程地质及水文地质资料，与交通运输（包括铁路，公路，航运）有关的可提供的能力、时间及价格等的资料，与供水、供电、供热、供燃气、电信有关的可提供的容（用）量、价格等的资料，勘察设计单位状况，土建、安装施工单位状况，建筑材料及构件、半成品的生产、供应情况，进口设备及材料的有关到货口岸、运输方式等情况。

（4）类似工程项目建设情况的有关资料。类似工程建设项目投资方面的有关资料。类似工程项目建设工期方面的有关资料。类似工程建设项目的其他技术经济指标等。

4. 编制监理规划

工程建设监理规划是在总监理工程师的主持下编制，经监理单位技术负责人审核批准，是用来指导工程建设项目机构全面开展监理活动的纲领性文件。它应包括以下主要内容：工程项目概况、监理工作范围、监理工作内容、监理工作目标、监理工作依据、项目监理机构的组织形式、项目监理机构的人员配备计划、项目监理机构的人员岗位责任、监理工作程序、监理工作方法及措施、监理工作制度和监理设施等。

5. 制定各专业监理实施细则

在工程建设监理规划的指导下，为具体指导投资控制、质量控制、进度控制的进行，还需结合工程建设项目实际情况，制定相应的实施细则。

6. 规范化地开展工作

作为一种科学的工程建设项目管理制度，工程建设监理工作的规范化体现在以下几点：

（1）工作的时序性。这是指工程建设监理的各项工作都是按一定的逻辑顺序先后展开的，从而使监理工作能有效地达到目标，而不至造成工作状态的无序和混乱。

（2）职责分工的严密性。工程建设监理工作是由不同专业、不同层次的专家群体共同来完成的，他们之间严密的职责分工，是协调进行工程建设监理工作的前提和实现工程建设监理目标的重要保证。

（3）工作目标的确定性。在职责分工的基础上，每一项工程建设监理工作应达到具体目标是确定的，完成的时间也应有明确规定，从而能通过报表资料对工程建设监理工作及其效果进行检查和考核。

7. 参与验收、签署监理意见

工程建设项目施工完成以后，应由施工单位在正式验收前组织竣工预验收，工程建设监理单位应参与预验收工作，在预验收中发现的问题，应与施工单位沟通，提出要求，签署工程建设监理意见。

8. 向项目业主提交监理档案资料

工程项目工程建设监理业务完成后，向项目业主提交档案资料应包括：工程建设监理设计变更，工程变更资料；工程建设监理指令性文件；各科签证资料；其他约定提交的档案资料。

9. 进行监理工作总结

工程建设监理工作总结应包括以下主要内容：一是向项目业主提交的工程建设监理工

作总结；二是向社会工程建设监理单位提交的工程建设监理工作总结。同时在工程建设监理工作中存在的问题及改进的建议也应及时加以总结，以指导今后的工程建设监理工作，并向政府部门提出政策建议，不断提高我国工程建设监理的水平。

　　这里提出的监理程序，都必须遵守，但根据工程的重要性和规模大小的不同，各个阶段和每个步骤的工作内容有所择重和详简，要具体过程作具体分析，但一定要坚持按基本建设程序实行工程建设监理。

习　　题

1. 我国一般大中型工程建设项目建设程序主要划分为哪几个阶段？
2. 我国的建设法律法规体系是什么？
3. 我国法律规定的应招标范围是什么？
4. 我国现行承发包模式主要有哪几种形式。
5. 现代项目管理的特点主要哪些？
6. 试述项目管理的主要方式。
7. 工程建设监理的概念及其内涵是什么？
8. 工程建设监理的作用和主要内容是什么？
9. 试述工程建设监理的主要程序。

第七章 土木工程防灾和减灾

第一节 灾害的含义与类型

一、灾害的含义

灾害就是指那些由于自然的、人为的或人与自然的原因，对人类的生存和社会发展造成各种损害的现象。因此灾害是事物运动、变化、发展的一种极端的表现形式，其特点是损害人类的利益，威胁人类的生存和持续发展。灾害往往通过非正常的、突发性的方式释放，在一定的范围内破坏甚至严重破坏人类生活环境、生产设施乃至生命。

有史以来，灾害给人类造成了一系列重大的人员伤亡、财产损失和精神折磨，给社会的发展投下了浓重的烟云。据估计，全世界每年由于各种灾害造成的损失约占全世界GDP 的 10％左右。我国是一个自然灾害频繁发生的国家，首先是因为我国幅员辽阔，自然环境具有复杂多变的特点；其次，近年来人为因素也使自然灾害影响呈日益严重的态势，其造成的直接经济损失年平均约为国民生产总值的 3％～6％。随着我国经济的快速发展，自然灾害造成的经济损失的数量是惊人的，如 1998 年超过了 3000 亿元人民币。

为了减轻灾害对人类社会造成的危害，就必须认识灾害的本质，以指导人们有意识、有目的地采取各种有效措施对灾害进行预防，减轻损失。

二、灾害类型

通常灾害是由自然原因和社会原因所引起。自然原因引起的可能有地震灾害、风灾害、洪水灾害、海啸、山崩、泥石流、虫灾（我国南方有些地区白蚁成灾，对木结构房屋、桥梁损害极大）等；社会原因引起的灾害有水质和大气污染、火灾、噪声、交通事故、坑道坍陷、地面下沉（如人为的大量抽地下水造成）等。

在刚刚过去的一个世纪里，自然的或人为的灾害给全球人类造成了不可估量的损失。

图 7-1 印尼海啸破坏

图 7-2 美国 Tacoma 悬索桥的风毁事件

联合国公布了 20 世纪全球 10 项最具危害性的战争外灾难为：地震灾害、风灾、水灾、火山喷发、海洋灾难、生物灾难、地质灾害、火灾、交通灾害、城市灾害新灾源（如城市污染、有害气体等）。图 7-1～图 7-3 分别显示了近年发生的一部分自然和人为灾害。

2004 年 12 月 26 日，印尼海啸，波及印尼、斯里兰卡、泰国、印度、马来西亚、孟加拉国、缅甸、马尔代夫等国，至少已造成超过 28 万人失踪和死亡，仅印尼就有近 12 万人死亡，见图 7-1。而工程事故中影响较大的就是美国的 Tacoma 大桥，该桥由于柔性较大被称为"舞动的格蒂"，该桥于 1940 年 11 月 7 日被风吹垮，原因就是"机械共振"，见图 7-2。

图 7-3　汶川大地震现场

2008 年 5 月 12 日 14 时 28 分，我国阿坝州所辖的汶川县漩口和卧龙之间发生里氏 8.0 级强烈大地震，全国大半地区有明显震感，震中位于阿坝州汶川县，地震造成了严重的生命和财产损失，震级高于 32 年前唐山大地震，相当于 400 颗美国 1945 年投在广岛的原子弹，见图 7-3。

各种灾害对人类的危害和破坏方式复杂多样，但概括起来主要表现在以下几个方面：

（1）危及人类生命和健康，威胁人类的正常生活。

自然灾害直接危害人类生命和健康。一次严重灾害会导致千百万人乃至上亿人受灾，并造成巨大的人员伤亡。例如 1556 年 1 月 23 日，陕西华县、潼关大地震造成 83 万人死亡；1976 年 7 月 28 日河北省唐山大地震造成 24.2 万人死亡；1970 年 1 月 5 日云南通海强烈地震造成 15621 人死亡等。

（2）破坏公益设施和公私财产，造成严重的经济损失。

自然灾害对房屋、公路、铁路、桥梁、隧道、水利工程设施、电力工程设施、通信设施、城市公共设施及机器设备、产品、材料、家庭财产和农作物等常常造成严重破坏，其直接经济损失无疑是巨大的。

一些巨大的突发性灾害可以在大范围内造成十分严重的破坏，有的甚至使一些城市被彻底摧毁。例如，1998 年 7 月下旬至 9 月中旬初，长江流域发生了自 1954 年以来的又一次全流域性大洪水。持续不断的大雨以逼人的气势铺天盖地地压向长江，使长江无须臾喘息之机地经历了自 1954 年以来最大的洪水。洪水一泻千里，几乎全流域泛滥。加上东北的松花江、嫩江泛滥，中国全国包括受灾最重的江西、湖南、湖北、黑龙江四省，共有 29 个省、直辖市、自治区都遭受了这场无妄之灾，受灾人数上亿，近 500 万所房屋倒塌，2000 多万公顷土地被淹，经济损失达 1600 多亿元人民币。

（3）破坏资源和环境，威胁国民经济的可持续发展。

灾害与环境具有密切的作用与反作用关系：环境恶化可以导致自然灾害，自然灾害又反过来促使环境进一步恶化。灾害和环境恶化除了直接影响人类生活和生产活动外，还对人类所必需的水土资源、矿产资源、生物资源和海洋资源等产生长远的影响，进而威胁人类的生存与发展。例如干旱、风沙、洪水、泥石流及与之密切相关的水土流失、土地沙漠化、土地盐碱化等自然灾害，严重破坏水土资源和生物资源，森林火灾、生物病虫害等直接破坏生物资源。

随着社会的发展，灾害特别是工程灾害，每年给世界人民带来巨大的生命财产损失，因此如何防灾，已是土木工程界关注和研究的课题。

第二节 工 程 灾 害

一、地震灾害

地震是一种严重危及人们生命财产的突发性自然灾害。我国是一个地震频发的国家，6度以及6度以上的地震区几乎遍及全国各个省和自治区。近几十年来的十多次大的地震，给人们的生命财产造成了巨大的损失，在人们的心里留下了巨大的创伤。随着我国城市化进程的加快，人口的集中，经济的发展，尽管是在采取适当的抗震措施后地震造成的人员伤亡有所减少，但是产生的经济损失却越来越严重。一次大地震可能在数十秒时间内将一座城市夷为平地，交通、通信、供电、供水和供暖等生命线工程中断，并往往导致严重的次生灾害，例如火灾、水灾、山崩、滑坡、泥石流、海啸和疾病等。对于地震灾害要以预防为主，但是目前世界各国对于地震的准确预报仍然十分困难。因此根本性的措施就是采取合理的抗震设计方法，提高建筑物的抗震能力，防止严重破坏，避免倒塌。如何防止、减少地震灾害造成的损失，是地震工程和工程抗震技术人员肩负的重要使命。

（一）地震基础知识

地震是自然灾害中发生最多、影响最大的一种灾害。地震是地壳上地幔的岩石，因遭受破坏而引起变形，将其积累的应力能转化为被动能而使地表产生振动的一种地质现象。从地震成因来看，可分为构造地震、火山地震、塌陷地震等，此外，水库也能诱发地震，核爆炸也可能在场地激发地震。

衡量地震本身大小及其对人类环境影响和危害的指标是震级和烈度，这两个指标彼此相关，但又不相同。

地震震级是表征地震强弱的指标，是地震释放多少能量的尺度，它是地震的基本参数之一，常用来衡量地震的大小或规模，是地震预报和其他有关地震工程学研究中的一个重要参数。震级分为1~9级，一般来说，小于2级的地震人们感觉不到，只有仪器才能记录下来，叫做微震；2~4级地震人就能感觉到了，叫有感地震；5级以上地震就要引起不同程度的破坏，统称为破坏性地震；7级以上的地震则称为强烈地震。

地震烈度是表示某一区域范围内地面和各种建筑物受到一次地震影响的平均强弱程度的一个指标，主要根据宏观的地震影响和破坏现象，如从人们的感觉、物体的反应、建筑物的破坏和地面现象的改观（如地形、地质、水文条件的变化）等方面来判断。这一指标反映了在一次地震中，一定地区内地震等多种因素综合强度的总平均水平，是地震破坏作用大小的一个总评价。为了对地震区进行抗震设防，就需要研究预测该地区在今后一定时期内的地震烈度，作为工程抗震设计的依据。

为了用地震烈度来表示地震影响的程度，需要有评定烈度的具体标准，该标准就称为地震烈度表。历年来世界各国陆续编制和修订了几十种烈度表，目前除了日本采用 8 度（0～7 度）划分、少数欧洲国家采用 10 度划分的烈度表外，绝大多数国家包括中国普遍采用 12 度划分的烈度表。地震烈度的大小同震级、震中距离远近等直接相关，一般来说，震级越大，烈度越大。在同一次地震中，离震中越近，烈度越大。当然，地震烈度大小和震源深浅、地质构造、地面建筑等有关。

（二）地震震害

我国处于环太平洋地震带和亚欧地震带之间，是世界上多地震国家之一。我国发生的地震又多又强，其绝大多数是发生在大陆的浅源地震，震源深度大多在 20km 以内。因此，我国是世界上多地震的国家，也是蒙受灾害最为深重的国家之一。我国大陆约占全球陆地面积的 1/4，但 20 世纪有 1/3 的陆上破坏性地震发生在我国，死亡人数约 70 万，占全世界同期因地震死亡人数的一半以上。20 世纪死亡 20 万以上的大地震全球共两次，都发生在中国，一次是 1920 年宁夏海原 8.5 级大地震，死亡 23 万人；另一次是 1976 年河北唐山 7.8 级地震，死亡 24 万人，伤残 16 万多人。这两次大地震都使人们生命财产遭受了惨痛的损失。而 2008 年 5.12 汶川大地震震级为 8.0 级，死亡和失踪 8 万多人，给四川乃至全国造成了巨大的损失。

地震震害主要表现在三个方面，即地表破坏、建筑物破坏和次生灾害。

1. 地表破坏

地震造成地表破坏一般有地裂缝、地陷、地面喷水及滑坡、塌方等。

（1）地裂缝：地裂缝按照其成因可以分为两种：

1）构造地裂缝，这种裂缝与地质构造有关，是地震断裂带在地表的反映，其走向与地下断裂带一致，规模较大。该裂缝带长可达几千米到几十千米，带宽约几米到几十米。

2）重力地裂缝，这种裂缝是由于土质软硬不均及微地貌重力影响在地震作用下形成的，与土质原稳定状态密切相关。该裂缝在地震地区分布极广，在古道、古河道、河堤、岸边、陡坡等土质松软潮湿处常见到，往往伴生喷水冒砂现象，其形状大小不一，规模较构造地裂缝小，缝长可由几米到几十米，深多为 1～2m。

（2）地陷：在地震作用下，地面往往发生震陷，使建筑物破坏。地陷多发生在松软而压缩性高的土层中，如大面积回填土、孔隙比较大的黏性土和非黏性土。地震使土颗粒间的摩擦力大大降低或使链状结构破坏，土层变密实，造成地面下沉。

（3）地面喷水冒砂（砂土液化）：地下水位较高、砂层埋藏较浅的平原及沿海地区，地震的强烈振动使地下水压力急剧增高，会使饱和的砂土或粉土层液化，地下水夹带着砂土颗粒，经地裂缝或其他通道喷出地面，形成喷水冒砂现象。

（4）滑坡、塌方：在强烈的地震作用下，常引起河岸、陡坡滑坡，在山地常有石崩裂、塌方等现象。滑坡、塌方会导致公路阻塞，交通中断，冲毁房屋和桥梁，堵塞河流，淹没村庄等震害。

2. 建筑物破坏（工程结构破坏）

各类建筑物在地震时发生破坏是造成生命财产损失的主要原因。按照建筑物破坏形式和原因，可以分为以下几类：

（1）结构丧失整体性而破坏。在强烈地震作用下，由于构件连接不牢、节点破坏、支撑系统失效等原因，会使结构丧失整体性而导致破坏或倒塌。

（2）承重结构承载力不足造成破坏。地震时，地面运动引起建筑物振动，产生惯性力，不仅使结构构件内力增大很多，而且往往使受力性质也发生改变，导致结构承载力不足而破坏。

（3）由于变形过大导致非结构破坏。在强烈地震作用下，当结构产生过大振动变形时，有时主体结构并未达到强度破坏，但围护墙、隔墙、雨篷、各种装修等结构构件往往由于变形过大而发生脱落或倒塌等震害。

（4）地基失效引起的破坏。强烈地震时，地裂缝、地陷、滑坡和地基土液化等会导致地基开裂、滑动或不均匀沉降，使地基失效，丧失稳定性，降低或丧失承载力，最终造成建筑物整体倾斜、拉裂以致倒塌而破坏。

3. 次生灾害

地震的次生灾害是指由地震间接产生的灾害，如地震诱发的火灾、水灾、有毒物质污染、海啸、泥石流等。在城市及人口稠密、经济发达地区，以建筑物倒塌、人员伤亡、火灾等灾害链为主。在山区以泥石流、水灾等次生灾害链突出。当地震发生在沿海及海底时，必须十分注意海啸灾害的影响。

（1）火灾。在多种次生灾害中，火灾是最常见、造成损失最大的次生灾害。在城市地震灾害中，以火灾为首的次生灾害有时并不亚于直接灾害造成的损失。美国旧金山地震、日本关东地震和智利大地震等还出现城市地震次生灾害的损失超过直接灾害的震例。1906年旧金山发生 8.3 级地震，全市有 50 多处起火，由于自来水管和消防站被破坏、水源断绝，大火连烧三昼夜，约 $10km^2$ 的城区被烧毁，火灾造成的损失高出直接破坏损失的 3 倍。

（2）地震滑坡和泥石流灾害。在山区，地震时一般都伴有不同程度的坍塌、滑坡、泥石流灾害；1970 年秘鲁 7.7 级地震时；泥石流以 80～90m/s 的速度，流动了 160km。5000 万 m^3 的泥土石块使 1.8 万人葬身其中，是世界上最大的地震泥石流灾害。滑坡、泥石流进入江河会堵塞河道，造成地震水灾。1933 年四川叠溪发生 7.5 级地震，使千年古城叠溪被地震滑坡毁灭，附近蜗江两岸山体崩塌滑坡堆积成三座高达 100m 左右的天然石坝，将岷江截断，堵塞成 4 个堰塞湖，震后 45d 坝体决口。酿成下游空前的大水灾，洪水纵横泛滥近千米，淹没人口 2 万以上，冲毁农田 3000 多公顷。而且地震滑坡、泥石流灾害，也如地震余震活动那样，持续时间长、反复性大，可从地震开始一直延续到次年乃至数年。

（3）地震海啸。地震海啸灾害是沿海地区极为严重的地震次生灾害。1960 年 5 月智利 8.9 级地震引起世界著名的海啸，浪高 6m，浪头高达 30m。席卷了沿岸的码头、仓库及其他建筑。海浪以 600～700km/h 的速度横渡太平洋，5h 后，袭击美国夏威夷群岛，将护岸的重约 10t 的巨大石块抛到百米以外，扫荡了沿岸的各类建筑物。又过 6h 后，抵达远离智利 17 万 km 的日本海岸，浪高仍有 3～4m，将 1000 多所住宅冲走，将一艘巨大的船只推上陆地 40～50m，压在民房之上。海啸波的波高大，波长更长，在广阔的海面上，不会造成船只的事故，但它临近海岸时，巨浪骤然形成"水墙"，汹涌地冲向海岸，可使堤岸溃决，海水入侵，造成沿海地区的破坏，可使海上建筑物被摧毁，造成重大的损失。

（三）防震抗震措施

土木工程防震抗震的方针是"预防为主"。预防地震灾害的主要措施包括两大方面：加强地震的观测和强震预报工作；对土木工程设施进行地震设防。

1. 场地的选择

选择建筑场地时，应根据工程需要，掌握地震活动情况、工程地质和地震地质的有关资料，作出综合分析。宜选择对建筑抗震有利地段，如开阔平坦的坚硬场地土或密实均匀的中硬场地土等地段；宜避开对建筑抗震不利地段，如饱和松散粉细砂等易液化土、人工填土及软弱场地土，条状突出的山嘴，非岩质的陡坡，高耸孤立的山丘，河岸和边坡的边缘，场地土在平面分布上的成因、岩性、状态明显不均匀的土层（如故河道、断层破碎带、暗埋的塘滨沟谷及半填半挖地基等）等地段。当无法避开时，应采取适当的抗震措施，不应在危险地段建造甲、乙、丙类建筑。建筑抗震危险地段，一般指地震时可能发生滑坡、崩塌、地陷、地裂、泥石流等地段，以及发震断裂带上地震时可能发生地表错位的地段。

2. 地基和基础

同一结构单元不宜设置在性质截然不同的地基土上，也不宜部分采用天然地基，部分采用桩基，当地基有软弱黏土、可液化土、新近填土或严重不均匀土时，应采取地基处理措施加强基础的整体性和刚性，以防止地震引起的动态和永久的不均匀变形。在地基稳定的条件下，还应考虑结构与地基的振动性，力求避免共振的影响。

3. 抗震结构体系

抗震结构体系是抗震设计应考虑的最关键问题，应根据建筑的重要性、设防烈度、房屋高度、场地、地基、基础、材料和施工等因素，经济技术、经济条件比较综合确定。

在选择建筑结构抗震体系时，应符合下列各项条件要求：

（1）应具有明确的计算简图和合理的地震作用传递途径。

（2）宜有多道抗震防线。应避免因部分结构或构件破坏而导致整个体系丧失抗震能力或对重力的承载能力。因此，超静定结构优于同种类型的静定结构。

（3）应具备必要的强度、良好的变形能力和耗能能力。

（4）宜具有合理的刚度和强度分布，避免因局部削弱或突变形成薄弱部位产生过大的应力集中或塑性变形集中。对可能出现的薄弱部位，应采取措施提高抗震能力。

4. 结构构件及连接

结构及结构构件应具有良好的延性，求避免脆性破坏或失稳破坏。为此，砌体结构构件，应按规定设置钢筋混凝土圈梁和构造柱、芯柱（指在中小砌块墙体中，在砌块孔内浇筑钢筋混凝土所形成的柱）或采用配筋砌体和组合砌体柱等，以改善变形能力。混凝土结构构件，应合理地选择尺寸、配置纵向钢筋和箍筋，避免剪切先于弯曲破坏、混凝土压溃先于钢筋屈服、钢筋锚固粘结先于构件破坏、钢结构构件，应合理控制尺寸，防止局部或整个构件失稳。

结构构件间的连接应具有足够的强度和整体性，要求构件节点的强度，不应低于其连接构件的强度；预埋件的锚固强度，不应低于连接件的强度；装配式结构的连接，应能保证结构的整体性。抗震支撑系统应能保证地震时结构稳定。

5. 隔震与消能

隔震与消能技术的采用，应根据建筑抗震设防类别、设防烈度、场地条件、结构方案及使用条件等，经对结构体系进行技术、经济可行性的综合对比分析后确定。这类建筑在遭遇本地区各种强度的地震时，其上部结构的抗震能力应高于相应的一般建筑，并且除隔震器连接基础与上部结构外，所有结构及管道应采取适应隔震层地震时变形的措施，还应考虑隔震器与耗能部件便于检查和替换，防止隔震器意外丧失稳定性而发生严重破坏的保证措施。

二、风灾

人类是居住在被一层厚达 1000km 的大气所环绕的地球上的，这一环绕地球的大气层从上到下可分为热层、中间层、平流层和对流层。其中，对流层为地球表面以上约 10km 范围内的大气，人类活动主要在对流层中进行，例如航空飞行常常在近万米的高空。由于太阳辐射在地球表面分布的不均匀性和地球表面水陆分布、高低分布的不均匀性以及地球的自转等因素而造成的太阳对地表加热的时空不均匀性，使得对流层中大气温度分布存在时空的不均匀性，造成空气的竖向对流和水平流动，从而产生了风。风灾一般是大风造成的灾害。大风除有时会造成少量人口伤亡、失踪外，主要破坏房屋、车辆、船舶、树木、农作物以及通信设施、电力设施等。

风灾是全球最常见和最严重的自然灾害之一，年复一年地给我们人类社会带来巨大的生产和财产损失。风灾具有发生频率高、次生灾害大（如暴雨、巨浪、风暴潮、洪水、泥石流等），持续时间长等特点。19 世纪后 50 年代，国际十大自然灾害统计结果表明，风灾发生的次数最多，约占总灾害次数的 51%；风灾导致的死亡人数最多，约占 41%；风灾造成的经济损失最大，约占 40%。2007 年世界十大自然灾害中，有 2 次就是风灾。其中一次是孟加拉国热带风暴。11 月 15 日，热带风暴"锡德"侵袭孟加拉国南部，造成了重大人员伤亡。时速高达 100 多英里的风暴将电线刮断，把树木连根拔起，并将大量房屋吹倒。这次自然灾害造成 1000 多人死亡，50 多万人被迫流离失所。

我国是世界上少数几个受风灾影响最严重的国家之一。我国地处西北太平洋西岸，全世界最严重的热带气旋——台风大多数是在西北太平洋上生成的，并沿着西北或偏西路径移动，曾经正面袭击过我国的海南、广西、广东、台湾、福建、浙江、江苏、山东、天津、辽宁等 10 多个沿海省、直辖市、自治区，而且风灾发生的频率很高，平均每年在我国沿海地区登陆的台风有 7 个，引起严重风暴潮灾害 6 次。2005 年我国十大自然灾害中有 4 次是风灾，造成直接经济损失 551 亿元，约占十大自然灾害全部损失的 2/3。

自然界常见的风灾主要有台风、飓风和龙卷风。通常所说的"台风"、"飓风"都属于北半球的热带气旋，只不过是因为他们产生在不同的海域，被不同的国家的人用了不同的称谓而已。一般来说，在大西洋和北太平洋东部上生成的热带气旋被称作"飓风"，而人们把在太平洋其他地方上生成的热带气旋称作"台风"。

1. 台风灾害

台风是一个大而强的空气漩涡，平均直径 600～1000km，从台风中心向外依次是台

图 7-4　台风的卫星照片

风眼、眼壁，再向外是几十公里宽、几百公里乃至几千公里长的螺旋云带，螺旋云带伴随着大风、阵雨成逆时针方向旋向中心区，越靠近中心，空气旋转速度越加大，并突然转为上升运动。因此，距中心 10～100km 范围内形成一个由强对流云团组成的约几十公里厚的云墙、眼壁，这里会发生摧毁性的暴风雨；再向中心，风速和雨速骤然减小，到达台风眼时，气压达到最低，湿度最高，天气晴朗，与周边天气相比似乎风平浪静，但转瞬一过，新的灾难又会降临。

台风带来的灾害有三种：即狂风引起的摧毁力、强暴雨引起的水灾和巨浪暴潮的冲击力。图 7-4 是一张台风的卫星照片，图像中部为台风眼，周围的风速要比台风眼处大得多。

2. 飓风灾害

飓风是发生在热带或副热带东太平洋和大西洋上中心附近风力达 12 级或以上的热带气旋。飓风的地面速度可达 70m/s，具有极强的破坏性，影响范围也很大。飓风到来时常常电闪雷鸣，空中充满了白色的浪花和飞沫，海面完全变白，能见度极低，海面波高达 14m 以上。

飓风的严重性依据它对建筑、树木以及室外设施所造成的破坏程度不同而被划分为五个等级：一级最高风速 33～42m/s，二级最高风速 43～49m/s，三级最高风速 50～58m/s，四级最高风速 59～69m/s，五级最高风速 70m/s 以上。

2004 年 9 月登陆美洲的飓风"伊万"为五级飓风，给所经过的印度、牙买加、美国等国家造成巨大的损失，其资料照片见图 7-5，图 7-6。

图 7-5　飓风"伊万"的俯视图

图 7-6　飓风"伊万"携带着狂风暴雨，登陆美国

3. 龙卷风

龙卷风是一种强烈的、小范围的空气涡旋，是在极不稳定天气下由两股空气强烈相向对流运动，相互摩擦形成的空气漩涡。这种漩涡造成中心气压很低，而吸起地面的物体，抛向天空。龙卷风外貌奇特，它上部是一块乌黑或浓灰的积雨云下部是下垂着的形如大象鼻子的漏斗状云柱，如图 7－7 所示，风速一般为 50～100m/s，有时可达 300m/s。

龙卷风是大气中最强烈的涡旋现象，影响范围虽小，但破坏力极大，其图见图 7－7、7－8。它往往使成片庄稼、成万果木瞬间被毁，令交通中断，房屋倒塌，人畜生命遭受损失。龙卷风的水平范围很小，直径从几米到几百米，平均为 250m，最大为 1000m。最大风速可达 150～450km/h，龙卷风持续时间，一般仅为几分钟，最长不过几十分钟，但造成的灾害很严重。

图 7－7 龙卷风照片

图 7－8 龙卷风的破坏力

全世界发生龙卷风次数最多的地方是美国。美国平均每天有 5 个龙卷风发生，每年就有 1000～2000 个龙卷风。美国的龙卷风不仅数量多，而且强度大。美国被称之为"龙卷之乡"。在美国，龙卷风每年造成的死亡人数仅次于雷电。它对建筑的破坏也相当严重，经常是毁灭性的。在 1999 年 5 月 27 日，美国得克萨斯州中部，包括首府奥斯汀在内的 4 个县遭受特大龙卷风袭击，造成至少 32 人死亡，数十人受伤。据报道，在离奥斯汀市北部 40 英里的贾雷尔镇，有 50 多所房屋倒塌，有 30 多人在龙卷风中丧生。遭到破坏的地区长达 1 英里❶，宽 200 码❷。

要将土木工程设计成能直接抵御台风和龙卷风是不可能的。但将可能发生区的房屋屋面板、屋盖、幕墙等加以特殊锚固，则是必要的；尤其对重要设施（如核能设施）更应加强重点防范。科学家们正在研究各种方法降低风速，如播撒碘化银榴弹以释放云中潜热，以降低气压差使风速减小；又如通过"播云"法将气和能量从台风核中心区抽走。

---

❶ 1 英里＝1.609344×10³m
❷ 1 码＝0.9144m

三、地质灾害

地质灾害是指由于自然变异和人为作用引起地质环境和地质体发生变化而给人类和社会造成的危害。地质灾害主要有滑坡、崩塌、泥石流、地面沉降、地面塌陷、地裂缝、岩土膨胀、砂土液化、土地冻融、沙漠化、沼泽化、土壤盐碱化及火山爆发等，其小滑坡、崩塌、泥石流、地面沉降和地面塌陷等为主要地质灾害。沙漠化近年来也有发展的趋势并越来越引起了人们的关注。需要指出的是，上述灾害并不都是单独发生的，一次重大自然灾害中可能会引发多种地质灾害，例如，强烈地震中很可能引发或产生滑坡、崩塌、泥石流、地面沉降、地面塌陷、地裂缝、砂土液化及火山爆发等多种灾害。

近十年来，中国 400 多个市县区受到各类地质灾害的严重侵害，有近万人死亡，平均 1000 人/年，经济损失近 300 亿元。崩塌、滑坡、泥石流的分布范围占国土面积的 44.8%，其中西南、西北地区最为严重。中国在防治自然原因造成的地质灾害的同时，人为原因造成的地质灾害已经逐渐突显出来。崩塌、滑坡和泥石流等地质灾害正随着矿产资源的开发、自然环境的恶化而加剧，我国地质灾害的成灾具有明显的地域性，损失程度与人口密度、经济发达程度成正比。

1. 滑坡

滑坡是指斜坡上的土体或岩体，受河流冲刷、地下水活动、地震及人工切坡等因素影响，在重力作用下，沿着一定的软弱面或软弱带，整体地或者分散地顺坡向下滑动的自然现象。

滑坡常常给工农业生产以及人民生命财产造成巨大损失、有的甚至是毁灭性的灾难。滑坡对乡村最主要的危害是摧毁农田、房舍、伤害人畜、毁坏森林、道路以及农业机械设施和水利水电设施等，有时甚至给乡村造成毁灭性灾害。位于城镇的滑坡常砸、埋房屋，伤亡人畜，毁坏田地，摧毁工厂、学校、机关单位等，并毁坏各种设施，造成停电、停水、停工，有时甚至毁灭整个城镇。发生在工矿区的滑坡，可摧毁矿山设施，伤亡职工，毁坏厂房，使矿山停工停产，常常造成重大损失。1999 年 9 月，中国台湾集集地震时的大面积山体滑坡曾毁灭了不少村庄和厂区；2003 年 9 月，陕西子洲县某山村在凌晨突然发生特大山体崩塌事故，约 1.2 万 m^3 的土石将窑洞压塌，造成两户人家全部家毁人亡；2002 年 6 月，重庆沙坪坝区一座垃圾填埋场里庞大的垃圾渣山突然发生大崩塌，约

图 7-9　贵州省关岭山体滑坡

5 万 m^3 的垃圾泥土冲破挡墙猛然而下，使得原本在山洼沟里的碎石工厂和涂料厂不见了踪影，并将多栋房屋毁坏。2010 年 6 月 28 日，贵州省关岭县岗乌镇大寨村因连续强降雨引发山体滑坡，造成该村两个村民组 38 户 107 人被掩埋，见图 7-9。该滑坡为我国 2010 年十大自然灾害之一。

人为的违反自然规律、破坏斜坡稳定条件的人类活动都会诱发滑坡。

（1）开挖坡脚：修建铁路、公路、依山建房、建厂等工程，常常使坡体下部失去支撑

而发生下滑。例如我国西南、西北的一些铁路、公路、因修建时大力爆破、强行开挖，事后陆陆续续地在边坡上发生了滑坡，给道路施工、运营带来危害。

（2）蓄水、排水：水渠和水池的漫溢和渗漏，工业生产用水和废水的排放、农业灌溉等，均易使水流渗入坡体，加大孔隙水压力，软化岩、土体，增大坡体容重，从而促使或诱发滑坡的发生。水库的水位上下急剧变动，加大了坡体的动水压力，也可使斜坡和岸坡诱发滑坡发生。支撑不了过大的重量，失去平衡而沿软弱面下滑。尤其是厂矿废渣的不合理堆弃，常常触发滑坡的发生。

随着经济的发展，人类越来越多的工程活动破坏了自然坡体，因而近年来滑坡的发生越来越频繁，并有愈演愈烈的趋势。应加以重视。

滑坡的防治要贯彻"及早发现，预防为主；查明情况，综合治理；力求根治，不留后患"的原则，结合边坡失稳的因素和滑坡形成的内外部条件，治理滑坡可以从以下两个大的方面着手：

（1）消除和减轻地表水和地下水的危害。

滑坡的发生常和水的作用有密切的关系，水的作用，往往是引起滑坡的主要因素，因此，消除和减轻水对边坡的危害尤其重要，其目的是：降低孔隙水压力和动水压力，防止岩土体的软化及溶蚀分解，消除或减小水的冲刷和浪击作用。具体做法有：防止外围地表水进入滑坡区，可在滑坡边界修截水沟；在滑坡区内，可在坡面修筑排水沟。在覆盖层上可用浆砌片石或人造植被铺盖，防止地表水下渗。对于岩质边坡还可用喷混凝土护面或挂钢筋网喷混凝土。排除地下水的措施很多，应根据边坡的地质结构特征和水文地质条件加以选择。常用的方法有：水平钻孔疏干、垂直孔排水、竖井抽水、隧洞疏干和支撑盲沟等。

（2）改善边坡岩土体的力学强度。

通过一定的工程技术措施，改善边坡岩土体的力学强度，提高其抗滑力，减小滑动力。常用的措施有：

1）削坡减载；用降低坡高或放缓坡角来改善边坡的稳定性。削坡设计应尽量削减不稳定岩土体的高度，而阻滑部分岩土体不应削减。此法并不总是最经济、最有效的措施，要在施工前作经济技术比较。

2）边坡人工加固；常用的方法有修筑挡土墙、护墙等支挡不稳定岩体；钢筋混凝土抗滑桩或钢筋桩作为阻滑支撑工程；预应力锚杆或锚索，适用于加固有裂隙或软弱结构面的岩质边坡；固结灌浆或电化学加固法加强边坡岩体或土体的强度；SNS边坡柔性防护技术等。

2. 泥石流

泥石流是指在山区或者其他沟谷深壑，地形险峻的地区，因为暴雨暴雪或其他自然灾害引发的山体滑坡并携带有大量泥沙以及石块的特殊洪流。泥石流具有突然性以及流速快、流量大、物质容量大和破坏力强等特点。发生泥石流常常会冲毁公路铁路等交通设施甚至村镇等，造成巨大损失。

它对人类的危害具体表现在四个方面。

（1）对居民点的危害。泥石流最常见的危害之一，是冲进乡村、城镇，摧毁房屋、工

图 7-10　舟曲县发生泥石流灾害

厂、企事业单位及其他场所设施。淹没人畜、毁坏土地，甚至造成村毁人亡的灾难。如 1969 年 8 月云南省大盈江流域弄璋区南拱泥石流，使新章金、老章金两村被毁，97 人丧生，经济损失近百万元。2010 年 8 月 7～8 日，甘肃省舟曲爆发特大泥石流，造成 1270 人遇难，474 人失踪，舟曲 5km 长、500m 宽的区域被夷为平地，见图 7-10。

（2）对公路和铁路的危害。泥石流可直接埋没车站、铁路、公路，摧毁路基、桥涵等设施，致使交通中断，还可引起正在运行的火车、汽车颠覆，造成重大的人身伤亡事故。有时泥石流汇入河道，引起河道大幅度变迁，间接毁坏公路、铁路及其他构筑物，甚至迫使道路改线，造成巨大的经济损失。如甘川公路 394km 处对岸的石门沟，1978 年 7 月暴发泥石流，堵塞白龙江，公路因此被淹 1km，白龙江改道使长约两公里的路基变成了主河道，公路、护岸及渡槽全部被毁。该段线路自 1962 年以来，由于受对岸泥石流的影响已 3 次被迫改线。新中国成立以来，泥石流给我国铁路和公路造成了无法估量的巨大损失。

（3）对水利水电工程的危害。泥石流主要是冲毁水电站、引水渠道及过沟建筑物，淤埋水电站尾水渠，并淤积水库、磨蚀坝面等。

（4）对矿山的危害。泥石流主要是摧毁矿山及其设施，淤埋矿山坑道、伤害矿山人员、造成停工停产，甚至使矿山报废。

减轻或避防泥石流的工程措施主要有：

（1）跨越工程。是指修建桥梁、涵洞，从泥石流沟的上方跨越通过，让泥石流在其下方排泄，用以避防泥石流。这是铁道和公路交通部门为了保障交通安全常用的措施。

（2）穿过工程。指修隧道、明洞或渡槽，从泥石流的下方通过，而让泥石流从其上方排泄。这也是铁路和公路通过泥石流地区的又一主要工程形式。

（3）防护工程。指对泥石流地区的桥梁、隧道、路基及泥石流集中的山区变迁型河流的沿河线路作一定的防护建筑物，用以抵御或消除泥石流对主体建筑物的危害。防护工程主要有：护坡、挡墙、顺坝和丁坝等。

（4）排导工程。其作用是改善泥石流流势，增大桥梁等建筑物的排泄能力，使泥石流按设计意图顺利排泄。排导工程，包括导流堤、急流槽、束流堤等。

（5）拦挡工程。用以控制泥石流的固体物质和暴雨、洪水径流，削弱泥石流的流量、下泄量和能量，以减少泥石流对下游建筑工程的冲刷、撞击和淤埋等危害的工程措施。拦挡措施有：拦渣坝、储淤场、支挡工程、截洪工程等。

3. 地面沉降

地面沉降又称为地面下沉或地陷。它是在人类工程经济活动影响下，由于地下松散地层固结压缩，导致地壳表面标高降低的一种局部的下降运动（或工程地质现象）。

地面沉降有自然的地面沉降和人为的地面沉降。自然的地面沉降一种是在地表松散或半松散的沉积层在重力的作用下，由松散到细密的成岩过程；另一种是由于地质构造运动、地震等引起的地面沉降。人为的地表沉降主要是大量抽取地下水所致。

地面沉降的危害主要有：

（1）毁坏建筑物和生产设施。

（2）不利于建设事业和资源开发。发生地面沉降的地区属于地层不稳定的地带，在进行城市建设和资源开发时，需要更多的建设投资，而且生产能力也受到限制。

（3）造成海水倒灌。地面沉降区多出现在沿海地带。地面沉降到接近海面时，会发生海水倒灌，使土壤和地下水盐碱化。对地面沉降的预防主要是针对地面沉降的不同原因而采取相应的工程措施。

地面沉降会对地表或地下构筑物造成危害；在沿海地区还能引起海水入侵、港湾设施失效等不良后果。人为的地面沉降主要是过量开采地下液体或气体，致使贮存这些液、气体的沉积层的孔隙压力发生趋势性的降低，有效应力相应增大，从而导致地层的压密。基于上述机制，上海于1965年以后，

图7-11　地陷灾害

采用人工回灌方法，使地下水位回升、地面部分回弹，比较成功地控制了地面沉降。我国近年来在多地出现了地陷的事件，如2010年8月12日山西省人民医院门前的人行便道一侧出现两个"大坑"，随后，省人民医院东侧感染疾病门诊楼一侧发生塌陷，如图7-11所示。

四、其他灾害

（一）火灾

火灾是指在时间和空间上失去控制的燃烧所造成的灾害。在各种灾害中，火灾是最经常、最普遍地威胁公众安全和社会发展的主要灾害之一。人类能够对火进行利用和控制，是文明进步的一个重要标志。所以说人类使用火的历史与同火灾作斗争的历史是相伴相生的，人们在用火的同时，不断总结火灾发生的规律，尽可能地减少火灾及其对人类造成的危害。

1. 火灾对社会经济的危害。

火的发现和使用是人类的伟大创举之一，在人类文明和社会发展进步中起着无法估量的重要作用。然而，火若失去控制，便会危及生命财产和自然资源，酿成火灾。

一般可将火灾分为自然性火灾和行为性火灾。自然性火灾有直接发生的，如火山喷发、雷击起火等，也有条件性的次生火灾，如干旱高温的自燃、电器老化引起的火灾、地震引发的次生火灾等。行为性火灾，除了人为纵火外，绝大部分是无意识行为性火灾，如生活用火不慎引起的火灾、生产活动中违规操作引发的火灾等。

火灾是发生最频繁且极具毁灭性的灾害之一，其直接损失约为地震的5倍，仅次于干旱和洪涝，而其发生的频度则居各种灾害之首。根据世界火灾统计中心以及欧洲共同体研

究结果，许多发达国家每年火灾直接经济损失与该国国民生产总值（GDP）的比例约为0.1%～0.2%，人员死亡率在2/100000左右。除了直接损失外，火灾还可能造成工厂停产、供水供电中断，影响相当一部分人的正常生活工作秩序，从而造成间接经济损失。统计分析表明，火灾平均间接经济损失达直接经济损失的3倍左右。

2. 火灾对建筑结构的危害

钢材虽为非燃烧材料，但钢材不耐火，温度50℃时，钢材的强度将降至室温下强度的一半，温度600℃时，钢材将丧失大部分强度和刚度。因此，钢结构建筑一旦发生火灾，结构很容易遭到破坏甚至倒塌。例如，2001年"9.11事件"中美国纽约世贸中心两座110层411m高的大楼因飞机撞击后发生的火灾而倒塌，见图7-12，1967年美国蒙哥马利市的一个饭店发生火灾，钢结构屋顶被烧塌；1996年江苏省昆山市的一轻钢结构厂房发生火灾，4320m²的厂房烧塌；2005年6月10日，我国广东省汕头市潮南区峡山街道华南宾馆发生特大火灾，过火总面积2800m²，过火房间43间，共造成31人死亡、16人受伤（其中3人重伤）。

2007年10月21日，加利福尼亚南部山林发生大火，约100万人被迫撤离家园，14人丧命，85人受伤，6名消防人员受伤，2700余栋建筑遭焚毁。大火燃烧面积达1600多km²，损失至少达到10亿美元，见图7-13。

图7-12 9.11世贸大厦着火并倒塌　　　　图7-13 消防员扑灭海滩附近的起火房屋

对于火灾，在我国古代，人们就总结出"防为上，救次之，戒为下"的经验。随着社会的不断发展，在社会财富日益增多的同时，导致发生火灾的危险性也在增多，火灾的危害性也越来越大。实践证明，随着社会和经济的发展，消防工作的重要性就越来越突出。"预防火灾和减少火灾的危害"是对消防立法意义的总体概括，包括了两层含义：一是做好预防火灾的各项工作，防止发生火灾；二是火灾绝对不发生是不可能的，而一旦发生火灾，就应当及时、有效地进行扑救，减少火灾的危害。

（二）城市爆炸灾害

1. 概述

爆炸是与人类的生产活动密切相关的一种现象，一旦对它失去控制，就会酿成巨大的灾害。爆炸灾害是城市灾害的一个重要方面，往往使房屋倒塌，人员伤亡，造成难以估计的损失。

随着我国城市建设的不断发展和气体燃料资源的广泛开发，城镇燃气的应用日益普遍，由此引起前燃气爆炸事故也越来越多，损失越来越严重。燃气爆炸灾害每年都造成重大人员伤亡和巨大经济损失，它已成为城市灾害中一个不容忽视的问题。防止和减少这类事故的发生是城市与工程防灾减灾的重要目标之一。常见的爆炸事故有：火药在生产、运输过程中的爆炸；可燃气体、可燃蒸汽和可燃粉尘的爆炸、气体压力容器爆炸及失控化学反应引起的爆炸等。除军事战争、恐怖事件、正常的生产需要外，其他爆炸几乎都是事故爆炸。随着工业生产的发展，事故爆炸日益频繁，严重程度与日俱增。

2. 爆炸对结构的影响

爆炸往往对结构产生破坏作用，造成爆炸灾害。破坏作用与爆炸物的性质和数量有很大关系。在诸多爆炸中，核爆炸的破坏作用最大。很显然，爆炸物质的数量越多，爆炸威力越大，破坏作用也越强烈。另外，破坏作用还与爆炸的条件有关，如温度、初始压力、混合均匀程度以及点火源和起爆能力等。爆炸发生的位置不同，其破坏作用也会不同。一般来说，在结构内部发生的爆炸其破坏作用比在结构外部发生的大。爆炸对结构的破坏形式通常有直接的爆破作用、冲击波的破坏作用和火灾等三种。

(1) 直接的破坏作用。它是爆炸物质爆炸后对周围设备和建筑物的直接破坏作用。这种破坏作用的大小取决于爆轰波阵面的压力和爆炸压力的大小及爆炸产物在作用目标上所产生的冲量。它能造成结构的破坏和人员的伤亡，结果往往是严重的。另外，结构破坏后会变成碎片飞出，碎片在一定范围内飞散，造成危险。在一些情况下，由于爆炸碎片击中人体而造成的伤亡常占很大的比例。

(2) 冲击波的破坏作用。冲击波的破坏作用主要是由波阵面上的超压引起的。在爆炸中心附近，空气冲击波波阵面上的超压可达几个甚至十几个大气压，在这样超高压作用下，建筑物将被摧毁，机械设备、管道等也会受到严重破坏。

3. 爆炸引起的火灾

爆炸发生后，爆炸气体产物的扩散只发生在极其短促的瞬间，对一般可燃物来说，不足以造成起火燃烧，而且冲击波后面爆炸风还能起灭火作用。但是，建筑物内遗留的大量热或残余火苗，会把从破坏的设备内部不断流出的可燃气体或易燃液体的蒸汽点燃，也可能把其他易燃物点燃，引起火灾。可燃气体和粉尘的爆炸更易引起火灾，因为它们本身就是可燃物质。因而爆炸常与火灾相伴发生，火灾中有相当一部分是由爆炸引起的。

建筑物一旦发生火灾，不仅会烧毁室内财物，而且容易造成人身伤亡、建筑结构破坏、倒塌以及引起相邻建筑物起火。建筑火灾的发生、蔓延以及建筑物的损坏程度与建筑物材料很有关系。钢筋混凝土结构的建筑物，其墙、梁、柱、板等构件为非燃烧体，且具有一定耐火极限，但建筑物内部可能存放有可燃或易燃物质，一旦遇到明火或达到引起燃烧的能量，就会发生火灾。随着火灾的发展，室内温度不断上升。直到引燃一切可燃物及木质门窗等。导致门窗破裂，火焰穿出向外蔓延。另外，在高温条件下，混凝土强度会降低，变形增大，甚至可能爆裂。钢材在 550℃左右急剧软化，导致构件受火 15～30min 突然倒塌。

（三）岩土工程灾害

1. 岩土工程事故分类

人类进行的任何土木建筑活动，必定有地基基础，即总会与岩土工程有关。一般的岩土工程不会引起灾害，但重大的岩土工程可能形成灾害，因岩土工程处理不当而引起灾害事故有不同的类型。

（1）地基变形造成的工程事故。地基在建筑的载荷作用下产生沉降，包括瞬时沉降、固结沉降和蠕变沉降三部分。如果总沉降量和沉降差超过允许值时会造成事故，严重的突发性的事故会形成灾害。主要表现有：

1）严重沉降。由于建筑物的荷载，使地基产生附加应力，引起地基的沉降。严重沉降不仅使散水倒坡、雨水积聚，而且往往使上下水道、照明与通信电缆以及煤气管内外网连接断裂，造成事故。

2）倾斜。由于不均匀沉降，使建筑物整体倾斜，严重的造成建筑物倒塌。

（2）地基失稳造成的工程事故。建筑物荷载超过地基极限荷载，则该地基将发生强度破坏，整幢建筑物将沿着地基中某一薄弱面发生滑动而倾倒，这是灾难性的事故。

（3）建筑物地基溶蚀与渗透破坏造成的工程事故。由于地下水的运动而引起。若当地为石灰岩溶洞发育地区或矿产开采采空区，在地下水渗流作用下，溶洞或采空区顶部土体不断塌落或管涌，最终导致地面塌陷。若大量抽取地下水，虽非溶洞发育区，也会引起管涌使地面下陷。

（4）边坡强度破坏。人工边坡如开挖基槽，不注意护坡或护坡不周，将发生基槽变位或滑动。天然边坡如山坡、河岸可能因切削坡脚或建造工程引起山坡滑动、河岸移滑，导致工程破坏，甚至房屋埋没、倒毁。

（5）地基震害。凡地基为饱和状态疏松粉、细砂或粉土，在强烈地震作用下，地基发生液化，丧失承载力，导致建筑物倾倒、裂缝破坏。若地基为软弱黏性土，则在强烈地震作用下，地基将发生严重的震沉。

（6）冻胀及其他事故寒冷地区地基可能发生冻胀，导致裂缝。

2. 岩土工程事故灾害的防治措施

勘察、设计和施工是建筑工程三大主要环节。国内外对岩土工程的勘察、设计和施工颁布了很多规程和指南，如果能够严格地遵守这些规程或指南要求，做到正确勘察、精心设计和精心施工，绝大部分岩土工程事故是可以避免的。

（1）精心勘察。预防地基与基础工程事故首先要重视对建筑场地工程地质和水文地质年代的全面、正确了解。要做到这一点，关键要搞好工程勘察工作。要根据建筑场地特点、建筑物情况合理确定工程勘察的目的和任务，工程勘察报告要能正确反映建筑场地工程地质和水文地质情况。

（2）精心设计。对一般工业与民用建筑在全面、正确了解场地工程地质条件的基础上，根据建筑物对地基的要求，进行地基基础设计。如天然地基不能满足要求，则应进行地基处理形成人工地基，并采用合理的基础形式。对地基处理和基础工程力求做到精心设计。此外，地基、基础和上部结构是一个统一的整体，在设计中应统一考虑。要认真分析地基变形，正确估计工后沉降，并控制建筑物工后沉降在允许范围内。

对深基坑开挖，要认真进行支挡设计和降水方案设计。对地下洞室开挖，要正确计算洞室顶、侧荷载，正确进行支护设计。对边坡要进行稳定分析及边坡防护设计。对局部不良地质，应有对策预案。

（3）精心施工。正确的勘察、合理的设计需要通过精心施工来实现。施工中要按图施工，如遇异常情况，应由设计决定并办理施工洽商来更改。所用支护材料及结构要严格把关，不能因其临时工况而降低要求。在施工中加强观察，如有超常情况应及时采取措施加以处理。注意环境变化，尤其是地下水的变化对岩土工程的影响。

第三节 工程结构抗灾

土木工程抗灾主要是需要材料抗灾和结构抗灾等。土木工程结构受到地震、风、火、水、冰冻、腐蚀和施工不当引起的灾害，涉及到灾害材料学、灾害检测学、工程修复和加固等领域。而工程结构抗灾工程防灾减灾学科的重要组成部分，不仅涉及到材料和结构的检测，也涉及到工程结构的维修与加固等。

一、材料抗灾

在工程结构的抗灾研究中，首要关注的是材料受灾后的性能变化，即灾害对材料物理力学性能的影响，也即材料在灾害作用下的损伤等。要获得灾害之后材料性能的变化，需要对结构材料进行检测加以确定，以确定结构是否可以继续使用或是否需要加固处理。目前用得比较多的是无损检测技术，即在不破坏材料的前提下，检测结构宏观缺陷或测量其工作特性的各种技术方法的统称。

利用仪器对结构进行现场检测可测定工程结构所用材料的实际性能，由于被测结构在试验后一般均要求能够继续使用，所以现场检测必须以不破坏结构本身使用性能为前提，目前多采用非破损检测方法。常用的检测内容和检测手段有如下几种。

1. 混凝土强度检测技术

非破损检测混凝土强度的方法是在不破坏结构混凝土的前提下，通过仪器测得混凝土的某些物理特性，如测得硬化混凝土表面的回弹值或声速在混凝土内部的传播速度等，按照相关关系推出混凝土强度指标。目前实际工程中应用较多的有回弹法、超声法、超声-回弹综合法，并已制定出相应的技术规程。半破损检测混凝土强度的方法是在不影响结构构件承载力的前提下，在结构构件上直接进行局部微破坏试验，或者直接取样试验获取数据，推算出混凝土强度指标。目前使用较多的有钻芯取样法和拔出法，并已经制定出相应的技术规程。

2. 混凝土碳化及钢筋锈蚀检测

混凝土结构暴露在空气中会产生碳化，当碳化深度到达钢筋时，破坏了钢筋表面起保护作用的钝化膜，钢筋就有锈蚀的危险。因此，评价现存混凝土结构的耐久性时，混凝土的碳化深度是重要依据。混凝土碳化深度可利用酚酞试剂检测，在混凝土构件上钻孔或凿开断面，涂抹酚酞试液，根据颜色变化情况即可确定碳化深度。

钢筋锈蚀会导致保护层胀裂剥落，削弱钢筋截面，直接影响结构承载能力和使用寿命。混凝土中钢筋锈蚀是一个电化学过程，钢筋锈蚀会在表面产生腐蚀电流，利用仪器可测得电位变化情况，再根据钢筋锈蚀程度与测量电位之间的关系，可以判断钢筋是否锈蚀及锈蚀程度。

3. 砌体强度检测

砌体强度检测可采用实物取样试验，在墙体适当部位切割试件，运至试验室进行试压，确定砌体实际抗压强度。近些年，原位测定砌体强度技术有了较大发展。原位测定实际上是一种少破损或半破损的方法，试验后砌体稍加修补便可继续使用。例如：剪切法利用千斤顶对砖砌体作现场顶剪，量测顶剪过程中的压力和位移，即可求得砌体抗剪及抗压强度；扁顶法采用一种专门用于检测砌体强度的扁式千斤顶，插入砖砌体灰缝中，对砌体施加压力直至破坏，根据加压的大小，确定砌体抗压强度。

4. 钢材强度测定及缺陷检测

为了解已建钢结构钢材的力学性能，最理想的方法是在结构上截取试样进行拉压试验，但这样会损伤结构，需要补强。钢材的强度也可采用表面硬度法进行无损检测，由硬度计端部的钢球受压时在钢材表面留下的凹痕推断钢材的强度。钢材和焊缝缺陷可用超声波法检测，其工作原理与检测混凝土内部缺陷相同。由于钢材密度比混凝土大得多，为了能够检测钢材或焊缝中较小的缺陷，要求选用较高的超声频率。

与混凝土结构和砌体结构相比，工程建设中钢结构数量相对较少，而冶金、机械、交通、石油、化工、航空等部门对钢材物理性能、内部缺陷、焊缝探伤等检验方法比较完善、可以将其引入钢结构建筑的检测当中，如磁粉探伤、超声波探伤和防火涂层厚度检测等方法。

二、结构抗灾

工程结构抗灾最后落实在结构检测和结构的改造和加固上。要使受损结构重新恢复使用功能，也就是使失去部分抗力的结构重新获得或大于原有抗力便是结构加固的任务。

（一）混凝土结构加固方法

目前混凝土结构加固方法较多，不管采取哪一种加固方法，都要根据实际需要，本着安全、经济、合理的原则，从使用角度出发，争取做到最优化设计。

混凝土结构的加固方法可分为直接加固和间接加固。

1. 直接加固

（1）加大截面法。对梁来说，可以通过增加受压区的截面，以及在受拉区增加现浇钢筋混凝土围套，使截面承载力加大。对柱来说，可以在需要加固的柱截面周边，新浇一定厚度的钢筋混凝土，且保证新旧混凝土之间的可靠连接，这样可以提高柱的承载力，起到加固的作用。加大截面法的优点是：施工工艺简单、适应性强，并具有成熟的设计和施工经验；适用面广，适用梁板柱墙和一般构造物的混凝土加固。缺点是现场施工的湿作业时间长，对生产和生活有一定的影响，且加固后的建筑物净空有一定的减小。

（2）外包钢加固法。外包钢加固法又可以分为有粘结外包型钢加固法和粘贴钢板加固法。

有粘结外包型钢加固法是把型钢或钢板通过环氧树脂灌浆的方法包在被加固构件的外面，使型钢或钢板与被加固构件形成一个整体，使其截面承载力和截面刚度都得到很大的增强。其受力可靠、施工方便、现场工作量小，但用钢量较大，且不宜在无防护的情况下用于 600℃ 以上的高温场所，适用于使用上不允许显著增大原构件截面尺寸，但又要求大幅度提高其承载力的混凝土结构加固。

粘贴钢板加固法是在构件承载力不足的区段表面粘贴钢板，提高被加固构件的承载力。该法施工快速、现场无湿作业或仅有抹灰等少量湿作业，对生产和生活影响小，且加固后对原结构外观和原有净空无显著影响，但加固效果在很大程度上取决于胶粘工艺和操作水平；适用于承受静力作用且处于正常适度环境中的受弯或受拉构件的加固。

(3) 碳纤维加固。碳纤维加固法是一种新型的结构加固技术，它是利用树脂类粘结材料将碳纤维布粘贴于钢筋混凝土表面，使它与被加固截面共同工作，达到加固的目的。

碳纤维加固修补结构技术是继加大混凝土截面、粘钢之后的又一种新型的结构加固技术。

碳纤维与传统的加大混凝土截面或粘钢混凝土补强相比，具有节省空间，施工简便，不需要现场固定设施，施工质量易保证，基本不增加结构尺寸及自重，耐腐蚀、耐久性能好等特点。另外，采用该工法，可大大提高建筑物的使用寿命，降低加固成本。

因此，碳素纤维作为划时代的补强材料而备受青睐和关注。抗拉强度高，是同等截面钢材的 7～10 倍；重量轻，密度只有普通钢材的 1/4；耐久性好，可阻抗化学腐蚀和恶劣环境、气候变化的破坏；施工方便快捷、省力节时、施工质量易于保证；适用范围广，混凝土构件、钢结构、木结构均可进行加固。可大幅度提高构件的承载能力、抗震性能和耐久性能。

碳纤维加固法可用于混凝土结构抗弯、抗剪加固，同时广泛用于各类工业与民用建筑物、构造物的防震、防裂、防腐的补强。

2. 间接加固法

(1) 预应力加固法。预应力加固法又分为预应力水平拉杆加固法和预应力下撑拉杆加固法。常用的张拉方法有机张法、电热法和横向收紧法，具体根据工程条件和需要施加的预应力大小选定。该法能降低被加固构件的应力水平，不仅加固效果好，而且还能较大幅度地提高结构整体承载力，但加固后对原结构外观有一定影响；适用于大跨度或重型结构的加固以及处于高应力、高应变状态下的混凝土构件的加固。在无防护的情况下，不能用于温度在 60℃ 以上的环境中，也不宜用于混凝土收缩、徐变大的结构。

(2) 增加支承加固法。增加支点加固法是通过减少受弯杆件的计算跨度，达到减少作用在被加固构件上的荷载效应、提高构件承力水平的目的。该法简单可靠，但易损害建筑物的原貌和使用功能，并可能减小使用空间，适用于条件许可的混凝土结构加固。

(二) 砌体结构的加固

砌体结构的加固分为直接加固法与间接加固法两类。设计时，可根据实际条件和使用要求选择适宜的方法。

1. 砌体结构的直接加固方法

(1) 钢筋混凝土外加层加固法。该法属于复合截面加固法的一种，其优点是施工工艺简单、适应件强，砌体加固后承载力有较大提高，并具有成熟的设计和施工经验；适用于柱、带壁墙的加固；其缺点是现场施工的湿作业时间长，对生产和生活有一定的影响，且加固后的建筑物净空有一定的减小。

（2）钢筋水泥砂浆外加层加固法。该法属于复合截面加固法的一种，其优点与钢筋混凝土外加层加固法相近，但提高承载力不如前者；适用于砌体墙的加固。有时也用于钢筋混凝土外加层加固带壁柱墙时两侧穿墙箍筋的封闭。

（3）增设扶壁柱加固法。该法属于加大截面加固法的一种，其优点亦与钢筋混凝土外加层加固法相近，但承载力提高有限，且较难满足抗震要求，一般仅在非地震区应用。

2. 砌体结构的间接加固方法

（1）无粘结外包型钢加固法。该法属于传统加固方法，其优点是施工简便、现场湿作业少，受力较为可靠；适用于不允许增大原构件截面尺寸，却又要求大幅度提高截面承载力的砌体柱的加固；其缺点为加固费用较高，并需采用类似钢结构的防护措施。

（2）预应力撑杆加固法。该法能较大幅度地提高砌体柱的承载能力，且加固效果可靠；适用于加固处理高应力、高应变状态的砌体结构的加固；其缺点是不能用于温度在60℃以上的环境中。

（三）钢结构加固

钢结构加固可以从减轻荷载、改变结构计算图形、加大原结构构件截面和连接强度、阻止裂纹扩展等几个方面入手。

1. 加大构件截面尺寸

加大截面的加固方法思路简单，施工简便，并可以实现负荷加固，是钢结构加固中最常用的方法。采用加大截面加固钢构件时，所选截面形式应考虑原构件的受力性质，例如受拉构件相对简单，仅需要考虑强度即可，但如果是受压、受弯、或受压弯构件就要考虑其整体稳定，尽量使截面扩展；同时要有利于加固技术要求并考虑已有缺陷和损伤的状况。

2. 连接的加固与加固件的连接

钢结构连接方法，即焊缝、铆钉、普通螺栓和高强度螺栓连接方法的选择，应根据结构需要加固的原因、目的、受力状况、构造及施工条件，并考虑结构原有的连接方法后确定。

钢结构加固一般宜采用焊接连接、摩擦型高强度螺栓连接，有依据时亦可采用焊缝和摩擦型高强螺栓的混合连接。当采用焊缝连接时，应采用经评定认可的焊接工艺及连接材料。

3. 裂纹的修复与加固

结构因荷载反复作用及材料选择、构造、制造、施工安装不当等产生具有扩展性或脆断倾向性裂纹损伤时，应设法修复。在修复前，必须分析产生裂纹的原因及其影响的严重性，有针对性地采取改善结构的实际工作或进行加固措施，对不宜采用修复加固的构件，应予拆除更换。

第四节　工程防灾减灾的新成就与发展趋势

一、工程防灾减灾的新成就

城市化进程的加速，使得生命线系统工程防灾减灾成为研究的热点。近年来，我国国家自然科学基金委和相关部门对生命线工程系统减灾基础研究的资助主要有以下几个方面，并取得了重大的研究成果。

（1）建立了地下管网等生命线工程系统在地震作用下的反应方法，地上生命线系统工程，如供水系统的地震损失分析方法等。

（2）建立了城市多种灾害损失的评估模型。

（3）在调查分析抗震结构造价的基础上提出了不同重要性建筑抗震设防的最佳标准。

（4）研究了城市汇总地震触发滑坡、岩溶塌陷、采空区塌陷以及地震火灾和渗水引发滑坡等灾害链现象，并提出了相应评估方法。

（5）提出了包括斜拉桥等大跨度桥梁结构的抗震分析和隔震控制方法。

生命线工程系统未来发展方向应是多学科的相互靠近和融合，建立生命线工程系统的场地危险性评估方法，重大生命线工程破坏机理的分析方法，工程系统的设防标准、形态设计与优化分析方法、地震预警与应急和恢复策略、地震功能失效分析方法、地震灾害损失估计与控制方法，进行防震减灾智能决策信息系统的研制、开发符合实际城市生命线工程系统特征、可以在线运行或实时监测的城市生命线工程系统模拟软件等，直接指导城市生命线工程系统规划、建设、控制与管理工作。

二、工程防灾减灾的发展趋势

自然灾害的预测、预报、预防和救助科学理论和技术，涉及自然科学领域的方方面面，而且大多数都是当前世界性的高科技前沿课题。防灾减灾科学研究处于自然科学、技术科学和社会科学的交汇点，体现了三者的相互渗透和结合，防灾减灾科学技术具备跨学科性和其成果具有广泛的社会应用性是其重要特点。比如防灾减灾工作中的综合减灾、灾害系统论、减灾模型、失误控制论、灾害哲学及文化、人为灾害、数字减灾系统等概念及评估方法都体现了上述特点。实践还表明，防灾减灾预测预防基础研究，具有鲜明的超前性，突破途径的非常规性，某些重大发现的偶然性以及科学创新的艰难性。中国人所具有的注重整体性、综合性和复杂性的思维特征，是与当代科技发展的总趋势相符合的。把我国传统的整体观方法论和现代高科技精密充分结合，有可能是一些自然灾害预报研究取得重大进展和实行突破的重要途径和必由之路。防灾减灾科学技术进步离不开全社会科学技术的发展进步，防灾减灾科学技术进步又有力地推进和丰富了全社会科学技术的发展进步。

（1）开展自然灾害危险性评价和风险评估。美国和俄罗斯等国家，重点对实际风险和可承受风险进行评估。其成果已成为减灾应用基础研究的重要前沿领域之一，并为城市生命线工程的抗震能力评估提供了依据。

（2）承灾体脆弱性研究。美国等国家积极开展大城市的地层易损件研究、自然灾害社会易损性研究、经济易损性与社区易损性研究。这些研究在理论和方法上促进承载体易损性研究的深入，也表明承灾体易损性研究是综合科技减灾的前沿领域。

（3）灾害信息系统建设。美国、日本、加拿大和欧盟等国家，为进行灾害及紧急事务的管理，更好地沟通灾害信息，减轻灾害损失，均建立了灾害信息系统，实现灾害信息共享，以达到在灾害面前各方面的快速应急反应的要求。

（4）新材料、新技术的应用。传统的结构加固方法所用到的材料，如焊接、螺栓连接等会对原结构产生新的损伤和应力，而碳纤维增强复合材料由于比强度和比模量高、耐腐蚀及施工方便，广泛运用于受弯加固、拉压加固、疲劳加固等。同时胶结材料的稳定性与耐高温等性能也需要得到进一步的提高。

习　　题

1. 混凝土强度检测技术包括哪些?
2. 请说明混凝土结构直接加固法和间接加固法的主要方法和特点。
3. 简述防灾、减灾发展趋势。

第八章　计算机技术在土木工程中的应用

自 1946 年世界诞生出了第一台计算机以来，计算机科学技术发展极为迅猛，计算机已从一种单纯的快速计算工具发展成为能高速处理一切数字、符号、文字、语音、图像以至知识等的强大手段。其应用领域已覆盖社会全方位。计算机科学技术已经成为人类社会巨大的生产力。计算机与通信的结合更深刻地影响和改善了人类生产与生活方式，大大促进了人类文明的进步。计算机科学技术水平已经成为衡量一个国家经济实力和技术进步的重要标志。目前，欧、美、日等许多发达国家和地区正从工业化时代向信息化时代发展，远程教育、远程医疗、电子商务、电子邮件、虚拟现实的发展，使人们的生产、学习和生活方式发生着深刻的变化。

计算机应用于土木工程始于 20 世纪 50 年代，早期主要用于复杂的工程计算，随着计算机硬件和软件水平的不断提高，应用范围已逐步扩大到土木工程设计、施工管理、仿真分析等各个方面。

第一节　人与计算机的关系

为了说明人与计算机的关系，首先要了解计算机应用日益广泛的主要原因。

计算机能帮助我们解决用其他方法不能解决的问题。例如，只有通过高速地计算空间飞行器的运动，才能使必要的几乎瞬息之间的方向校正为有效。又如在土木工程中的矩阵问题，只有通过计算才能解决几百个甚至更多的联立方程组。

计算机广为使用的另一个主要原因是，它解决问题速度比人快得多，也精确得多。计算机不会在计算上出错，造成漏检，而人却做不到这一点。计算机可以在几分之一秒的时间内累加数十万个各种大小的数而不出任何计算上的差错，但不可想象，一个人在一个月内用算盘累加 10 万个数不会出差错。

现在可以讨论人与计算机的关系了。虽然计算机不会算错，可是它可能出现不正确的结果。原因是，要由人向计算机提供它依次解决一个问题的步骤和处理的数据。因此，若解题方法或数据一旦是错的，那就会出现不正确的结果。

值得注意的是，计算机即使有那么巨大的能力，可是它不能创造性的工作，这是一个突出的矛盾，例如，计算机能够帮助建筑设计师设计一个建筑物，但是没有建筑师，它却不可能产生这项建筑设计。

上述矛盾用交互式的计算机辅助设计 CAD（Computer Aided Design）系统可以得到较好的解决。因为计算机迅速准确，这时设计人员可以运用自己的创造力，综合分析计算机输出的各种信息，作出决断，直到获得最佳的设计成果。以人与计算机交互式工作，充分发挥各自的特长，相得益彰，使 CAD 成为一个非常理想的设计方式。

人和计算机的关系应该是很明确的了。因此，既然计算机承担了它所能执行的任务，人就不必去做计算机所能做的事情了。如果利用计算机去做一些需要大量计算和数据处理（data management）的工作，我们就可腾出手来处理和研究新问题，解决现存问题。

第二节　CAD 的基本概念及其在土木工程中的应用

一、CAD 的基本概念

CAD（Computer Aided Design）是计算机辅助设计的简称。就是利用计算机系统来辅助完成工程设计领域中的各项工作。今天人们常说的 CAD 已不再局限于辅助设计工程的个别阶段和部分，而是将计算机技术有机地应用到设计的每个阶段和所有环节，尽可能地应用计算机去完成那些重复性高、劳动量大以及某些单纯靠人难以完成的工作，使工程师有更多的时间和精力去从事更高一层的创造性劳动。CAD 技术及其应用水平已成为衡量一个国家的科技现代化和工业现代化水平的重要标志之一。

整个一座建筑的设计包括建筑、结构、给排水、暖气通风、通信、供电、包括电梯等的设备、装修等各协作专业的设计集成，称为建筑集成化设计体系。现在国际上先进的建筑集成化计算机辅助设计系统（CAAD）具有资料检索（信息库的建立与管理）、科学计算、绘图与图形显示、仿真模拟、综合分析、评价优化以及咨询决策等方面的基本功能。它的工作范围包括可行性研究、总体规划、初步设计、技术设计、施工图绘制、设计文件以及工程造价预测与分析的全过程。工程结构 CAD 系统是建筑集成化 CAAD 系统中的一个分支，在我国，建筑设计 CAD、结构设计 CAD、道路 CAD 系统等已经问世，并显示了它的巨大威力。

CAD 系统由软件系统和硬件系统两大部分组成。软件部分包括程序控制系统、数据输入系统以及设计、计算和图纸生成。硬件部分包括计算机、信息输入设备与输出设备。

CAD 的工作方式有两类：一类是自动化设计方式，即一切都按 CAD 系统软件规定形式自动进行工作，除了必要的原始工程设计参数的输入外，其系统不需要设计人员干预就能进行分析、计算、绘图等，完成全过程设计。另一类则是交互式设计方式，要求在建筑师、工程师的不断干预下，以人—机对话的交互作业方式来完成工程设计。适用于有错综复杂的多因素决策以及设计对象难以用精确数学模型表示的情况。通常，建筑设计 CAD 采用这种交互式设计方式。

我国微机系统的建筑结构 CAD 软件的开发已进入实际应用阶段。平面结构、空间结构的应用软件可适用于框架、框剪、框筒等结构体系。这些软件的功能着重于主体结构的施工图设计，包括结构的振动分析、位移、内力计算、截面设计及施工图绘制。一个建筑结构 CAD 系统的工作过程，包括数据的输入、数据检查、结构分析与设计、计算结果图形显示、施工图绘制等步骤。目前，在国内，计算机辅助设计已得到普通的应用。

二、CAD 在土木工程中的应用

1. 建筑与规划设计

建筑与规划设计 CAD 软件大多是以 AutoCAD 为图形支撑平台作二次开发的系统。这些软件一般能进行建筑和桥梁的造型设计，从二维的平、立、剖面图到三维的透视图甚至渲染效果图都能生成。

目前国内流行的建筑设计软件主要有：

北京天正工程软件有限公司开发的天正建筑、北京华通工程设计软件公司的 House、深圳市清华斯维尔软件科技有限公司的 TH－Arch，中国建筑研究院的 APM、ABD、匈牙利 GRAHPISOFT 公司的 ARCHICAD 等等。

2. 结构设计

在结构设计方面，若干在微机上研制开发的较成熟的 CAD 软件，目前正在各设计单位发挥着积极的作用。就其功能来说，它们基本上能完成从结构计算到绘制结构施工图的全部或大部分工作，在系统中由于具备功能齐全而又灵活方便的前后处理功能，大大提高了使用者的工作效率，减少了出错机会和查错时间。

目前国内流行的结构 CAD 软件主要有：

中国建筑研究院的 PK、PM、TBSA、TAT、SATWE、TBSA－F、TBFL、LT、PLATE、BOX、EF、JCCAD、ZJ 等。

湖南大学的 HBCAD、FBCAD、BSAD、BENTCAD、FDCAD、NDCAD 等。

交通部公路科学研究所的桥梁设计软件 QXCAD、GQJS、SBCC、STR 等。

3. 给排水设计

目前国内流行的给排水设计软件主要有：WPM、PLUMBING、GPS 等。

4. 暖通设计

目前国内流行的暖通设计软件主要有：HPM、CPM、HAVC、THAVC、SPPING、［美］AEDOT、［欧］COMBINE 等。

5. 建筑电气设计

目前国内流行的建筑电气设计软件主要有：TELEC、ELCTRIC、EPM、EES、INTERDQ 等。

总之，CAD 是一门应用非常广泛的技术，在土木工程的各个领域都占有很重要的地位，因此，它是一门很重要的技术基础课，应认真地学习，努力掌握 CAD 的基本原理和应用技巧，为今后的工作和学习打下扎实的基础。

三、PKPMCAD 设计软件在建筑业的应用

我国对 CAD 的应用和研究，开始于 20 世纪 70 年代，在 80 年代中期进入了全面开发应用阶段，并给土木工程设计工作带来了越来越大的影响。当前，计算机辅助设计在土木工程领域中的应用首推由中国建筑科学研究院开发的 PKPM 设计软件系统。

PKPM 设计软件（又称 PKPMCAD）是一套集建筑、结构、设备（给排水、采暖、通风空调、电气）设计于一体的集成化 CAD 系统。面向钢筋混凝土框架、排架、框架—剪力墙、砖混以及底层框架上层砖房等结构。适用于一般多层工业与民用建筑、100 层以下复杂体型的高层建筑，是一个较为完整的设计软件系统。它在国内设计行业占有绝对优势。拥有用户 9000 多家，市场占有率达 80％以上，现已成为国内应用最为普遍的 CAD 系统。PKPM 设计软件为我国设计滑移在过去十几年中实现甩掉图扳、提高设计效率和质量的技术进步做出了突出贡献，及时满足了全国建筑市场高速发展的需要。

其中 PMCAD 软件采用人机交互方式、引导用户逐层对要设计的结构进行布置。建起一套描述建筑物形体结构的数据。软件具有较强的荷载统计和传导计算功能，它能够方便地建立起要设计对象的荷载数据。由于建立了要设计结构的数据结构，PMCAD 成为 PK、PM 系列结构设计各软件的核心，它为各功能设计提供数据接口。PKPMCAD 可以自动导入计算施加在结构上的荷载，建立荷载信息库；为上部结构绘制 CAD 模块提供结构构件的精确尺寸，如梁、柱总图的截面、跨度、次梁、轴线号、偏心等；统计结构工程量、以表格形式输出等。

PK 软件则是钢筋混凝土框架、框排架、连续梁结构计算的施工图绘制软件，它是按照结构设计的规范编制的。PK 软件的绘图方式有整体式与分开绘制式。它包含了框架、排架计算软件和壁式框架计算软件，并与其他有关软件接口完成梁、柱施工图的绘制，生成底层柱底组合内力均与 PMCAD 产生的基础柱网对应，直接传过去作柱下独立基础、桩基础或条形基础的计算。达到与基础设计 CAD 结合的工作，以最终绘制出各种构件的施工图，能自动布置图纸版面与完成模扳图的绘制等。

PKPMCAD 软件结构设计界面参见图 8-1～图 8-4。

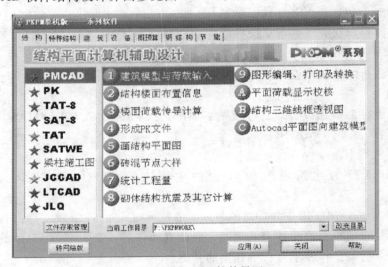

图 8-1　PKPM 软件界面

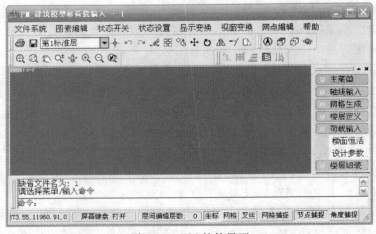

图 8-2　PM 软件界面

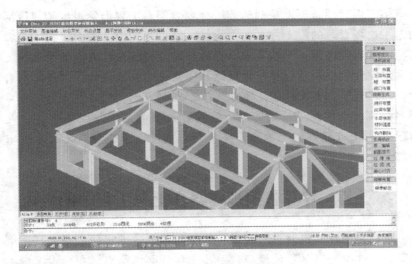

图 8-3 PKPM 单层房屋结构分析

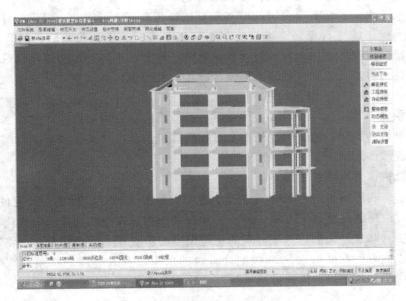

图 8-4 PKPM 多层房屋结构分析

PKPM 概预算软件能够完成工程项目的工程量统计、钢筋统计和造价分析报表等。配备了全国各省市的建筑、安装、市政、园林、装修、公路和铁路等方面的最新定额库，建立了工程材料基价网站，并适应各地套价、换算、取费的地方化需求。从 2003 年起，率先在全国推出工程量清单计价软件。

在建筑工程的工程量统计和钢筋统计上，软件可以接入 PKPM 设计软件数据自动完成统计计算。还可以转化图纸的 AutoCAD 电子文件，从而大大节省了用户手工计算工程量的巨大工作量，并使从基础、混凝土、装修的工程量统计到梁、板、柱、墙等的钢筋，统计效率和准确性大大提高。

在施工应用方面有项目进度控制的施工计划编制，工程形象进度和建筑部位工料分析等；有控制施工现场管理的施工总平面图设计，施工组织设计编制、技术资料管理、安全管理、质量验评资料管理等；有施工安全设施和其他设施设计方面的深基坑支护设计、模板设计、脚手架设计、塔吊基础和稳定设计、门架支架井架设计、混凝土配合比计算、冬季施工设计、常用施工方案大样图集图库等。

PKPM 系列工程软件经过长期而广泛的设计人员的使用与反馈，研发人员的不断拓新，推出的新版 PKPM 软件中一些操作菜单与方式发生了改变，大大方便与顺应了广大使用者的要求。

第三节　计算机模拟仿真在土木工程中的应用

计算机仿真是利用计算机对自然现象、系统工程、运动规律以至人脑思维等客观世界进行逼真的模拟。这种仿真是数值模拟进一步发展的必然结果。在土木工程中已开始应用计算机仿真技术，解决了工程中的许多疑难问题。

由于洪水、火灾、地震等灾害的原型重复试验几乎是不可能的，因而计算机仿真在防灾工程领域的应用就更有意义。目前已有不少抗灾防灾的模拟仿真软件已研制成功。例如，在洪水泛滥淹没区的洪水发展过程演示软件，可预示不同时刻的淹没地区，人们可以从屏幕上看到水势从低处到高处逐渐淹没的过程，从而做出防洪规划及遭遇洪水时指导人员疏散。

岩土工程处于地下，往往难以直接观察，而计算机仿真则可把内部过程展示出来，有很大的实用价值。例如，地下工程开挖全过程计算机仿真可以预示和防止出现基坑支护倒塌或管涌、流沙等问题。

一、计算机仿真系统的发展

仿真方法即利用模型进行研究的方法，是人类最古老的对工程进行研究的方法之一。这种基于相似原理的模型研究方法，经历了从直观的物理模型到抽象的形式化模型（数学模型）的发展。通常，人们将基于直观的物理模型的仿真称为物理仿真，而将基于数学模型的仿真方法称为计算机仿真。20 世纪计算机的出现以及人类对于"系统"的认识，大大促进了仿真学科的发展，因此计算机仿真又称为系统仿真。目前，系统仿真已成为由现代数学方法、计算机科学、人工智能理论、控制理论以及系统理论等学科相结合的一门综合性学科。系统仿真可以理解为："仿真是在数字计算机上进行试验的数字化技术，它包括数字与逻辑模型的某些模式，这些模型描述某一事件在若干周期内的特征"。系统仿真利用计算机和其他专用物理效应设备，通过系统模型对真实或假想的系统进行试验，并借助于专家知识、统计数据和信息资料试验结果进行分析研究。系统仿真的基本要素是系统、模型和计算机。而联系这三项要素的基本活动则是模型建立仿真试验。系统就是研究的对象，模型则是系统特性的一种表述。一般来讲，模型可以代替真实系统，而且还是对真实系统的合理简化。

在 20 世纪 40 年代计算机出现以后，仿真技术在许多行业得到了应用。从仿真的硬件角度讲，其发展可以分为：模拟计算机仿真、模拟数混合计算机仿真和数字计算机仿真

（即系统仿真）三个阶段。从仿真软件的角度讲，其发展阶段大致可以分为相互交叉的五个阶段：仿真程序包和仿真语言、一体化仿真环境、智能化仿真环境、面向对象的仿真和分布式交互仿真。

在建筑系统工程中，目前已有不少直接面向系统仿真的计算机高级语言，如 CSSL（Continuous System Simulation Language）等。系统仿真已广泛应用于企业管理系统、交通运输系统、经济计划系统、工程施工系统、投资决策系统、指挥调度系统等方面。

工程结构计算机仿真分析的基本思路如图 8-5 所示。

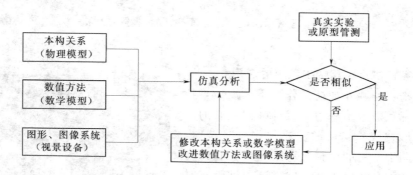

图 8-5　工程结构计算机仿真分析的基本思路

由图可知分析须有如下三个条件：

（1）有关材料的本构关系，或物理模型，可由小尺寸试件的性能试验得到。

（2）有效的数值方法、如差分法、有限元法、直接积分法等。

（3）丰富的图形软件及各种视景系统。

按上述基本思路，则可在计算机上做试验。如核反应堆安全壳的事故反演分析，地震作用下构筑物的倒塌分析，只有采用计算机仿真分析才能大量进行仿真与虚拟现实技术，此技术已开始应用到土木工程中。在城市规划、建筑设计、房地产销售、大型工程施工中，借助虚拟漫游，可身临其境，优化方案，科学决策。

二、计算机模拟仿真在土木工程中的应用

在世界范围内，ANSYS 软件已经成为土木建筑行业 CAE（Computer Aided Engineering）仿真分析软件的主流。ANSYS 在钢结构和钢筋混凝土房屋建筑、体育场馆、桥梁、大坝、隧道以及地下建筑物等工程中得到了广泛的应用。可以对这些结构在各种外荷载条件下的受力、变形、稳定性及各种动力特性做出全面分析，从力学计算、组合分析等方面提出了全面的解决方案，为土木工程师提供了功能强大且方便易用的分析手段。ANSYS 在中国的很多大型土木工程中都得到了应用，如上海金贸大厦、国家大剧院、上海科技馆、鸟巢等工程都利用 ANSYS 软件进行有限元仿真分析。此外，同济大学、清华大学、西南交通大学、武汉大学等学校应用 ANSYS 软件设计分析了各种桥梁（新型"大跨度双向拉索斜拉桥"和"大跨度双向拉索悬索桥"），模拟了引水工程隧道的施工过程，设计拱坝、面板堆石坝、复杂地下洞室群、大型输水结构，并模拟了其施工力学过程。利用 ANSYS 可以有效地保证工程的设计和施工质量，缩短周期、降低工程成本，对于提高设计和施工能力、增强行业竞争力起到了很大的促进作用。ANSYS 的应用实例图见图 8-6

～图 8-8。

图 8-6　国家大剧院的效果图

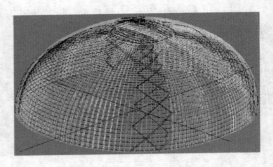

图 8-7　国家大剧院结构仿真模型

三、计算机仿真在结构工程中的应用

工程结构在各种外加荷载作用下的反应，特别是破坏工程和极限承载力是工程师们关心的课题。当结构形式特殊、荷载及材料十分复杂时，人们常常借助于结构的模拟试验来测得其受力性能。但是当结构参数发生变化时，这种试验有时就受到场地和设备的限制。利用计算机仿真技术，在计算机上做模拟试验就方便多了。

结构工程的计算机仿真还用于事故的反演，寻找事故的原因，如核电站、海洋平台、高坝等大型结构，一旦发生事故，损失巨大。因为不可能做真实试验来重演事故，但计算机仿真则可用于反演，从而确切地分析事故原因。

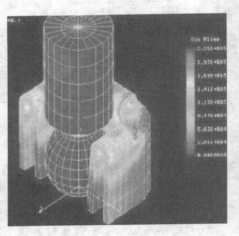

图 8-8　ANSYS结构仿真

四、计算机仿真在防灾工程中的应用

人类与自然灾害或人为灾害作了长期的斗争。由于灾害的重复试验几乎是不可能的，因而计算机仿真在这一领域的应用就更有意义了。

目前，已有不少关于抗灾防火的模拟仿真软件被研制成功。例如，洪水灾害方面，已有洪水泛滥淹没区发展过程的显示软件。该软件预先存储了洪水泛滥区域的地形、地貌和地物，并有高程数据，确定了等高线。这样，只要输入洪水标准（如 50 年一遇还是 100 年一遇），计算机就可以根据水量、流速及区域面积和高程数据，计算出不同时刻淹没的区域及高程并在图上显示出来。

人们可以在计算机屏幕上看到洪水的涌入，并从地势低处向高处逐渐淹没的全过程，这样可为防灾措施提供生动而可靠的资料。又如火灾、地震等，均可以进行模拟演示。

五、计算机仿真在岩土工程中的应用

岩土处于地下，往往难以直接观察，而计算机仿真则可以把内部过程展示出来，有很大的实用价值。例如，美国斯坦福大学研制了一个河口三角洲泥沙沉积的模拟软件，给定河口条件后可以显示出不同粒径泥沙的沉积区域及相应的厚度，这对港口设计及河道疏通均有指导意义。

六、计算机仿真在结构实验教学中的应用

在土木工程专业的"钢筋混凝土"课程的教学中，钢筋混凝土构件实验是一个很重要的环节。它帮助学生更好地理解钢筋混凝土构件的性能，增强感性认识。但是，真实的构件破坏试验不仅需要庞大的实验空间，还要花费很大的人力、物力、财力和准备时间。如果能够采用计算机模拟的方法，利用计算机图形系统构成一个模拟的试验环境，学生向计算机输入构件数据后，就可以在屏幕上观察到构件破坏的全过程及其内外部的各种变化。而且，这比单纯去让学生看教学试验更能调动学生的积极性，使学生能有动手参与的机会，能在计算机上进行试件"破坏"和"修复"。这样做可以节省大量的人力、物力、财力和时间。

第四节　施工管理的信息化与现代化

信息作为当今社会的基础资源，它的建设与开发利用程度，即信息化水平，已成为衡量一个国家、一个地区、一个行业现代化水平和综合实力的重要标志。以信息化带动工业化是国策，也是改造和提升建筑业的突破口，这是大家的共识。

信息在工程项目管理中扮演着重要的角色。为了合理地管理工程项目，不仅需要在建工程的数据，还需要随时调用储存在数据库中的已建工程的历史数据，这些数据对项目规划、控制、报告和决策等任务来说，是最基本、最宝贵的资源。项目管理的首要任务是在预算范围内按时完成工程项目。并且满足一定的质量要求和其他规范要求，而有效的信息管理则是一个成功的项目管理系统不可缺少的重要组成部分。

工程中的信息按对象可大致分为两类：一是空间地理数据的信息，如建筑物的位置、地下管线的布局等；二是空间地理数据对应的属性数据信息，如建筑物的结构类型、管径等。其按性质又可分为：①工程基本状况的信息，主要存在于项目的目标设计文件、项目手册、各种合同、设计文件、计划文件中；②现场实际工程信息，例如实际工期、成本、质量信息等，主要存在于各种报告中；③问题的分析、计划和实际对比以及趋势预测信息；④各种指令、决策；⑤其他如市场情况、气候、政策等。

所谓信息化施工就是利用计算机信息处理功能。在施工过程所发生的工程、技术、商务、物资、质量、安全、行政等方面，对发生的人力、材料、机械、资金等瞬间即逝的信息有序地存储，并科学地综合利用，以部门之间信息交流为核心，以岗位工作标准为切入点，解决项目经理部从数据采集、信息处理与共享到决策目标生成等环节的信息化，以及时准确的量化指标为项目经理部的高效优质管理提供依据。例如，在隧道及地下工程中将岩土样品性质的信息，掘进面的信息收集集中，快速处理及时调控并指挥下一步掘进及支护，若在深基支护，可以大大提高工作效率并可避免不安全的事故。若在结构中采用监测手段为深基安全经济施工提供可靠数据的组织方式称为深基支护结构的信息化施工。

一、信息化施工现状

1. 建筑企业初步完成计算机的普及应用，但远没到信息化的阶段

我国建筑业应用计算机是从人力无法完成的复杂结构计算分析开始的，直到20世纪80年代才逐步扩展到区域规划、建筑CAD设计、工程造价计算、钢筋计算、物资台

账管理、工程计划网络制定等经营管理方面，20世纪90年代又扩展到工程量计算、大体积混凝土养护、深基坑支护、建筑物垂直度测量等施工技术方面的应用。自1990年信息高速公路INTETNET/INTRANET技术出现，人们的目光开始转向利用计算机做信息服务。更关注整个施工过程中所发生的瞬即消失的信息综合利用，我们把这种高层次的计算机应用统称为信息化施工技术。信息化施工技术是当代建筑业技术进步的核心。在业务范围方面涵盖了建设管理、工程设计和工程施工三方向的信息化任务。在应用技术上包括三个领域：以互联网为中心的信息服务应用、施工经营管理的应用和施工涉及的专业技术应用。

自从1994年建设部十项新技术在全国展开后，在各级科技示范工程中得到推广。在政府管理部门和一级、二级企业中普及了计算机的单项应用，少数单位建立了企业内部网络。

2. 初步形成了建筑业专用软件市场

目前已推广应用一批自主知识版权的信息产品，能够满足单项应用要求，但缺少平台级系统软件和网络化应用。软件公司的规模较小、产品销售不理想。

我国在建筑设计上的软件及应用程度总体上高于施工企业，到1995年全国设计勘察单位基本完成了CAD的技术改造，到2000年，施工管理软件产品已经赶上建筑设计软件产品的水平。其特征为：从企业自产自用发展为专业化生产。在20世纪七、八十年代多是单位自行研制的单项功能的初级产品，到20世纪90年代市场经济带动出专门从事建筑管理软件开发的高科技企业。软件功能从单一发展到功能集成，如工程造价、工程量计算、钢筋计算集成软件已发展较为完善，其产品基本上覆盖全国。从单项专业应用发展为信息化系统平台应用。目前，为满足建筑公司和项目经理部的需要、正向着信息化管理平台推进，在平台上可以运行从投标书制作、网络计划编制到施工管理全套软件。为发展适合国情的信息产品奠定技术基础。在上海正大广场工程应用计算机进行钢结构吊装虚拟仿真获得成功，标志着我国具有向更高应用水平发展的潜力。

3. 与国内其他行业相比建筑业推广信息技术的力度小、投入的人力财力较小，应用的水平较低

（1）缺乏政府主管部门制定发展信息化施工技术的长远计划和工作规则。

（2）缺乏行业部门或行业学术团体制定的技术规程、约定等用于指导信息化网络发展。

（3）建筑业专用软件产品市场刚刚形成，尊重知识产权的社会风气尚需政府主管部门大力提倡和引导。

（4）在目前的建筑企业机制下，企业普遍缺乏采用包括信息技术在内的新技术的主动性。

（5）建筑管理体制不适应设计、施工及物业管理的信息、一体化发展技术要求。

二、信息化施工

近年来，信息化施工技术在逐渐得到应用和推广，如西南交大于2002年以深圳地铁为背景执行的项目"深圳地铁重叠隧道信息化施工技术研究"使地下工程信息化施工技术成功地应用于地铁的重叠隧道中。基坑从开挖完成封底，平均历时12d。信息化施工不仅

为安全高效地进行基坑开挖创造了极为有利的条件，也使地下连续墙工法在润杨大桥得到成功运用，填补了国内在深基坑工程中多项技术空白。2003 年初，盾构隧道信息化施工智能管理系统应用于上海隧道工程股份有限公司所有的在建工程，涵盖面相当广，我国的天津、南京、上海及新加坡等国家和地区均有应用。

在市场经济瞬息万变的环境中，业主、工程设计、工程承包方、金融机构、工程监理及物业管理者等几方面的人所关心的不仅是诸如造价等单个技术问题的解决，还更加关心工程建设本身和社会上所相关的各种关系等更大利益的动态信息，随时决定采用何种对策，以保护本身的权益。如业主和金融机构关心投资风险、预期投资回报率大小、政府的政策法规走向变化以及新技术、新材料应用可能性等。工程承包方除要解决各种施工技术问题外，还要关心施工的进度、质量、安全、资金应用情况、环保状况、财务及成本情况，以及中央和地方政府和各种法律和规章制度、材料设备供应情况及质量保证、设计变更等。以上这些应用科目远不是单项软件所能解决的，必须应用信息网络技术。现代信息技术能把上述内容有机地、有序地联系起来，供企业的决策经营者利用。只有这样，才能使企业的领导及时、准确地掌握各类资源信息，进行快速正确的决策和施工项目建设，协调工期，进行人力、物力、资金优化组合；才能保证建筑产品的质量，保证施工进度，取得较好的经济与社会效益。建筑信息化施工技术是我国建筑施工与国际接轨的一个重要手段，对作为国民经济的支柱产业之一的建筑业实现现代化起着十分重要的作用。

在 21 世纪，我们完全有条件建立起建设管理部门，即各级建委（建设局）—建筑承包商—物资设备供应商—建设发展商的信息系统。过去，建筑公司对工程项目经理部的管理多是行政管理，而施工动态化信息传递与处理、对经理部在生产过程中发生的技术问题的支援较少，这在市场经济条件下是十分不利的。因为要提高企业的效益、增强企业的技术水平和市场竞争能力，就要对生产过程中的信息及时地、成批地、准确地了解并加以控制。这种了解应是企业全员的行为，而不是过去少数人知道；是及时而不是事后；是成批的、多数的而不是肢离破碎的。如此，建筑企业方能做出准确的决策。要做到这一切就要企业公司建立信息数据库并实现网络化，通过网络连接公司职能部门和所属工地，实现信息资源的共享。

三、以互联网为中心的信息服务应用

企业公司级信息数据库应有投标报价库、人员库、物资设备库、技术规范库、常用法律法规库、工程资料库等，这些信息库要经常维护、保持常新，用信息为企业基层服务。

现在多数的国内建筑企业领导者还没有认识到信息化的重要性。在组织机构设置上、资金投入和人才录用等方面，同先进的国外工程承包商采用的信息决策制度（Chief Information Officer，简称 CIO）存在着较大差距。项目管理是一个涉及多方面管理的系统工程，它包含了工程、技术、商务、物资、质量、安全、行政等各个职能系统。在项目实施过程中，每天都发生人力、材料、机械、资金等大量的瞬间即逝的资源流，即发生大量的数据和信息，这些数据和信息是各职能系统连接的纽带，也构成了整个项目管理的神经系统。如何在项目管理的各相互职能间将资源流转化成信息流，将信息流动起来，形成数

据信息网络，达到资源共享，为决策提供科学的依据，使管理更加严谨、更加量化、更具可塑性，这是信息化施工在施工项目经理部的主旨。

"建筑工程项目施工管理信息系统"结合工程实际，以解决各部门之间信息交流为中心，以岗位工作标准为切入点，采用系统模型定义、工作流程和数据库处理技术，有效地解决了项目经理部从数据采集、信息处理与共享到决策目标生成等环节的信息化，以及时、准确地量化指标为项目经理部的高效优质管理提供了工程常规管理的要求，即满足业主、监理、分包对工作程序的要求。

进入 20 世纪 90 年代中期，国际互联网即 Internet 在世界范围内掀起波澜，彻底改变了传统封闭、单项单系统的企业 MIS 面孔，为企业 MIS 营造了一个开放的信息资源管理平台。其开放式的信息组织方式可以调动每个人的积极性，每个上网人员既是信息网的受益者，又是网上信息的组织者。

Internet 是目前国内外信息高速公路最为重要的信息组织方式，而在企业内部利用 Internet 的组织方式组建的企业 Internet 网（即 Intranet）、是基于 Internet 通信标准和 WWW 内容标准（Wet 技术、浏览器、页面检索工具和超文本链接）对 Client/server 结构的继承和发展。它给人们提供了一个不断变化的、开放的、丰富多彩和易于使用的双向多媒体信息交流环境，又可以利用国内外基于 Web 跨平台的网络信息发布机制，为企业提供与外界联络与信息采集的手段，从而在企业构成一个信息采集与发布中心。为企业现代化管理寻找到新的突破口。其特性主要体现在以下几个方面。

（1）公文传递系统。实现文件、报告、通知等文件的传输，保密性高的文件通过电子信箱定向传递，一般性的文件通过主页来发布。

（2）内部管理信息的查询。主要通过网络主页制作系统，由各部门进行信息的组织和创作，原则上用户只能浏览本部门或网络共享信息，并授予信息制作者信息维护权力。

（3）实现 E - mail 的传递，可为公司的管理人员建立个人的电子信箱。用户可以管理自己的邮件，可以通过互联网向全球发布电子邮件，同时可以每日定时接收来自世界各地的电子邮件，加强了管理人员与外界的沟通。

（4）提供统一的 Internet 的接入。通过 Lan Gates Server 技术直接管理用户对 Internet 的访问，并对访问 Internet 的站点加以控制。

（5）实现公司内的远程办公服务。各分公司、各项目，以及出差在外的人员，不论在世界的任何地方，只要有便携电脑，便可与公司网相连，及时获取公司的有关信息，收发电子邮件。

（6）数据库管理均资源共享。网络可支持目前大部分数据库产品，支持公司已有数据库信息。另一方向，利用计算机网络，可以在服务器端统一维护相关软件资源，用户端可通过网络从服务器上下载资源，统一公司办公平台，建立文档交流的基础。

四、信息化施工技术能保证工程质量和成本控制

一个实行信息化施工管理的经理部，只需 10 多台计算机联网，20 万元以内投资即可从设备上具备条件。当然，项目经理实现集约化管理的决心和全体经营人员会使用计算机的技术素质更为重要，项目经理部的管理人员每天定时将当天发生的工程、技术、商务、物资、质量、安全、行政和机械等方面的情况输入计算机，项目经理用这样的技术手段进行决策，用这样的办法管理的工程质量在技术措施上是万无一失的，可以向社会及业主交一份合格的答卷，同时提高建筑业企业的技术含量。

工程成本管理多年来一直困扰建筑业企业，特别是当前建筑公司的经营点分散，进行成本管理更加困难。近年来，研制成功的工程项目成本管理系统，为建筑公司、项目经理部核算和集约化管理提供了技术手段，使企业领导人在办公室就能了解全局的经营状况。

第五节　计算机在智能化建筑中的应用

美国智能化建筑学会（American Intelligent Building Institute）定义"智能化建筑"是将结构、系统、服务、运营及其相互联系全面综合，达到最佳组合，获得高效率、高功能与高舒适性的大楼。1985年日本建筑杂志载文中提出：智能化建筑就是高功能大楼。建筑环境必须适应智能化建筑的要求，方便有效地利用现代信息相关通信设备，并采用建筑设备自动化技术，具有高度综合管理功能的大厦。在新加坡，规定智能化大厦必须具备三个条件：一是先进的自动化控制系统，调节大厦内的各种设施，包括室温、湿度、灯光、保安、消防等，以创造舒适的环境；二是良好的通信网路设施，使数据能在层与层之间或大厦内进行流通；三是提供足够的对外通信设施。

智能化建筑是智能化建筑化建筑环境内的系统集成中心（以计算机为主的控制管理中心）。通过建筑物结构化综合布线系统（Premises Distribution System）和各种信息终端，如通信终端（微机、电话、传真和数据采集器等）和传感器（如烟雾、压力、温度和湿度传感器等）连接，"感知"大厦内各个空间的"信息"，并通过计算机处理给出相应的对策，再使通过通信终端或校制终端（如步进电机、各种阀门、电子锁和电子开关等）给出相应反应，使建筑物具有某种"智能"功能。

一般来讲，智能化建筑通常由以下四个子系统构成，即楼宇自动化系统（Building Automation，简称BA）、通信自动化系统（Communication Automation，简称CA）、办公自动化系统（Office Automation，简称OA）和综合布线系统（Premise Distribution System，简称PDS）。具有前三个系统的建筑常称之为3A智能化建筑。智能化建筑是由智能化建筑环境内系统集成中心（System Integrated Center，简称SIC）利用综合布线系统连接和控制"3A"系统组成。

近年来，房地产开发商为了吸引客户，把安保系统（Safety Automation System，简称SA）和防火监控系统（Fire Automation System，简称FA）从BA系统中分离出来，提出了5A（CA、OA、BA、SA、MA）智能化大楼的说法，还有人把管理自动化的功能（MA，Management Automation）从OA个分离开，提出6A概念。实际上智能化建筑的基础还是3A。

智能化建筑结构示意图如图8-9所示。

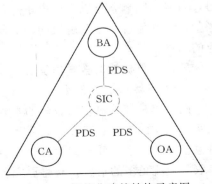

图8-9　智能化建筑结构示意图

第六节　土木工程专业中计算机辅助教学与网络教学

计算机辅助教学（Computer Aided Instruction，简称 CAI）是在计算机辅助下进行的各种教学活动，以对话方式与学生讨论教学内容、安排教学进程、进行教学训练的方法与技术。CAI 为学生提供一个良好的个人化学习环境。综合应用多媒体、超文本、人工智能和知识库等计算机技术，克服了传统教学方式上单一、片面的缺点。它的使用能有效地缩短学习时间、提高教学质量和教学效率，实现最优化的教学目标。

一、计算机辅助教学 CAI

计算机辅助教学的主要特点有：

（1）形式多样、生动活泼：通过对文字、图像、动画、声音等信息的处理，组成图、文、声、像并茂的演播系统，可以进行试听一体等多种方式的形象化教学。

（2）高度交互、因材施教：实现人机对话，能根据学习者的要求选择教学内容、控制学习节奏，及时反馈学习信息，充分调动学习者的兴趣和潜力的发挥，缩短了学习时间。

（3）信息量大、重现力强：不受时间、空间的限制，可随时将记录、储存的教学内容调出，大大缩短了教学内容重现的时间。

（4）界面友好、操作简单：只需用键盘或鼠标等简单输入设备，即可实现对整个教学过程的控制。

计算机辅助教学的主要优点如下：

（1）有利于增强教学效果。

（2）有利于贯彻因材施教的原则。

（3）有利于激发学习者的兴趣。

（4）有利于培养学习者的多种能力。

（5）有利于提高教学质量。

二、网上教学与学习

随着网络的发展，使网上教学与学习已经成为可能。它除了 CAI 的优点以外，还具备网上答疑、网上讨论等虚拟教学或学术论坛的功能。同学们可以在任何地方进行上网学习，当遇到问题，可以发送电子邮件的方式或网上粘贴的办法，将自己感兴趣的问题发给老师，或其他可以帮助解决问题的同学。一旦老师或同学上网，看到问题，就可以做出相应的回答。

三、计算机辅助教学的发展

1. 向网络化方向发展

网络化是计算机辅助教学的重要发展趋势。"无机不联"正是当今计算机使用情况的真实写照。因为计算机联网，才大大提高了计算机信息的共享和利用率，在教育领域，网络也已大显身手，并继续大有作为。学生、教师和其他研究人员在教学科研中可通过网络获取、交流更多的信息，获得更完善的服务。四通八达、覆盖全球的网络和瞬间千里的传输速度缩短了教育之间的距离。通过网络，不同地区、不同学校的学生和教师可以进行教学交流或者跨地区、跨学校教学。

2. 向虚拟化方向发展

虚拟化是计算机辅助教学发展的另一主要趋向。随着计算机的运行速度的快速提高，大容量、高速度的数据存储工具的发明以及各种人机界面技术和虚拟现实技术的发展，计算机处理大批量的声音、图像信息将变得随心所欲。在计算机辅助教学中，虚拟现实技术将得到广泛应用，学生不仅听到或看到各种信息，而且可以进入到学习内容中去；地理课将身临其境地感受世界风土人情；历史课将走入的时间通道，重温历史事件；实验课将真实再现遗传变异、原子裂变……总之，教学中的感性知识和理性知识割裂，直接经验与间接经验脱节的情况随着虚拟技术在计算机辅助教学中的推广运用一去不复返。

3. 向合作化方向发展

计算机网络为合作学习提供了广阔空间和多种可能，教室与教室、实验室与实验室、学校与学校、国家与国家最终将形成一个巨大的计算机网络，将把各国的学校和师生联结一起，计算机网络环境下的合作学习充分开发和利用了教学中的人力资源，它把教学建立在了更加广阔的交流背景之上，教师与学生可以足不出户进行教学、交流和讨论，学生可以自主、自助进行各种学习活动，根据自身情况安排学习内容，通过交流、商议、集体参与等实现合作学习，提高了学生学习的参与度，并在合作中提高学习兴趣和学习效率，通过贡献智慧、分享成果，进而学会合作。

习　　题

1. 简述计算机仿真的重要性。
2. 简述信息化的未来发展趋势。
3. 简述信息化施工的作用。

参 考 文 献

［1］ 叶志明. 土木工程概论. 第3版. 北京：高等教育出版社，2009.
［2］ 周云，陈存恩，等. 土木工程防灾减灾学. 广州：华南理工大学出版社，2002.
［3］ 门玉明，王启耀. 地下建筑结构. 北京：人民交通出版社，2007.
［4］ 何利民，高祁. 油气储运工程施工. 北京：石油工业出版社，2007.
［5］ 杨进峰. 油库建设与管理手册. 北京：中国石化出版社，2007.
［6］ 徐伟. 模板与脚手架工程. 北京：中国建筑工业出版社，2002.
［7］ 房贞政. 桥梁工程. 第2版. 北京：中国建筑工业出版社，2010.
［8］ 王梦恕，张梅. 铁路隧道建设理念和设计原则. 中国工程科学，2009.
［9］ 张弥，刘维宁，秦淞军. 铁路隧道工程的现状和发展. 土木工程学报，2000.
［10］ 姚继涛. 既有结构可靠性理论及应用. 北京：科学出版社，2008.
［11］ 张伟. 结构可靠性理论与应用. 北京：科学出版社，2008.
［12］ 雷宏刚. 钢结构基本原理. 北京：科学出版社，2006.
［13］ 张文福，王秀丽. 空间结构. 北京：科学出版社，2005，8.
［14］ 孙训芳，方孝淑，关来泰. 材料力学（Ⅰ）（第5版）. 北京：高等教育出版社，2009.
［15］ 项海帆，沈祖炎，范立础. 土木工程概论. 北京：人民交通出版社，2007.
［16］ 贡力，李明顺. 土木工程概论. 北京：中国铁道出版社，2007.
［17］ 邹建奇，姜浩，段文峰. 建筑力学. 北京：北京大学出版社，2010.
［18］ 熊丹安，鄢利华，熊海燕. 建筑结构. 第2版. 广州：华南理工大学出版社，2005.
［19］ 李照煌. 全断面隧道掘进机施工技术. 北京：中国水利水电出版社，2006.
［20］ 朱茂存. 高层建筑结构施工. 北京：机械工业出版社，2007.
［21］ 门玉明，王启耀. 地下建筑结构. 北京：人民交通出版社，2007.
［22］ 叶列平. 土木工程科学前沿. 北京：清华大学出版社，2006.
［23］ 许克宾. 桥梁施工. 北京：中国建筑工业出版社，2010.
［24］ 郑晓燕，胡白香. 新编土木工程概论. 北京：中国建材工业出版社，2002.
［25］ 陈学军. 土木工程概论. 北京：机械工业出版社，2008.
［26］ 霍达. 土木工程概论. 北京：科学出版社，2007.
［27］ 李毅，王林. 土木工程概论. 武汉：华中科技大学出版社，2008.
［28］ 王晓初，杨春峰. 土木工程概论. 沈阳：辽宁科学技术出版社，2008.
［29］ 白茂瑞. 土木工程概论. 北京：中国冶金工业出版社，2005.
［30］ 刘光辉. 智能建筑概论. 北京：中国机械工业出版社，2006.
［31］ 张永坚. 智能建筑技术. 北京：中国水利水电出版社，2007.